岩土工程典型案例述评

编著　　　　顾宝和
主审　高大钊　李广信

中国建筑工业出版社

图书在版编目（CIP）数据

岩土工程典型案例述评 / 顾宝和编著. —北京：中国建筑工业出版社，2015.5（2023.2重印）
ISBN 978-7-112-17760-8

Ⅰ.①岩… Ⅱ.①顾… Ⅲ.①岩土工程－案例 Ⅳ.①TU4

中国版本图书馆CIP数据核字（2015）第029599号

本书有32个典型案例，既有成功，也有失败。有天然地基、桩基、基坑支护、基坑降水、围海造陆、堆山造景、造湖、高填方、铁路、机场跑道、溢洪道、核电厂、放射性废物处置、地质灾害治理等各种工程；涉及一般第四纪土、淤泥、泥炭质土、残积土、盐渍土、多年冻土、第三纪软岩、风化岩等各类岩土；涉及断层、液化、渗透破坏、岩溶塌陷、砂巷、高陡边坡与破碎岩体等复杂地质条件；还有地震反应分析、面波探测、管波探测、地震波CT等技术方法，反映了岩土工程丰富多彩的个性。

本书以案例为导引，用通俗的语言将工程问题提升到理论层面上评议。分析了土的孔隙水压力与有效应力原理、软土挤土效应、残积土结构强度、盐胀性原理、地下水动态与均衡、潜水渗出面、水动力弥散、岩石力学基本准则、断层活动性、地基基础与上部结构协同作用、变刚度调平设计等问题，强调岩土工程师必须深知现象背后深藏的科学原理，认识问题要深刻，处理问题要简洁、巧妙，不应在概念不清的情况下盲目相信计算，盲目套用规范。

本书面向广大岩土工程师，并可作为研究和教学的参考。

责任编辑：刘瑞霞　赵梦梅　王　梅
书籍设计：京点制版
责任校对：李美娜

岩土工程典型案例述评
编著　顾宝和
主审　高大钊　李广信
*
中国建筑工业出版社出版、发行（北京西郊百万庄）
各地新华书店、建筑书店经销
北京京点图文设计有限公司制版
北京建筑工业印刷厂印刷
*
开本：787×1092 毫米　1/16　印张：29¾　字数：553千字
2015年7月第一版　2023年2月第八次印刷
定价：99.00元
ISBN 978-7-112-17760-8
（27020）

导言

经全国注册土木工程师（岩土）继续教育工作专家委员会讨论研究，住房和城乡建设部执业资格注册中心（全国勘察设计注册工程师岩土工程专业管理委员会秘书处）确定将《岩土工程典型案例述评》作为全国注册土木工程师（岩土）继续教育必修教材（之五）。为了引导继续教育教学培训工作取得良好的效果，嘱我为本书写个导言。

本书共有32个案例，既有成功的，也有失败的。工程类型涉及天然地基、桩基、基坑支护、基坑降水、围海造陆、堆山造景、降水造湖、铁路、机场跑道、溢洪道、核电厂、放射性废弃物处理、地质灾害治理等；涉及的岩土有，一般第四纪土、淤泥和淤泥质土、泥炭和泥炭质土、残积土、盐渍土、多年冻土、第三纪软岩、风化岩等；涉及的不良地质问题有，断层、液化、渗透破坏、岩溶塌陷、砂巷、高陡边坡等，反映了岩土工程丰富多彩的个性。本书以案例为导引，用通俗的语言分析了土的孔隙水压力和有效应力原理、软土的挤土效应、土的结构强度、地下水动态与均衡、潜水渗出面、水动力弥散、盐胀性原理、岩石力学基本准则、断层活动性、变刚度调平设计、地基基础与上部结构共同作用等问题，以期读者更深入地掌握岩土工程的一些基本概念。

太沙基说："一个详尽的案例应当受到10个具有创新性理论一样的重视"。太沙基就是在实践中，从工程案例中不断汲取知识和经验，上升为理论，成为岩土工程宗师。典型案例的价值可以归纳为三方面：一是成功的典范，失败的警示，尤其是失败的教训，使人终生难忘；二是一比一最可靠的科学试验，也是新概念、新方法、新技术的"试验田"；三是新理论、新技术可能不久就会被超越，而典型案例则常温常新，经久不衰。

注册岩土工程师已经具备了专业知识，积累了相当多经验，但在工程实践中又会遇到难题，迫切希望知道如何解决，故继续教育应以问题为导向。典型案例最直接，最生动，最易被工程师接受，也体现从实践中来，到实践中去的认识过程。因此，继续教育的授课老师，不要仅仅简单地叙述案例，不要仅仅讲这个工程做得如何好，如何成功，而要透过具体工程，揭露问题本质，让工程师们更深切地理解概念，培育他们更强的决策能力。工程是实体，机制和概念是灵魂，只讲具体工程而不讲机制和概念，则肤浅、单调而无活力；只讲机制和概念而无载体，则空虚、枯燥而不实；用工程案例讲机制、讲概念，则有血有肉，生动活泼，充满生命力。

从全国乃至全球的岩土工程角度看，本书32个案例，实在是冰山一角，沧海一粟。因而老师们讲解时，仅以本书为教材是远远不够的。我国岩土工程界历来十分重视工程案例和工程实录，国际上学术界和工程界更是如此，发表过的文献不计其数，完全可以择优选取，本书的案例仅可择需选用。更可结合当地条件，运用老师自己掌握的案例和当地的案例讲解，效果可能更好。

我还希望，通过注册岩土工程师的继续教育，交流和集结更多更好的典型案例，适当时机出版一部更经典的工程案例精选。我们还要面向国际，面向未来，了解和熟悉世界各地的地质条件和岩土特性，吸收先进国家的新理论、新技术、新思维为我所用，不断创新，从岩土工程大国走向岩土工程强国。

顾宝和
2020年11月12日

序

顾宝和大师为所著《岩土工程典型案例述评》一书嘱我写序，使我有机会先睹为快，作为第一个读者阅读了这本书，把我带进了一个五彩缤纷的世界，获益匪浅。怎样读这本书？如何理解这本书？谈一点我的感受，供读者参考。

全书32个工程案例的内容极其丰富，除了墨西哥Texcoco抽水造湖与现场试验的案例让我了解世界上著名的厚层软土墨西哥城的经验之外，这本书涵盖了我国各类工程、各个地区的典型岩土工程问题。从中央彩色电视中心到田湾核电厂，从延安的新区建设到深圳前海的围海造陆，展示了我国各类有代表性的岩土工程重要项目，各具特色；从大理泥炭土到青藏高原多年冻土，从敦煌机场盐胀病害治理到杭州地铁湘湖路站基坑事故处理，尽历各种特殊的地质条件和特殊的岩土工程问题的经验与教训，五彩缤纷。在这些案例中，有的是顾大师在长年的工程实践活动中所积累的宝贵资料，也有取自当代有代表性的大型工程的实录。其中，有大量成功的工程，也有警示性的工程事故案例。内容极具代表性和典型性，集我国现代岩土工程案例之大成。诚如下表初步统计所显示的，本书各类案例所占的比例也从一个抽样的样本反映了我国岩土工程实践中所遇到各种工程问题的大体情况。

案例类别的初步统计

案例的大体分类	建筑物地基基础设计	特殊岩土的勘察与处理	工程事故与病害处理	特殊的岩土工程问题	地下水的工程问题
案例数量	9	8	7	5	3

这本著作的特点是不仅有内容极其丰富的各类工程项目的详细报道，更有顾大师画龙点睛的分析与点评，剖析入木三分，“述评”乃是本书的精华之所在。在每个案例的开始，都有一段“核心提示”，告诉读者这个案例的核心价值是什么，阅读时注意些什么问题，为读者阅读案例提供了指导。在介绍了案例的基本资料以后的“评议与讨论”中，对每个工程案例，都有深刻的分析和解剖。这里有对案例工程所取得的成功经验的提升与归纳；有对事故案例的教训所作的深刻总结；也有从具体的工程项目谈到某一类工程的主要问题与规律性的认识；更有顾大师对某些案例有感而发的评说与感慨，对当下一些不良现象的抨击和如何改革的真知灼见。所有这一切，都反映了顾大师具有非常宽广的视野和专业面，也反映了一位从业已经半个多世纪，阅尽人间沧桑的勘察大师发自内心的肺腑之言和深刻的经验之谈。

在这本书的附录中，写入了对32条出现在各个案例中的重要术语所作的释义。这个写法也是顾大师别具匠心的创造，既是为了帮助读者阅读理解书中有关的案例，而且也是对岩土工程中一些比较生疏的术语、甚至是有争议的概念，作了精辟的解释与说明，有的还引经据典，进行了仔细的考证。这些词目也是本书重要的组成部分，丰富了岩土工程名词术语的宝库。

在这本书中，顾大师不仅作了许多深入的技术分析，而且还在很多地方提出了富有人生哲理的论述，特别在“自序”和“跋”两篇文章中。在自序中，论述了岩土工程的科学性和艺术性的双重特征问题，这是从一个很高的高度来看岩土工程，才能感悟出这个富有启迪性的道理，这也是顾大师对岩土工程这个专业认识的精髓之所在。在“跋”中，文体比较轻松，但讨论的问题仍然是很严肃的“概念与计算的关系”和“如何正确对待规范的问题”，严肃地提出了要防止“迷信计算”和“迷信规范”。这些提法都切中了当前我国岩土工程界问题的要害，也是我国老一辈的岩土工程专家留给后代的金玉良言。

这本书为我国岩土工程师的工程教育提供了很好的教材。工程案例是学校工程专业教育必不可少的内容，相信这些案例一定可以丰富我国岩土工程专业教育的内涵，有的可以成为学校教材的实例，有的可以作为学生课外阅读的资料，可以开阔学生的视野，让青年学子养成重视工程实践，从工程实践中学习的好习惯。

工程案例也是工程师继续教育的重要内容，人们可以从中学习到丰富的工程经验，也可以吸取宝贵的教训，学习工程案例，可以增长人们的阅历，丰富工程知识，有利于工程师的成长。建议有关主管部门把这本书作为我国注册岩土工程师继续教育的教材，这必将有利于我国注册岩土工程师技术水平的提高。

君子之交淡如水，在这物欲横流的当下，更加显得君子之交的珍贵。顾宝和大师是我几十年的挚友。我们之间的见面机会虽然并不多，但对岩土工程体制的改革、岩土工程规范的现状和发展以至对许多学术问题，我们的观点都是相近或相通的。近年来，我们通过写文章、通邮件，进行一些交流与切磋；在他的支持与关心下，十年前开始了网络答疑的活动，尝试这种在工程师中普及岩土工程知识的活动，并前后为我所写的网络答疑的三本书写了序，推动了网络答疑活动的发展与深入。

业内人士都知道，顾大师是带病出差、带病工作的，这次他是带病完成了这本著作，更加显得这本书的珍贵。希望读者不辜负老一代岩土工程专家的希望，从这本书中吸取营养，在岩土工程实践中推进岩土工程体制的改革。

高大钊　于同济园

2014 年 7 月 5 日

自序

岩土工程的科学性和艺术性

本书是一本面向广大岩土工程师的普及性读物，收集了32个典型案例，包括地基基础、基坑工程、造地、造景、高填方、地震工程、地质灾害治理、复杂地质条件等。既有举世闻名的大工程，也有“袖珍”小工程；有成功的案例，也有失败的案例。每篇格式均采用先叙后议，前面是案例介绍，后面是编者评议。收集案例时，特别注意案例的典型性，以期读者通过本书吸收到岩土工程实践中最重要、最本质、最关键的经验教训，失败的为什么失败，成功的为什么成功。有些案例较新，有些案例时间已经久远。技术要不断创新，古老技术只能作为历史，而典型案例的价值是永恒的，永远值得人们借鉴、研究和思考。通过编纂这本典型案例，使编者深深体会到把握概念和多谋善断的重要性，深深被岩土工程的科学性和艺术性所吸引。 近代岩土工程创始人太沙基（K.Terzaghi）有句名言，“Geotechnology is an art rather than a science”。中文意思是“岩土工程与其说是一门科学，不如说是一门艺术”。编者体会，太沙基的话并非否定岩土工程的科学性，而是认为岩土工程作为一门科学，还不严格、不完善、不够成熟，却富有艺术的品格，具有丰富多彩的艺术魅力。

1 岩土工程的科学性

科学是客观的知识体系，追求的是客观真理和客观规律；岩土工程是一门工程技术，运用技术手段建造工程或工程的一部分。科学和技术是既密切关联又互相区别的两个概念，岩土工程注重实践，不是纯科学，但其中蕴含着深刻的科学原理，其科学性是众所周知的。譬如边坡稳定分析基于静力平衡原理；地基变形和承载力基于岩土的力学原理；地下水的运动基于水力学和地下水动力学原理；不良地质作用和地质灾害的演化基于动力地质学原理；地震和断层的活动性基于地震地质学原理；岩质边坡失稳模式基于工程地质学的结构面控制论；桩的挤土效应、饱和土沉降与时间关系，基于土力学中的孔隙水压力和有效应力原理等等。工程技术需要不断创新，但基本原理是不能随意挑战，不能轻易颠覆的。

工程师有别于工匠和科学家。古代没有工程师，只有工匠和科学家。工匠只知实践，不知实践背后隐含的原理；科学家追求未知，追求客观规律，但不关心如何应用。工程师则既注重实践，又深明其中的原理，是理论与实践高度结合的职业群体。但岩土工程师遇到具体问题有时又可能违背科学原理，犯概念性、常识性的错误。可见岩土工程的基本概念需通过工程实践，不断加深认识。现在有一种过分依赖规范的不良倾向，不是越做概念越清楚，越有自觉性，而是越做越不自觉，连基本原理、基本经验都忘记了，使规范的应用趋于“异化”，这是一种很危险的倾向。

科学崇尚定量，崇尚用数学模型描述；科学追求严密，追求精确计算，否则只能是不严密、不完善、不成熟的科学。岩土工程就是如此，试与结构工程比较，结构工程师面临的是他自己设计的结构构件和结构体系，构件的尺寸、性能和相互之间的连接都是可控的，主要任务是截面计算，计算模式和计算参数比较可靠；而岩土工程师面临的是自然形成的土和岩石以及其中的水，尺寸和性能是客观存在，只能通过勘察查明，而又很难完全查明，计算模式与实际差别较大，性能参数的可靠性是有限的。因此，结构计算一般可信，而岩土计算则未必，更需要宏观把握和综合分析。虽然结构计算中也有经验公式，结构体系设计也有综合分析和概念设计，但相比岩土工程，可直接计算占的比重要大得多。岩土工程不能单纯依赖计算，可能就是太沙基名言的出发点。

科学原理总是先建立概念，在概念的基础上建立数学模型计算，概念是科学原理的内核。岩土工程的重大失误，基本上都是由于概念不清所致，很少只是计算错误。岩土工程师认识问题要深刻，深明其中的科学原理和工程意义，不应把复杂问题简单化；

但处理问题要简洁，尽量将复杂问题化为简单方式处理，绝对不要将简单问题复杂化。

2 岩土工程的艺术性

艺术是指一种美的物体、环境或行为，是能与他人共享的一种创意。除了绘画、音乐、文学、戏剧、影视、景观等以外，还有领导艺术、指挥艺术、外交艺术、公关艺术等等，体现在它的巧妙，体现在它的可欣赏性和诱人的魅力。与科学的不同在于：科学强调客观规律，而艺术强调主观创意和共享；科学讲究普适性和理性，可大量重复，而艺术讲究个性和悟性，各具神韵，异彩纷呈；科学创新有时“昙花一现”，不久就被超越，而艺术创意则是永恒，常温常新。技术或多或少含有艺术元素，而岩土工程面对的是千变万化的地质条件和多种多样的岩土特性，需因时制宜，因地制宜，视工程要求不同而酌情处置，处理办法又常常因人而异，各具特点和个性，不同的人可以开出不同的处方，因而富含更多的艺术元素。有些处置得非常巧妙，有创意性，有可欣赏性，给人以美感，呈现出独特的艺术魅力；有的则平庸无奇，接到工程项目后，不首先想一想，这个项目有什么特殊性，如何针对特殊性进行有效的勘察设计，而是仅仅满足于遵守规范，满足于千篇一律的“批量化生产”，其成果当然无艺术性可言。个别项目甚至违反基本科学原理，违背基本工程经验，成为笨、蠢、丑的作品，造成巨大浪费或工程事故，产生恶劣的社会影响。

现在我们来看看岩土工程的艺术美：边坡开挖，为了防止坡壁倒塌，简单的做法就是支撑，顶住侧土压力。这当然可以，但占了较大的空间；锚杆巧妙地用背拉方式解决了这个问题，不仅极大地少占了空间，还节省了材料和费用，多富有艺术性！高填方、高路堤等要放坡，占用大量土地；加筋土巧妙地解决了土体缺乏抗拉强度的问题，多富有艺术性！开挖隧道和地下工程，传统思路将围岩视为消极的荷载，用厚壁混凝土支承围岩压力；新奥法充分利用围岩自身的承载能力，用喷锚加固围岩，与薄壁柔性结构结合形成支承环，保证隧道和地下工程的稳定，并通过观测不断调整开挖和支护。这种“化敌为友”，化消极因素为积极因素的创意，多巧妙！多富有艺术性！墨西哥城郊区有个 Texcoco 湖，已基本干涸，拟改造为一个公园，需大面积加深成湖，按传统方法，需开挖大量土方运出；主持工程的岩土工程师利用墨西哥软土降水地面沉降的原理，采用井群抽取软土下砂层中的地下水降低水位，将地面降低了 4m。不用一台挖土机，不用一台运输车，不运出一方土，现场文明，安安静静，达到了建造人工湖的目的。多巧妙！多富有艺术性！本书列举的若干优秀的成功案例，读后也深深被这些作品巧妙的艺术魅力所感动。

岩土工程有艺术性，当然不能说是艺术品。因为岩土工程不像文学、绘画、影视、建筑那样向公众展示，与公众共享，也不像战争、外交那样被公众关注，岩土工程的优劣只能为同行们知晓，也可以说“阳春白雪，曲高和寡”吧。科学有是和非，艺术有优和劣，技术既有是非，又有优劣。岩土工程面对更多的多样性，需要构思，需要技巧，因而比其他技术具有更多艺术元素。精美的艺术品常用“巧夺天工”来赞美，巧就是美。打仗出奇制胜，以少胜多，是美的指挥艺术；建设工程四两拨千斤也是一种艺术。岩土工程艺术之美，表现在文件的图文之美、方法的巧妙之美、实体的恒久之美、环境的和谐之美，而最核心的是构思的智慧之美。

3 掌握概念和综合判断

概念是客观规律的科学概括，不是局部的经验，不是未经检验的理论假设。概念是本质，概念是理性，概念有深刻的内涵，放之四海而皆准。我们学习专业知识，最重要的是掌握概念。但有时自认为对某一概念已经清楚，遇到具体问题却又糊涂起来，需要在不断的实践中逐步加深认识。掌握基本概念是岩土工程师必备的素质，是贯彻岩土工程科学性的集中表现。

岩土工程的实践性非常强，没有丰富的工程经验，包括成功的经验和失败的经验，不可能有强的综合能力。理论素养和实践经验是相辅相成的，工程经验一定要上升到理论层面上去总结，表面的、片面的、非理性的经验，是只见现象，不见本质，还停留在初级的感性认识阶段。凭直观的局部经验处理问题，很容易犯原则性的错误。而在理论指导下总结的经验，是全面的、系统的，达到了高级的理性认识阶段，能透过现象，见到本质，举一反三。只有植根于理性的经验才有生命力。

岩土工程远不如结构工程严密、完善和成熟，这是由于岩土工程充满着条件的不确知性、参数的不确定性和信息的不完善性。地质条件不可能完全查清，岩土参数存在很大的随机性，测试条件与工程实际存在很大的差别，还有岩土与结构之间、岩土与环境之间复杂的相互作用。虽然力学计算有了长足进步，有许多使用方便的软件，但计算结果与工程实际总存在差别，有时甚至有很大差别。影响因素又多又复杂，只能通过分析、归纳、综合，作出判断。地基承载力需要综合确定，地基基础和基坑设计需要综合决策，边坡稳定需要定性分析与定量分析结合，事故调查需要综合多种因素，突出主要矛盾。岩土工程实践中的一切疑难问题，几乎都要工程师根据具体情况，在综合分析、综合评价的基础上，作出综合判断，提出处理意见。因此，综合分析和综合判断是解决岩土工程问题不可或缺的手段。综合判断不能很精细、很严密，因人而异，没有唯一性，与工程师的理论素养、实践经验、观察角度、数据拥有的程度等有关，因而也是衡量岩土工程师水平的主要标志。优秀的岩土工程师多谋善断，有很强的分析能力、概括能力、入木三分的洞察力，为锻炼这方面的能力要下一辈子功夫。

爱专业是成功的必备条件，“知之者不如好之者，好之者不如乐之者”。一项优秀的岩土工程，其内在，必定蕴含着深刻的科学性；其外在，必有独特的创意性，必是科学性与艺术性的完美结合。岩土工程师们，一个项目就是一部作品，珍惜吧！

目录

导言
序
自序　岩土工程的科学性和艺术性

案例

附录　典型案例涉及术语释义

跋

岩土工程典型案例述评1

中央彩色电视中心扩底桩基础①

核心提示

本案例勘察与设计密切配合，贯彻了勘察、设计、施工、检验、监测的全过程。并共同确定了地基基础的概念设计，率先在国家重点工程上采用扩底桩基础，为这种基础形式的全国推广起到了示范作用。

① 本案例根据顾宝和等《中央彩色电视中心扩底墩工程实录》（第一届岩土工程实录会议论文集）编写。

案例概述

1. 工程概况

20世纪80年代建成的中央彩色电视中心位于北京市复兴门外，为国家重点项目，20世纪80年代首都十大工程之一。该项目由建设部综合勘察院负责勘察，并提出基础设计方案，进行现场试验，组织施工，负责质量检验和变形监测；广播电视部设计院负责设计。主体结构1984年基本完成，1987年投入运营，土建工程的运营情况良好。

工程分为播出区和制作区两部分。播出区建筑面积约4万m^2，以播出大楼为中心，东西北三面与裙房相连，主楼为筒中筒结构，地上26层，地下3层，箱形基础，底面标高为-12.5m，天然地基。裙房为框架结构，地上3层，地下3层，局部4层，扩底桩基础，基底平均标高为-12.5m。主楼与裙房间设抗震缝，不设沉降缝。制作区建筑面积约4.4万m^2，以演播室为中心，分为8段。主体为框架结构，地上3～4层，地下1层，扩底桩基础，基础底面标高为-12.0m左右。平面布置见图1-1。

2. 地基条件

设计标高±0.00m相当于绝对标高54.5m。地层自上而下为：

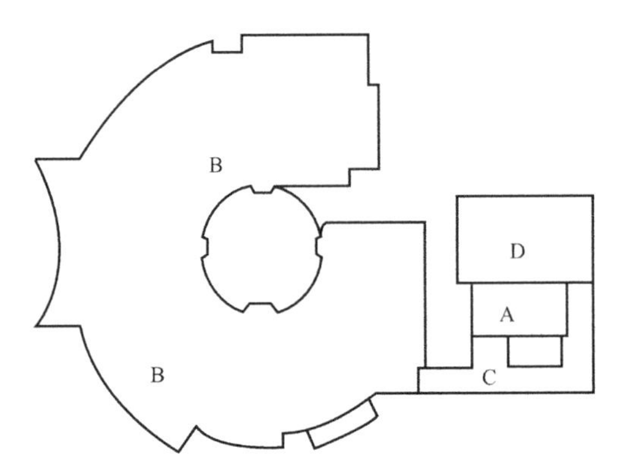

图1-1　中央彩色电视中心平面示意
（A为播出区主楼，C、D为裙房，B为制作区）

（1）填土：一般厚度约2.0m；

（2）粉土：一般厚度约2.0m；

（3）粉质黏土：厚度约1m左右；

（4）粉细砂：中密-密实，湿，厚度约1m左右；

（5）中粗砂：中密-密实，湿-饱和，厚度约3～4m；

（6）卵石：中密-密实，湿-饱和，厚度约4～6m；

（7）第三系砂岩、砾岩：半胶结，顶部局部有泥岩。

第四系土层厚度变化较大，砂土的标准贯入锤击数为18～30，少数超过30。代表性的工程地质剖面见图1-2。

地下水为潜水，稳定水位绝对标高为40.4m，大部位于卵石层中，局部在砂层中。

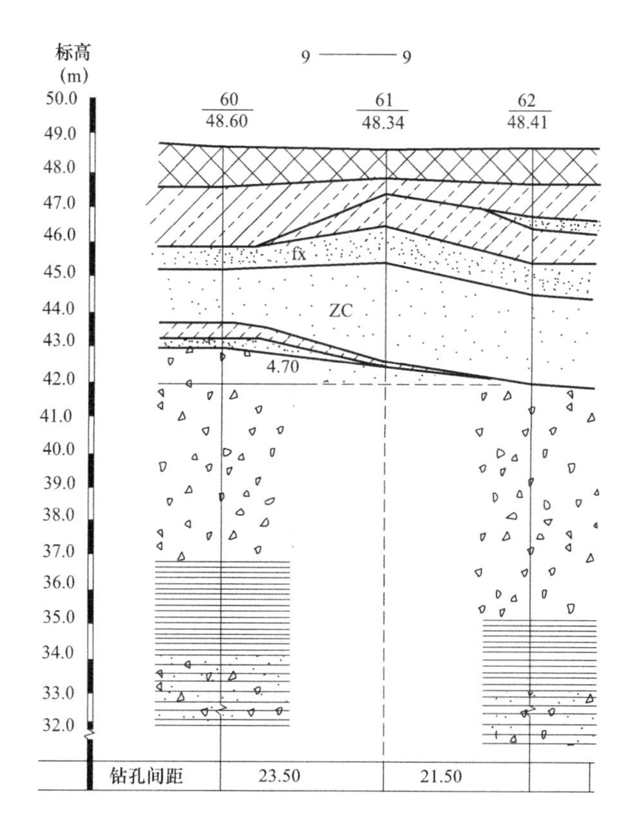

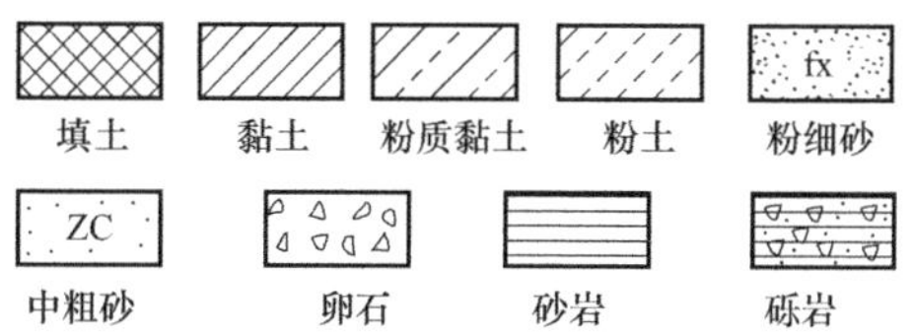

图1-2　代表性工程地质剖面图

播出区主楼与裙房荷载差别很大，又不设沉降缝，制作区各段平面布置复杂，地坪高低错落，为减少差异沉降，要求所有建筑物基础落在同一稳定的硬层上。根据本工程地基条件，卵石和中密-密实的砂是适宜的持力层，无软弱下卧层。

3. 基础设计方案比选

初步设计时，主楼采用箱形基础，以卵石为持力层，播出区裙房和制作区采用钻孔灌注桩基础，桩径400mm，以卵石为持力层。主楼采用箱基没有问题，根据建筑物荷载和地基条件判断，沉降和沉降差均可满足要求；但播出区裙房和制作区用钻孔灌注桩，无论质量控制还是组织施工，问题都不小。施工图设计时，根据勘察单位的建议，播出区裙房和制作区改用扩底桩基础，设计单位采纳了这个建议。

采用当时常规的钻孔灌注桩还是采用大直径扩底桩，可做下列分析：

（1）常规钻孔灌注桩设计直径为400mm，有效桩长为6m，单桩承载力为280kN，播出区需2334根，制作区需6659根，合计8993根。由于一柱多桩，需独立承台或条形承台。大直径扩底桩单桩承载力高，可一柱一桩，柱下荷载不同时可通过扩底面积调整。计播出区210根，制作区743根，共953根，桩数较钻孔灌注桩大为减少。由于不设承台，只有桩帽和拉梁，不需进行弯矩和冲切验算，受力简洁，钢筋混凝土工程总量大大减少，经济效益显著。

（2）钻孔灌注桩施工质量是个重要问题，特别是沉渣问题难以控制，当时尚无监理制度，质量不易保证。扩底桩每桩浇注混凝土前均有专业人员多次下孔检查，认定合格才签字，准许下道工序施工，每桩质量均有确实保证。

（3）钻孔灌注桩需多台专用机械施工，场地拥挤，泥浆污染，施工管理复杂，工期长。扩底桩第一期为人工开挖，人工扩孔；第二期为机械开挖，人工扩孔，进度快，现场文明。主要是把好安全关，由专人严格按制度要求管理，实际工期不到钻孔灌注桩工期的四分之一， 未发生任何质量和安全事故。

（4）桩底位于地下水位以上，便于施工。个别略低于水位的桩位将桩底标高稍加提高，通过加大扩底尺寸补偿承载力。桩侧地层便于扩孔，是实施挖孔桩方案的有利条件。

（5）国家重点工程采用扩底桩，该项目是全国首次，属于新概念设计。但在本工程实施之前，建设部综合勘察院已对扩底桩进行了专题研究，在郑州做了大规模现场试验，并在郑州、北京等地的若干工程中应用，技术成熟。

4. 桩基试验和沉降观测

本项目第一期施工时，由于没有时间做载荷试验，桩基承载力只能根据类似土质条件做偏于保守的估计。考虑到第一期桩的持力层均为卵石，桩端土承载力采用了1000kPa，不计侧阻力。卵石和第三系砾岩、砂岩的变形参数无法测定，但根据经验判断，主楼沉降不会超过4cm，裙房和制作区不会超过3cm，主楼与裙房的沉降差约1cm，结构工程师认为可以接受。第二期施工的工程做了载荷试验，根据试验结果调整了设计，卵石端阻力取1500kPa，砂层端阻力取750kPa，侧阻力30kPa，作为安全储备，比第一期工程有了明显提高。

施工期间和建成后进行了沉降观测，观测结果见图1-3～图1-5。

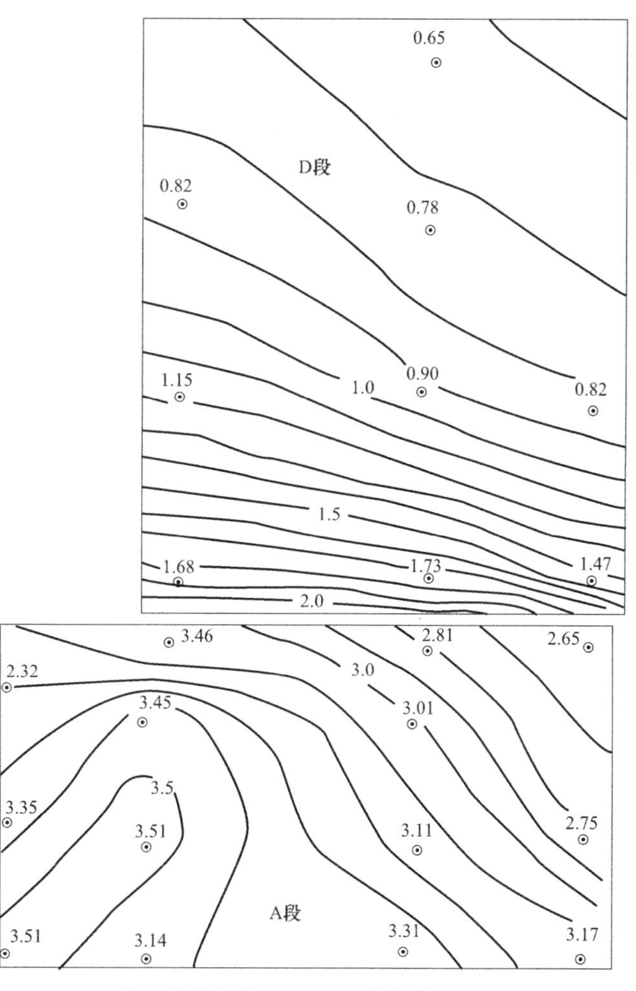

图1-3　A、D段沉降等值线图（cm，改编时删去了部分观测点）

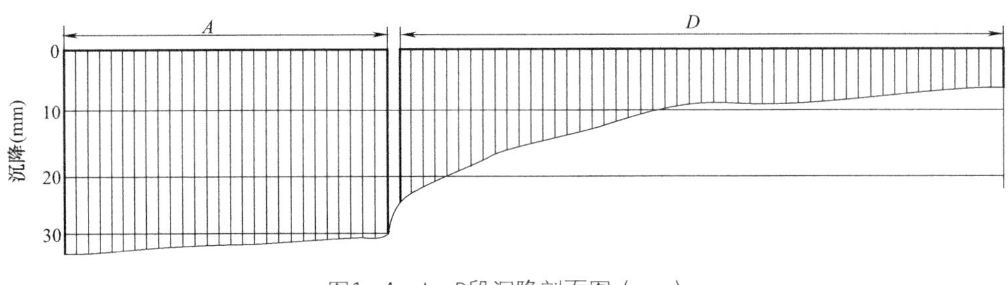

图1-4 A、D段沉降剖面图（mm）

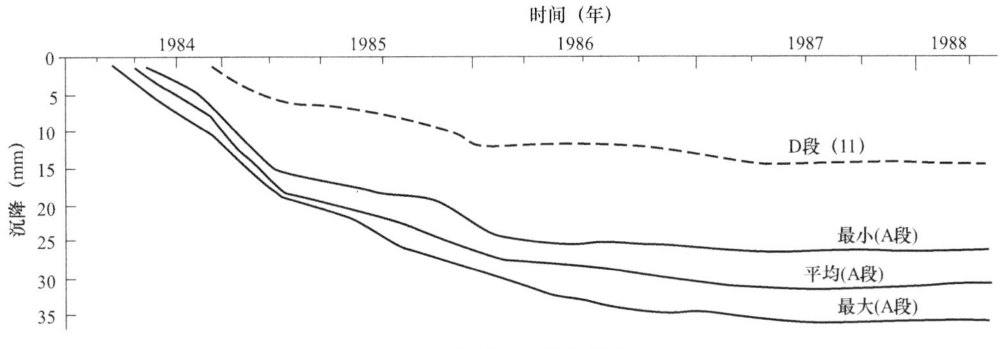

图1-5 沉降-时间关系图

沉降观测结果有以下规律：

（1）A段（播出区主楼，箱形基础）平均沉降为3.11cm，最大为3.51cm，最小为2.62cm，略向西南倾斜，倾斜率约为0.023%，满足要求。

（2）D段（播出区裙房，扩底桩基础）平均沉降为1.14cm，最大为1.88cm，最小为0.65cm，略向东南倾斜，倾斜率平均约为0.027%，满足要求。接近主楼沉降较大，显然由于受主楼荷载影响所致，因此，计算裙房沉降时必须考虑主楼的相邻影响。

（3）施工期间，随着荷载的增加，沉降同步增长，近似正比关系。主体结构施工期间的沉降量约为总沉降量的63%，主体结构完成后1年，沉降基本稳定。

（4）从总体看，沉降均匀稳定，主楼高层部分的沉降值与裙房部分的沉降值，按相邻点计算的沉降差，最大为5.2mm，最小为4.8mm，平均为5.0mm。经多年使用，上部结构未发现由于地基沉降而造成的变形和开裂，与设计时的预估基本一致。

根据沉降观测结果反演了土的变形参数，得到第四系卵石和第三系砾岩、砂岩的综合变形模量为254MPa，比预想的数值大，对类似地基上基础工程的沉降估算有一定参考意义。

评议与讨论

1. 关于勘察与设计的配合

从20世纪50年代开始至80年代初，我国实行的是计划经济体制。勘察与设计截然分开，勘察单位只负责查明工程地质条件，不管勘察报告如何应用；设计单位只知按勘察报告提供的资料设计，不管资料的来源及其是否合理。有时甚至直到工程结束，参与该工程的勘察与设计人员没有见过一次面，没有通过一次话。而岩土工程是涉及岩石和土的工程，与上部结构，与工程地质条件均有密切关系，勘察与设计分离必然造成双方都存在很大的局限性和盲目性，对重大工程和复杂工程尤为不利。20世纪80年代后，引入市场经济国家的岩土工程体制，以期克服这种弊端，并于21世纪初建立了土木工程（岩土）注册工程师制度。但由于一些深层次的问题一时尚难解决，该项改革至今未能到位，勘察与设计的分离依旧，这是当前岩土工程体制上的最大问题。为了提高岩土工程的安全性和经济性，为了促进岩土工程的技术进步，在继续推进完善体制的同时，应大力加强勘察与设计的密切配合。

本工程的勘察单位在完成勘察工作的基础上，提出了基础方案的建议。设计单位随即向勘察单位咨询方案细节，共同对方案的可行性和合理性进行论证，并由咨询单位进行载荷试验，组织施工，参与质量检验和基础沉降监测，服务于岩土工程的全过程。反观现今，有的勘察报告虽然也提出了岩土工程建议，但由于与设计单位缺少沟通，对工程了解不够，闭门造车，不切实际，甚至画蛇添足，走向异化。因此，一定要大力提倡勘察与设计密切配合，本案例不仅在当时是成功的范例，到今天仍有重要的现实意义。

2. 关于本工程的概念设计

20世纪80年代之前，我国至少在建筑行业没有大于800mm的大直径桩，更没有扩底桩，一般为直径400mm以下的群桩，用承台与上部结构联结，基本上没有一柱一桩。我国首先提出扩底桩桩型的是20世纪70年代末郑州市设计院丁家华工程师，并在郑州若干工程中进行了初步尝试。建设部综合勘察院得悉后觉得很有创意，很有发展前景，乃立项研究。在郑州做了大规模现场试验，取得了宝贵数据，初步掌握了设计、施工和检验的全套技术方法，并在北京一些工程中进行试点。中央彩色电视中心是第一个试点的大型工程，为全国大面积推广积累了经验。与中央彩色电视中心大体同时采用扩底桩基础的还有建设部设计院（现中国建筑设计研究院）李培林、吴学敏设计的北京图书馆，因当时信息闭塞，设计时互不知情。由于扩底桩适用范围宽、投资省、工期短、技术简单，这种新概念很快在全国条件合适的地方推广，曾风行一时。这种桩型最早发源于美国芝加哥，后来在北美各国以及日本、印度、比利时等许多国家应用。我国香港也大量采用这种基础，当地称之为caisson（沉箱），改革开放后传入深圳。

从技术的合理性、施工的可行性、质量的可控性，以及投资、工期等综合技术经济指标分析，扩底桩是本工程的最佳选择，前文已经作了详细论证。由于大直径的一柱一桩正好适应了当时建筑工程普遍由砖混结构向框架结构、框剪结构、框筒结构转变的趋势，故很快成为十分流行的基础形式，并列入规范。一柱一桩必须保证每一根桩的质量，保证每一根桩的承载能力十分可靠。不像群桩，万一个别桩有问题，其他桩还能帮衬。一柱一桩只要一根桩有问题，就会酿成重大事故。

本工程的桩基承载力，第一期和第二期采用不同的数值，是因为第一期时间太紧，来不及做载荷试验，在缺乏经验和可靠数据的情况下，有必要对地基承载力和变形留出较大余地，以确保工程安全。第二期做了载荷试验，有了可靠的依据，改进了设计，提高了经济效益。由此可见，信息和经验不多时留出较高的安全度，信息和经验充分时取较低的安全度是合理的。岩土工程设计应根据技术经济诸因素进行综合分析，作出合理的判断。

扩底桩受力明确而简洁，其主要优点：一是简化承台，大量节省钢筋混凝土工程量，节约了投资；二是人可以直接下孔检查，质量可控；三是施工占地面积小，机器不能进入的狭窄地段也能施工；四是可以采用“人海战术”，多桩同时施工，缩短工期。但也有它的局限性：一是适用于荷载适中的柱基，荷载太小不经济，荷载太大仍需多桩承台；二是适当深度内要有坚实稳定的持力层，如岩石、卵石、密砂、承载力高的黏性土；三是要求施工深度内无地下水，否则需降低水位，加大施工难度和经济投入。缺乏经验的地区宜先行试挖，再根据技术可行性大面积施工。

扩底桩初期都是人工挖孔，人工扩底。本工程第二期采用机械成孔，人工扩底。现在多数工程采用机械成孔，机械扩底，国外发展过程大体也是如此。人工开挖的扩底桩最大的问题是工人在孔内作业，劳动强度大，劳动条件差，属高危险性作业。有的工程在地下水位以下作业，边挖孔，边抽水，水流带走侧壁细颗粒，引起地面下沉，甚至护壁倒塌，造成人身事故。有的在流动性淤泥土中强行开挖，引起淤泥侧向流动，挤歪甚至推倒桩体。为了保护工人健康和人身安全，许多地方现在已经限制或禁止人工挖孔和扩孔作业。但人工挖孔桩仍可用于一些特殊场合，如武汉某高层建筑群，设计52层，已建至2层、6层、9层、20层不等，发现桩基检测和载荷试验数据不实，桩长不足，未进入中等风化岩，桩身强度也不满足要求。为了补强，在地下室内凿开筏板，在钢管护壁防水的条件下，用挖孔桩补强，桩身进入中等风化岩4m。试验结果表明，承载力特征值达10 000kN，满足了工程要求。

这些年来，采用扩底桩的工程比过去明显减少，其原因可能有以下几方面：一是规范规定，扩底桩的端阻力随面积增大而显著折减，降低了它的经济优势（学术界和工程界对此有不同看法）；二是人工作业已经受到严格限制，而机械作业因不能下孔直接检查，难以进行有效的质量检验，降低了施工质量的可控性；三是即使人工开挖、扩底，可以下孔检查，但有的工程未严格执行。如西北某工程发生挖孔桩过量下沉事故后开挖检查，发现桩底存在大量浮土，这些浮土是下放钢筋笼时碰撞孔壁形成的，浇注混凝土前未下孔检查，未予清理。夯扩桩和载体桩（见附录）是机械作业扩底桩的发展，既扩大了底端，使应力扩散，又挤密了土体，提高了承载力，还解决了困扰岩土工程师的沉渣问题。

岩土工程典型案例述评2

国家体育场（鸟巢）的地基基础工程 ①

核心提示

本案例体型宏大，政治、经济、社会意义特别重要。主体“鸟巢”用24根巨型柱支撑，内部看台为框架-剪力墙体系，分别采用桩基础和桩筏基础。案例介绍了桩基设计方案，用桩－土－基础共同作用分析程序（PSFIA）分析桩基沉降和基础内力，为确定基础方案解决了关键技术问题，值得岩土工程界学习和借鉴。

① 本案例根据北京市勘察设计研究院有限公司沈小克、唐建华提供的资料编写。

案例概述

1. 工程概况

1.1 项目概况

国家体育场为2008年北京第29届奥林匹克运动会的主体育场，占地面积21公顷，建筑面积258 000m^2，场内观众座席约为100 000个，其中临时座席约20 000个。在此举行了奥运会和残奥会的开幕式和闭幕式、田径比赛和足球决赛。第29届奥运会后成为北京市民广泛参与体育活动及享受体育娱乐的大型专业场所，并成为具有地标性的体育建筑和奥运遗产。

本工程由瑞士赫尔佐格-德梅隆建筑设计公司（HERZOG&DE MEURON，Switzerland）、奥雅纳工程顾问公司（ARUP SPORT，U.K）和中国建筑设计研究院（China Architecture Design & Research Group）联合设计。

国家体育场位于北京市奥林匹克公园中心区南部，主体建筑西侧紧邻城市中轴线，并与国家体育馆和国家游泳中心相对于中轴线均衡布置。建筑西侧为约200m宽的中轴线步行绿化广场，东侧为水面和商业设施，北侧邻成府路地下空间，南侧邻南一路，建筑规划用地20.29公顷。场区城市地理位置见图2-1；工程规划平面示意见图2-2。

本项目设计使用年限为100年，建筑结构安全等级为一级；地基基础设计等级为甲级；建筑抗震设防类别为一类；结构设计基准期为50年。结构对差异沉降敏感，结构的安全性十分重要。

1.2 建筑结构特征

国家体育场整体呈三维碗状几何结构，主体由巨型钢桁架结构体系、外壁“鸟巢”形次结构体系、内部看台的钢筋混凝土框架-剪力墙结构体系组成。其中钢结构“鸟巢”部分和钢筋混凝土看台部分的上部结构完全脱开，互不牵连。主体结构及其外围平台均设有地下2层框架结构的停车场和商业用房，基底埋深约在室外地面下8.5m左右。建筑平面南北向总长度为417m，东西向总宽度为339m，钢结构屋盖长度为333m，宽度为297m，建筑总高度为40.1～68.5m。内部的上、中、下三层碗状看台为4～7层混凝土框架结构。看台外部设有附属结构，结构底板埋深为7.1m。

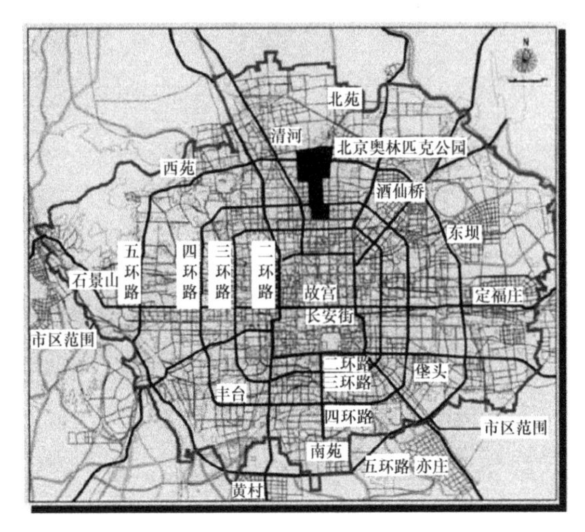

图2-1 场区城市地理位置示意图

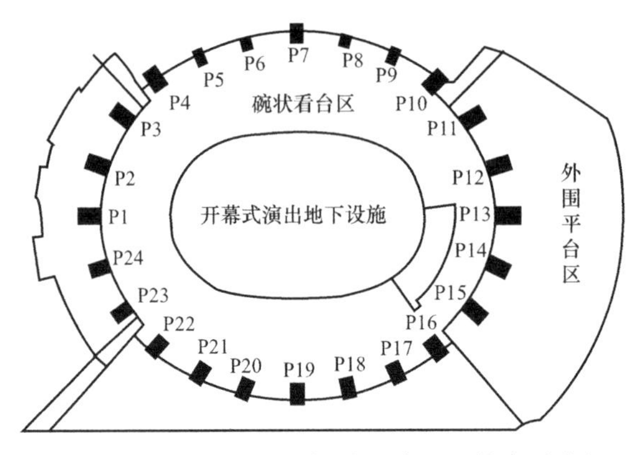

图2-2 国家体育场规划平面示意图（编者删改）

屋盖采用巨型钢桁架（门架形网架）结构，由环形布置在看台外侧的24根组合柱支撑，组合柱间距35m。每根组合柱承担的竖向荷载设计值达40 000～50 000kN，水平荷载设计值为20 000kN，采用桩基础。内部看台设3层梯级升高的座席层，由辐射状布置的框架柱列支撑，竖向荷载设计值为4 000～20 000kN。外围平台（裙房和纯地下部分）单柱荷载仅为4 000～10 000kN。看台和外围平台采用桩筏式基础，其中看台以及北侧外围平台局部筏板厚度为0.50m，其余部位筏板厚度均为0.70m。

2. 场区地质条件

2.1 岩土工程与水文地质勘察

本工程建筑基础范围共布置钻孔148个，一般深度为30～50m，最深为72m；运动场地段布置钻孔103个，一般深度为4m，最深为30m。室内土工试验有：常规物理性试验1256组；常规固结试验1026个；直接剪切试验262组；三轴压缩试验65组；回弹再压缩试验41个；高压固结试验34个；无侧限强度试验49个；渗透试验49个；静止侧压力系数试验27个；颗粒分析试验377个；土的易溶盐试验和地下水腐蚀性试验21组；地下水/土的毒性试验16组。原位测试有：标准贯入试验1066次；重型动力触探17.90m；轻型动力触探99.60m；波速测试5个孔，最深70m；地脉动测试5个孔。水文地质试验方面，布置2组抽水试验孔和4组注水和提水试验。

通过钻探、取样、室内土工试验、原位测试、抽水试验等勘察手段，查明了场区地层分布、土的物理力学性质和水文地质条件。采用北京市勘察设计研究院有限公司自主研制的“工程勘察专家系统”（ESGIFE），以及地理信息系统（GIS）、数字高程模型（DEM），建立三维地质模型数据库和多参数地质模型，全面整合场区地质数据，确定勘察分析评价的重点，并进行专项技术策划、控制，保证了勘察成果质量和分析评价的深入全面。

2.2 地层分布特征

场区位于永定河冲洪积扇中部，第四纪地层厚度约为160～200m，以黏性土、粉土与砂土、碎石土交互沉积为主。在本次钻探最大勘探深度72m范围内，可分为11个大层及亚层，典型地层剖面见图2-3。

场区表层为厚约1.00～5.00m的人工堆积层。该层以下至深度约35～40m以黏性土、粉土为主，埋深约10～16m处连续分布有细砂、粉砂，深度20m以下分布不连续的砂层和圆砾。深度约35～40m以下至最大勘探深度72m处，连续分布的以卵砾石、砂层为主（⑨层、⑪层），⑨层层顶埋置深度由东南向西北逐渐加深。⑨层与⑪层粗粒土中有一层黏性土和粉土（⑩层），顶面埋深约45～50m。该层厚度极不均匀，场区东部和西部普遍分布，变化范围为0.30～5.90m，而场区西南部和西北部则普遍缺失。由于夹层和透镜体多，地基条件较为复杂。

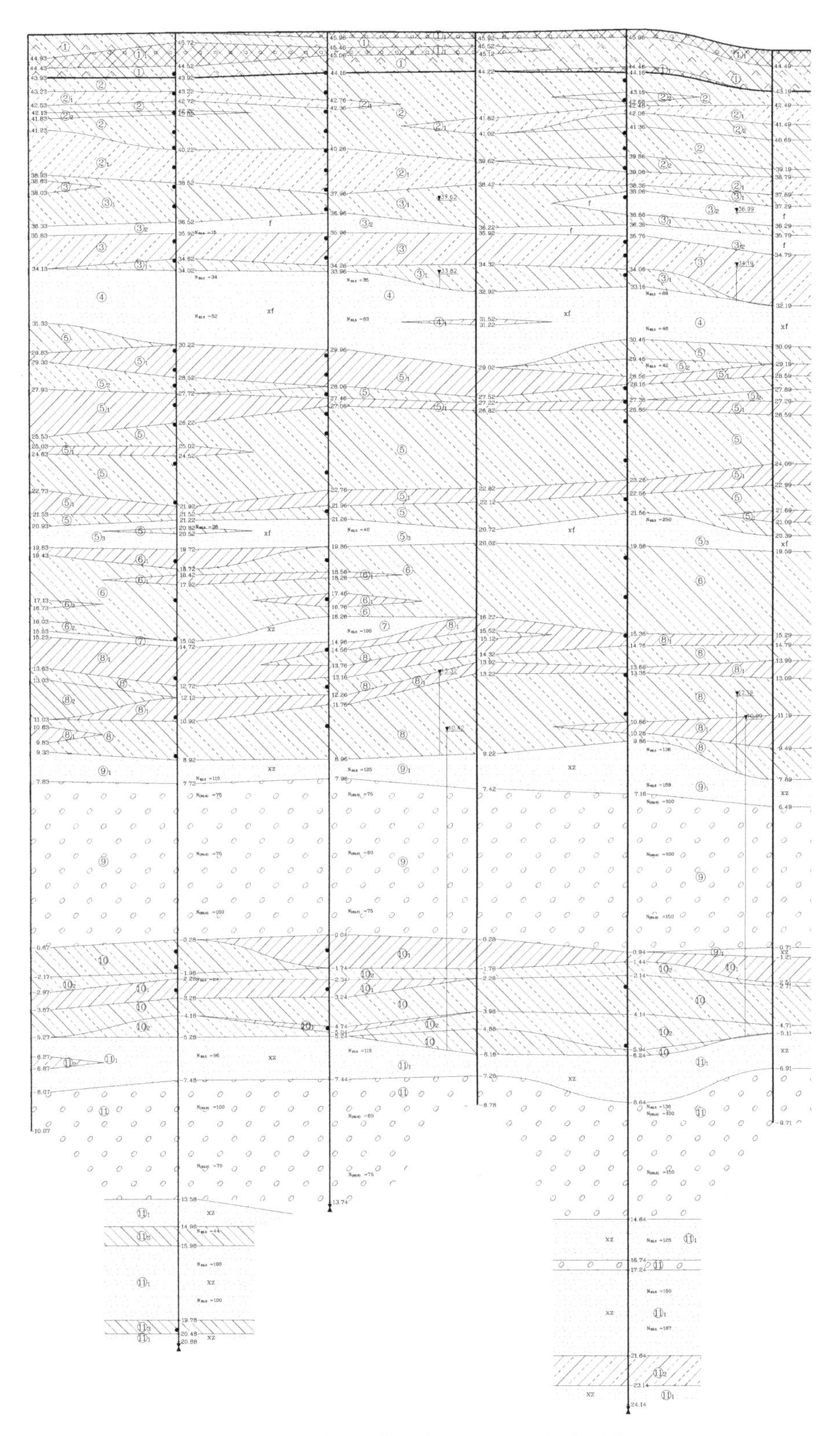

图2-3 国家体育场典型地层剖面图（编者删改）

2.3 水文地质条件

勘察过程中实测到5层稳定地下水位，其地下水类型分别为：

第1层为台地潜水，赋存于②、③大层中的粉土、砂土；

第2层为层间水，赋存于透水性较强的④大层细砂、粉砂；

第3层为潜水，赋存于透水性强的⑦大层细砂、粉砂及砾石；

第4层为第1层承压水，赋存于透水性强的⑨大层卵砾石及细砂、中砂；

第5层为第2层承压水，赋存于强透水性的⑪大层卵石及细砂、中砂。由于相对隔水的10大层分布不连续，第4、5层地下水局部贯通为一层地下水。各层地下水类型及钻探期间实测水位见表2-1。

地下水情况一览表 **表2-1**

序号	地下水类型	钻探中实测地下水稳定水位标高（m）	水文地质观测孔实测水位标高（m）	观测时间
1	台地潜水	37.07～43.46	37.86～40.63	2003年8月～9月中旬
2	层间水	32.86～36.48	34.54～35.01	
3	潜水	14.48～18.10	15.21～17.48	
4	第1层承压水	11.35～14.31	12.12～15.20	
5	第2层承压水	10.42～12.13	11.96～12.93	

限于钻探工艺和隔水条件，岩土工程勘察钻孔中量测的水位与水文地质勘察观测孔中量测的水位有一定差异，以后者为准。

综合本次岩土工程勘察和水文地质勘察成果，第1层承压水的承压水头高约4～6m；第2层承压水的承压水头高约17～25m。此外，受到顶板黏性土的阻隔，层间水也有不同程度的承压性，由于层间水的水位接近基础埋置标高，在设计与施工中应特别注意该层承压性可能对设计与施工造成的影响。

3. 桩基设计方案

3.1 技术关键与持力层选择

国家体育场虽然不属于高层建筑，但体型宏大，结构体系复杂，荷载变化很大。差别显著的上部荷载对“鸟巢”地基沉降控制提出了极高的要求，地基方案的选择和具体设计成为技术关键之一。从基础工程角度，总体上可分成三部分：一是24根主要承重结构的组合柱；二是呈辐射状布置的框架柱列内部看台；三是外围平台。受地层变化的影响，组合柱下的桩长并不一致，组合柱部分的承台底面标高与看台及外围平台相比，一般要深3～4m左右。这样复杂的体系是否能够做到沉降协调，是地基基础设计的难点。

场区内的⑨和⑪层均为卵砾石和砂土，厚度大、分布稳定，为良好的桩端持力层，如果能够将桩端持力层放在⑨层上而不是⑪层上，则可以节约大量的工程投资。但有三个问题必须注意：一是⑨层顶面起伏较大，影响桩长设计；二是⑨层顶面以上有压缩性较大的黏性土夹层和透镜体，如桩端落在黏性土夹层，对看台桩基将产生不利影响，对组合柱将产生严重后果；三是⑨与⑪层之间的⑩层（黏性土、粉土）的空间分布和厚度很不均匀，压缩性相对较高，对桩基沉降性状和桩端标高的选择有重要影响，必须通过深入而可靠的沉降分析才能得出确切的结论。为此，勘察报告给出了⑨层顶面标高等值线与⑩层厚度分区，见图2-4和图2-5。

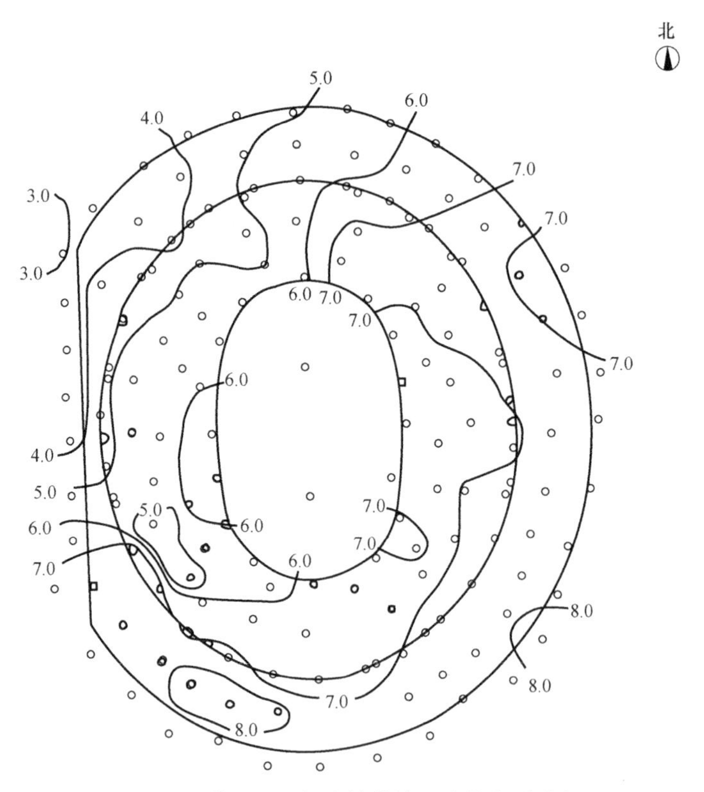

图2-4　⑨层层顶标高等值线图（编者删改）

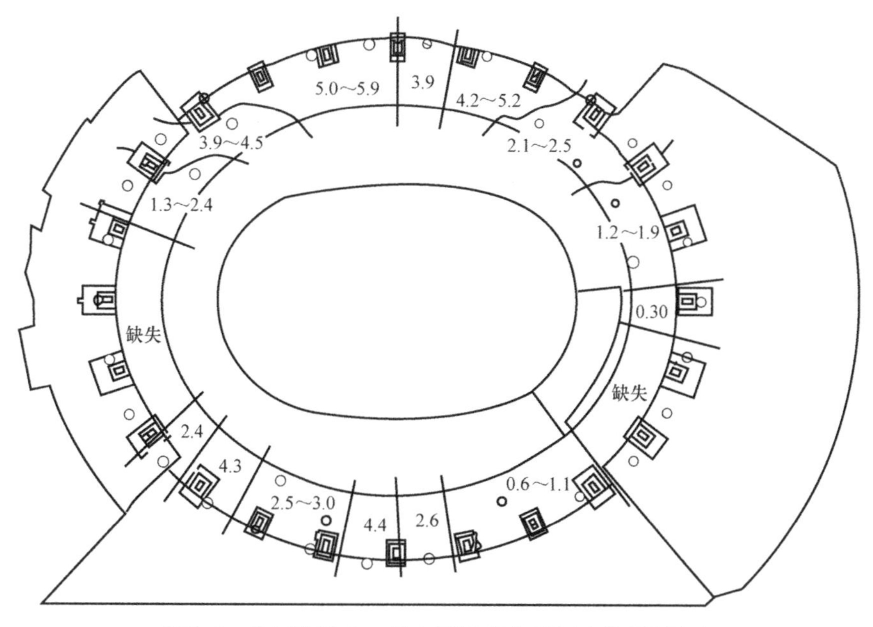

图2-5　⑩层黏性土、粉土层厚度分区图（编者删改）

3.2　设计方案

本工程全部采用钢筋混凝土灌注桩，总桩数约2200根。为了提高桩的承载能力和减少沉降，采用后压浆技术对其加强。其中，Ⓐ轴桩基仅进行桩侧压浆，Ⓑ轴桩基仅进行桩端压浆，其余部位桩端、桩侧均采用后压浆加强。桩身直径为800mm和1000mm，桩端持力层为⑨层卵石、圆砾层。桩长总体按照进入持力层⑨层1.0m控制，设计桩长约31～35m（因地层变化，实际桩长为25.4～39.3m）。根据试桩报告，当桩长为35m，桩径为800mm和1000mm时，单桩竖向极限承载力分别为14 000kN和20 000kN。

本工程对桩基后压浆的效果进行了专门研究，由于北四环以外的地层情况与市区有所不同，故后压浆对桩基承载力的提高系数不能直接套用市区经验。市区的提高系数约为2.0～2.5倍，试验研究后认为本工程宜采用1.4～1.6倍。后压浆载荷试验工作由冶金工业工程质量监督站检测中心负责进行，载荷试验包括基桩抗压和抗拔试验、单桩与群桩水平载荷试验，并做了桩身轴力分布测试，典型试验成果见图2-6和图2-7。由试验成果可知，桩的侧阻力承担90%左右，端阻力承担10%左右，以侧阻力为主。后压浆与不压浆相比，承载力提高约1.5倍。

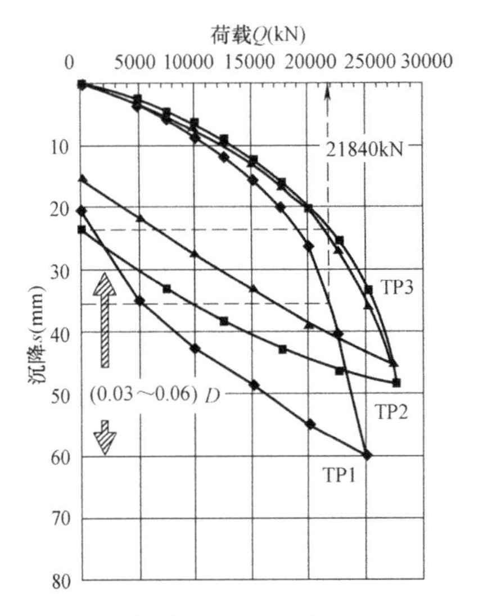

图2-6　典型基桩载荷试验成果图（钟冬波）

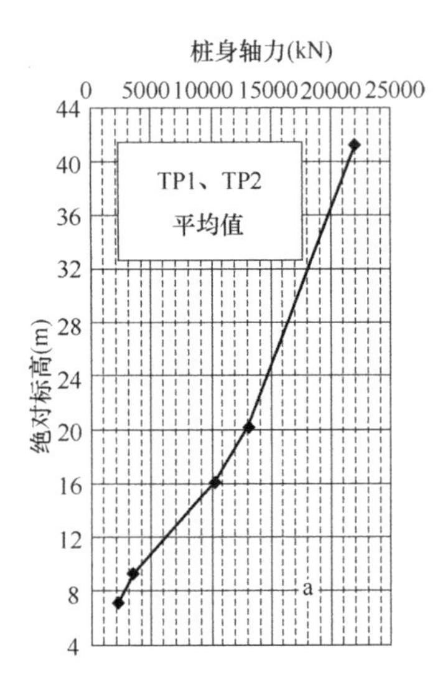

图2-7　桩身轴力分布图（钟冬波）

桩基竖向布置剖面示意见图2-8。

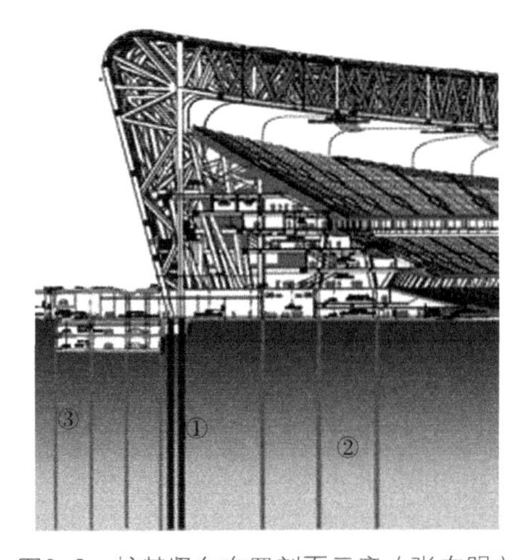

图2-8　桩基竖向布置剖面示意（张在明）

4. 沉降分析

4.1　桩-土-基础共同作用分析程序（PSFIA）

桩-土-基础共同作用分析程序（PSFIA）由北京市勘察设计研究院有限公司研制，数学模型详见附录。简单地说，模型考虑了桩与桩侧土之间的作用、桩与桩之间的作用、桩端刺入变形、承台底土反力，承台底土反力的占比、桩端与桩侧的分配分别由分配系数控制，基础采用梁板有限元模拟，在变形协调的前提下算出基础沉降，算出筏板内力。其主要特点如下：

（1）根据桩–土–基础共同作用原理，引入桩端刺入变形概念，以大量实测资料为背景，既有先进的理论基础，又融入地方经验，实用性强，鉴定时被评为国际先进水平。

（2）可用于分析天然地基，分析桩基，也可分析部分采用天然地基、部分采用桩基的工程。适用于荷载悬殊、基础刚度变化、土质不均、桩长不一、桩的疏密不同、有后浇带等各种复杂情况，适应性强。

（3）由于考虑了桩–土–基础（承台）的变形协调，考虑了不同基础类型刚度对沉降调整能力的差异，比常规方法分析更合理，更接近实际，也有利于基础方案的选择。

（4）采用增量法分时段计算，最后汇总求算沉降和内力，可反映不同时段荷载的地基变形，还可模拟后浇带浇灌前后基础刚度的变化，反映后浇带对高低层变形和整体内力的影响，对是否设置后浇带及其浇灌时间的判断十分有利。

（5）由于搜集了大量天然地基和桩基工程的沉降实测数据，并进行反演分析，获取相关经验系数；又有针对性的现场大型群桩试验资料，考虑群桩效应的影响，使计算结果更接近实际。

4.2 沉降分析结果

如桩端持力层选在⑪层，桩长需47m，大大增加工程量和资金投入；而以⑨层为持力层，其下又有软弱下卧层，故沉降分析成为确定桩基方案的关键。经桩–土–基础共同作用分析程序（PSFIA）计算，结果见表2–2及图2–9。

分析结果表明，桩基沉降和沉降差均可满足要求，筏板单元的内力为确定基础形式和基础断面提供了依据。

计算成果汇总　　表2-2

建筑部位	基底平均荷载（kPa）	平均沉降量（mm）	最大沉降量（mm）
组合柱	283.0～602.1	12.41～27.66	13.00～29.88
看台	96.9	12.26	27.59
南侧外围平台	83.2	10.27	15.20
西侧外围平台	126.7	14.15	28.04
北侧外围平台	70.4	9.48	16.29

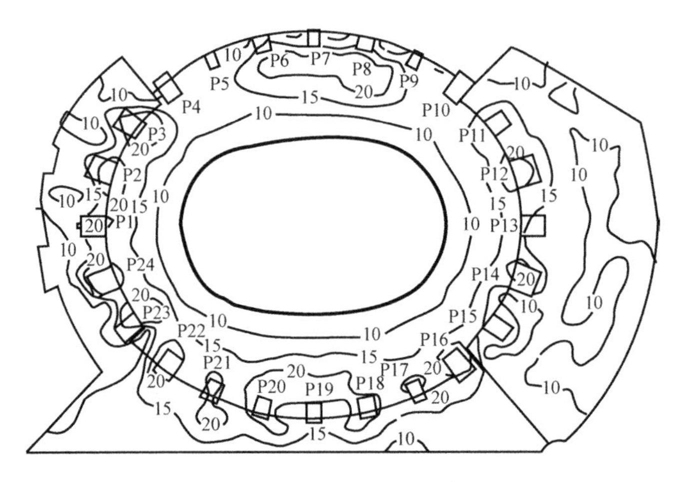

图2-9　沉降分析成果图（编者删改）

4.3　沉降监测

本工程监测工作由建设综合勘察研究设计院有限公司负责进行。2005年开始施工，同时对组合柱承台、看台和车库部分进行沉降观测。截至2008年6月30日，工程已经竣工投入使用，看台部分共观测17次，组合承台部分共观测13次。观测数据显示，竣工时沉降均未达到稳定。预测长期沉降和竣工时实测沉降数据见表2-3。

计算沉降与实测沉降对比　　**表2-3**

建筑部位	计算长期沉降（mm）		竣工实测沉降（mm）	
	平均值	最大值	平均值	最大值
看台	12.26	27.59	18.84	27.09
外围平台	11.78	28.04	5.76	26.06
组合柱	12.41~27.66	/	7.01~17.07	/

由上述结果可知，预测与实测基本一致，实测沉降量均未超过30mm，差异沉降很小，设计单位虽未提出具体变形限值，但可以判断，工程安全和正常使用完全可以保证。看台和外围平台因荷载小，工后沉降不大，故预测与实测较为接近；组合柱荷载较大，工后沉降也会较大，故实测小于预测，沉降稳定后将趋于接近。由于本工程体型宏大，观测点有限，影响沉降的因素又很多，预测和实测有些偏差是正常现象。总体判断，沉降分析达到了预期效果。

评议与讨论

1. 对本案例的总体评价

本案例建筑体量宏大，政治、经济和社会意义特别重要，主体为24根组合柱支撑的巨型空间网状钢桁架结构体系，看台为钢筋混凝土框架–剪力墙结构体系，特殊而复杂的结构对岩土工程带来了巨大挑战。北京市勘察设计研究院有限公司承担了岩土工程勘察、水文地质勘察、桩基沉降分析和设计优化、施工期地基检验等工作，认真细致、勇于创新，为该工程的建设提供了高质量的技术成果和优质服务，作出了显著贡献。

精细的勘察工作和翔实的地质数据为本工程地基基础总体方案的选择和实施奠定了基础。除常规勘察手段外，还用该院自主研制的“工程勘察专家系统”（ESGIFE）综合分析该场地的全部地质资料，建立三维地质模型数据库和多参数地质模型，合理确定了桩基持力层和相应桩长。为了确保桩端进入持力层，还提供了持力层顶面标高等值线、软弱夹层和透镜体详细分区。

在地基基础咨询方面，本案例采用桩基和桩筏基础，并用后注浆加强。首要问题是基桩承载力，本案例在确定后压浆的提高系数时，不是简单套用北京老市区的经验，而是进行深入试验研究，得到了确切的数据，并经载荷试验验证。承载力问题解决后，技术关键就是变形能否满足要求？⑨层下面还有相对软弱下卧层，⑨层可否作为持力层？必须通过沉降分析才能作出判断。本案例采用自主开发的PSFIA程序进行了多方案分析、比选和优化，肯定了以⑨层作为持力层能够满足要求，并给出了相应的沉降量和筏板内力，为地基基础设计打下了坚实基础。监测数据表明，预测沉降和实测沉降基本一致，达到了预期效果。

2. 桩基沉降问题的复杂性

迄今为止，桩基础的沉降计算都是半理论半经验的方法，没有一个方法称得上完美，这是由桩基土中附加应力分布的复杂性和应力应变的非线性决定的。根据上海地区摩擦桩的试验研究，群桩沉降由桩身压缩、桩尖刺入和桩尖底面以下土的变形三部分组成。考察桩基沉降有两个事实需特别关注：一是由于桩土间的滑移而产生的桩的刺入变形，使桩侧和桩尖较早就出现非线性，而不是承载力接近极限时才发生；二是沉降要经历一个时间过程，特别是软土地区，竣工后5～7年才能基本稳定，沉降主要由固结和流变引起，用弹性理论或弹塑性理论计算肯定会产生很大误差。虽然以上试验研究是在软土地区进行的，硬土情况有所不同，但土体中应力的复杂分布和随时间的变化、应力应变关系的非线性和固结、流变的存在是类似的，这就注定了桩基计算的极大难度，至今还没有一个能够全面反映这些特征的计算模式，只能采用半理论半经验的方法。

3. 关于桩基沉降计算方法的讨论

桩基沉降计算工程上用得最多的是基于布辛奈斯克（Boussinesq）课题的实体基础法，即将全部荷载集中作用在桩尖平面上，以桩尖平面为半无限体表面，与浅基础一样用分层总和法计算沉降，桩尖平面以上土体中的应力应变和桩土的相互作用全部忽略不计。这个计算模式显然相当粗糙，不考虑桩数和桩间距，不考虑端阻和侧阻的分担，不考虑侧阻沿桩身的分布，也不考虑桩侧土所起的作用。因方法简便，用适当的经验系数修正，故用得相当普遍。

明德林（Mindlin）法也是常用的桩基沉降计算方法。该法将每根桩的荷载分为端阻力和侧阻力，根据载荷试验或统计经验确定所占的比值，将端阻假定为集中力，将侧阻假定沿桩身矩形分布或三角形分布，将逐根桩的应力叠加，算出地基中的附加应力，再利用分层总和法计算桩基沉降。

明德林法较为真实地反映土中附加应力，也可反映桩尖平面以上桩间土的受力和压缩情况，但不能反映应力应变关系的非线性，更不能反映沉降随时间的发展过程，还是半理论半经验的方法，需经验系数修正。由于实体系数法与明德林法算得的附加应力差别很大，故两者的经验系数完全不同。

国家标准《建筑地基基础设计规范》GB 50007规定可采用上述两

种方法；上海市地方标准《地基基础设计规范》DGJ 08-11规定采用Mindlin法；行业标准《建筑桩基技术规范》JGJ 94则将这两种方法结合，规定了等效作用分层总和法。

由于以上两种实用方法不够理想，学术界和工程界的一些人士致力于研究更接近于实际情况的计算模式。有的学者偏重于追求“理论完美”，追求“先进”和“普适”，但在可以预期的时间内，还不可能真正达到完美的目的，仍需经验修正。这种研究作为科学探索是应当鼓励的，也有利于青年基本功的训练，但用于工程设计往往不切实际。另有一些学者和工程师不求理论完美，只求“工程实用”，抓住主要因素，着重经验积累，形成具有地方特色的实用计算方法，很受岩土工程师欢迎，本案例就是其中之一。由于计算方法的半理论半经验性，不可能很精确，与实测数据存在一定差异是正常现象。也进一步说明，工程监测是多么重要。

岩土工程典型案例述评3

北京望京新城两项目基础工程的变刚度调平设计①

核心提示

本案例包括北京嘉美风尚中心办公楼及酒店、北京望京B11-1地块（悠乐汇）B区工程两个项目，均由变刚度调平设计创导者刘金砺提供，该设计理念和设计方法已被广为认同和大面积推广，本案例对学习和实施变刚度调平设计具有很强的指导意义。

① 本案例根据中国建筑科学研究院刘金砺提供的资料编写。

案例概述

1. 北京嘉美风尚中心办公楼及酒店

1.1 工程概况

北京嘉美风尚中心位于北京市望京新城，由2座高层主楼（办公楼和酒店）及与之相连的裙房和纯地下室组成。整个工程地下3层，位于同一整体大底盘基础上，基础平面尺寸约260m×75m。主楼平面尺寸约56m×36m，地上24～28层，高度99.8m，框架核心筒结构，桩筏基础。裙房地上4～6层，框架结构，筏板基础。纯地下车库地下3层，框架结构，筏板基础。整个工程基础底面标高-15.50～-16.20m，建筑面积约18万m^2。建筑结构三维图如图3-1所示。

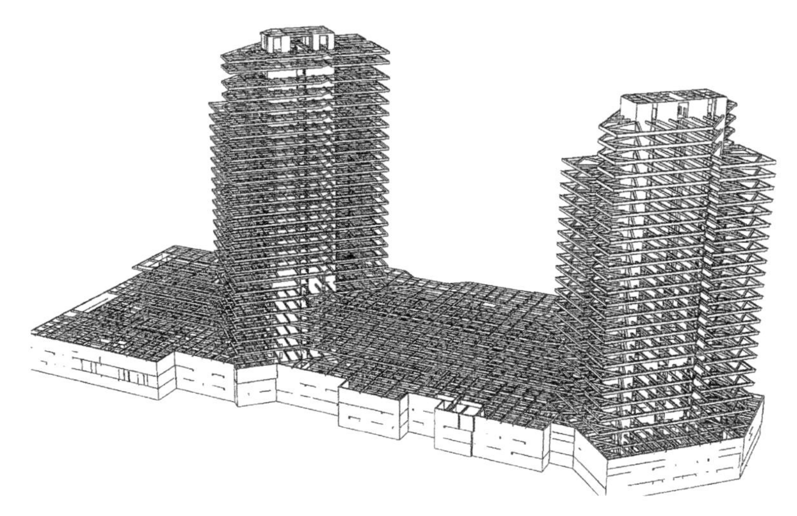

图3-1　建筑结构三维图

1.2 工程地质条件

该工程基础埋深约15.5～16.2m，基底绝对标高21.6～20.9m，基础位于第⑤大层粉质黏土，基底以下的土层情况见表3-1，地层剖面示意见图3-2。

基底以下土层情况 表3-1

序号	土 类	层顶标高（m）	状 态	压缩性
⑤	粉质黏土、黏质粉土	21.23～24.04	可塑—硬塑	中—中低压缩性
⑥	粉质黏土、黏质粉土	17.39～19.31	可塑—硬塑	中—中低压缩性
⑦	含有机质黏土、含有机质重粉质黏土	9.44～10.99	可塑—硬塑	中—中低压缩性
⑧	细砂、中砂	7.42～11.39	—	低压缩性
⑨	含有机质黏土、含有机质重粉质黏土	–5.05～–2.42	可塑—硬塑	中—中低压缩性
⑫	卵石、圆砾	–16.31～–13.76	—	低压缩性
⑬	圆砾、卵石	–20.37～–18.61	—	低压缩性
⑭	粉质黏土、黏质粉土	–29.56～–28.91	硬塑—可塑	低压缩性

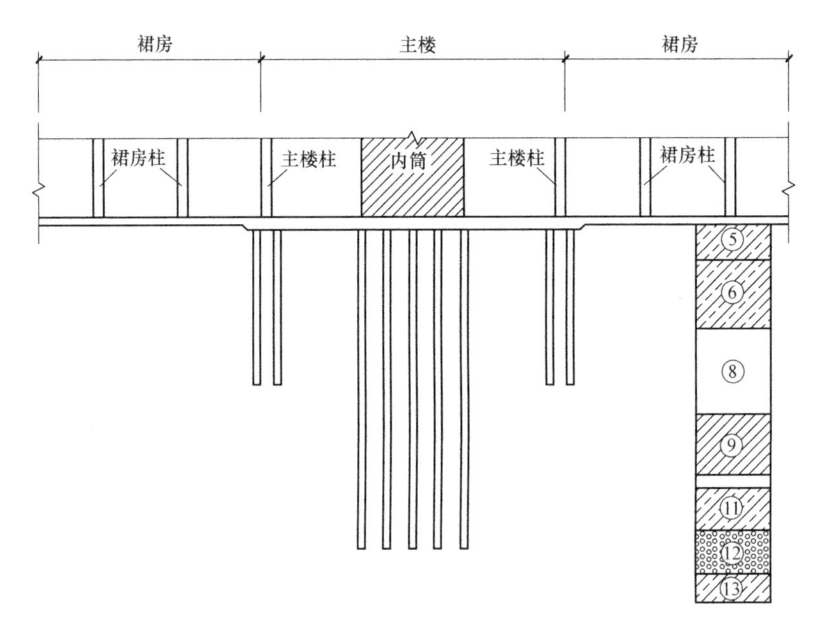

图3-2 桩基竖向布置及地层剖面示意图

1.3 基础设计

（1）基础工程特点分析

本工程的结构平面布置见图3-3。高层主楼基底平均压力标准值约为500kPa，裙房基底平均压力标准值约为65～110kPa。在高层主楼内部，内筒竖向刚度很大，竖向荷载高度集中，内筒水平投影面积为主楼水平投影面积的16%～19%，但其承担的竖向荷载却占主楼总荷载的39%～42%。可见，在本工程中，位于同一整体大底盘基础上的高低层建筑部分之间以及高层建筑内部的荷载分布差异都很大，导致同一整体大底盘基础上的各建筑部位的差异沉降问题十分突出。本工程基础差异沉降的协调与控制是地基基础设计时应重点考虑和予以解决的问题。

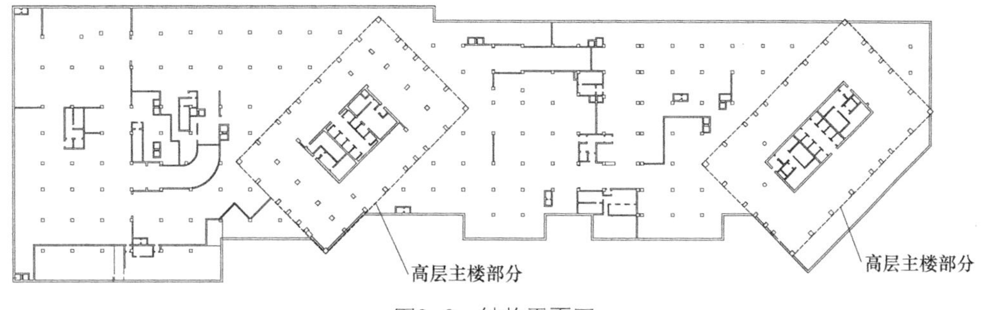

图3-3　结构平面图

（2）单桩承载力确定

本工程桩基采用现场灌注桩结合后注浆技术，以大幅度提高基桩的承载力、增加基桩刚度、减少基础沉降。后注浆处理后的单桩竖向极限承载力按下式估算：

$$Q_{uk}=u\sum\beta_{si}\bullet q_{ski}\bullet l_i+\beta_p\bullet q_{pk}\bullet A_p \qquad (3\text{-}1)$$

式中，q_{ski}、q_{pk}为桩的极限侧阻力和极限端阻力标准值，按勘察报告或有关规范取值；l_i为桩侧第i层土厚度；u、A_p分别为桩身周长和桩底面积；β_{si}、β_p分别为后注浆侧阻力、端阻力增强系数，根据土层岩性及注浆工艺、注浆参数综合确定。

根据本工程的勘察报告和大量后注浆灌注桩工程经验，本工程长桩（37m）实施桩侧、桩底复式注浆，单桩极限承载力标准值取12800kN；短桩（17.4m）仅实施桩底注浆，单桩极限承载力标准值取5600kN。

（3）基桩布置与共同作用计算

综合考虑上部荷载与桩、土反力的整体平衡与局部平衡，考虑上部结构和基础刚度的分布，布桩时强化刚度大、荷载集中的内筒区域，弱化荷载分散的核心区外围，并尽量使基桩布置在内筒、柱下筏板的冲切破坏锥体之内。通过上部结构、基础与地基的共同作用进行基础沉降分析，以获得最小的基础差异沉降、筏板内力为优化目标，进行优化布桩。本工程最终的桩基平面布置见图3-4。

主楼外围的裙房及纯地下室部分，基础处于超补偿状态，均采用天然地基。

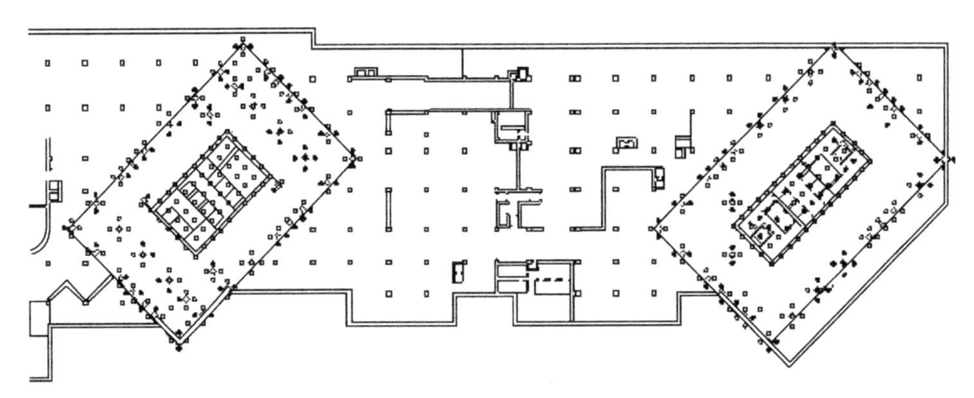

图3-4　桩基平面布置图

1.4　工程效果分析

（1）计算沉降与实测沉降分析

本工程建筑物计算沉降如图3-5所示。从2006年5月10日基础筏板施工完成时开始进行沉降观测，2007年1月底结构封顶，主楼沉降随时间的变化情况见图3-6，图中的4条曲线分别为2栋主楼内筒、外柱相邻点的沉降变化曲线。从图中可看出，内筒、外柱相邻点的沉降同步发展，而且数值很接近。从图中亦可看出，结构封顶后，沉降曲线已出现收敛趋势。主体结构封顶1个月时各观测点的沉降量见图3-7。由图可以看出，主楼各竖向受力构件间的沉降差均很小，相邻竖向承重构件的沉降差最大值为万分之五。

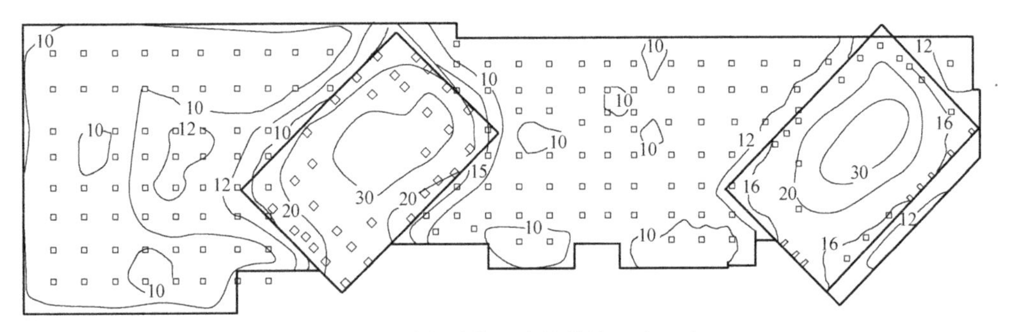

图3-5　建筑物计算沉降等值线图（mm）

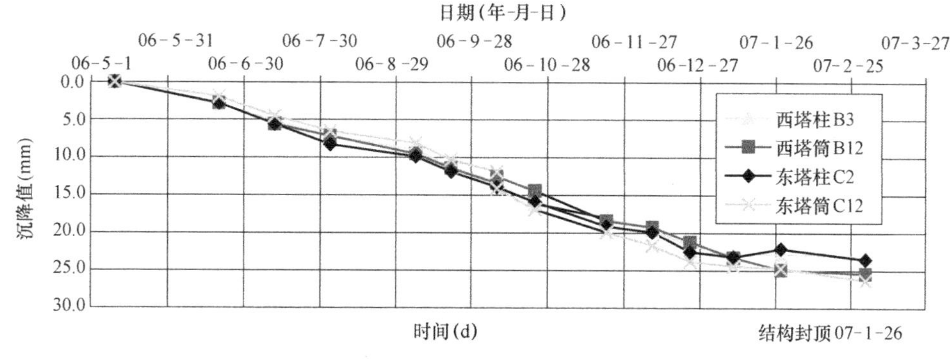

图3-6　主楼沉降随时间曲线图

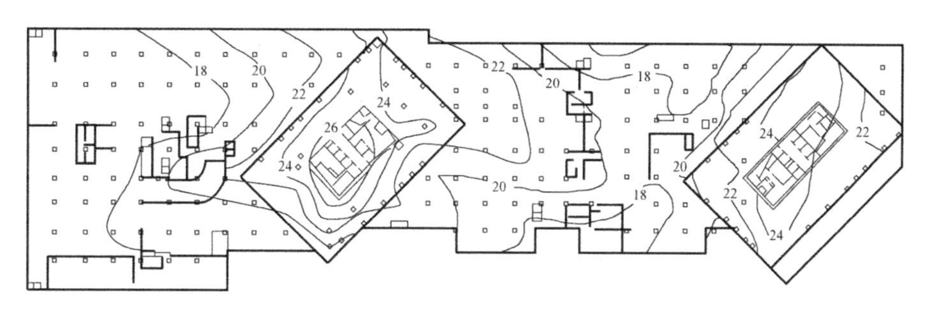

图3-7　结构封顶1个月时的沉降量（mm）

（2）经济效益分析

本工程原设计2栋主楼基础为ϕ800泥浆护壁钻孔灌注桩，桩长均为37m。现采用基桩后注浆技术和变刚度调平优化设计，优化后桩基工程量比原设计减少约40%，节约投资约300万元。

2. 北京望京B11-1地块（悠乐汇）B区工程

2.1　工程概况

北京望京B11-1地块项目（悠乐汇）B区工程，位于北京市朝阳区望京内环路与南湖渠东路交叉路口的东北侧。该工程由3座主楼及与之相连的裙房组成，整个工程位于同一整体大面积基础之上，基础平面尺寸约180m×48m。主楼平面尺寸39.9m×27.3m，地上27～28层，地下4层，框架核心筒结构，桩筏基础。裙房一部分为纯地下室，一部分为地上4层，框架结构，筏板基础。整个工程基础埋深相同，为-17.60m，建筑面积22万m^2。

该工程建筑结构三维图如图3-8所示。

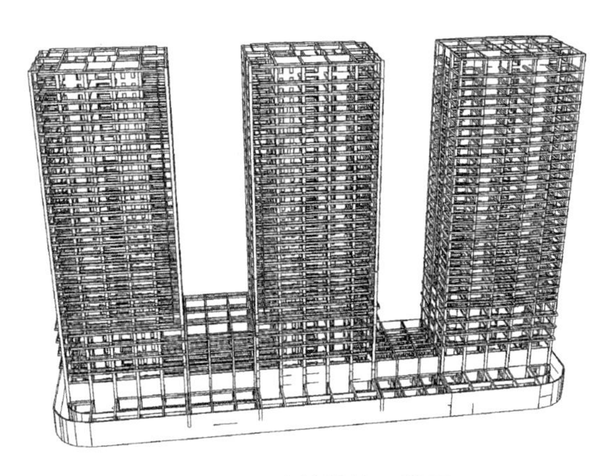

图3-8　建筑结构三维图

2.2　工程地质条件

本工程场地地貌单元属永定河冲洪积扇的中下部，按地质成因、特性分为人工填土和一般第四纪沉积。分别为：黏质粉土素填土①层，夹杂填土$①_1$层；黏质粉土-砂质粉土②层夹粉质黏土-重粉质黏土$②_1$层及粉细砂$②_2$薄层或透镜体；粉细砂③层，夹黏质粉土-砂质粉土$③_1$层透镜体；粉质黏土-重粉质黏土④层，夹黏质粉土$④_1$层、细砂$④_2$以及黏土薄层或透镜体；细中砂⑤层，夹粉质黏土$⑤_1$层及黏质粉土薄层或透镜体；圆砾⑥层，夹细砂$⑥_1$层和粉质黏土$⑥_2$薄层或透镜体。

场地内第一层地下水水位埋深6.7m，属上层滞水；第二层地下水水位埋深为9.9m，属潜水。地下水对混凝土结构无腐蚀性。B区建筑、桩基纵剖面图见图3-9。

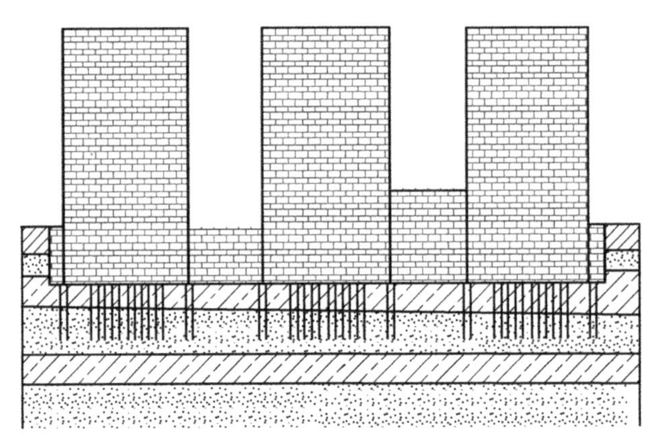

图3-9　悠乐汇B区建筑、桩基纵剖面图

2.3 基础设计

（1）桩基设计方案

本工程桩基采用现场灌注桩结合后压浆技术，以大幅度提高基桩的承载力、增加基桩刚度、减少沉降。抗压桩实施桩侧、桩底复式压浆。

抗压桩桩径800mm，桩身强度C30，桩长16.5m，桩端持力层为细中砂⑤或圆砾⑥层，单桩抗压极限承载力标准值取8600kN。

通过基础筏板受力分析，筏板厚度主楼下1.6m，主楼周围裙房为1.0m。

（2）基桩布置

综合考虑上部荷载与桩、土反力的整体平衡与局部平衡，考虑上部结构以及基础刚度的分布。布桩时强化刚度大、荷载集中的内筒区域，弱化荷载分散的核心区外围，并使基桩集中布置在核心筒、柱的周围，尽量使基桩布置在内筒、柱下筏板的冲切破坏锥体之内。

每座主楼下布桩186根，三座主楼共布桩558根。

（3）基础计算分析

在变刚度调平概念设计的基础上，进行地基基础与上部结构共同作用计算分析。通过分析调整布桩，使差异沉降趋于最小，筏板内力最小。

本工程最终的桩基布置图见图3-10，建筑物计算沉降见图3-11。

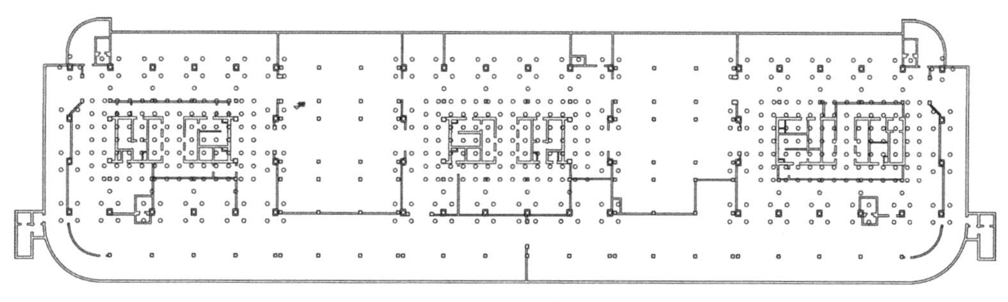

图3-10　桩基布置图

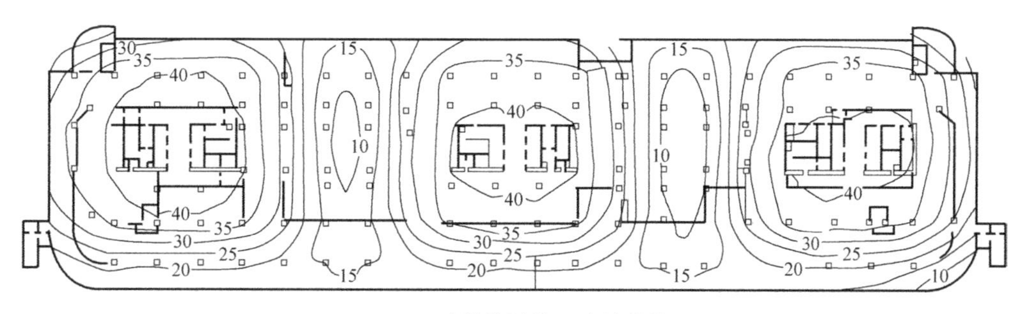

图3-11　建筑物计算沉降等值线图

2.4 沉降实测

本工程从2006年2月基础施工完成时开始进行沉降观测，主体结构封顶前1个月的沉降量见图3-12。

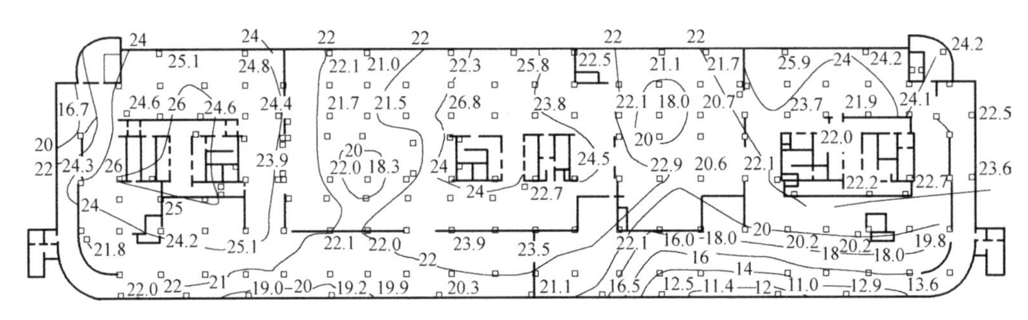

图3-12 沉降观测结果

2.5 经济效益分析

（1）节约投资

本工程采用后注浆技术及变刚度调平设计后，基础筏板厚度由3.0m（主楼核心筒）和2.2m（核心筒外围）减小为1.6m，桩数由1050根减少为558根。与常规桩基设计、施工技术相比，节约基础工程投资约685万元。

（2）缩短工期

常规桩基技术，ϕ800灌注桩1050根，成桩施工工期约需60天。优化设计ϕ800灌注桩558根，成桩施工工期不超过35天。可见采用新技术仅桩基施工工期即可节约25天，尚未考虑基础筏板工程量减少节约的工期。

评议与讨论

变刚度调平设计是中国建筑科学研究院刘金砺等专家首先提出，经深入研究和大量工程实践，被公认为成功的设计理念和设计方法，其基本概念详见附录。基本思路可归纳为，根据上部结构布局、荷载分布和地质条件，以调整桩土支撑刚度分布为主线，考虑桩、土、基础和上部结构的相互作用，采取增强与减弱结合，减沉与增沉结合，刚柔共济，整体协调，局部平衡，实现差异沉降、基础内力和材料消耗的最小化。对于超高层建筑主楼的变刚度调平，原则是强化中央核心筒，弱化外围框架；对于主楼与裙房、周边纯地下室连体建筑的变刚度调平，原则是强化主楼，弱化裙房和纯地下室，以有效减小筏板的整体弯矩和冲切力。

地基基础设计最忌讳不均匀沉降，包括相邻独立基础的差异沉降，砌体结构条形基础的局部倾斜，高层建筑和高耸建筑基础的整体倾斜，大底盘基础的整体挠曲，主裙连体结构的差异沉降等等，原因就是差异沉降将增加基础和上部结构的内力，造成负面影响，这一概念早已为业内人士所熟知。这些年来，大底盘上荷载集度差异很大的超高层建筑、主裙房连体建筑不断涌现，问题非常突出。该如何应对？最初的办法是设置沉降缝，将荷载相差悬殊的结构用沉降缝分开，将长高比大的建筑用沉降缝分为几段，但沉降缝给建筑功能带来诸多不利影响，使用受到限制。以后大量采用沉降后浇带处理，后浇带虽然解决了建筑功能上的问题，但施工极为不便，且其本身也是薄弱部位。怎么办？按传统的设计思路，一是筏板下满堂均匀布桩，加大、加密、加长基桩，用减小总沉降来换取减小差异沉降；二是加厚筏板，用提高筏板的刚度和强度来抵抗不均匀沉降带来的挠曲变形。其结果是增加资金投入，增加材料消耗，增加工期。对于土质较软，荷载差异较大的框筒、框剪结构，可能还是达不到规范对地基基础变形的限制要求，甚至发生开裂事故。这里并非完全否定沉降缝和沉降后浇带，在变刚度调平设计已经普及的今天，工程需要时仍可采用。

变刚度调平的设计思想，不是加大投入，简单地用减小总沉降换取减小差异沉降，也不是简单地用提高筏板刚度和强度来抵抗不均匀沉降，而是从源头上解决问题。通过桩径、桩长、桩距的设计，调整支撑刚度的分布。将等刚度的天然地基或均匀布桩的桩土地基，改为变刚度支撑基础传来的压力，原来沉降大的部位支撑刚度大一些，原来沉降小的部位支撑刚度小一些，从而使整体沉降均匀化，达到减小筏板和上部结构内力的目的，既经济，又有效。如果说，传统的设计观念是笨办法，那么变刚度调平设计理念就是巧办法。本书《自序》中提到“岩土工程的科学性和艺术性”，结合到本案例，桩土变形分析，桩–土–桩相互影响分析，结构内力分析，地基、基础与上部结构共同作用分析等，都是基于力学，体现了岩土工程的科学性；面对同一底板上荷载、刚度差异巨大的具体工程和具体地质条件，在理念上巧妙应对，体现了岩土工程的艺术性。

突破传统观念，建立全新理念，是非常不容易的事，需要智慧，需要勇气，更需要对社会的强烈责任心，还必须有牢靠的技术支撑。为了实现变刚度调平设计的理念，刘金砺研究员率领团队奋力攻关，进行了大规模的室内模型试验和现场模型试验，进行了深入的理论研究和变形机制分析，提出了一套实用而可行的设计计算方法，结合实践，取得了很多典型工程的实测数据。该技术完全成熟后，于2008年正式列入《建筑桩基技术规范》。

十年辛苦不寻常！我们今天学习变刚度调平设计，不仅要学习设计技术，还要学习创导者的思想和精神。

近年来，闫明礼、佟建兴等专家又将变刚度调平设计的理念推广到复合地基的变模量设计，通过模型试验、数值分析和工程实践，研究框架–剪力墙结构下CFG桩的基底反力和设计方法。采用调整桩距、桩长或桩径，强化核心筒，弱化外框架的变模量设计，有效地减小了核心筒与外框架之间的差异沉降，降低了基础内力和上部结构次应力，并提出了一套实用的沉降分析方法，取得了良好效果。图3-13为清华科技园科技大厦建成二年后的沉降等值线；表3-2为实测沉降量和挠度。由图表中的数据可知，沉降差和挠度很小，均在规范规定限值内。

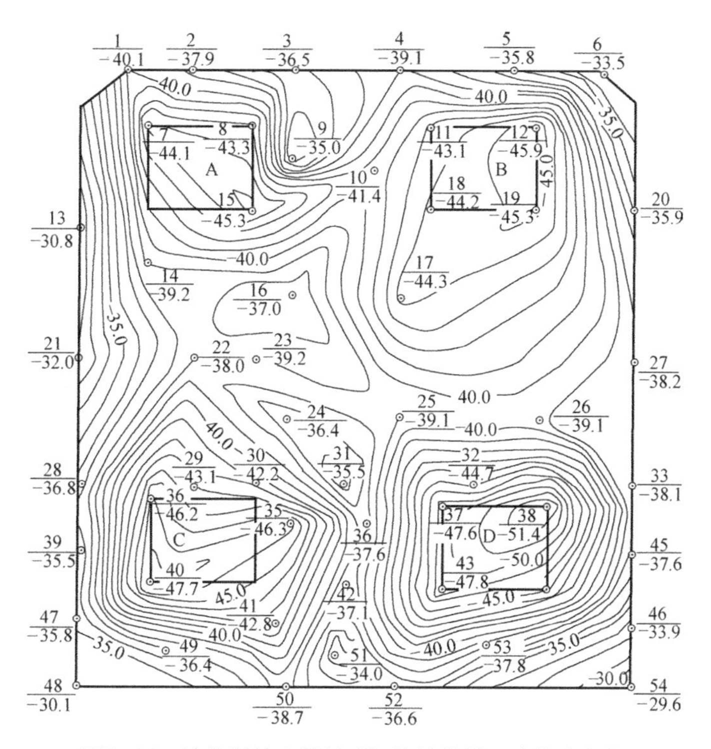

图3−13 清华科技大厦基础沉降等值线图（佟建兴）

清华科技大厦实测沉降量和挠曲 **表3-2**

楼座	最大沉降（mm）	最小沉降（mm）	中轴线纵向挠曲（‰）
北塔A	45.3	30.8	0.24
北塔B	45.9	33.5	0.17
南塔C	47.7	30.1	0.23
南塔D	51.4	30.0	0.21

对于变刚度调平设计问题，南京工业大学宰金珉教授也有同样的看法。他在2007年第4期《浙江隧道与地下工程》“广义复合基础初探”一文中做了详细论述，认为上部结构刚度和基础刚度的贡献都是有限的，而调节地基（包括桩基）的支承刚度才是最直接、最有效的办法。他在结论中写道：“土与结构共同作用理论与工程应用的研究过程中，人们寄希望于结构的刚度来调节基础的不均匀沉降，为此付出了长期艰辛的努力，最终却回归到调节地基（包括桩基）支承刚度这一最有效的做法，显示了认识事物的螺旋式前进规律”。

岩土工程典型案例述评4

大理某住宅区软土地基的过量沉降①

核心提示

本案例为9度地震区，在深厚的极软的泥炭质土和淤泥的地基上建造多层建筑，因地基处理和载荷试验不当，导致最大沉降接近1m。本案例对同类地基的基础设计有警示意义。

① 本案例根据有关方提供的资料和编者笔记整理编写。

案例概述

1. 工程概况

云南大理某住宅小区一组团共14幢住宅建筑，另有一幢办公楼，总建筑面积25 000m^2。为4～6层砖混结构，设构造柱和圈梁，毛石混凝土条形基础，采用粉喷桩进行地基处理。对粉喷桩复合地基进行了静载荷试验，并通过了验收。建筑抗震设防烈度为9度。建筑物平面布置见图4-1。

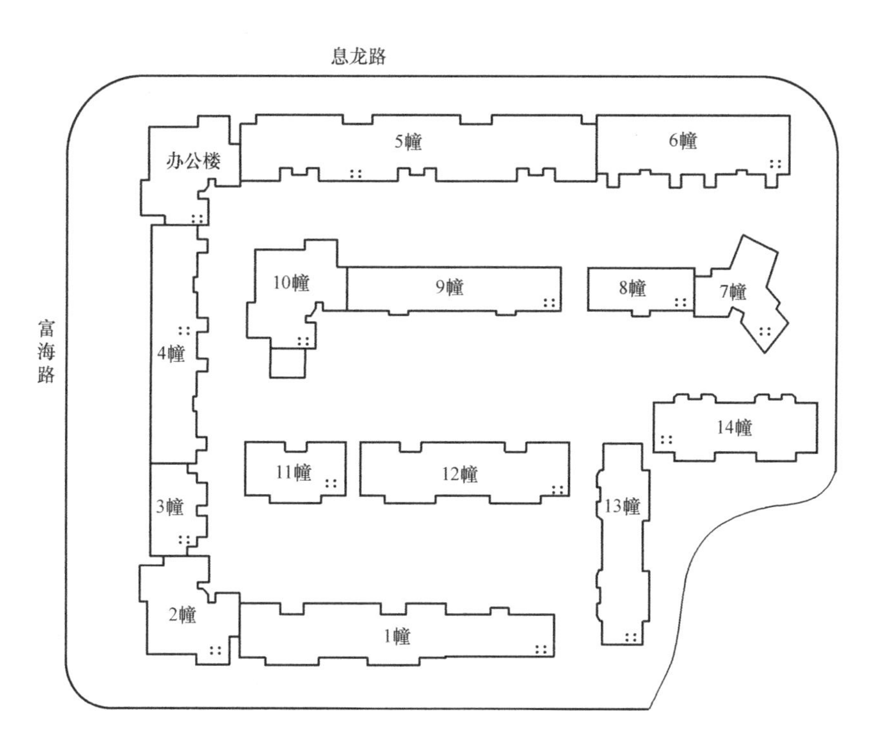

图4-1　建筑物平面图

2. 地基条件

根据勘察设计文件，勘察时共有钻孔45个，勘探深度40m。地基土除表层为人工填土外，在深度40m范围内均为冲湖相沉积和湖沼相沉积，土质极软，地层稳定，水平方向变化不大。各层土的含水量、孔隙比、压缩模量、地基承载力标准值（当时规范称标准值）见表4-1。

各层土的含水量、孔隙比、压缩模量和地基承载力标准值　　表4-1

序号	土名	天然含水量 w（%）	天然孔隙比e	压缩模量 E_{s1-2}（MPa）	承载力 f_{ak}（kPa）	层底平均深度（m）
1	填土					
2	粉质黏土	30.0	0.82	5.7	150	
2-1	粉土	15.6	0.50	7.8	160	
2-2	粉土	23.1	0.61	6.7	120	2.5
3	黏土	69.3	1.78	2.6	80	3.6
4	泥炭质黏土	214.0	4.8	1.1	30	7.5
5	淤泥	72.6	2.0	1.6	35	16.0
5-1	泥炭质黏土	216.0	5.8	1.3	30	
6	黏土	73.8	2.0	1.8	60	

设计时归并为三大层：

（一）表层：厚2.5～4.0m，为相对较好的硬壳层，天然含水量为16%～70%，天然孔隙比为0.5～1.3，地基承载力标准值为80～160kPa，压缩模量E_{s1-2}为2.6～7.8MPa。

（二）埋深2.5～17m之间为极软的泥炭土和淤泥土，上部为泥炭质土，下部为淤泥。天然含水量为72%～216%，天然孔隙比为2.0～5.8，地基承载力为30～35kPa，压缩模量E_{s1-2}为1.1～1.6MPa。

（三）埋深17～40m为深厚软黏土，天然含水量为74%，天然孔隙比为2.01，地基承载力为60kPa，压缩模量E_{s1-2}为1.8MPa。

以上归并与表1对照，似不很确切。第一大层中的第3层黏土，从物性指标和压缩模量看，还够不上硬壳层；第二大层和第三大层中的泥炭质土性质相近，淤泥和黏土性质也相近，归并成两大层不尽合理。概括地说，该工程的地基是有一定厚度硬壳层的深厚极软土。

代表性的工程地质剖面见图4-2。

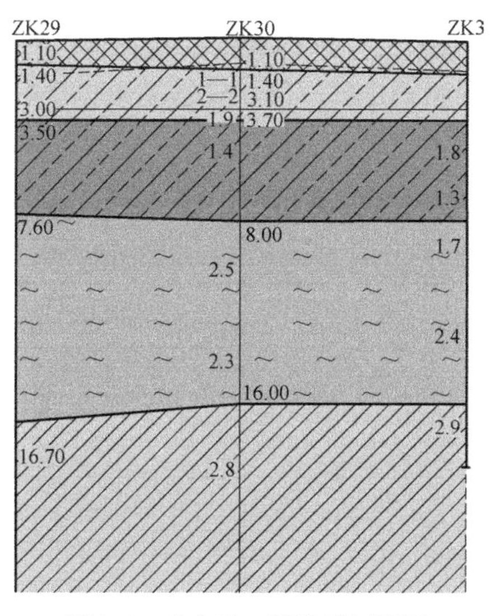

图4-2　代表性工程地质剖面图

3. 地基基础设计

勘察报告对地基处理提出两个建议方案：一是石灰桩或粉喷桩，并先做试验桩，以确定该方案的可行性和复合地基承载力；二是低标号混凝土桩。并建议建筑物高度不要超过5层。设计最后采用毛石混凝土条形基础，基础埋深1.5m，基础顶部设圈梁，用粉喷桩处理地基。要求处理后复合地基承载力达到150kPa，载荷试验荷载为150kPa时沉降量小于20mm。粉喷桩长为9m，桩径为500mm，置换率为25.6%。地基基础设计方案见图4-3。

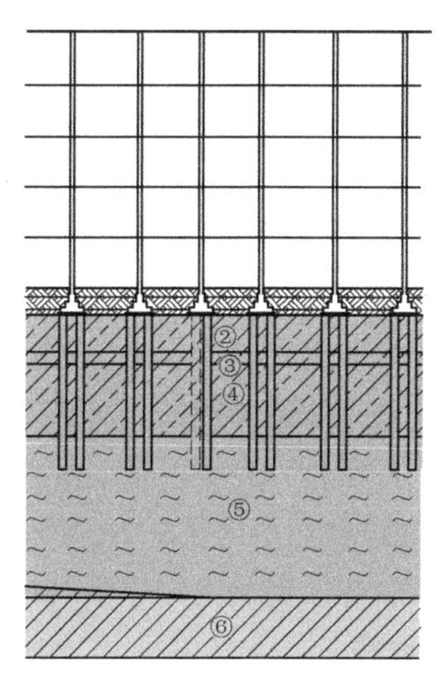

图4-3　地基基础设计示意图

复合地基静载荷试验的承压板尺寸为0.88m×0.88m，面积为0.7744m^2。最大加载为340kPa，为设计荷载的2.77倍。试验结果见表4-2。

复合地基静载荷试验结果　　表4-2

试桩号	试桩号最大压力（kPa）	对应沉降（mm）	承载力标准值（kPa）
6	341	64.4	155
128	350	74.3	155
119	341	70.5	155
204	341	22.9	162
70	341	13.1	238
138	310	11.8	166
40	341	9.0	216
165	310	7.6	206
236	341	18.7	160
47	341	13.5	168
134	310	73.1	158
51	310	15.8	156

试验报告认为，全部试验满足设计要求。但编者未见试验结果的详细数据和压力与沉降关系曲线。

4. 实施结果

本案例1997年12月5日～1998年2月9日进行粉喷试验桩施工，1998年3月18日～1998年4月10日进行单桩复合地基载荷试验，试验报告肯定了粉喷桩复合地基满足设计要求，承载力达到150kPa，并通过验收。随后进行正式施工，每幢楼基础工程完工后，均进行了沉降观测，发现沉降速率偏大。当时认定原因为基础过窄，建议二、三组团加宽基础，减小基础埋深。但一组团已进入上部结构施工，未能改变基础设计。小区总体1998年3月开工，同年8月26日主体全部完工，每幢主体工程的施工时间为2～3个月。建筑物沉降观测成果见表4-3（未见沉降与时间关系曲线）。

建筑物沉降观测成果 表4-3

楼号	最大沉降（mm）	最大倾斜值（mm）	最大倾斜率（‰）
1	483.3	111.3	8.0
2	566.7	22.4	1.6
3	485.0	18.3	1.2
4	533.0		
5	931.3		
6	995.3	101.1	8.9
7	792.0	121.6	8.1
8	798.1	174.7	9.7
9	723.4	72.2	6.4
10	503.3	76.0	6.8
11	490.6	207.4	14.8
12	843.0	194.2	13.9
13	800.2	136.9	9.8
14	695.3	135.0	9.6

由表4-3可知，各楼号的沉降量和倾斜均过大，最大沉降量近1m，实属罕见。因上部结构刚度较大，未见结构开裂，但底层已影响使用。

5. 事故原因分析

事故发生后，曾多次组织专家分析鉴定。中国建筑学会地基基础委员会等三个组织联合评审，认为产生过量沉降和差异沉降的原因如下：

（1）在确定上部结构和基础设计方案时，对地基土的工程特性和分布特征缺乏充分的认识，对设计方案的可行性缺乏深入的研究与正确的判断，导致方案选择失误。

（2）在进行基础设计时，未遵循按变形控制原则，未验算变形。选用了条形基础，抗震陷能力差，且基础底面压力过大（150kPa），致使软弱下卧层的承载力不能满足规范要求。这是建筑物产生过量沉降和差异沉降的根本原因。

（3）该场地硬壳层下为深厚的泥炭质土、淤泥土等软弱下卧层，在现有条形基础下，采用粉喷桩加固地基，达不到控制变形的目的。

（4）土建工程封顶后，才进行市政工程及小区排污管、化粪池等施工，路面振动碾压施工及挖沟、降水，使建筑物产生新的附加沉降。

（5）复合地基的检测方法不当，载荷试验方法不能完全反映处理后场地的工程特性。

评议与讨论

本案例过量沉降和差异沉降事故的原因，评审专家组已经做了全面分析，这里拟举一反三，就类似条件下的岩土工程问题进一步讨论。

1. 关于地基基础设计的概念性失误

本案例的勘察报告曾建议两个地基处理方案：一是粉喷桩或石灰桩；二是低标号混凝土桩。事故发生后有专家认为，置换率25%不够，经计算需36%才能满足，并提出粉喷桩用于泥炭土未做试验，未做桩身取芯试验，桩的有效长度不足，布桩数量不足；还有专家建议采用锚杆静压桩加固本工程的软土。那么，如果采用了混凝土桩，如果置换率达到了36%，如果做了这些试验，如果桩数、桩长都足够，过量沉降就可以避免吗？其实未必。

本案例地基基础设计的失误首先是基础埋置过深，未充分利用硬壳层。其次是采用条形基础不当，使基底压力过大，超过复合地基下极软土的承载能力。泥炭质土、淤泥、软黏土沉降速率都很慢，本案例短时间沉降就如此之大，今后还可能有大的沉降。再次是采用粉喷桩达不到控制沉降和差异沉降的目的，在深不见底（勘察深度40m未揭穿）的极软土上部做些加固措施，恐怕不管怎样做也是收效甚微。因此，在中国建筑学会地基基础委员会等组织的专家评审会之前，有些意见和建议未能触及问题的实质，问题的实质是设计方案的概念性失误。

基础底面荷载传到加固后的复合地基上，应力并非到此为止，而是还要继续向下传递。如果复合地基落到硬层，沉降肯定不大。如果虽然没有硬层，但越往深处土的模量越高，经处理后地基沉降也会减少。但对于本案例，复合地基下面还是淤泥质土和软黏土，模量并无明显增加，因而不会产生明显效果。复合地基落在巨厚的极软土上，长期巨大的沉降是必然的后果。

本案例在确定采用条形基础和粉喷桩之前做了复合地基静载荷试验，试验结果认为达到了设计对地基承载力和变形参数的要求。但规范明确规定："复合地基静载荷试验用于测定承压板下应力主要影响范围内复合土层的承载力和变形参数"。本案例承压板面积为0.88m×0.88m，板下有相当厚的硬壳层，主要影响范围内的硬壳层起了重要作用。而实际基础尺寸比承压板大得多，影响深得多，硬壳层下的软土起了主要作用。因此，复合地基载荷试验成果成了假象，误导了设计。由此可见，岩土工程师在应用规范时首先必须概念清楚，不能盲目。

2. 关于地基与结构的刚柔相济

为减小沉降量和差异沉降，除尽量降低基底压力外，对软土地基，应注意适当提高基础和上部结构刚度，与软弱地基刚柔相济。经验告诉我们，刚度较大的硬土，比较适应柔性结构，如膨胀土上的低层砖混结构破坏严重，但四梁八柱的木结构安全无恙。柔性的软土地基，则可用加强结构刚度的措施控制差异沉降，如采用十字交叉基础、筏板基础和箱形基础，避免采用独立基础和条形基础。同时注意建筑体型简单、增加隔墙、控制长高比等，都是有效措施。地基与结构的刚柔相济，是岩土工程的重要概念，相同的差异沉降，硬土上的建筑物比软土上的建筑物伤害大，故规范对差异沉降的限制，硬土比软土严。本案例虽然沉降量很大，但上部结构未见损坏，这与土性极软、建筑体型简单、上部结构刚度相对较高有关。有关结构刚度与地基刚度的关系问题，将在其他案例中进一步讨论。

从抗震角度看，也是这个道理。软弱地基适宜自振周期短的刚性建筑物，长周期的建筑物易于共振破坏。唐山地震时，宁河所有烟囱和水塔都倒了，而小平房则基本完好。天津塘沽望海楼极软地基上的3~4层住宅，1976年唐山地震时虽然震陷量达20~30cm，但因采用筏板基础，上部结构基本完好，震后继续使用，可见结构刚度好的建筑有利于抵抗震陷的不利影响。

3. 关于全面规划和相关专业配合

本案例是典型的巨厚极软土和地震高烈度场地，对工程建设极为脆弱和敏感，稍有不慎，就会出事。如无相关专业配合，单靠岩土工程一个专业很难保证工程安全。建设单位需针对场地特点进行专门研究，有关各方互相配合，全面规划。在满足功能的前提下，对建筑体型、建筑物布置、结构类型、工程抗震、市政工程、施工程序、施工方法等统一安排。根据统一规划的原则和控制条件进行岩土工程的勘察、设计、施工和监测。例如控制建筑物层数，尽量减小基底压力；建筑体型力求简单，以满足沉降均匀和抗震设防；适当提高基础和上部结构刚度，以适应地基较大变形；避免过大的机械振动造成软土触变；控制施工速率，使土的有效强度有所提高；不要在临近已建工程侧旁开挖和堆载，以免已建工程产生新的附加沉降甚至倾覆等。

岩土工程典型案例述评5

南京紫峰大厦岩石地基挖孔桩基础[1]

核心提示

本案例报道了南京市标志性建筑紫峰大厦地基基础的勘察设计，该工程荷载差异很大，地质条件复杂，采用挖孔桩将荷载传至风化安山岩上。勘察与技术咨询密切结合，试验数据珍贵，在桩型优化、桩基参数优化和沉降分析等方面有独到之处，值得复杂岩石地基上大型工程建设借鉴。

① 本案例根据上海岩土工程勘察设计研究院赵福生提供的《南京绿地广场•紫峰大厦岩土工程详细勘察报告》（内容含地基基础咨询）编写，参加本工程勘察咨询者有顾国荣、赵福生、陈波、郑国武。

案例概述

1. 工程概况

绿地广场·紫峰大厦为南京市标志性建筑，位于鼓楼广场西北角A1地块，东靠中央路，南临中山北路，总建筑面积为239 400m²，由二幢塔楼（主楼和副楼）和7层裙房组成。主楼地上70层，有效高度320m，主要功能为甲级办公及五星级酒店；副楼地上24层，有效高度100m，主要功能为高级酒店式公寓；裙楼地上7层，有效高度36m；地下4层，埋深±0.00以下20.4m（±0.000相当于绝对标高19.39m），主要功能为商场、停车场及设备机房。主楼、副楼与裙房之间±0.00以上均采用抗震缝划为相对独立的抗震单元，而±0.00以下则连成一体，不设沉降缝。平面布置见图5-1。

主楼核心筒区基底压力约为2000kPa，按照主楼外轮廓线计算，平均压力约为1000kPa，采用筏板下挖孔桩基础，筏板厚度为3.4m；副楼基底平均压力为630kPa，筏板厚度为1.5m，采用天然地基；裙房基底平均压力为280kPa，天然地基；裙房地下室处于超补偿状态，采用抗浮锚杆。

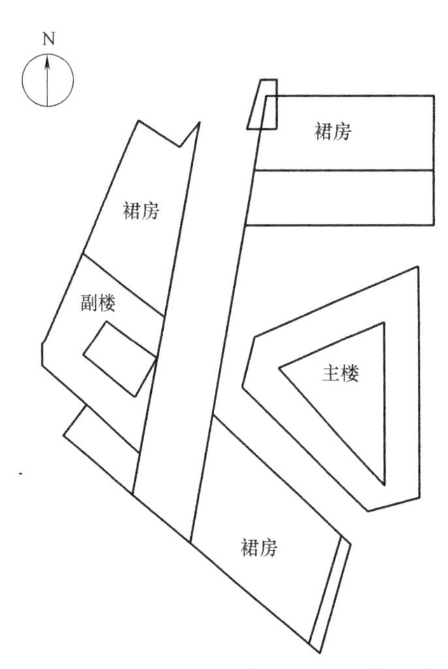

图5-1　紫峰大厦平面布置图（编者删改）

详细勘察野外工作包括钻探、井探、原位测试、抽水试验等，由上海岩土工程勘察设计研究院于2005年3月完成；桩的自平衡法静载试验由东南大学土木系于2006年6月完成；基础沉降观测报告由南京勘察工程公司于2009年6月提交；2009年7月1日通过竣工验收。

2. 场地地基条件

2.1 地层

场地地貌单元属长江二级阶地。岩土分为5大工程地质层，12个亚层，土层自上至下为（描述从略）：

①$_1$杂填土（Q_4^{ml}）；

①$_2$淤泥质填土（Q_4^{ml}）；

②粉质黏土（Q_4^{al}）；

③$_1$粉质黏土（Q_3^{al}）；

③$_2$粉质黏土（Q_3^{al}）；

③$_3$粉质黏土（Q_3^{al}）；

④残积土（Q_{1-2}^{el}）。

基岩主要为侏罗纪火山喷发岩的安山岩，北侧局部有细粒闪长岩、辉长岩岩脉，本场地自上至下为：

⑤$_{1a}$全风化安山岩（J_3）：褐红色，成砂土状，夹有少许完全风化的原岩碎块。中偏低压缩性，遇水易散。层顶埋深6.70～21.50m，层顶标高-3.26～11.91m，层厚0.30～5.40m。

⑤$_{1b}$强风化安山岩（J_3）：褐红色，成砂土夹碎块状，原有结构完全破坏，遇水软化。层顶埋深8.70～23.00m，层顶标高-4.76～10.14m，层厚0.80～17.40m。

⑤$_2$中等风化安山岩（J_3）：层顶埋深12.00～29.50m，层顶标高-10.91～7.14m，根据岩体工程特性，划分为4个亚层：

⑤$_{2a}$较完整的较软岩-软岩：褐红-暗红间夹灰白色，斑状结构，块状构造。岩芯呈柱状-短柱状，局部节理发育，主要为闭合裂隙，裂隙呈"X"状，倾角45°～60°，裂隙充填有方解石脉，另有1组倾角75°～85°的微张节理。部分裂隙张开，内有方解石晶簇。较坚硬，场地北侧岩质坚硬，部分硅化、褐铁矿化蚀变，强度较高。

⑤$_{2b}$较完整的软岩、极软岩：褐红色，局部灰白间夹紫红色，斑状结构，块状构造。岩芯呈柱状，间夹碎块状，节理裂隙发育，主要为闭合裂隙，倾角45°～60°，充填高岭土及方解石脉。岩芯高岭土化、绿泥石化，较软，遇水极易崩解，部分手可掰断，常见挤压镜面。

⑤$_{2c}$较破碎一破碎的软岩：褐红色，斑状结构，块状构造。岩芯破碎，以棱角状、碎块状为主，节理裂隙极发育，密集且杂乱，有1组X状倾角

45° ~60° 闭合型节理，有1组倾角75° 左右微张裂隙，裂隙充填高岭土、绿泥石及少量钙质、铁质等。较坚硬，局部岩芯高岭土化、绿泥石化，见溶蚀孔洞。

⑤$_{2d}$较破碎–破碎的极软岩：褐红–灰白色，斑状结构，块状构造。该层受构造运动影响较大，挤压镜面和错动明显，形成软弱夹层，岩芯呈坚硬土状–碎石状，节理裂隙极发育，岩性软弱，强度较低，易碎，局部泥化，遇水极易崩解。

⑤$_1$全风化、强风化安山岩和⑤$_2$中等风化安山岩顶面标高起伏较大，详见图5–2和图5–3；代表性工程地质剖面见图5–4。由图可见，本工程的岩石地基是相当复杂多变的。

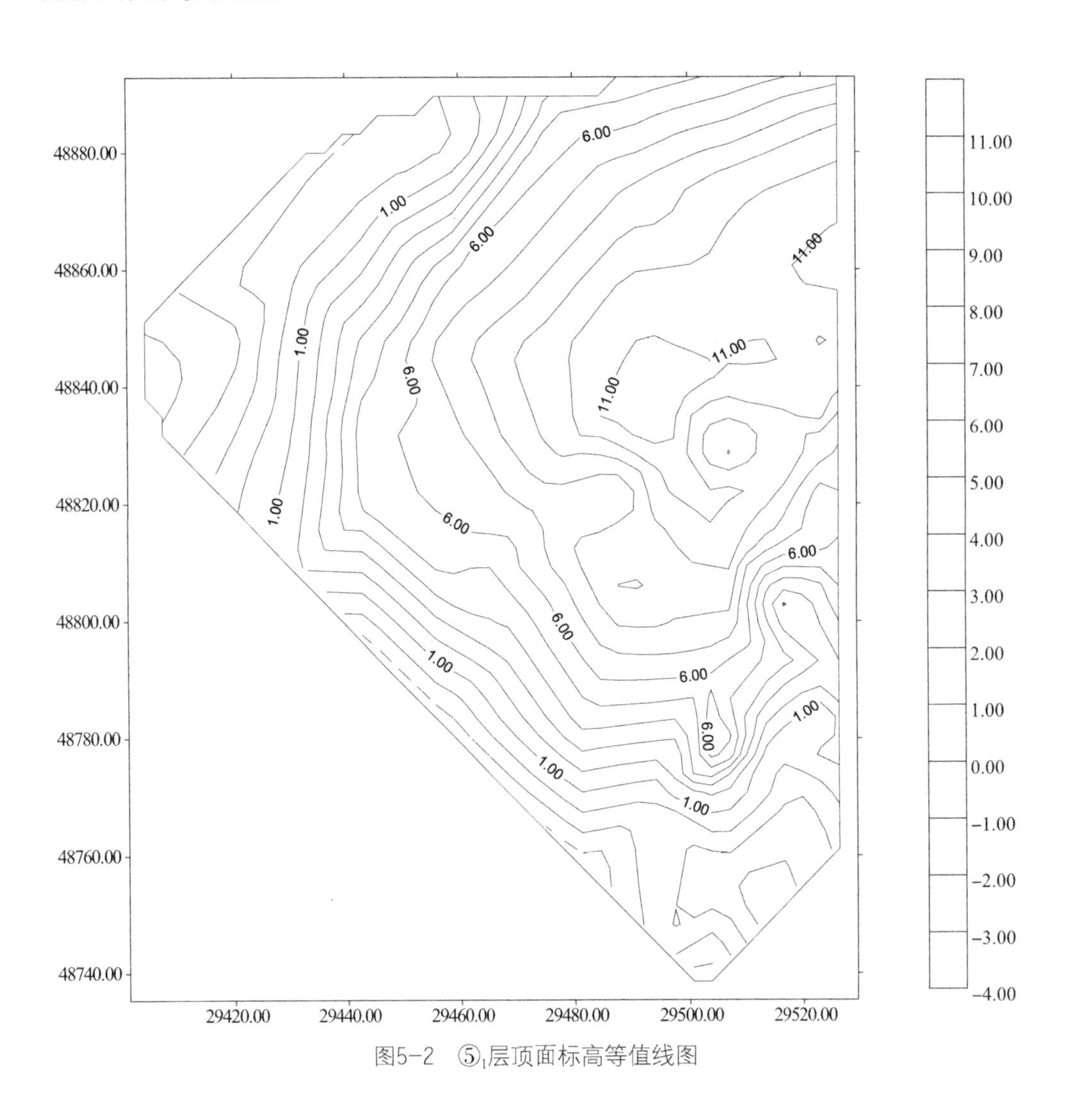

图5–2 ⑤$_1$层顶面标高等值线图

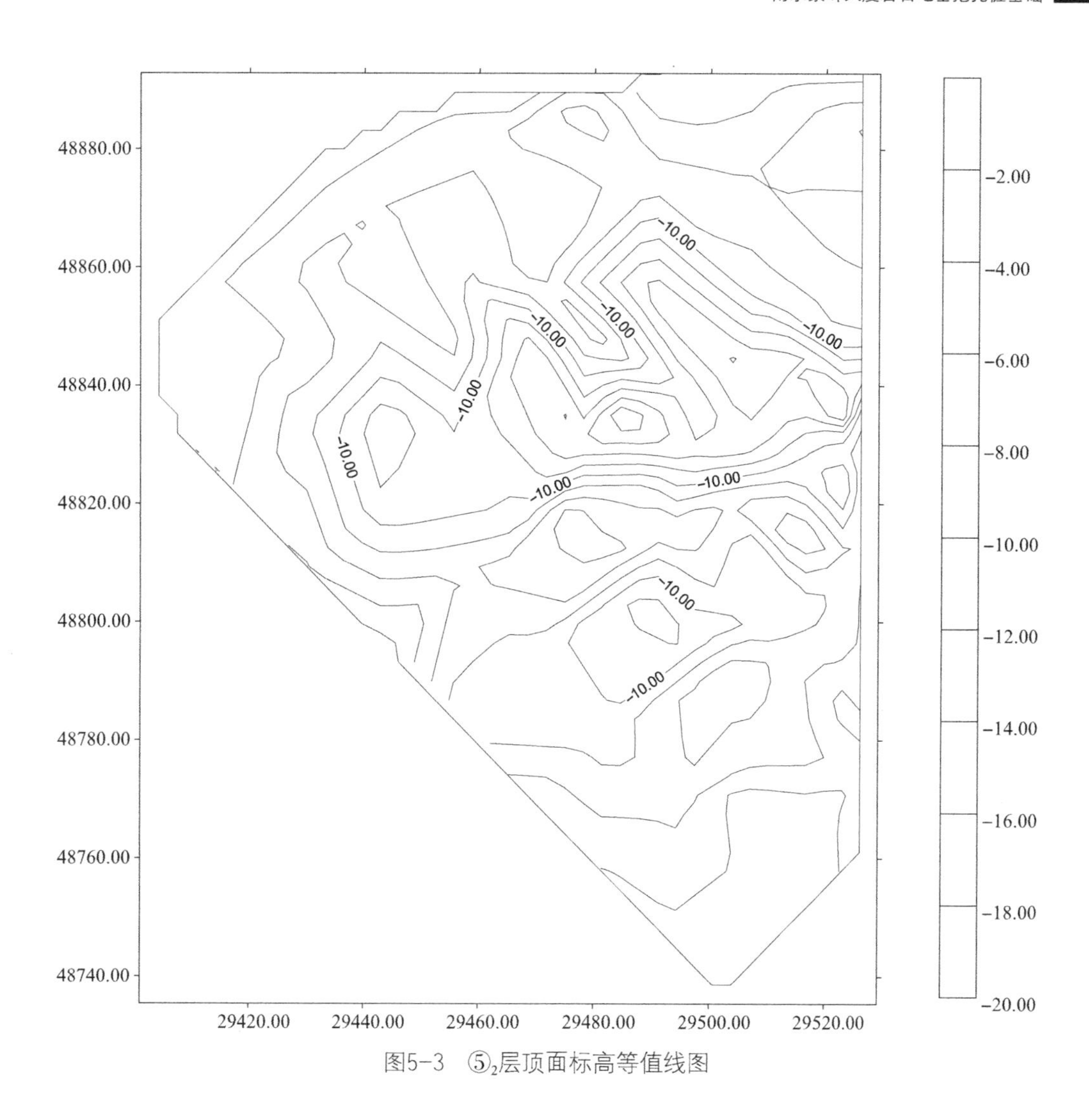

图5-3 $⑤_2$层顶面标高等值线图

2.2 水文地质条件

场地地下水可分为两类：一类为上层滞水，赋存于①层填土中，富水性一般，透水性强，局部水量较大，水位埋深一般为1.30~1.40m，受大气降水和城市排水系统影响明显，雨季水位略有抬升，旱季略有下降；另一类为弱承压水，赋存于⑤层安山岩中，属基岩裂隙水。由于裂隙发育程度的差异和连通性不良，水位差别较大，埋深为5.10~8.92m。根据5组抽水试验（2组各设一个观测孔，3组为简易抽水），渗透系数为0.1003~9.934m/d；根据3个探井简易水文地质观测，Z1井及Z3井水量较多，Z2井水量很小，渗透性和富水性差异均很大。但总体上看，开挖时渗水量不会太大，且岩体稳定，施工排水并不困难。

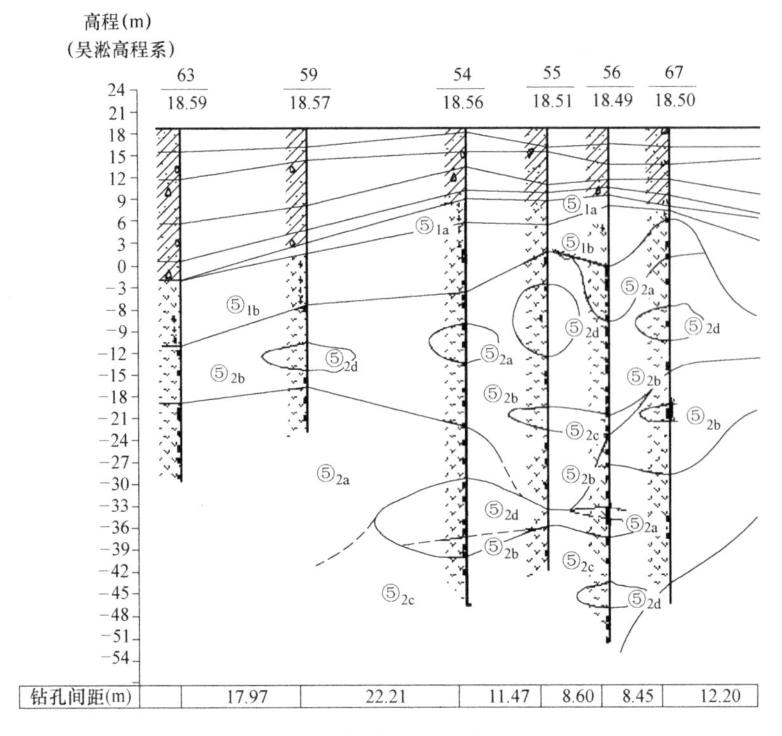

图5-4 代表性工程地质剖面图

2.3 岩土物理力学性质

根据室内试验和原位测试，本工程地基岩土的物理力学性质指标见表5-1～表5-3，土的物理力学指标从略。

岩土原位测试指标 表5-1

地层编号	波速测试（平均值）		标贯试验N（击）		重型动探$N_{63.5}$（击）	静力触探p_s (MPa)	旁压试验E_m（MPa）		载荷试验	
	v_s (m/s)	v_p (m/s)	平均值	标准值	加权平均值	标准值	区间值	平均值	E_0 (MPa)	K_v (MPa/m)
②			5.8	5.3		1.02				
③$_1$	174	827	10.5	10.2		2.44	7.99～24.6	16.8		
③$_2$	208	882	7.6	7.3		1.86	10.03～21.05	15.5		
③$_3$	286	1135	12.8	12.4		2.66	8.76～31.87	16.9		
④	355	1371	18.7	16.8	10.3	3.59	13.68～27.64	21.1		
⑤$_{1a}$	430	1507	20.2	19.0	11.9	6.54	19.39～44.61	32.0		
⑤$_{1b}$	629	1948	41.1	38.6	16.6				200	270

续表

地层编号	波速测试（平均值）		标贯试验N（击）		重型动探$N_{63.5}$（击）	静力触探p_s（MPa）	旁压试验E_m（MPa）		载荷试验	
	v_s（m/s）	v_p（m/s）	平均值	标准值	加权平均值	标准值	区间值	平均值	E_0（MPa）	K_v（MPa/m）
⑤$_{2a}$	1258	2961							900	2500
⑤$_{2b}$	1135	2607								
⑤$_{2c}$	1103	2605							700	2000
⑤$_{2d}$	928	1485			20.7				360	350

岩石物理力学指标　　表5-2

层号	天然单轴抗压强度（MPa）		饱和单轴抗压强度（MPa）		软化系数	天然状态抗剪强度		天然弹性模量E	天然状态泊松比	天然块体密度（g/cm^3）
	平均值	标准值	平均值	标准值		内聚力（MPa）	内摩擦角（°）	（MPa）		
⑤$_{1b}$	0.46	0.35	0.22		0.09			132.7	0.19	2.41
⑤$_{2a}$	11.47	10.20	10.53	9.30	0.31	4.60	47.1	21335	0.13	2.52
⑤$_{2b}$	5.40	4.52	4.23	3.20	0.22	2.15	46.8	13454	0.15	2.46
⑤$_{2c}$	4.42	3.78	5.45	4.41	0.26	2.66	47.5	16022	0.15	2.47
⑤$_{2d}$	0.64	0.53	0.41	0.31	0.09			28	0.21	2.38

岩石坚硬程度、完整性指数、基本质量等级　　表5-3

层号	岩体压缩波速（m/s）	岩块压缩波速（m/s）	完整性指数	完整程度	坚硬程度	岩体基本质量等级
⑤$_{2a}$	2961	3123	0.90	完整	软岩	Ⅳ
⑤$_{2b}$	2607	2919	0.80	完整	软岩	Ⅳ
⑤$_{2c}$	2605	3062	0.72	较完整	软岩	Ⅳ
⑤$_{2d}$	1485	2157	0.47	较破碎	极软岩	Ⅴ

3. 地基承载力

3.1　岩石地基载荷试验

由于岩石地基承载力特征值以载荷试验为主进行综合判定，故现场进行了载荷试验11次，承压板面积为0.03m^{2}和0.5m^2。主要试验成果见表5-4。

载荷试验成果 表5-4

序号	孔号	承压板直径（mm）	孔深（m）	基岩层号	预估极限承载力（kN）	最终加载值（kN）	最终累计沉降量（mm）	最终残余沉降量（mm）	承载力特征值（kPa）
1	45	300	21.8	⑤$_{1b}$	450	415.8	11.46	5.82	≥1980
2		300	25.0	⑤$_{1b}$	3000	315.0	42.20	41.83	1200
3		800	25.8	⑤$_{1b}$	1000	1359.0	21.23	19.27	800
4		800	27.9	⑤$_{2d}$	1500	1589.0	21.89	21.00	900
5		800	30.9	⑤$_{2d}$	1500	1362.0	8.73	17.75	750
6	27	300	21.8	⑤$_{2c}$	3000	840.0	7.91	0.12	≥4000
7		300	23.8	⑤$_{2c}$	4000	1092.0	13.74	9.14	≥5200
8		300	26.0	⑤$_{2c}$	4000	924.0	23.82	20.54	4000
9		300	28.0	⑤$_{2c}$	4000	1008.0	16.29	10.90	4400
10	66	300	20.0	⑤$_{2a}$	6000	1260.0	18.57	16.31	5400
11		300	21.3	⑤$_{2c}$	4000	1008.0	29.40	25.98	4400

结论：基岩承载力特征值为：⑤$_{1b}$强风化安山岩 800kPa；⑤$_{2c}$中风化安山岩 4000kPa；
因⑤$_{2d}$和⑤$_{2a}$中风化安山岩试验点数少于 3 点，不根据载荷试验综合评价。

代表性的载荷试验曲线见图5-5。

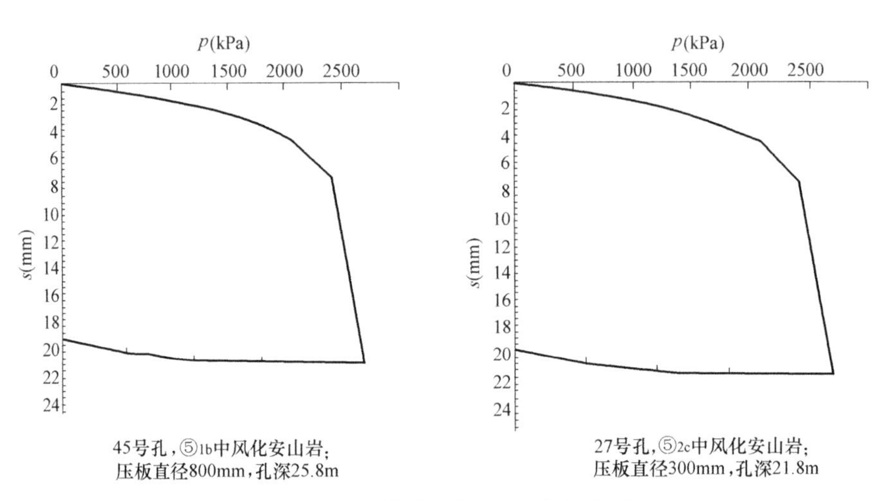

图5-5 载荷试验沉降与压力关系曲线

3.2 地基承载力特征值

根据公式计算、静力触探、标准贯入试验、重型动力触探、旁压试验和载荷试验，对各岩土层的地基承载力特征值进行了综合判定，推荐值为（土层从略）：

⑤$_{1a}$层，全风化安山岩：350kPa；

⑤$_{1b}$层，强风化安山岩：1200kPa；

⑤$_{2a}$层，中等风化安山岩（较完整的较软岩-软岩）：4400kPa；

⑤$_{2b}$层，中等风化安山岩（较完整的软岩）：3500kPa；

⑤$_{2c}$层，中等风化安山岩（较破碎-破碎的软岩）：4000kPa；

⑤$_{2d}$层，中等风化安山岩（较破碎-破碎的极软岩）：1100 kPa。

根据《地基基础设计规范》，⑤$_{1b}$、⑤$_{2a}$、⑤$_{2b}$、⑤$_{2c}$、⑤$_{2d}$各层岩体的承载力特征值可不进行深宽修正，但⑤$_{1b}$已风化成砂土夹碎块状，⑤$_{2d}$虽为中风化岩体，但属破碎和极软岩，载荷试验的探井直径达1.5m，压板直径为300mm和800mm，可视为无边载，试验结果不做深宽修正偏于安全。

4. 基础方案

4.1 天然地基

本工程设计地坪±0.00为绝对标高19.29m，有4层地下室，基底埋深20.5m。因主楼、副楼和裙房基础底板厚度不同，基坑开挖面所对应的绝对标高分别为-5.21m、-3.21m和-2.71m，主要位于⑤$_2$层内（局部位于⑤$_1$层内），见图5-6和图5-7。

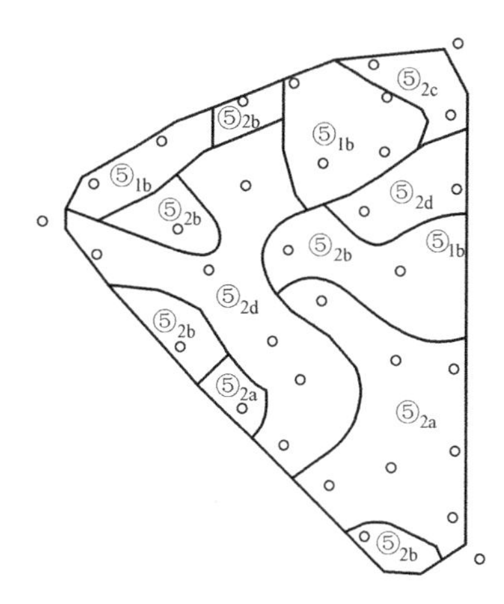

图5-6 主楼基底岩性横截面图（标高-5.21m）

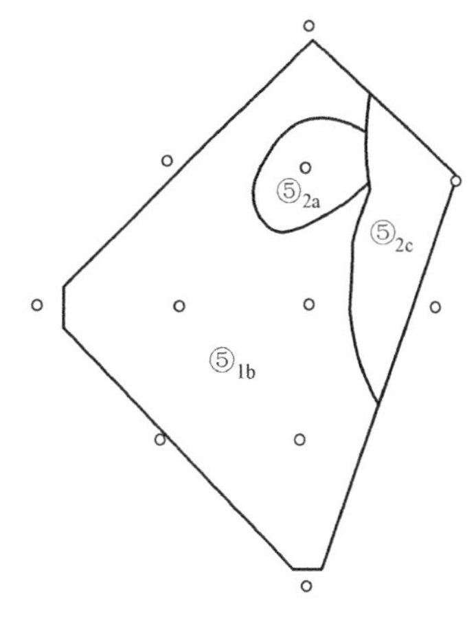

图5-7 副楼基底岩性横截面图（标高-3.21m）

主楼基底有7个钻孔出露⑤$_{1b}$强风化层，其余均为中等风化的⑤$_{2a}$、⑤$_{2b}$、⑤$_{2c}$和⑤$_{2d}$，其中⑤$_{1b}$和⑤$_{2d}$层承载力较低，为1100～1200kPa。按主楼外轮廓线计算的基底平均压力1000kPa，承载力能满足要求。但主楼核心筒部分基底压力达2000kPa，需对可能出现的⑤$_{1b}$和⑤$_{2d}$层进行高压注浆，或部分素混凝土换填处理。

主楼基础埋深达24～25m，大于建筑物高度的1/15，满足高层建筑物整体稳定性要求。由于建造在强风化-中等风化基岩上的大筏板基础，如果基础底平面的平均压力控制在岩土承载力特征值以内，则以弹性变形为主。根据载荷试验测得的变形模量（见表5-5），按《高层建筑岩土工程勘察规程》估算天然地基沉降量如图5-8所示。按绝对刚性考虑，当基底总压力为1000kPa时最大沉降量约为18mm，可能产生的差异沉降量小于15mm，满足规范要求。

基底下岩土体的变形模量E_0和基床系数K_v　　表5-5

岩土层层号	变形模量E_0（MPa）	基床系数K_v（MPa/m）
⑤$_{1b}$	200	270
⑤$_{2a}$	900	2500
⑤$_{2b}$	650	1800
⑤$_{2c}$	700	2000
⑤$_{2d}$	360	350

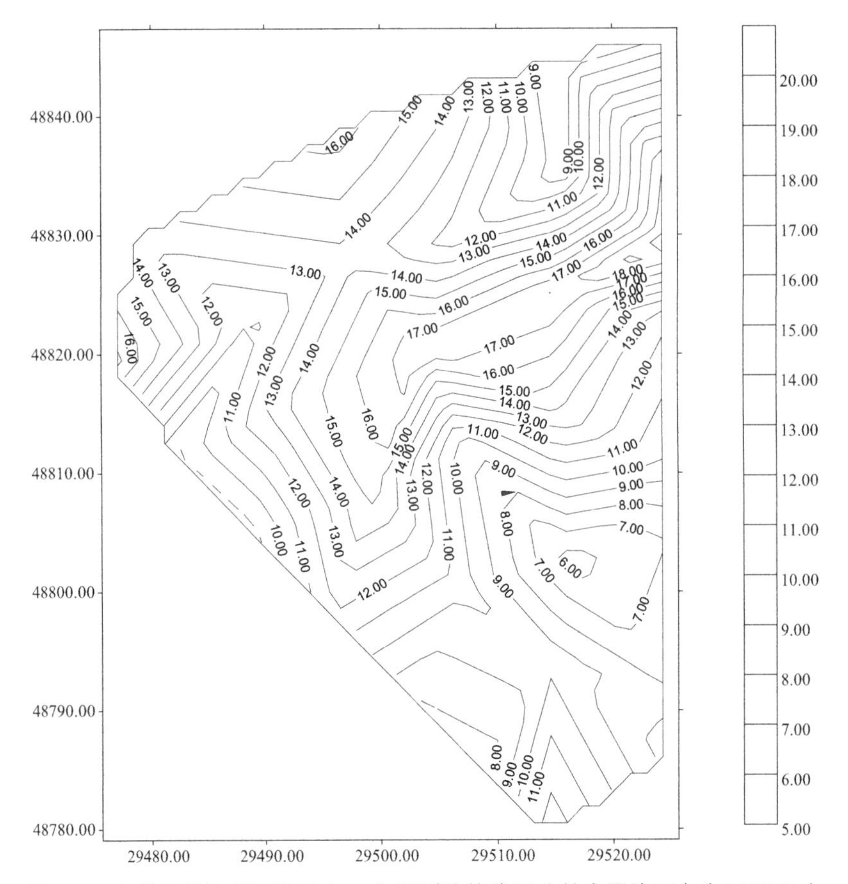

图5-8　主楼天然地基沉降量（mm）预测等值线图（基底平均压力为1000kPa）

副楼基底压力为630kPa，裙房基底压力为280kPa，均采用天然地基，承载力及变形均可满足规范要求。裙房地下室部分需考虑抗浮，可采用抗浮锚杆处理。

4.2 桩基选型

虽然估算主楼采用天然地基时，承载力和变形均可满足规范要求，但由于建筑物具“高、重、大、深”的特点，荷载差别很大，且地基岩性变化多，故设计单位最后确定采用桩基础。选择桩型时，考虑到钻孔灌注桩工期长，排污困难，噪声大，孔底沉渣不易控制，而挖孔桩承载力高，传力直接、持力层检查直观、桩身质量有明确保证，优势更为明显。挖孔桩施工主要是排水问题，但现场抽水试验表明水量不大，又有地下连续墙隔水，可采用潜水泵抽排解决。且挖孔桩设备简单、施工快速、节省造价、对环境污染小，可在基坑开挖浇筑垫层后施工，有效桩长较短（一般为6～10m）。在满足桩身强度的前提下，可依靠扩底大小调整单桩承载力。桩位布置尽可能采用一柱一桩，核心筒区布置在纵横墙相交处或墙下，并要求群桩形心与上部结构荷载重心相重合，见图5-9。

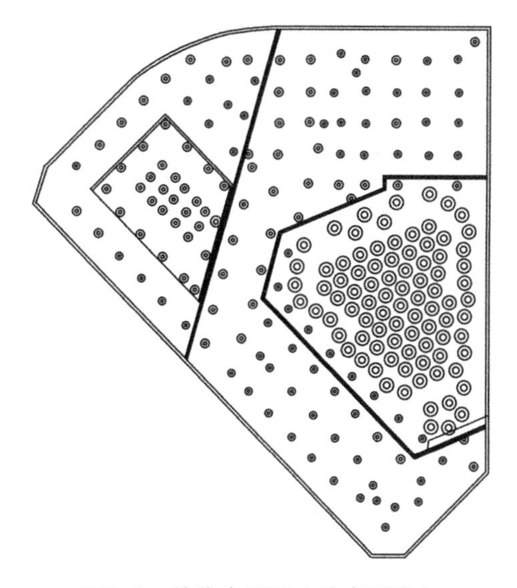

图5-9　桩位布置图（编者删改）

4.3 桩的静载试验和设计参数

为确定桩的设计参数，由东南大学土木系进行了5根桩的静载试验，试验方法采用自平衡法（见图5-10），试验参数见表5-6。

试桩参数一览表 **表5-6**

编号	桩身直径(mm)	扩大头直径(mm)	桩顶标高(m)	桩底标高(m)	有效桩长(m)	混凝土强度	桩型	预定加载值(kN)
SRZ1-1(224号)	2000	4000	-23.70	-46.24	22.54	C45	抗压桩	75200
SRZ1-2(168号)	2000	4000	-27.45	-50.55	23.10	C45	抗压桩	75200
SRZ3(27号)	1500	3000	-21.80	-43.40	21.60	C40	抗压桩	42000
SRZ5(79号)	1400	3000	-21.70	-30.40	8.70	C40	抗拔桩	22000
SRZ6(112号)	1100	2200	-21.70	-28.20	6.50	C40	抗压桩/抗拔桩	20000/8400

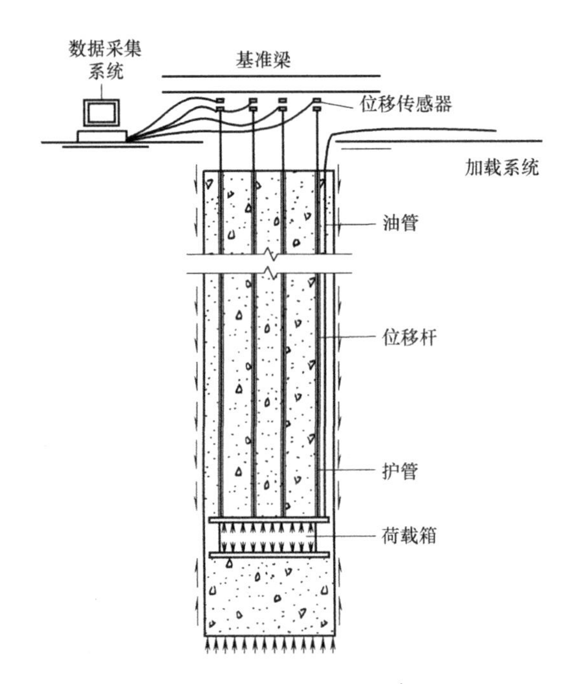

图5-10 自平衡法载荷试验

试验结果如下：

SRZ5（79号）桩：抗拔极限承载力为24200kN，⑤$_{2c}$层的极限端阻力为18240kPa；

SRZ6（112号）桩：抗拔极限承载力为9240kN，⑤$_{2b}$层的极限端阻力为11770kPa；

SRZ3（27号）桩：抗压极限承载力为45530kN；

SRZ1-1（224号）桩：抗压极限承载力为81140kN；

SRZ1-2（168号）桩：抗压极限承载力为81097kN。

根据室内试验、原位测试、载荷试验和地区经验，综合分析确定桩基设计参数见表5-7。

桩侧极限摩阻力标准值和桩端极限端阻力标准值　　表5-7

层序	岩土名称	人工挖孔桩		抗拔系数λ_i
		桩侧极限摩阻力标准值q_{sr}（kPa）	桩端极限端阻力标准值q_{pr}（kPa）	
⑤$_{1a}$	全风化岩	130		0.75
⑤$_{1b}$	强风化岩	140		0.75
⑤$_{2a}$	中风化岩	700	8000	0.75
⑤$_{2b}$	中风化岩	420	6000	0.75
⑤$_{2c}$	中风化岩	450	6600	0.70
⑤$_{2d}$	中风化岩	200	2400	0.70

注：q_{sr}、q_{pr}除以安全系数2即为相应的特征值

4.4　单桩承载力

以主楼中心56号孔为例，主楼单桩竖向极限承载力标准值见表5-8。

主楼单桩竖向极限承载力标准值　　表5-8

桩型	桩径（mm）	桩长（m）	桩顶入土深度（m）	桩端入土深度（m）	单桩竖向极限承载力标准值Q_u（kN）	
					扩底1.6d	扩底2d
挖孔桩	1500	6	24	30	34000	50000
	1800	6	24	30	46000	70000
	2000	6	24	30	58000	85000
	1500	10	24	34	42000	57000
	1800	10	24	34	55000	79000
	2000	10	24	34	68000	96000

4.5　桩基沉降分析

本工程桩端进入中风化岩石，变形模量较高，沉降量较小。对土质地基，挖孔扩底桩的沉降随着桩底面积的增加而增大，桩径不同时可能产生差异沉

降，但本工程为岩石地基，变形模量高，单桩沉降的面积效应不显著，完全可以满足规范要求，副楼、裙房和地下车库因附加压力较主楼小得多而采用天然地基，差异沉降完全可以控制在2～3cm以内，工程竣工后沉降观测证明了这一判断。

5. 实施和效果

本案例最终采用了《勘察报告》建议的地基基础方案，主楼采用挖孔扩底桩，副楼和裙房采用天然地基，地下车库采用天然地基和抗浮锚杆。桩位布置见图5-9，地基承载力采用《勘察报告》的建议值。底板标高为-20.4m，主楼底板厚3.4m，副楼底板厚1.5m，其余底板厚1.3m。由于采用地下连续墙作为隔水帷幕，防渗性能好，故基坑开挖采用坑内集水和明沟排水。挖孔桩施工顺利，因检查人员可直接下孔观察，直接核查持力层和扩底尺寸，又无沉渣，故施工质量得到了确实保证。且缩短了工期，节约投资约30%。

为核查基础沉降，由南京工程勘察公司进行了沉降观测。观测点平面布置见图5-11，观测成果见表5-9，部分观测点的沉降与时间关系见图5-12。

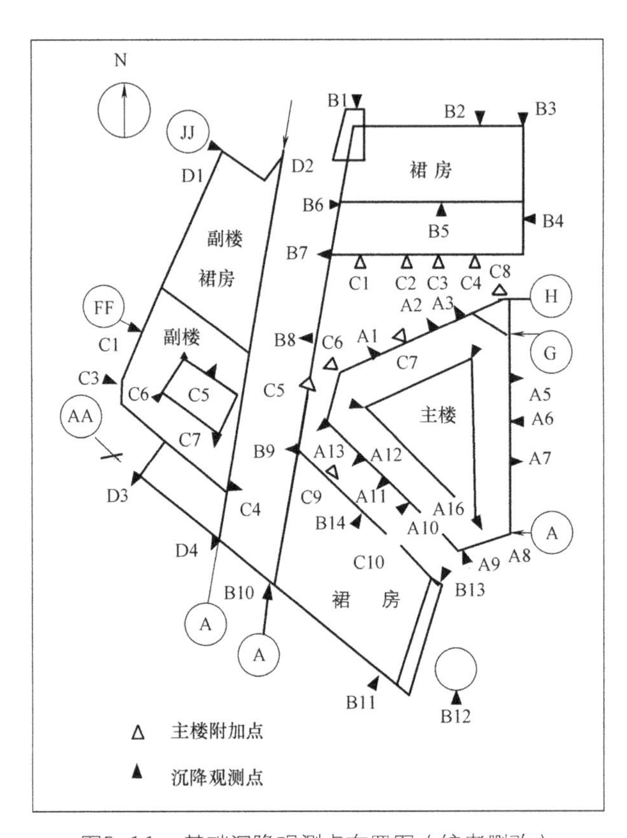

图5-11　基础沉降观测点布置图（编者删改）

基础沉降观测成果 表5-9

点号	累计沉降（mm）	点号	累计沉降（mm）
A12	22.3	B14	14.3
A15	23.5		
A16	26.4	C1	18.4
A3	24.3	C2	18.1
A8	23.4	C3	18.3
A13	23.5	C4	20.7
B9	12.7	C5	19.2
B10	11.8	C6	19.4
B11	12.7	C7	18.4
B12	12.9	D3	11.9
B13	12.1	D4	12.8

注：观测时间：A12、A15、A16为2006年至2009年12月；A3、A8、A13为2007年4月5日至2009年12月；C1~C7：为2006年10月19日至2008年12月13日；其他各点为2007年1月至2009年6月

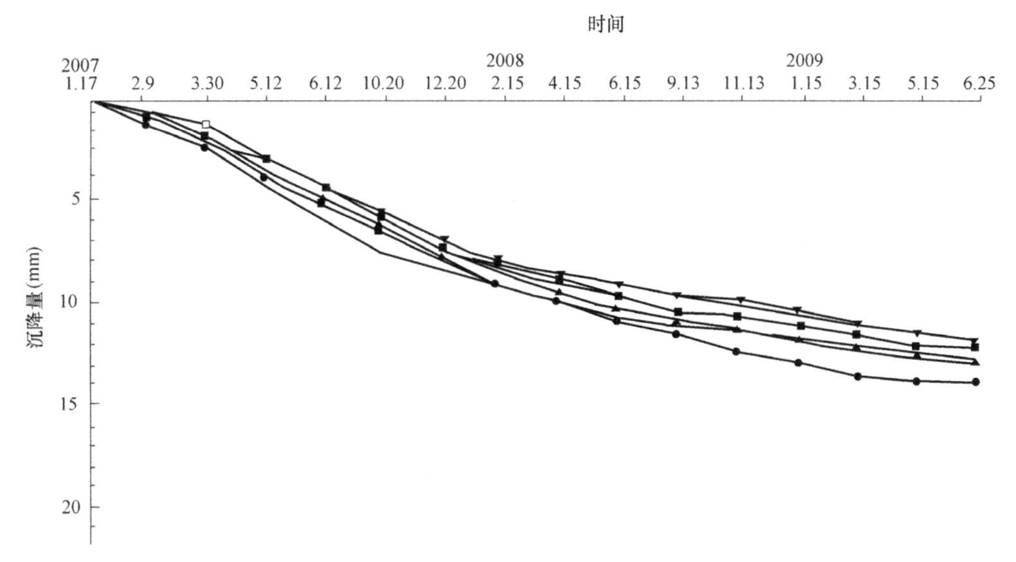

图5-12 南京紫峰大厦群房二区基础沉降量与时间关系

由表5-9可知，基础总沉降量、主楼、副楼、裙房的差异沉降量均不大，且相当均匀。平均沉降速率为0.014mm/d，最大沉降速率为0.016mm/d，符合竣工验收要求。

评议与讨论

1. 岩土单元划分问题

本案例为复杂多变岩石地基上的大型工程建筑，采用挖孔桩基础。由于裂隙水量较小，又有地下连续墙封隔，施工难度不大，挖孔桩是很好的选择。面对复杂多变的岩石地基，首当其冲的问题是岩土单元的划分。本案例将风化安山岩按风化程度分为全风化、强风化和中等风化，中等风化又按其坚硬程度和完整程度分为4个亚层，分别定性描述，分别给出力学指标，分别进行载荷试验，分别评价地基承载力，分别确定了它们的空间分布。岩土单元划分合理，为基础设计提供了明确的基本数据。

所谓"岩土单元"，是指按岩土类型及其工程特性划分的单元体，习惯上称为"层"和"亚层"。由于某些情况不一定呈层状，如侵入体、破碎带、接触变质带等，故称岩土单元更为确切。正确划分岩土单元至关重要，岩土工程中的岩土单元类似于结构工程中的构件，岩土单元的位置、尺寸相当于构件的位置和尺寸，岩土单元的工程特性指标相当于构件的材料性能。构件的位置、尺寸和材料性能是结构工程师进行构件计算的依据；岩土单元位置、几何尺寸和工程特性指标同样也是设计者据此进行设计计算的依据。如果这些基本数据不明确或不准确，设计计算就无法进行。

目前，有些勘察报告在岩土单元的划分上存在一定程度的混乱现象，问题不少，特别是复杂多变的岩石地基。具体表现在：一是同一场地多次勘察，岩土单元的代号和名称前后不一致，甚至同一份报告前后也有矛盾；二是同一岩土单元，工程特性指标不属于一个统计母体，甚至将不同岩性的岩土特性指标混在一起统计，表面看是指标的离散性过大，根源在于岩土单元的划分不正确；三是有的勘察报告对岩石时代和名称划分过细，岩土工程注重的是其工程特性，而不是它的形成时期和矿物成分；四是存在复合岩土单元时问题更多，例如砂岩和泥岩薄层相间的复合单元，将这两种不同岩石的物理力学指标混在一起统计，当然非常离散。对于复合岩土单元，宜本着"分别统计，综合评价”的原则进行。

2. 珍贵的载荷试验成果

岩石地基承载力的理论研究已有长足进步，对深入认识其内在机制十分有益，但在工程实践中，企图利用力学指标进行理论计算，却难以实施。究其原因，主要是计算参数难以获取，难以正确选定。岩石通常被或疏或密，或长或短，或宽或窄，或断或续，或方向规律、或杂乱无章的裂隙系统分割，还有变化多端的岩性、构造和风化特征，因而小尺寸样品的测试成果没有什么代表性。岩石的抗压强度、抗剪强度，只能代表岩块，不能代表岩体。结构面强度只是试验位置上的强度，代表性十分有限。因此，只有完整、较完整、裂隙不发育和岩性、构造、风化程度均一的岩体，才能考虑用岩石强度指标计算地基承载力，否则，测试数据只能作为地基承载力综合判定依据的一部分，不能赖以定量计算。本案例做了天然地基和挖孔桩的载荷试验，作为综合判定岩石地基承载力的主要手段，无疑是正确的。做这样的试验投入较大，费时费力，与土质地基比，岩石地基的载荷试验资料要少得多。编者注意搜集，但做得精细、做得完整的成果很少。本案例的成果虽然不算理想，但非常珍贵。

载荷试验对岩石地基的重要意义可另举一个案例进一步说明：

据北京市建筑设计院有限公司《长沙北辰A1地块超高层建筑地基基础设计咨询报告》（方云飞提供），该工程为地上47层、26层、12层的写字楼、酒店和商业裙房，均有三层地下室，基底平均压力分别为800kPa（基础扩大后）、600kPa和500kPa。根据勘察报告，持力层为新近纪泥质砂岩，极软岩，基本质量等级为Ⅴ级，地基承载力特征值建议为500kPa，不能满足天然地基要求，建议采用桩基础。咨询单位根据工程情况和地基条件判断，有可能采用天然地基，进行了6个浅层平板载荷试验和18个旁压试验。试验结果表明，地基承载力具有相当大的潜力，载荷试验加荷至1600kPa，压力与沉降关系仍处于直线变形阶段；加荷至800kPa，沉降仅3mm左右。旁压试验极限承载力达4000kPa以上，完全可以满足天然地基基底压力800kPa的要求。根据载荷试验，地基的变形模量约100MPa，并有旁压模量佐证。《咨询报告》采用了Plaxis 3D Foundation软件进行地基变形分析，分析结果最大沉降约40mm，决定采用天然地基。与原方案桩基础相比，大大节约了投资，缩短了工期，减小了施工难度，经济效益显著。沉降观测与计算预测基本一致，结构封顶后一百多天的实测最大沉降约25mm。该案例的成功进一步说明，对于建在软弱岩石地基上的重大工程，进行专题咨询和载荷试验是多么必要。

3. 岩石地基承载力与埋深关系

本案例根据《建筑地基基础设计规范》GB 50007的规定，对岩石地基不进行深宽修正，并指出："载荷试验探井直径为1.5m，压板直径为300mm和800mm，可视为无边载，试验结果不做深宽修正偏于安全"，这个判断是正确的。编者撰写的《岩石地基承载力的若干认识问题》（《工程勘察》2012年第8期）一文对该问题有如下分析：

地基承载力的深宽修正，是利用无埋深小压板载荷试验的成果，修正为有一定埋深大基础的地基承载力的一种简易方法，避免了抗剪强度指标的测定和复杂的计算，为广大工程界人士熟悉和接受。其理论基础就是莫尔–库仑（Mohr-Coulomb）准则，且有大量工程经验和现场试验为依据。那么，土质地基可以修正，岩石地基是否也可以修正呢？

岩石力学的基本原理是莫尔–库仑准则、格里菲斯（Griffith）准则和霍克–布朗（Hock-Brown）准则（详见附录）。根据莫尔–库仑准则，对于塑性材料，地基破坏的实质为剪切滑移，进行深宽修正没有问题；对于脆性材料，虽然破坏机制与塑性材料不同，但根据格里菲斯准则和霍克–布朗准则，侧向应力可以抑制裂缝的产生和扩展，也有利于强度的提高。随着埋深增加，边载提高，侧向应力增大，地基承载力也应提高。因此，对岩石地基进行深度修正符合岩石力学原理。

多数规范规定岩石地基不进行深宽修正，估计有两方面考虑：一是岩石地基承载力历来不进行深宽修正，在思想上已形成一种定势；二是岩石地基承载力较高，一般工程可以满足要求，不必挖掘这个潜力，因而较少下功夫进行这方面的研究和讨论。但对于极软岩和极破碎岩，如过分保守，对荷载大的工程可能很难满足设计要求。

岩石地基承载力的深度修正虽有理论依据，但缺乏工程经验和现场试验论证。而且，岩石地基情况比土质地基更复杂，不确定性更多，理应留出足够大的安全度，至少目前还应从严掌握，保证地基变形不超过线性阶段。随着研究的深入和经验的积累，再逐步完善。

4. 分类指导原则

现行《建筑地基基础设计规范》GB 50007对岩石地基承载力，强调采用载荷试验。同时规定，对于完整、较完整和较破碎的岩石地基，除载荷试验外，还可采用岩石单轴饱和抗压强度标准值乘以折减系数的方法；对于破碎和极破碎岩石地基，只能采用载荷试验。这样的规定虽然比较简单，也很安全，但对于荷载高、要求严、岩性复杂、承载力低的岩石地基，似乎还不够充分；而对于荷载轻、承载力高的岩石地基，又似乎无此必要。根据编者经验，剪切波速超过800m/s的岩体，除了荷载特大的个别情况外，作为一般建筑物地基，无论承载力还是变形，都完全可以满足要求，没有必要再做复杂的试验和论证。剪切波速小于800m/s的岩体，对于荷载不太大的非超高层建筑，似乎也不必每个工程都做载荷试验。

因此，编者建议采用分类指导的原则，以便区别对待。工程上如何分类，由各行业分别考虑，下面仅就岩体分类提出建议：

《岩土工程勘察规范》在与其他相关规范协调的基础上，将岩体基本质量等级分为Ⅰ、Ⅱ、Ⅲ、Ⅳ、Ⅴ五个等级。但对建筑物地基而言，与边坡和地下洞室围岩情况不同，人们最关心的是Ⅳ、Ⅴ两级，特别是Ⅴ级，即软岩、极软岩和破碎岩、极破碎岩，特别是极软岩和极破碎岩。这样的分类似乎不完全适应建筑行业。而且还要采样做岩块抗压强度试验，破碎岩体又采不到代表性岩样，导致分类的困难和类别划分的偏差。编者建议采用剪切波速对岩土进行分级，归纳起来有如下优点：

（1）岩土的剪切波速是工程勘察的重要指标，是地基地震反应分析的主要参数，一般岩土工程勘察均需测定，不必为分类进行专门测试；

（2）岩土的剪切波速与岩土的动剪切模量有简单的函数关系，

与地基承载力、地基变形参数等静力学性质相关密切；

(3) 剪切波速直接在现场原位测定，概括了岩石和结构面的综合特性，避免取样扰动和室内试验，代表性较强；

(4) 剪切波速测试技术比较成熟，数据稳定，经验丰富；

(5) 按剪切波速分级，既可用于岩，也可用于土，可对从极硬岩到极软土的全部岩土进行统一分级；

(6) 按剪切波速分级只需一项指标，极为简便，可操作性很强，且为仪器测定的客观数据，主观因素少；

(7) 岩体的波速分级已有相当多的核电厂勘察资料，积累了大量经验，土体有《建筑抗震设计规范》可以借鉴，并为广大岩土工程师和结构工程师熟悉。

按剪切波速对岩土进行分级，目的是为了定性判别地基的优劣，当然不是否定其他的分级和分类方法。表5-10为分级的初步方案：

岩土体按剪切波速分级　　表5-10

<table>
<tr><th colspan="2">岩土按剪切波速分级代号</th><th>剪切波速平均值（m/s）</th><th>分级名称</th><th>代表性岩土</th></tr>
<tr><td rowspan="3">Ⅰ硬岩</td><td>Ⅰ-1</td><td>$V_s>2000$</td><td>极硬岩</td><td>未风化和微风化花岗岩、石英岩、致密玄武岩等</td></tr>
<tr><td>Ⅰ-2</td><td>$2000\geqslant V_s>1500$</td><td>坚硬岩</td><td>微风化花岗岩等</td></tr>
<tr><td>Ⅰ-3</td><td>$1500\geqslant V_s>1100$</td><td>中硬岩</td><td>中等风化花岗岩等</td></tr>
<tr><td rowspan="3">Ⅱ软岩/硬土</td><td>Ⅱ-1</td><td>$1100\geqslant V_s>800$</td><td>中软岩</td><td>强风化花岗岩等</td></tr>
<tr><td>Ⅱ-2</td><td>$800\geqslant V_s>500$</td><td>软弱岩，坚硬土</td><td>新生代泥岩，全风化花岗岩等密实碎石类土等</td></tr>
<tr><td>Ⅱ-3</td><td>$500\geqslant V_s>300$</td><td>中硬土</td><td>硬塑—坚硬黏性土，
中密—密实砂土等</td></tr>
<tr><td rowspan="3">Ⅲ软土</td><td>Ⅲ-1</td><td>$300\geqslant V_s>150$</td><td>中软土</td><td>可塑黏性土，
稍密—中密砂土等</td></tr>
<tr><td>Ⅲ-2</td><td>$150\geqslant V_s>100$</td><td>软弱土</td><td>软塑黏性土，松散砂土等</td></tr>
<tr><td>Ⅲ-3</td><td>$V_s\leqslant 100$</td><td>极软土</td><td>淤泥、吹填土等</td></tr>
</table>

注：1 剪切波速1100m/s基于核电工程规定，大于该值可视为嵌固端，不做地基与结构协同作用计算；

2 剪切波速800m/s及500m/s基于《建筑抗震设计规范》，大于该值分别为岩石地基和可作为基底输入（核电工程基底输入大于700m/s）；

3 剪切波速300m/s为核电厂地基的下限；

4 剪切波速150m/s为《建筑抗震设计规范》中软土与软弱土的分界。

该方案共3大档9小档。有了这个分级标准，设计人员对建筑地基的优劣可以方便地进行初步判断，并可结合工程特点，分别提出地基承载力和变形问题的试验和论证要求。

5. 岩体工程的研究重点和方向

岩土工程是涉及岩石和土的一门科学技术，土体工程的理论基础是土力学，岩体工程的理论基础是岩石力学。土力学难在土中的水，有了孔隙水压力原理，土力学才成为一门独立的学科；岩石力学难在岩体中的裂隙（结构面），没有裂隙问题，岩体与其他固体材料还有什么区别？由于裂隙的存在和岩性、构造、风化等因素，使得岩体的工程特性范围非常宽，极软岩还不如硬土，极硬岩则远超混凝土，还常呈现极度的不均一性和不规律性（无论宏观、中观和微观），勘探测试的成本高，且难以奏效。土力学和土体工程在科学层面上还不够成熟，而岩石力学和岩体工程的成熟程度更远不如土力学和土体工程。在各行各业科技不断重大突破的今天，实在与这个时代太不相称。从工程实用角度，编者对近期研究重点和方向提两点建议：

（1）岩体工程的力学计算，之所以不能取得理想效果，关键在于计算参数的不可靠和复杂岩体空间分布的难以把握，瓶颈在于信息不足。因此，应重点研究有效、快速、经济的勘探测试方法，大力开发岩土工程信息技术。

（2）岩石力学的理论研究虽有进展，对深入认识岩体强度和变形机制有所补益，但目前的成果似乎难以解决工程实际问题。希望有关专家进一步结合工程，研究便于应用的实用计算方法，不一定追求理论的完整性和方法的普适性。土质地基承载力确定和变形计算在理论指导下的经验方法，如参数间的回归分析、原型监测反分析、经验修正系数等，方法虽然有点粗糙，但实用，值得借鉴。

岩土工程典型案例述评6

济南万科住宅群基础与残积土特性[1]

核心提示

本案例为高层住宅，有厚度10m以上的密实卵石作为持力层，但其下有较厚的闪长岩残积土下卧层，变形验算不能满足。如采用桩基，则造价、工期和施工难度将大大增加。后进行载荷试验和旁压试验，发现地基承载力和变形参数大有潜力，完全可以采用天然地基。

① 本案例根据王继忠、杨启安和济南市勘察测绘研究院提供的资料编写。

案例概述

1. 工程概况

济南万科化纤厂路项目位于涵源大街，规划建设用地面积19.14公顷。拟建建筑物包括7栋高层住宅楼、售楼处及整体地下车库。具体数据见表6-1。

济南万科建筑项目主要数据 **表6-1**

楼号	长度（m）	宽度（m）	高度（m）	层数 地上/地下	结构类型	±0.00（m）	基础埋深（m）
1	33	14.5		28/2	剪力墙	54.50	7.2
2	70	14.5	99	34/2	剪力墙	57.00	7.2
3	70	14.5	99	34/2	剪力墙	57.80	7.2
4	33	14.5	99	34/2	剪力墙	58.60	7.2
5	67	14.5		33/2	剪力墙	58.90	7.2
6	36	13.4	99	34/2	剪力墙	57.50	7.2
7	50	15.3	99	34/2	剪力墙	55.50	7.2
售楼处	44	44	12	2	框架	56.10	

各高层建筑物之间设整体地下车库，框架结构，独立基础，地下车库为地下1层。

2. 地基条件

根据《勘察报告》，主要地层为①填土、②黄土、③粉质黏土、④卵石、⑤闪长岩残积土、⑥全风化闪长岩、⑦强风化闪长岩、⑧中等风化闪长岩。现分述如下：

①填土（Q_4^{2ml}）：分为杂填土和素填土，均在基础底面以上。

②黄土（Q_4^{al+pl}）：褐黄色，硬塑，稍湿，含白色钙质条纹和零星礓石。场地内普遍分布，均在基础底面以上。

③粉质黏土（Q_3^{al+pl}）：棕黄，硬塑，局部可塑，稍湿，含铁锰氧化物及结核，场区普遍分布，夹有③$_1$黏土，大部在基础底面以上。取原状土19件，扰动土1件，标准贯入试验27次，土性指标见表6-2。

粉质黏土主要土性指标 **表6-2**

项目＼指标	w（%）	γ (kN/m³)	e	w_L（%）	w_P（%）	I_P	I_L	E_{S1-2} (MPa)	N（击）
样品数	18	18	18	19	19	19	17	16	27
最小值	20.6	17.4	0.615	31.9	19.2	12.5	0.02	2.64	6.0
最大值	29.2	19.8	0.956	38.5	21.9	16.7	0.52	8.01	14.3
平均值	23.6	18.9	0.773	35.5	20.2	15.3	0.23	5.03	9.5
均方差	2.6	0.7	0.083	1.9	0.7	1.4	0.16	1.61	2.2
变异系数	0.11	0.03	0.11	0.05	0.04	0.09	0.67	0.32	0.23

④卵石（Q_3^{al+pl}）：杂色，中密，母岩成分为灰岩，亚圆形，粒径2~10cm，含量约60%~75%，混棕红色硬塑黏土。在该层中进行重型动力触探试验6.0m，部分反弹，其范围值为$N_{63.5}$=6.5~22.1击，平均值10.3击。该层在场区普遍分布，层厚11.70~14.30m；层底深度13.00~26.00m；层底标高28.75~39.47m。局部分布有④$_1$粉质黏土、④$_2$黏土、④$_3$胶结砾岩三个亚层。

④$_1$粉质黏土：棕黄色，硬塑，湿，刀切面稍光滑，含铁锰结核，少量卵石、角砾。在该层中取原状土样2件，进行标准贯入试验1次，主要物理力学指标为：w=27.9%~36.4%；e=0.867；I_P=13.3~14.8；I_L=0.04~0.13；E_{s1-2}=6.34~9.83MPa；E_{s3-6}=10.03~12.53MPa。

④$_2$黏土：棕黄色-棕红色，硬塑，局部坚硬状态，湿，刀切面光滑，含铁锰结核，少量卵石、角砾。取原状土样2件，标准贯入试验1次，主要物理力学指标为：w=23.2%~31.2%；e=0.667~0.968；I_P=25.5~26.2；I_L=0.02；E_{s1-2}=14.06~27.78MPa；E_{s3-6}=16.97~46.31MPa。

④$_3$胶结砾岩：杂色，钙质胶结、半胶结状态，坚硬，致密，岩芯呈柱状，柱长5~20cm，钻进较为困难。该亚层层厚0.50~11.70m。

⑤闪长岩残积土（Q_1^{el}）：灰黄-黄绿，湿，呈土状-粉细砂状，手捏具塑性，风化程度不均。普遍分布，厚度较大，局部为强风化闪长岩。取原状土9件，标贯试验29次，主要土性指标见表6-3。

残积土主要土性指标 表6-3

指标 项目	w（%）	γ （kN/m³）	e	I_P	I_L	$E_{s1\text{-}2}$ （MPa）	$E_{s3\text{-}6}$ （MPa）	N（击）
样品数	9	9	9	9	8	9	9	29
最小值	37.8	16.0	0.990	11.7	0.42	3.4	6.56	11.2
最大值	48.4	18.9	1.489	23.2	0.97	4.33	11.18	24.5
平均值	43.8	16.9	1.342	18.0	0.68	3.76	8.6	15.7
标准值	3.3	0.9	0.165	4.4	0.22	0.34	1.42	2.7
变异系数	0.08	0.06	0.12	0.25	0.32	0.09	0.16	0.17

⑥全风化闪长岩（δ_5^3）：黄绿色，密实，湿，岩芯呈中砂-粗砂状，含少量母岩硬块，局部母岩硬块含量可达20%～30%。标贯试验一次，N=25.2击。在钻孔60号、68号、88号、91号附近有所分布。层厚为2.30～6.80m；层底深度为23.50～33.30m。

⑦强风化闪长岩（δ_5^3）：灰绿色，密实，湿。岩芯呈粗砂-砾砂状、碎块状，碎块粒径2～10cm，母岩硬块含量一般为20%～40%，场区普遍分布。

⑧中等风化闪长岩（δ_5^3）：灰绿色，半自形粒状结构，块状构造，主要由斜长石、角闪石、云母等矿物组成，节理裂隙较发育，岩芯柱长5～20cm，岩芯采取率70%～90%，RQD＝50%～70%。最大揭示厚度为18.10m，最大揭示深度为45.00m。

综合分析，《勘察报告》建议各岩土层地基承载力特征值 f_{ak}、变形指标及相关桩基参数见表6-4。

地基承载力、变形参数及桩基参数 表6-4

层号	土层名称	f_{ak} （kPa）	$E_{s1\text{-}2}$ （MPa）	$E_{s3\text{-}6}$ （MPa）	钻孔灌注桩		后注浆增强系数	
					q_{sik}（kPa）	f_{rk}（MPa）	β_{si}	β_p
②	黄土	150	4.9		50			
②$_1$	礓 石	200	15.0		80			
②$_2$	卵石	300	20.0		120			
③	粉质黏土	180	5.0		75			
③$_1$	黏土	200	10.2		80			
④	卵石	400		40	140		2.4	

续表

层号	土层名称	f_{ak} (kPa)	E_{s1-2} (MPa)	E_{s3-6} (MPa)	钻孔灌注桩		后注浆增强系数	
					q_{sik} (kPa)	f_{rk} (MPa)	β_{si}	β_p
④$_1$	粉质黏土	220	8.1	11.3	80		1.4	
④$_2$	黏土	250	14.0	17.0	85		1.4	
④$_3$	胶结砾岩	500		50	170		2.4	
⑤	闪长岩残积土	220	4.3	8.6	65		1.4	
⑤$_1$	强风化闪长岩	450		40.0	140		1.4	
⑥	全风化闪长岩	300		30.0	80		1.4	2.0
⑦	强风化闪长岩	500		50.0	140		1.4	2.0
⑧	中等风化闪长岩	1500				6.0		

地下水为第四系孔隙水和闪长岩风化裂隙水。勘探期间测得稳定水位标高为45.06～49.89m。

总体来说，场地内第四系土层分布较稳定，水平方向分布连续。其中，④卵石层局部夹硬塑-坚硬状态的粉质黏土和黏土，部分胶结为砾岩，层位稳定，地基承载力特征值建议为400kPa（未经深宽修正）；⑤闪长岩残积土厚度较大，达10m以上，主要工程特性指标平均值为：含水量43.8%、孔隙比1.342、压缩模量（0.1～0.2MPa）3.76MPa、标准贯入锤击数15.7击，地基承载力特征值建议为（未经深宽修正）220kPa。

3. 地基基础方案

由于设置2层地下室，基础埋深达7.2m，故填土、黄土将全部挖除，③粉质黏土将大部挖除，基础基本坐落在④卵石层上。预估建筑物基础的基底压力为530～620kPa，如采用天然地基，持力层为④卵石。修正后的地基承载力特征值满足要求，局部黏性土夹层根据具体情况适当处理。作为软弱下卧层的⑤闪长岩残积土也可通过承载力验算（或加宽基础后通过）。主要问题是，由于⑤闪长岩残积土室内试验的压缩模量低，部分高层建筑变形验算不能满足。故建议采用灌注桩，穿过④卵石、⑤闪长岩残积土、⑥全风化闪长岩和⑦强风化闪长岩，以⑧中等风化闪长岩为桩基持力层。具体地说，就是1号、2号、3号、

4号、6号、7号楼通过适当增加基础埋深、增加基础宽度，降低基底压力、提高基础刚度及抗变形能力等措施，采用箱（筏）基础，以④卵石作为基础持力层，做天然地基是可行的；5号楼由于持力层④卵石层内有较多黏土夹层，不宜采用天然地基。所有高层建筑均可采用钻孔灌注桩基础方案，以第⑧层中等风化闪长岩作为桩端持力层，形成嵌岩桩。桩端全断面嵌入中等风化闪长岩深度不小于2倍桩径。由于场地内第⑧层中等风化闪长岩顶面起伏较大，为确保满足对桩端全断面嵌入中等风化闪长岩的要求，必要时应进行桩基施工勘察。

根据经验判断，⑤闪长岩残积土的压缩模量偏低，为了进一步分析采用天然地基的可能性，进行了深层载荷试验和旁压试验。深层载荷试验做了一个点，深度为19.2m，承压板直径为0.7m。试验结果，残积土的承载力特征值为500kPa，变形模量为28MPa。旁压试验做了两个孔4个点，结果地基承载力特征值为432～529kPa，压缩模量为20～27MPa。与室内试验和原来估计相比，地基承载力和变形参数都有很大提高。随后进行了同行专家评审，建议采用天然地基。但应补充原位测试数据，至少要做深层载荷试验3个，每幢高层建筑一个旁压试验孔，以便满足设计要求；增加标准贯入试验孔以查明土的均匀性；并进行施工中和竣工后的沉降观测。

4. 沉降观测结果

本工程根据专家评审意见采用了天然地基方案，实施后进行了沉降观测，观测工作由济南鼎汇土木工程技术有限公司负责，并提出了阶段性成果。阶段性沉降观测综合成果见表6-5。

万科1期阶段性沉降观测综合成果 **表6-5**

楼号	层数	观测点数	观测次数	最小沉降（mm）	最大沉降（mm）	沉降差（mm）
1	16	10	11	9.1	14.6	5.5
2	29	10	11	13.0	21.2	8.2
3	34	10	11	16.3	22.5	6.2
5	34	6	8	8.8	11.6	2.8
7	26	6	11	8.0	16.2	8.2
8	34	6	8	8.4	11.4	3.0
9	34	10	8	8.8	13.8	5.0

其中，1号楼、2号楼、3号楼、7号楼的观测时间为2013年9月12日至2014

年7月29日；5号楼、8号楼、9号楼的观测时间为2013年11月29日至2014年7月29日。各楼座均于2013年8月开工，其中2号楼、3号楼、8号楼已分别于2014年7月15日、7月20日、8月22日竣工。观测11次的各楼座，最后两次观测时间间隔为37天，沉降量为0.00～0.38mm，平均每天沉降为0.00～0.01mm。

截至编者发稿，虽然观测工作还在进行，但数据表明，无论沉降量还是沉降差都很小，采用天然地基没有问题。

评议与讨论

1. 关于本案例的地基基础方案

本案例如果采用嵌岩桩基础，持力层离地面的深度达27～41m，有效桩长约20～30m，并需穿过巨厚、胶结的卵石，嵌入中风化闪长岩。与天然地基比，施工困难，工程量很大，将大大增加投资，延长工期，综合经济指标十分可观。是否可以采用天然地基的关键在于变形，现在先来分析变形计算问题：

变形计算结果的可信度，应从计算模式和计算参数两方面进行分析。首先是计算模式的假设条件与工程实际出入有多大，规范方法浅基础变形计算的应力分布源于布辛奈斯克原理，假设地基土为各向同性的均质弹性体，本案例为双层地基，10m以上巨厚的卵石层刚度很大，有利于扩散土中的附加应力，减少总沉降和不均匀沉降。用各向同性均质弹性体的应力分布计算偏于安全，但影响不会太大。本案例问题的关键在于计算参数，必须正确把握。有经验的工程师很注意岩土的物理性指标、力学性指标、静力触探指标、标贯锤击数指标等之间是否协调，本案例残积土的标贯锤击数相当高，平均达15.7击。残积土有较强的结构性，同样的物理性指标，力学性能显著优于一般沉积土。有结构性的土，特别在地下水位以下，取样、运输、开土过程中，极易扰动，削弱结构强度，故室内试验的压缩模量明显偏低，据此进行沉降计算，结果肯定偏于保守。这是岩土工程基本经验之一，做深层载荷试验和旁压试验是正确的举措。

本案例有厚达10m以上部分胶结的密实的卵石作为持力层，如果不用天然地基，用桩穿过如此厚的卵石和残积土，以中风化闪长岩为持力层，有效桩长达二三十米，就太不可思议了。桩基不仅施工难度大得多，造价高得多，工期长得多，而且质量也不易控制，天然地基是必然的选择。

“用数据说话”无可非议，但也要分析。岩土数据其实未必精准，如本案例中残积土的压缩模量是实测数据，但偏低；卵石承载力特征值建议为400kPa，不能说不对，但肯定还有潜力。在满足工程要求的条件下，未做更多的试验研究，给一个相对保守的数据是可以的。闪长岩残积土未做原位测试时给的地基承载力特征值为220kPa；做了原位测试，地基承载力特征值接近500kPa（数据少，尚未定），足以说明勘察工作深度不同，得到的数据不同是正常现象。而应当做到什么深度，应根据具体的地质条件和工程要求由岩土工程师综合分析确定，一刀切不符合岩土工程的特点。现在的规范条文订得都相当具体，工程设计只要符合规范，设计者就不再承担任何风险，这样会带来相当大的副作用。岩土和工程情况千变万化，规范不可能对所有情况都给出明确而合理的规定，设计者照搬规范很容易做出不符合实际的举措，造成风险或浪费，同时也限制了工程师主观能动性的发挥，不利于工程师业务素质的提高。

2. 关于残积土的特性

残积土是一种特殊土，其形成机制、物质组成、工程特性均与一般沉积土有较大区别。工程中常遇的冲积相、洪积相、湖相、海相等，都是岩石风化后经长途搬运到另一地点沉积，风化碎屑物在搬运过程中经撞击、摩擦、溶解、分选等物理和化学作用，使物质成分不断改变，最后形成卵石、砾石、砂土、粉土、黏性土等。卵石、砾石、砂等粒状土颗粒坚硬；黏性土形成蜂窝结构或絮状结构。因此，传统土力学在分析应力应变时，只考虑孔隙比的变化，不考虑土粒本身的可压缩性；分析强度时只考虑粒间摩擦和细粒土的黏聚力，不考虑颗粒可能被压碎。残积土则不同，岩石风化后在原地残留，未经搬运和分选，形成的物质成分有两个特点：一是或多或少保留着岩石的残余凝聚力即结构强度；二是没有明确的颗粒组成，在外力作用下“颗粒”可以被压缩或压碎，粒度会变细。因此，无论压缩机制还是强度机制，残积土与沉积土均有明显不同。

残积土的压缩和强度参数，现在还常常用压缩系数、压缩模量、黏聚力、内摩擦角等指标来表征，用室内试验测定。在工程实践中主要存在两个问题：一是残积土一般很不均匀，大小混杂，夹有硬质岩块，尺寸很小的试样代表性不足，试验数据离散性很大；二是取样极易扰动，特别是残余凝聚力或结构强度极易受到破坏。因此，应以原位测试为主，如标准贯入试验、动力触探、旁压试验、载荷试验等，以载荷试验成果为确定地基承载力和变形参数的主要依据。

残余凝聚力可以理解为一种结构强度，是残积土强度和变形性质的重要组成部分，其机制与黏性土的黏聚力完全不同。黏性土的黏聚力取决于颗粒大小（特别是黏粒含量）、矿物成分、密度和含水量，一般黏粒含量越高、密度越大、含水量越低，黏聚力越高；残积土的结构强度则取决于风化作用，与母岩成分、物理和化学环境、风化程度等有关。几乎所有天然土都有一定的结构强度，只是强弱、稳定性、形成机制不同而已。

有经验的岩土工程师常根据土的物理性指标估计土的力学性质，但应注意，来自一般沉积土的经验不一定适用于特殊土。本案例闪长岩残积土的平均孔隙比为1.34，对一般黏性土可判断为相当软弱，但本案例则并非如此。

3. 关于土力学与岩石力学的理论和实践

传统土力学是以饱和重塑土为研究对象建立起来的，土的物理性指标、力学性指标、土的应力应变关系、土的强度理论、土的孔隙水压力和有效应力原理、土的各种本构模型等，基本上都是基于饱和土和重塑土。但工程实践中则常常遇到非饱和土和原状土，运用土力学时应当注意理论和实际的差别。试举两个常见的例子：一是根据液性指数划分土的状态，液性指数表征的“状态”是重塑土，而现场常常看到，结构强度较大的土，用液性指数判别的“状态”与原状土的“状态”并不一致，现场的“状态”常常高于用液性指数确定的“状态”；二是用不固结不排水三轴试验或固结不排水三轴试验测定土的强度，对非饱和土意义不大，非饱和土力学理论还不成熟。前者的结构强度问题和后者的非饱和土问题是当前理论落后于实践突出的表现。

岩石力学比土力学更年轻，更不成熟。当前的理论主要基于连续介质力学，实际上，大部分岩体为非连续介质。基于非连续介质的研究虽然有了发展，岩石损伤、断裂、固流耦合等研究也有一定成就，但总体上还很不成熟。岩体比土更加复杂，成分和结构极为多样，裂隙系统高度无序，岩性和应力状态的时空变化很大，传统力学很难用上，建立符合岩体特殊性质的理论恐怕要几代人的努力。

土力学和岩石力学理论已大大落后于工程实践。编者认为，应从基础研究和应用研究两个层面上发展。基础研究侧重于认识岩土的成分、结构、形成机制、力学行为等客观存在和客观规律，不着眼于当前应用。基础研究虽然只是少数学者的“阳春白雪”，但对指导和推动应用研究有长远影响。当然，对应用起不到指导作用的理论研究是没有生命力的。应用研究则有明确目的，为解决工程问题，为发展专门技术，在科学思想的指导下总结实践经验，为勘察、设计、施工服务。可将复杂的理论适当简化，结合工程经验，用易于操作的方法解决工程问题，地基承载力的深宽修正就是明显的例子。对于岩土工程师来说，当然更关心应用研究，应当成为今后研究的重点。从岩土工程实践角度，以下几方面值得学术界和工程界关注：

(1) 各种非饱和土的力学参数和工程特性

传统土力学基于水中沉积的饱和砂土和黏性土，且未考虑原状土的结构强度。而工程实践中，经常遇到残积土、风积土等非水成土。还有原是水中沉积，后来地下水位下降形成的非饱和土。这些土无法用传统土力学的孔隙水压力和有效应力原理来描述，计算地基承载力和土压力的强度指标怎么确定？变形分析时沉降与时间关系怎么计算？现在还是一笔糊涂账。

弗雷德隆德 (D.G.Fredlund) 等将传统土力学中的有效应力原理推广到非饱和土，虽已经历了数十年的研究，但离工程实用似乎还很遥远。由于基质吸力测试极为繁难等原因，至今仍在探索。有人建议寻找代替基质吸力的途径，如建立各种非饱和土饱和度与基质吸力

（或强度）的关系，或许可能付诸实施。实际上，由于物质成分和形成机制的不同，各种非饱和土的力学性状差别很大，难以用“非饱和土”概括。我国特殊土研究已有几十年历史，成果显著，解决了不少实际问题，但仍需提高。

对于土的结构性问题，在进行土的本构模型研究时，虽然对土的应变软化进行了描述，但并未将应变软化过程与结构强度的逐渐破坏联系起来。沈珠江建议建立土体结构性数学模型和相应的分析理论，即逐渐损伤理论（沈珠江，土体结构性数学模型和相应的分析理论，岩土工程学报，1996年第1期），并预期将成为对土力学认识的第二次飞跃（第一次飞跃为以剑桥模型为代表的弹塑性模型和以邓肯-张（Duncan-Chang）为代表的非线性模型）。

土的结构性和结构强度问题，虽然理论上尚待研究，但工程实践却不能回避。编者建议从以下三方面入手：一是在应用土力学理论时，应充分注意各种土的特殊性，不要盲目套用；二是采用适当的原位测试手段，并与设计参数建立经验关系；三是针对不同土类的特点，建立相应的经验方法。理论上一时难以解决的问题，经验方法是常用的手段。例如湿陷性黄土，绕过了复杂的力学理论问题，用湿陷系数、起始压力、自重湿陷系数将黄土场地和地基分级分类，再按分级分类确定设计措施，随着经验的积累不断完善，就是一种有效的解决工程问题的经验方法。

（2）提高变形分析的精度，使计算更接近于实际

先介绍一个工程案例：日本关西国际机场人工岛，是20世纪最大的岩土工程之一。采用了最先进的勘探测试手段和多种理论，来计算机场开通后50年的沉降。在设计阶段，估计表层20m厚的软土50年后沉降6.5m，由于采用砂井处理，这部分沉降在机场开通时即可结束。下卧层为计算厚度120m的洪积土，预计沉降为1.5m，由于未处理，机场开通时预计沉降几十厘米。结果填土达到标高后6个月，即1991年，上部填土沉降5.5m，小于计算值；而下卧洪积土沉降了1.5m，远大于预计值。经多次重新勘探试验和计算，调整为上部软土沉降5.5m，下卧洪积土50年后沉降5.5m，总沉降11.0m。到1994年9月机场开通时，根据实测沉降数据推算，50年总沉降为10.34m，比调整计算小0.66m。本

案例条件并不复杂，问题可能还是在于参数，因此，在缺乏经验的情况下，即使工作认真细致、技术水平相当高的岩土工程师，沉降计算还是没有太大把握，由此可见，工程原型监测和计算参数的测试是多么重要。变形计算精度的提高，需要岩土工程界长期艰苦努力。

按变形控制是地基基础设计的重要原则，特别是大面积的筏形和箱形基础，是变形控制而不是强度控制。提高变形计算的精度，使其尽量接近于实际，是岩土工程界的迫切希望。

变形计算可靠性决定于计算模式和计算参数两方面。由于地基、基础与上部结构的共同作用，涉及结构对地基变形的敏感程度和调节能力，大底盘上高低错落，荷载和刚度差别很大的建筑，情况更复杂，研究更切合实际的计算模式的确重要，但计算参数更为敏感，对计算成果的影响更大。但现在，研究计算模式的人不少，而研究计算参数的人却不多。室内试验得到的参数虽然符合土力学原理，但由于多种原因，与实际往往差别较大，使计算结果精度不高。有人建议研究采用原位测试指标，值得注意。

不仅地基变形，基坑变形也是这样。城市中的基坑，往往离建筑物、重要管线、地铁很近，周边环境复杂，基坑设计也由变形控制。而基坑变形的计算方法远不如地基计算成熟，按变形设计经验远不如地基设计丰富，更亟待提高。

(3) 对于岩石地基，重点应放在软岩地基承载力和变形问题的研究

岩石力学研究的推动，主要是地下工程和边坡工程。对于房屋建筑来说，岩石地基问题以往一般不予重视，认为遇到了岩石，地基承载力和地基变形一般均可满足，故多偏于简单而保守的取值方法。但随着高层和超高层建筑的兴建，基础埋深的增加，软岩地基的问题逐渐凸显。这里说的软岩地基，主要指规范分类中的“极软岩”和“极破碎岩”，界于土和岩石之间，似土非土，似岩非岩。如新近纪和古近纪沉积、强风化和全风化岩、断层破碎带、松软的泥岩以及其他极软岩和极破碎岩。由于缺乏研究和工程经验，岩土工程师遇到这类地基时往往感到很棘手。建议下功夫进行研究：包括工程分类、勘探测试、承载力确定、变形计算等。

岩土工程典型案例述评7

昆明某工程基础事故的概念设计问题[①]

核心提示

本工程是概念设计存在多方面严重失误的典型案例，包括桩基持力层选择不当、挤土效应未予注意、桩土分担判断错误、荷载差异很大条件下均匀布桩、筏板设计不当等。通过本案例可以从反面教育我们，岩土工程必须十分重视概念设计。

① 本案例根据刘明振《某工程基础事故分析》（第九届土力学与岩土工程学术会议论文集）编写。

案例概述

1. 工程概况

本案例为一幢多功能综合楼，建筑面积53484m^2，按地面以上层数可分4部分：①28层筒体塔楼，为最高部分，地面以上高度109.0m；②26层主要部分；③副体部分，主要为18层；④纯地下室，平面布局见图7-1。上部结构除筒体塔楼外，均为框架剪力墙结构，抗震设防烈度为8度，地下室按五级人防设计。

筏板基础长78.6m，宽35.9m（含外挑部分），埋深近11.0m。筏下采用振动沉管灌注桩，桩径500mm，有效桩长21.5m，共设工程桩752根，满堂布置。桩距主要分1.8m×1.8m和1.8m×2.1m两种。设计单桩承载力标准值为1100kN，由试桩静载荷试验确定。筏基为梁板式，主梁依柱网布置，柱网分7.5m×8.4m、9.0m×8.4m和8.4m×8.4m三种，多数为第三种。为减少筏板厚度，采用主次梁将筏板划分为若干小的区格，区格尺寸多数为4.2m×4.2m和4.5m×4.2m。主梁断面为1.40m×2.30m，次梁断面为0.60m×2.18m；筏板厚度筒体部分为1.0m，其余为0.6m。混凝土设计强度等级为C50，抗渗等级为S10。

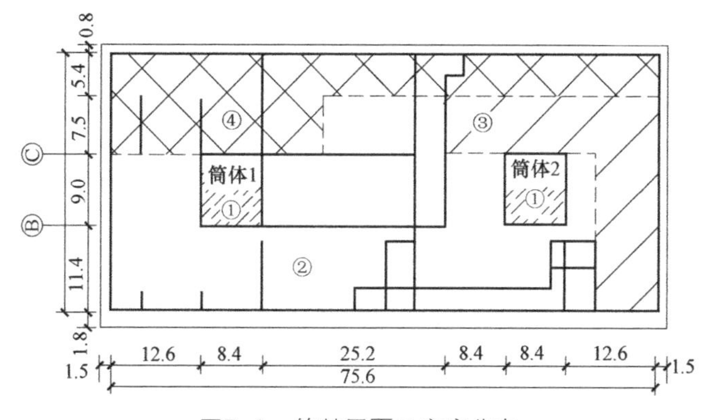

图7-1　筏基平面及高度分布

2. 地基条件

场地处于断陷盆地内的湖泊相沉积平原上，在70m深度内全部为第四纪沉积物，前期为湖沼相黏土、泥炭层，中期为湖相沉积的黏土及含粉细砂的粉土层，后期为冲洪积黏土、圆砾和粉土层。地下水稳定水位埋深为1.2～1.6m。筏基底面标高为-11.4m，坐落在粉土层④上，桩端持力层为黏土层⑧。桩顶以下土性参数平均值及原位试验成果见表7-1。编者觉得，表中土的压缩模量与土的物理性指标有些不协调，压缩模量似乎偏高，泥炭和泥炭质土似乎更偏高。原文未提供详细的工程地质剖面和具体的压缩试验成果，总体印象主要是黏土、粉土和泥炭质土互层，筏板以下均为饱和土，地基条件软弱。

桩顶以下土性参数平均值及原位试验成果　　表7-1

土层号	土层名称	厚度(m)	γ (kN/m³)	w (%)	e	I_P	I_L	E_{s1-2} (MPa)	E_{s2-3} (MPa)	N (击)
④	粉土	4.6	18.8	26.0	0.75	7	0.71	4.8	6.5	11.15
⑤	黏土	4.6	18.8	31.0	0.89	22	0.17	14.9	15.7	10.11
⑥	粉土	4.0+1.5	19.2	24.0	0.72	9	0.48	12.6	14.5	9~30
⑥$_1$	粉质黏土、黏土	1.7	19.3	28.0	0.80	13	0.46	12.5	13.4	
⑦	黏土	1.7	19.8	24.0	0.69	17	0.23	14.8	17.0	32
⑦$_1$	粉土	2.5	19.1	23.0	0.71	9	0.38	12.4	16.6	
⑧	黏土	3.2+1.9+1.4	18.0	37.0	1.05	27	0.25	12.7	12.2	
⑧$_1$	粉土	0.9	19.4	21.0	0.63	6	0.33	13.4	18.1	16
⑧$_2$	泥炭土	1.8	13.1	107.0	2.54	44	0.86	6.1	7.7	
⑨$_1$	粉土	0.9	19.1	21.0	0.68	7	0.49	8.7	13.1	
⑨	黏土	1.7	16.7	48.0	1.31	29	0.39	11.6	11.5	
⑩	泥炭土	4.2	12.1	118.0	2.30	27	0.68	5.8	6.1	
⑩$_1$	粉质黏土	0.8	19.6	23.0	0.69	15	0.30	8.9	10.8	
⑪	黏土	5.1+5.0	17.6	35.0	1.01	21	0.32	107	11.7	
⑪$_1$	粉土		18.7	25.0	0.73	8	0.51	7.3	11.2	
⑫	粉土		18.9	23.0	0.74	6	1.01	9.1	10.2	
⑬	泥炭		16.7	45.0	1.19	24	0.20	10.9	12.3	

3. 事故表现

事故主要表现为筏基的主、次梁及筏板开裂、渗漏，上部结构也有裂缝。本工程于1998年3月开始施工，1999年4月主体封顶。1998年12月，当结构施工至12层时，发现底板有渗水现象，当时的地下水位在-5.6m处；1999年1月，发现筏基的7个区格底板漏水，3个区格潮湿渗水；1999年4月主体完工时，发现80%的区格底板渗漏。1999年7月再次检查时，发现几乎全部底板渗水、漏水或开裂，同时还发现肋梁也产生了裂缝，此时地下水位为-2.3m。随着时间的推移，肋梁裂缝继续开展。筏板裂缝多发生在肋梁组成的区格对角线上，也有一部分在底板与肋梁的交界处。梁的裂缝主要发生在两端，呈现大约45°～60°倾斜，少数为垂直裂缝。B、C轴间几乎所有的梁都发生了开裂。裂缝以筒体附近出现得最早，也最密集。上部结构裂缝多发生在6层以下的框架梁、填充墙及楼板上。

4. 事故原因分析

本案例事故的发生，原因似乎是设计者只注意计算，忽视了概念，因而主要是概念设计上的问题。

（1）桩端持力层选择不当：由表7-1可知，该案例确实没有理想的桩端持力层，放在哪一层上也是摩擦型桩，桩底平面下还有相当厚的可压缩土层，甚至还有泥炭，沉降量较大难以避免。但无论如何，桩底仍应落在相对较好的土层上。该案例选用的桩端持力层⑧是相对较差的一层，平均孔隙比达1.05，且有以夹层或透镜体形式存在的泥炭土，孔隙比达2.54，导致基础发生较大的沉降量和沉降差。

（2）桩型选择不当：在饱和黏性土中选用密集满堂布置的挤土型振动沉管灌注桩显然不当，给工程埋下了安全隐患。桩体穿越的土层几乎全部为饱和黏性土，由于孔隙水压力短时间不能消散及土的总体积不变，沉桩使土体发生横向挤压和竖向隆起，导致已沉入的桩偏位、上浮、断桩、吊脚等问题。地基本来就软弱，持力层选择不当已使地基变形较大，挤土效应造成桩的上浮、隆起更是火上浇油。本案例未见沉降观测资料，但沉降量和差异沉降肯定可观，导致底板、肋梁开裂和渗漏。

（3）桩土分担的假设不当：设计假定桩间土分担10%的上部荷载，但实际上，挤土桩施工引起地基土隆起，并产生很高的超孔隙水压力，超孔隙水压力的消散导致筏板与地基土脱离， 桩间土根本不能分担荷载。

（4）均匀布桩不当：本案例用752根桩均匀分担了扣除桩间土反力和水浮力后的全部荷载，在此基础上进行了桩、筏板和主次梁的设计。但本案例上部荷载分布极不均匀，建筑物分为28层、26层、18层和零层4部分，荷载差别很大。结构上有筒体、剪力墙，也有框架，刚度变化可观。筒体1平均荷载为1394kPa，筒体2为1207kPa；B轴和C轴之间为697kPa，而整个基础面积平均则仅为430kPa，差别非常悬殊。且在外挑地下室的一部分也布了桩，与其他桩一样分担相同的竖向荷载。实际上这部分所受的浮力约为90kPa，超过地下室部分的自重，怎么还能分担与其他部位相同的荷载？荷载分布如此悬殊而又均匀布桩，大大加大了差异沉降，筏板严重变形和开裂是必然的后果。应采用变刚度调平设计原理，对应上部荷载分布布桩，使受力明确，荷载传递路径短，以减小结构内力，减少结构的变形和次应力。

（5）筏板设计不当：设计人仅从结构力学观点出发，认为梁板式筏基比大厚度的板筏经济。但从施工难度、混凝土均匀散热和收缩的角度出发，梁板式筏基也存在一定缺陷。本工程的主要问题是，筏板上的荷载如此悬殊，地基变形又如此之大，即使采用变刚度调平设计，底板内力也难以降到理想要求，且难以准确计算。因此，适当提高筏板厚度或采用箱基是合理的选择。但本案例设计筏基主梁断面为1.40m×2.30m，次梁断面为0.60m×2.18m，而筏板厚度仅0.60m，无论从刚度，还是从抗渗角度来看，筏板都显得太薄。尤其是筒体内板厚度仅1.0m，而筒外仅0.6m，筒边突变使筒体过大的荷载难以传递出去，引起较大的集中应力和收缩应力，这可能是筒体周围裂缝密集和出现较早的原因之一。

此外，在构造和施工方面也存在一些问题，这里不再细述。

评议与讨论

本案例事故的原因，归根到底是概念设计的严重失误，可见概念比计算更为重要。概念不是局部经验，不是未经检验的纯理论，概念是本质，是理性，有其深刻的内涵。岩土工程的一些基本概念，都是经历了实践的反复检验，理论的反复推敲，千锤百炼，不是轻易能够撼动的。我们学习专业知识，最重要的就是掌握概念。设计者如果概念不清，凭书本上的只言片语处理问题，凭单纯的计算处理问题，凭局部的经验处理问题，就可能犯原则性错误，即概念性错误。概念清楚的人，能透过现象，看到本质，能举一反三，抓住问题的要害，不会犯原则性的错误。

前面已对本案例概念设计的问题做了具体分析，这里再进一步讨论两点：一是饱和软土中桩的挤土效应问题；二是桩端持力层的选择问题。关于荷载差别很大的基础变刚度调平设计和地基与结构协同作用的问题，已在其他案例中讨论，这里不再重复。

1. 挤土效应问题

根据编者了解，因挤土效应产生的工程事故虽屡见不鲜，但还在不断发生。编者曾遇到一个工程，由于在饱和软黏性土中采用密集的挤土桩，建筑主体结构已经完成，因严重差异沉降使主体构件断裂，不得不拆除重做基础。可见挤土效应在相当多的工程师心中还很淡漠，在此再一次呼吁务必注意。

挤土桩（预制桩、沉管式灌注桩等）在成桩过程中会挤压桩周土，以便容纳桩身空间。对非饱和土，对桩周土有挤密效应，有利于提高土的密实度。但对渗透性很小的饱和黏性土，固结不能在短时间内完成，挤压使桩周土产生侧向位移，并产生超孔隙水压力，大面积密集桩群使地基隆起，使已经施工的桩偏位、上提、桩体损坏。桩身严重偏位造成的事故将在案例8中介绍，这里结合本案例对隆起后果做些说明。

本案例未见监测资料，不了解桩在施工过程中隆起的具体数据。但可以设想，在78.6m×35.9m的狭小面积内，打进了长21.5m，直径0.5m，共752根挤土桩，隆起量肯定不小。隆起使桩产生不同尺寸的上提、吊空，附加荷载上去后必将大量下沉。如果原土为正常固结土或超固结土，挤土效应使桩周土产生很高的超孔隙水压力，使土又转化为欠固结状态。孔压消散时的排水使地基再产生附加沉降，对工程极为不利。故挤土效应一定要避免，规范也有相应的规定。

2. 桩端持力层的选择问题

桩基设计总是首先选择持力层，确定桩长和单桩承载力，然后在满足桩距的条件下根据荷载算出桩数。如果不能满足，再重新选择持力层，重新计算，直至满足为止。但也有个别设计者先根据荷载设定桩距和桩数，根据每根桩分担的承载力计算桩长，桩端位置根据算出的桩长确定。这种做法就是只注意计算，忽视了概念。编者曾遇到一个工程，桩端穿过8m厚而且相当密实的砂层，落在砂层下相对软弱的黏性土上。编者问为什么这样设计？答复是“算出来的”。这样不合理的设计不仅浪费了厚层密砂的宝贵资源，而且由于荷载下移至模量低的黏性土上而显著增加桩基的沉降。

桩基应尽量落在承载力和模量较高的硬层上，是岩土工程的基本经验，也是由土力学基本概念决定的。李广信和张在明在《关于桩基软弱下卧层验算的几点认识》一文（《岩土工程技术》，21（3），2007）中曾专题论述：计算软弱下卧层和桩的沉降，不宜扣除桩基外围的摩阻力，因为摩阻力归根到底还是要传递到桩底土层和下卧土层上的。这一点往往被设计者忽视，以为只要端阻力加侧阻力大于桩顶荷载就万事大吉。殊不知抱着桩身的桩间土，必然将桩身荷载转化为桩间土自身的重力，传递到桩尖平面以下的土中。

岩土工程典型案例述评8

武汉某高层住宅的桩基失稳事故①

核心提示

本案例介绍了武汉某高层住宅楼建设过程中，因一系列失误而造成桩基失稳，不得不爆破拆除的事故。严重失误包括漠视桩基挤土效应；开挖使工程桩侧向位移；承台提高而歪桩正接；置严重不合格的桩基于不顾而继续进行上部结构施工；发现建筑物严重倾斜又未能对其原因进行正确判断等。这些失误的教训值得岩土工程界认真汲取。

① 本案例根据高大钊等《天然地基上的浅基础》(机械工业出版社)中的案例及姚永华、彭志安《对武汉某住宅楼重大质量事故的认识与思考》(第四届全国岩土工程实录交流会文集，兵器工业出版社)编写。

案例概述

1. 工程概况

本案例位于汉口前三眼桥与建设大道交汇处，整个工程为两栋18层住宅楼和两栋7层住宅楼，总建筑面积为3.7万m^2。事故发生在其中之一的高层住宅，平面上呈十字形（见图8-1），建筑面积1.46万m^2，占地面积约800m^2，地上18层，地下1层，总高度56.6m，钢筋混凝土剪力墙结构。地下室底板埋深原设计为5m，基础采用桩基，桩型为夯扩桩，设计桩径为480mm，设计单桩承载力标准值为1000kN，实际桩长为16.0～20.0m。桩端持力层为粉细砂，穿过厚度约13m的淤泥和淤泥质土，进入粉细砂层的深度约为0.8m。

1994年9月完成了场地的详细勘察，1995年1月开始进行桩基施工，共完成336根夯扩桩，1995年4月初开始开挖基坑，9月中旬主体工程结构封顶，11月底完成室外装饰和室内部分装饰及地面工程。

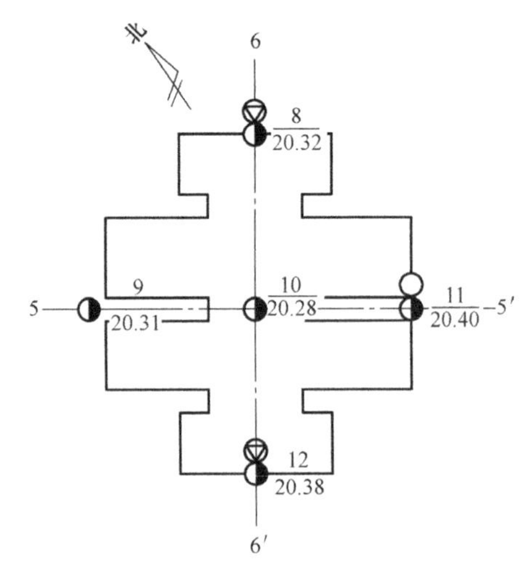

图8-1　建筑物轮廓及勘探点布置图

2. 地基条件

场地在地貌上属于长江I级阶地，地势平坦，地面绝对标高为20.14～20.46m。

地层分布情况见图8-2，表层为人工填土，厚1.5~6.0m；其下为高压缩性厚度达9.4~14.4m的淤泥和厚度为2.2~2.4m的淤泥质黏土，这两层土的总厚度达12.4~16.8m；往下为稍密-中密的粉细砂，为夯扩桩的桩端持力层（图8-2）。该层以下为砂卵石，底部为基岩。各主要土层的工程特性指标见表8-1。

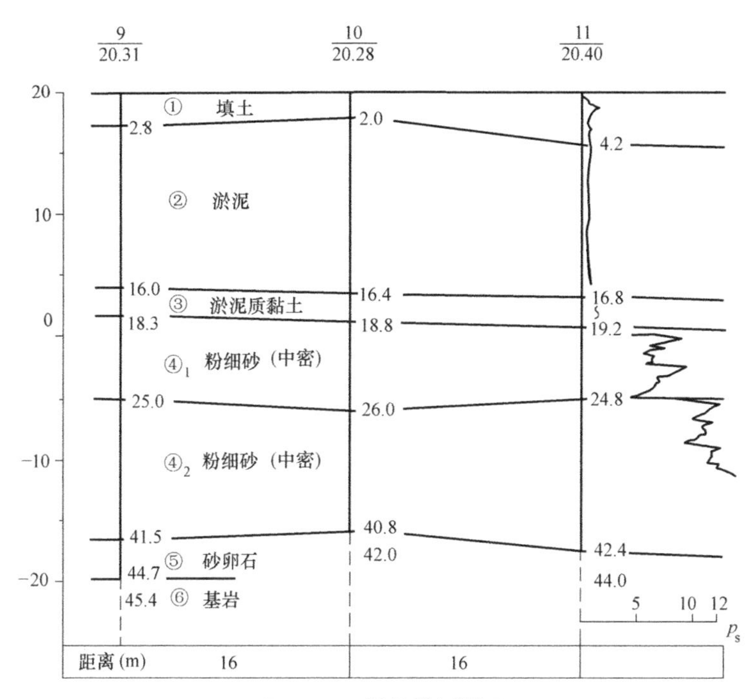

图8-2 工程地质剖面图

土层主要性质指标统计 **表8-1**

层号	值称	含水量 w（%）	重度 γ (kN/m³)	孔隙比 e	塑性指数 I_P	液性指数 I_L	压缩模量 E_S (MPa)	标贯击数 N（击）	比贯入阻力 p_S（MPa）
②	范围值	45.1~78.1	15.0~17.7	1.25~2.30	17.2~33.0	0.96~1.89	1.2~3.0		0.2~0.5
	平均值	58.0	16.8	1.63	22.6	1.11	2.0		0.34
③	范围值	39.0~55.6	15.7~17.8	1.11~1.65	15.0~22.2	0.93~1.38	1.9~3.7		0.7~1.5
	平均值	47.7	17.0	1.30	19.4	1.10	2.6		0.94
④1	范围值							11.8~22.3	4.0~7.0
	平均值							15.6	5.3
④2	范围值							14.6~25.1	7.0~9.5
	平均值							19.7	8.5

场地地下水有两种类型：一是赋存于填土层中的上层滞水，二是砂和砂卵石层中的微承压水。初见水位埋深为0.5～1.4m，稳定水位埋深为0.2～0.6m。

勘察报告建议选择埋深为14.4～19.0m的粉细砂为桩端持力层，对18层住宅楼采用大口径钻孔灌注桩，并强调在基坑开挖时，应采取坑壁支护及封底补强措施。桩基施工期间进行了补充勘察，补勘报告指出：淤泥的含水量最高达78.1%，平均值为58.0%；孔隙比最大达2.30，平均值为1.63；压缩模量最小值为1.2MPa，平均值为2.0MPa。说明该淤泥土属于武汉地区性质极差的软弱土层。

3. 事故概况

该住宅楼在结构封顶及完成室外装饰后，于1995年12月3日突然发现，建筑物向东北方向明显倾斜，顶端水平位移达470mm。沉降观测资料表明，建筑物基础已产生了不均匀沉降。东北角的沉降量为54～55mm，而西南角的沉降仅5mm，对角方向的倾斜为1.2%。为了制止不均匀沉降的发展，采取了应急的抢救措施，对东北角挖土卸载，进行注浆加固，并打了7根锚杆静压桩；对西南角采取加载5000kN的措施（图8-3）。这些措施的目的是希望建筑物向西南方向反倾，并在短期内似乎有些效果。但事与愿违，在发现建筑物明显倾斜后的第18天（12月21日），突然转向西北方向倾斜。至第22天（12月25日），建筑物顶端的水平位移已达2884mm，整个建筑物重心已偏移了1442mm。采用纠偏方法已经无能为力，决定采取定向爆破拆除的应急措施，第二天（12月26日）立即实施了爆破。从发现明显倾斜到爆破拆除，仅隔三个星期。

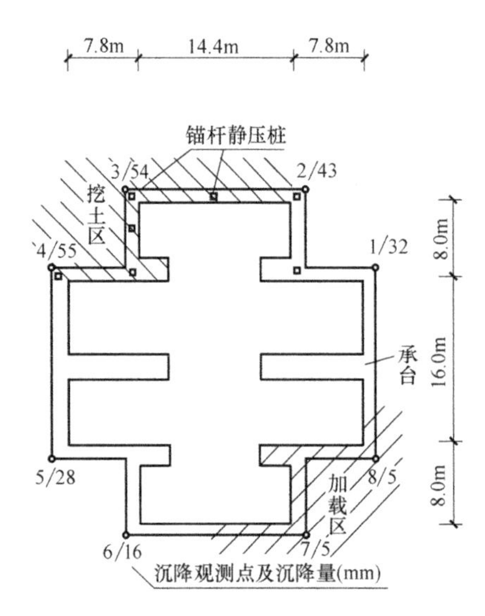

图8-3 沉降观测及纠倾实施图

从建筑物变形的发展过程可以看出，这栋采用了桩基的高层建筑的倾斜，是由于群桩失稳引起的，变形呈发散和不稳定态，并不是桩端持力层或下卧层的压缩引起的。

4. 事故原因分析

本案例事故的发生，有技术方面的原因，也有管理方面的原因。这里仅就技术方面的原因做些分析。

（1）桩型选择不当。夯扩桩是挤土桩，淤泥和淤泥质土对挤土效应极为敏感，成桩过程中发生桩身偏位是可以预见的。

（2）桩端进入持力层深度太浅。该工程夯扩桩侧向有十几米厚的淤泥和淤泥质土，而由于夯扩桩无法深入砂层，故桩端进入砂层仅0.8m，侧向约束力严重不足，夯扩形成可转动的“球铰”，极易产生偏位，在竖向荷载作用下失稳。

（3）桩的质量不符合要求。本工程进行了3根桩的静载试验，其中有一根桩未达到要求，但未做深入分析与处理。在夯扩桩施工完成后，从336根桩中随机抽取了63根进行桩身完整性的动测检验，有13根桩的质量为Ⅲ类桩，即桩身存在严重缺陷，占被检测桩数的20%。

（4）基坑开挖失控。开挖前未对坑壁进行支护和封闭，仅在部分地段设置了几排粉喷桩，大部分坑壁采取放坡处理，致使淤泥移动，对桩体产生水平推移，使已经完成的工程桩偏位大大增加。在336根桩中，现场实测有172根桩的桩位偏差超过规范规定的允许值，最大偏位竟达1700mm。挖土机械在基坑内随意碾压和碰撞桩体，极软的淤泥未能严格分层开挖，高差远超1m，挖出的土方多堆置在基坑旁边。

（5）歪桩正接。该工程原设计的地下室底板埋深为5m，桩顶标高为-5.5m，当336根夯扩桩已施工完成190根时，决定将地下室底板标高提高2m。这样，已经完成的190根均需接长2m，而这些桩大部分已经偏位，接桩后使桩身形成折线，即“歪桩正接”，这对于已经偏位的桩更是雪上加霜，在竖向荷载下失稳是必然的结果。

（6）应急措施不当。在发现建筑物严重倾斜后，对严重倾斜的原因是由于不均匀沉降还是由于桩基失稳缺乏正确判断，又采取了挖土、注浆、堆载等措施，企图纠倾，加速了群桩体系的失稳过程。

评议与讨论

对桩基工程来说，由于沉降量或差异沉降超限，造成底板开裂、渗漏，上部结构变形、破坏，确实屡见不鲜。但群桩失稳，导致爆破拆除，实在非常罕见。本案例事故规模之大，损失之巨，危害之严重，在我国建筑史上实在少有，值得我们深思，值得岩土工程师牢记。从技术角度分析，最根本的原因还是在于当事人对岩土工程的基本概念缺乏深刻认识，犯了概念性错误。

对外行人来说，饱和软黏土就是承载力低，压缩性高，用桩穿过去就是了，但对于岩土工程师来说，仅仅这样思考问题就太不够了。孔隙水压力的概念最需要关注，挤土效应绝对不能漠视。极软土的强度很低，因而不仅桩的侧阻力很小，而且侧向约束力也很低，受力不平衡时极易发生塑性流动。外行人分析，建筑物失稳的原因是“桩歪了”，内行人更应从挤土效应、侧向约束力方面去分析。做桩基设计时，绝不是仅仅做一道桩基承载力计算的简单算术题。据编者了解，因挤土效应产生的工程事故虽屡屡发生，但还在“前仆后继”，可见在相当多的工程师心中，对这个问题还很是淡漠，究竟是什么原因，编者百思不得其解。

挤土桩（预制桩、沉管式灌注桩等）在成桩过程中会挤压桩周土，以便容纳桩身空间。对非饱和土，对桩周土的挤密效应有利于提高土的密实度。但对渗透性小的饱和土，压密不能在短时间内完成，由于土的总体积不变，挤压使桩周土侧向位移，并产生超孔隙水压力。大面积密集桩群使地基隆起，使已经施工的桩偏位、上浮、桩体损坏。本案例的饱和软黏土含水量很高，对桩的侧向约束力很低，在这类土中设置桩，首先要选用非挤土型桩。其次是桩插入硬土层必须有足够的深度，以确保稳定。本案例仅插入粉细砂层0.8m，有人说好像筷子插在稀饭里，已类似于入土深度仅0.8m的高桩承台，极不稳定，太危险了。

极软的淤泥中开挖基坑，推动已有桩的变位，已有不少工程事故，处理这些事故非常棘手。可能有的工程师以为，基坑开挖就是个侧土压力的问题，忘记了竖向压力不平衡时土中产生不平衡水平推力，使软土发生剪切破坏，造成土体塑性流动、坑底隆起、推动桩的变位。有专家认为，本案例事故的发生，基坑开挖推动工程桩变位是非常重要的原因，这个观点很有道理。珠海某工程，软土中开挖16m深的基坑，采用无嵌固深度的直墙加内支撑围护，还未开挖到设计深度，坑底土因承载力不足而发生隆起，造成基坑整体失稳而全面倒塌，其主要原因也是软土在不平衡应力作用下发生塑性流动，基坑隆起造成的。

岩土工程师贵在综合判断。施工中发现异常，应冷静诊断，判明原因，对症下药，切勿盲动。本案例发现建筑物倾斜后，还认为是不均匀沉降造成的倾斜，采取挖土、注浆、堆载等措施，企图纠倾，结果反而加速了桩群的失稳。本工程严重倾斜的实质是桩基失稳，是容易判断的。这是典型的端承桩，持力层是砂，下面是卵石、基岩，正常沉降应当是很小的。而本工程倾斜如此之严重，发展如此之迅速，决非地基变形问题。何况，基坑开挖后已经发现过半桩偏位超限，有的严重超限，但据说直到最后，还有人主张纠倾挽救危房，可见正确判断多么重要，又是多么不易。

岩土工程典型案例述评9

南海海滨某工程的桩基方案选择①

核心提示

本案例原设计方案采用群桩基础，预制桩，引孔施工，群桩上设置承台，与柱连接。咨询后改用灌注桩，一柱一桩，简化承台，用桩帽与柱连接。本案例分析了两个方案的利弊。

① 本案例根据编者笔记编写。

案例简述

1. 工程概况

南海海滨某工程高层建筑部分为A、B、C三座公寓楼，每座地上16层，高51m，无地下室，框架结构，单柱荷载为5 000～12 000kN不等。

由于《勘察报告》提供的地基承载力特征值不能满足天然地基要求，故原设计方案高层建筑采用桩基础，群桩上设置承台。桩型为预制管桩，外径500mm、内径300mm，桩端进入第（6）层2.0m，桩长约12～15m。由于预制管桩需穿过胶结层，故施工预制桩前需引孔，引孔直径为550mm。A座设桩406根， B座设桩566根，C座设桩406根。虽然不设地下室，但为了满足规范对高层建筑桩筏基础埋深不宜小于建筑物高度1/18的要求，加深了承台位置，建筑物底层与承台之间填土，厚度为2.4m。

2. 地基条件

地基土自上而下为：

（1）填土，厚0.7～1.7m，平均1.43m；

（2）含贝壳碎屑的中粗砂，以石英为主，贝壳碎屑含量不均一，厚度为1.40～7.50m，变化很大，平均厚5.0m；

（3）海滩岩，分布在中部和东南部，含贝壳、粗砂，薄层状，胶结强度不一，分布不连续，厚0.5～0.9m；

（4）粉质黏土，含砂砾，部分钻孔缺失，厚0.4～7.0m，变化很大，局部含腐殖土；

（5）黏土质细砂，厚0.5～5.0m；

（6）粉质黏土，含中粗砂、卵石，局部胶结，未揭穿，最大揭露厚度26m。

由于勘察资料不详，对场地地基条件掌握不够全面和深入。但总的印象是，地基岩土主要为细粒土中夹砂，砂中夹细粒土，局部有贝壳碎屑；第（4）、（5）、（6）层的重度均在20kN/m^{3}以上，孔隙比在0.56以下，压缩模量在9MPa左右（局部腐殖土无数据），并不软弱。有不到1.0m厚的海滩岩（第四系土胶结而成）夹层，阻碍预制桩的贯入。地层厚度变化很大，采用浅基础需考虑变形控制。第（6）层厚度很大，很稳定，标准贯入锤击数平均为25，变异系数为0.25，适宜作为桩端持力层。

3. 原方案的问题和新方案的优点

从概念设计角度，对原方案的问题和新方案的优点可做下述分析：

（1）承台与底层之间有2.4m的净空，填土处理既浪费了建筑空间，又增加了承台荷载，很不合理。如在承台标高上做防水板，取消填土，可多一层地下室的使用面积，又明显减轻了作用在承台和基桩上的荷载。

（2）因土质较好，高层部分采用天然地基是可能的。但《勘察报告》对浅部地基岩土的分布交代得不够清楚，给出的承载力建议值偏低，不能满足要求。由于各层岩土的厚度差别很大，需进行变形计算，但《勘察报告》给出的变形参数可靠性有限，岩土成分、性质又比较特殊，不宜采用规范给出的经验修正系数，故难以设计天然地基。第（6）层土质较好，厚度大而稳定，原设计方案采用桩基是合理的。

（3）采用预制桩显然不合理。浅部有海滩岩胶结层，预制桩不能贯入，必须引孔，引孔既增加了投资，延长了工期，又因扩大了孔径，损失了桩的侧阻力，故以采用灌注桩为宜。

（4）如采用灌注桩，可根据荷载大小，设计为一柱一桩（大直径桩），通过改变桩径、桩长适应荷载要求，从地基条件和荷载情况分析，技术上是可行的。且桩数大大减少，承台大大简化，不必验算承台的弯矩和冲切，减少了大量混凝土工程量，节约投资，节约工期。

（5）采用一柱一桩方案必须首先进行静载试验，以确定桩基承载力。关键还必须保证每根桩的质量，由素质良好的施工单位和监理单位实施。否则，只要一根桩有问题就可能造成严重后果。

两个方案的比较见图9-1。

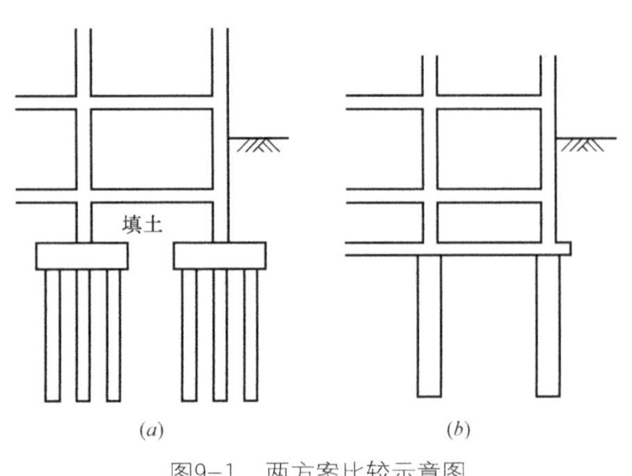

图9-1 两方案比较示意图
(a) 原方案；(b) 新方案

评议与讨论

本案例《勘察报告》的问题不少。归纳起来有三方面：一是岩土分布情况没有查清。由上面介绍可知，场地岩土层的厚度变化非常大，浅部似乎不像层状结构，水平方向变化极不规律。这样的地质条件单纯依靠钻探难以奏效，宜辅以重型或超重型动力触探，将性质差别较大的各类岩土的埋藏条件基本查明。二是给出岩土特性指标的可靠性不大。海滩岩、贝壳层、半胶结、土夹砂、砂夹土等，都是特殊岩土，现行室内土工试验无法测定它们的工程特性指标，只能有针对性地选用适当的原位测试方法，进行专门研究。因此，根据现在的《勘察报告》无法考虑天然地基方案。三是对桩基方案的建议不当，由建议方案得到一个印象，报告撰写人似乎对桩基础的基本经验缺乏认知，这在下面再做具体说明。

编者未去现场，不了解海滩岩、贝壳层、半胶结的具体情况。但知道我国南海和东南亚有一种礁灰岩（reef calcareous rock），由珊瑚经物理化学、生物化学作用形成，主要矿物为文石和方解石，疏松易碎，孔隙率高，是一种承载力和变形参数较低的新生代岩石。我国经验不多，勘察时应针对具体条件和工程要求进行专门研究。

地基基础方案的选择，主要责任本应在设计单位，勘察只是根据地质条件提出建议（编者对地基基础方案以勘察报告为主的规定持保留态度）。勘察者的确熟悉地基条件，但设计必须结合上部结构的功能、荷载、刚度以及施工条件、工期、造价等，从总体上全面考虑后确定。本案例设计者似乎完全依赖《勘察报告》，放弃了自己的责任，地基基础方面的知识似乎也很缺乏。

本案例采用一柱一桩还是带承台（或筏板）的群桩，前面已有说明，不再赘述。关于采用一柱一桩的条件、优点和不足，案例1已经做了阐述：优点是受力明确，简化承台，节省工程量，节约费用和工期；主要风险是必须确保每一根桩的质量，不能有一根桩出问题，否则就会酿成严重后果。群桩的传力机制比单桩复杂得多，涉及群桩效应问题。群桩效应随土性、荷载、桩距、桩长、挤土效应、承台宽度和刚度、时间等诸多因素影响，经多年研究，已经有了很多研究成果，知道了一些规律，但还是很难说得很清楚，需继续研究。

《勘察报告》在评价桩基时认为，“灌注桩单桩承载力高、质量有保证，但造价高、工期长且有泥浆污染、海滩岩中成桩困难”；认为“预制桩造价低、工期短、无污染、海滩岩问题可引孔解决”。对灌注桩和预制桩这样的评价显然与一般经验有很大出入，一般经验是：预制桩的造价明显高于灌注桩，对于需要引孔的预制桩，造价更高；灌注桩的质量控制较预制桩复杂；对于厚度很小的海滩岩，灌注桩成孔浇注并不困难；对于需要引孔的预制桩，灌注桩的工期不会比预制桩长。《勘察报告》这样的评价可能是由于当地缺乏灌注桩施工的经验，但经验是可以学习的，可以引进的。国外的经验和技术尚可引进，何况国内已有非常成熟的经验。

本案例的一个重要启示是如何处理好地方经验和引进先进理念、先进技术的关系。岩土工程地域性的特点很强，主要表现在地质条件的差异上，沿海的软土、西北和华北的湿陷性黄土、西南的岩溶和红黏土、内陆的盐渍土、山地的崩塌、滑坡、泥石流，地方勘察设计单位经常接触，积累的经验肯定最多。此外，各地经济社会发展水平不同，处理方法上的差异也可以理解。因此，应当十分尊重地方经验。但是，岩土工程的基本原理是相通的，技术方法也是可以互相借鉴的，作为地方单位和科技人员，决不能故步自封，应打破地方局限，不断引进先进理念和先进方法，结合本地实际应用和再创新。现在有些所谓“地方经验”，实际是地方传统做法，有些是落后的、保守的，不应坚持。开放才能进步，开放才能发展，国家民族如此，地方也是这个道理。

岩土工程典型案例述评10

内蒙古准格尔选煤厂整平场地引发地下水位上升[1]

核心提示

本案例的勘察设计做得相当认真，在多种测试查明地基条件的基础上，对持力层和下卧层的承载力进行了综合评价，对原煤仓和产品煤仓的变形进行了计算，沉降观测表明预测相当理想，将是一项可以获奖的优秀工程。但后来发现，由于大挖大填平整场地改变了自然条件，造成地下水位上升，构筑物附加沉降增加，地基承载力不能满足。幸发现得早，及时采取有效措施，避免了重大事故的发生。

① 本案例根据卞昭庆《一起环境岩土工程事故》(第五届岩土工程实录会议专题报告)和韩洪德《准格尔黑岱沟露天矿选煤厂超高大煤仓岩土工程实录》（第三届岩土工程实录会议文集）编写。

案例概述

1. 工程概况

本案例为内蒙古准格尔矿区的大型选煤厂，年处理原煤1200万t，是当时亚洲最大的选煤厂之一。场地选在一个土丘斜坡上，南高北低，高差51m，自然坡度10‰。场地北端有一季节性水流点岱沟，场地东西两侧都有冲沟。西侧冲沟正穿场地西部，上游转向东穿过场地中部，下游出露一下降泉，水量不大。东侧冲沟名马莲沟，紧邻场地东边界。两沟都是雨季时由南向北流入黑岱沟，沟深坡陡。

为建设选煤厂，1990年平整场地，将西冲沟全部填埋，下游有泉水处用块石做成盲沟把水引出，但后期回填时不慎将盲沟出水口堵死。东冲沟上游也被完全填平，中部有公路通过，将沟截断。整个场地平整成6个平台，最低处黑岱沟第一平台为铁路站线，第二平台高出第一平台20m，布置一排9个产品煤圆筒仓。二至六平台高差顺序为4m、4m、6m和6m，边坡都刷成1：1.5的坡度。第三平台布置浓缩池等，第四平台是主厂房，最高的第六平台布置了双排9个原煤圆筒仓。6个平台布置和冲沟的填埋极大地改变了原始地形地貌，将较陡的斜坡变成阶梯状平台，两侧也变得开阔。场地平整后长550m，宽300m。共挖方39.63万m^3，填方15.14万m^3。场地横剖面见图10-1。

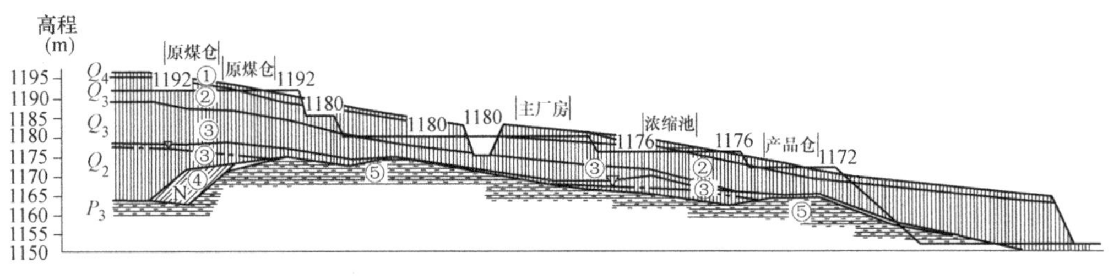

图10-1　工业场地横剖面图（编者修改）

选煤厂的两组大型储煤圆筒仓，都是高、重、大构筑物。第六平台上布置9个原煤筒仓，双排，单仓直径22m，高56.4m，至仓顶配煤车间总高69m，单仓容量16000t，包括仓体自重总荷载达292000kN。拟采用箱形基础，扩大直径至25m，埋深6m，基底压力595kPa。第二平台布有9个产品煤筒仓，单排、单仓直径15m，高35m，加仓顶配煤车间总高47m，单仓容量3200～4500t。包括仓体自重总荷载109000kN。拟采用片筏基础，扩大直径至18m，埋深4m，基底压力430kPa。

2. 勘察设计与施工

1989年10月至1990年3月进行了详细勘察。为论证天然地基的可靠性，在筒仓周边按20～25m间距进行勘探。为保证取样的原状，布置了9个探井，土工试验包括三轴、直剪、压缩、高压固结等项目。在现场进行了旁压、静力触探、标准贯入试验等原位测试。对两组煤仓在持力层上各做三点静载荷试验，最大加荷分别达到1200kPa和1000kPa，未出现拐点，按s/b=0.02取值，达到设计荷载2倍多。

地层主要为第四系风积和冲积的黄土状土，局部有第三系红色粉质黏土。原煤仓基底（标高1186.0m）以下为Q_2黄土状粉质黏土③，厚度一般为8.8m；其下虽仍为Q_2黄土状粉质黏土，但含水量较高，呈可塑状态，饱和，土质较差，厚度不均，最厚者13m，有的则为0，一般为8～9m。下部是第三系红色粉质黏土，厚者8～9m，有的缺失。基底下第四系和第三系总厚为14.3～24.0m。基岩为二叠系上石盒子组的强风化泥岩，强风化层厚度超过3m。

产品仓基底（标高1168.0m）以下为Q_3黄土状粉土②，厚度为3.3～6.0m，一般为4.3m。其下为Q_2黄土状粉质黏土③a，含水量较高，可塑，饱和，土质较差，厚度为0～5.7m，一般为4.0m。基底下第四系总厚约8～9m，基岩与圆筒仓相同。

试验表明，除浅层3m以内的Q_4地层有湿陷性外，Q_3、Q_2均无湿陷性，而筒仓基础埋深均超过3m，故筒仓均可不考虑湿陷问题。

地下水位较深，原煤仓处水位在地面14m以下，产品仓在地面8m以下。各钻孔间水位变化很大，有的未见水。一般基岩突出处无水，显然只是在基岩面凹处有地下水聚存。当时考虑到内蒙古是干旱地区，地下水不会引起太大影响。

勘察重点是基底持力层和下卧层的饱和土。地基承载力的确定以载荷试验为主，并结合多种室内及原位测试数据，进行理论计算和经验公式取值。原煤仓下的Q_2黄土状粉质黏土③的地基承载力为350kPa，深宽修正后都在600kPa以上，最后取值600kPa。产品仓下的Q_3黄土状粉土②的地基承载力都在460kPa以上，取值450kPa，都满足了上部荷载的要求。下卧层的饱和土③a虽未做载荷试验，但室内试验和原位测试数据齐全，通过理论和经验公式的计算取值，得到承载力标准值（未经深宽修正）可达250kPa。当时也发现了饱和土的力学性质有所降低，抗剪强度和压缩模量都降低了20%～30%，但由于饱和土都在基底下一定深度，通过软弱下卧层验算也都满足要求，但余地不大。

变形验算采用了规范规定的分层总和法，压缩模量采用探井原状土试样的压缩试验数据，并对比了载荷试验的变形模量选定。计算结果原煤仓最大沉降量为24.9cm（筒仓规范规定平均沉降不大于40cm），最大倾斜率为0.0036（规范规定不大于0.004）；产品仓计算沉降和最大倾斜为8.78cm和0.0009，都满足要求。周到的勘察、分析、评价获得了设计和审批部门的同意，并按此做了施工图设计，与钻孔灌注桩基础方案对比，可节约249万元。

1990年7～8月两组煤仓相继开工，勘察人员认真检验了基坑开挖和基底土的性质，与勘察成果一致。基础出地面后即设立观测点，开始沉降观测。1991年5月产品仓竣工，1991年8月部分原煤仓竣工。一年以后，1992年8月实测原煤仓平均沉降2.5cm，倾斜0.00045；产品仓为1.7cm和0.00047。由于尚未装煤，仓体自重占总重约45%和55%，实测沉降约为预估沉降（空载）的50%，并已趋向稳定，大家认为这将是一项成功的岩土工程。

3. 事故的发生与发展

1993年末，在最低一级平台高20m的边坡上，沿基岩面发现大量向外渗水。冬季冻成一股股大冰坨，初春开冻，水就大量渗出。开始只是怀疑由于边坡开挖造成局部地下水外流，但到1994年3月，局部边坡突然塌滑。正在产品仓下部，长约120m，坡顶裂缝距产品仓外缘仅20m，裂缝宽140mm，最大落差200mm。至4月中旬发展到裂缝宽600mm，落差510mm。当时并未十分重视，也未深入研究，就事论事确定了治理方案：首先为保护产品仓不受牵引，立即在仓北15m处打了两排嵌岩护坡桩，直径为1.0m和1.5m，共80根。接着在坡脚处做了42根抗滑桩，分别为1.0m×1.5m、1.5m×2.0m、1.5m×2.5m和2.0m×2.5m四种规格，并把边坡刷缓成1：1.75，全部护砌。后来又在边坡下打水平泄水孔并筑盲沟排水，在附近坡脚砌筑一道压脚重力式毛石混凝土挡土墙，至1995年4月滑坡基本稳定。

在滑坡发生的同时，对产品仓的安全也予以特别注意，加强了沉降观测。发现自1993年后沉降加速，至1995年1月，在空仓情况下，沉降达到4.3cm， 已超过了空仓预估沉降4.13cm，而且沉降曲线仍在向下延伸，发展趋势不稳定。沉降差为1.5cm，有向滑坡方向倾斜的迹象。这引起各方面的注意，当即对产品仓进行补充勘察，发现仓下地下水位普遍上升1.5～2.0m。各钻孔普遍见到地下水，地基持力层Q_3黄土状粉土②下部成为饱和土。使原来下卧的饱和土层层位提高了2.0～2.5m。基底直接持力层的含水量也略有增加，由13.7%增至17.7%，液性指数由<0增至0.12。相应的力学性质也有所降低，抗剪强度降低了约四分之一，压缩模量降低了40%～50%。重新评价地基承载力仅330kPa，已满足不了基底压力450kPa的要求。好在当时尚未装煤，实际基底压力仅250kPa。同时，由于饱和土层位提高，软弱下卧层验算也不能通过。

产品仓发现问题后，紧接又对原煤仓进行补充勘察，也发现地下水位普遍上升了1.5～2.5m，饱和土层位提高了3.0～3.5m，最高处距基底仅4m左右。好在直接持力层的含水量虽略有增加，但抗剪强度基本没有变化，承载力仍能满足。但由于饱和土层层位升高，软弱下卧层验算不能通过。同时③层土的压缩模量降低了约50%，变形计算沉降量达58.3cm，超过筒仓允许值40cm。而且由于饱和土层厚薄变化大，与第三系的界面倾斜多处超过10%，个别有达到20%，发生超限的倾斜率可能性很大。两组筒仓补勘结论都必须加固处理，否则不能装煤。

在此前后，对场区全面重新勘测地下水位，发现都有不同程度的上升，普遍上升2m左右，最多达到3.5m。也有上升较少的，约有三分之一钻孔上升不足1.0m。对主厂房地基也重新进行验算，好在主厂房基底压力仅300kPa，地下水上升后承载力和变形仍能满足，只是加强观测，未考虑地基加固。

4. 地下水上升的原因分析

场地远离黄河，高程在1170m以上，除北部点岱沟有小股间歇水流外，周围没有地表水体。当地年平均降水量约378mm，而蒸发量高达2126.5mm。场地南端距分水岭较近，汇水面积有限。经深入分析认定，正是工程建设改变了环境，而环境则不客气地回报工程。

场地原来的自然斜坡坡度为10%，地表板结，部分还有植被，形成地表硬壳。两侧有冲沟，排水通畅。由于地表迳流条件良好，绝大部分雨水由地面斜坡、冲沟及时排入点岱沟，渗入土中的水量很少。但自1989年平场填沟以后，场地形成6个平台，各平台坡度为0.12%～0.47%。地表硬壳被破坏，再加上两侧冲沟填埋，特别是填埋了延伸到场地中部的西侧冲沟，使原来通畅的地表迳流成为在各台阶平地上的缓流。再加上施工期内设计的排水系统尚未形成，必然使场地地表水入渗普遍增大。而黄土状土的垂直渗透系数是水平的10倍，水在土中水平运动十分缓慢。再加上冲沟内泉眼被堵，水在土中没有出路，只有在土中聚集，并缓缓向最低的边坡流动。三年后也就是1992年末，开始在边坡的基岩面上渗出形成冰坨，整个场地的地下水位至1995年升高了2～3m。

此外还有两个因素：一是对施工用水控制不严，施工漏水、洒水现象较普遍，一些临时管道、管沟漏水渗入地下，加大了补给量；二是1990～1992年降水量有所增加，这三年的年平均降水量达到436.9mm，而1989年仅355.2mm，1980～1989年10年间的年平均降水量为370.7mm，这几年降水量增大了18%，也是加大地下水补给的因素之一。

5. 事故的处理

为了保仓，经多方论证，决定采用截排水和地基加固的处理措施。

（1）在产品仓上游（南侧）15m处，在风化岩石中开凿截水盲洞，盲洞净断面高1.7m，宽1.0m，洞上为一排渗水井，间隔10～15m，地下水通过渗水井引入盲洞，向坡下排出。

（2）产品仓用劈裂水泥注浆加固地基，共有注浆孔442个，平均间隔3.0m。穿透筏基注浆，水灰比1：1和0.8：1两种，注浆深度达到基岩，平均孔深6m。为保证注浆效果， 避免跑浆及减少地基侧向变形，沿产品仓基础四周做了直径1.2m及1.0m的灌注桩围箍，共162根，桩端进入基岩3～6m，平均桩长17m。在灌注桩间又加旋喷桩，使整个地基土封闭，共184根，深入基岩0.5m。

（3）原煤仓同样用劈裂水泥注浆加固地基，注浆孔共有754个，平均间距3.0m，在箱基中作业穿透基础，水灰比1：1，注浆深度进入第三系（或基岩）0.5m。平均孔深14.5m， 同样沿仓基础用旋喷桩围箍，共680根。

加固施工从1995年9月至1996年6月，处理费用3500万元（含边坡处理），处理效果良好。经检验，产品仓地基承载力达到500～600kPa，原煤仓达到600～700kPa。1996年9月开始装煤，分三期加载，每期加三分之一容量。至1998年3月观测，最大沉降（加固后加载沉降）分别为26.6mm（产品仓）和13.9mm（原煤仓），以后沉降基本稳定，生产运转正常。产品仓沉降-时间曲线见图10-2。

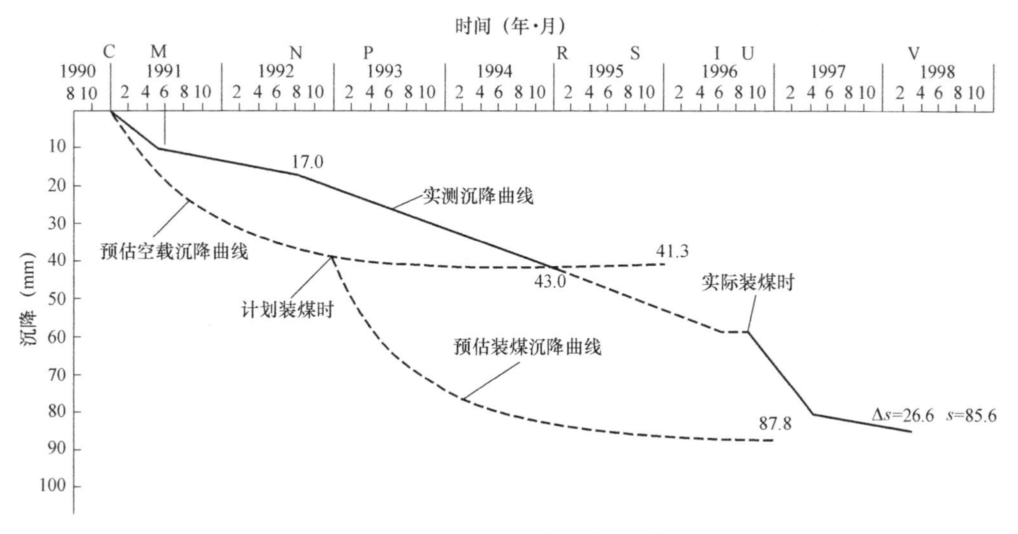

图10-2 产品仓沉降-时间曲线

C—基础出地面；M—土建完成，未装煤；N—土建完成一年多，沉降17mm；P—沉降加速；R—沉降43mm，超预期；R-S—注浆加固；R-T—未观测；U—开始装煤；V—装煤后沉降26.6mm，总沉降85.6mm。

评议与讨论

本案例的勘察测试、地基承载力评价和变形分析，都做得相当周全。为保证质量也下了不少功夫，如探井取样、载荷试验结合其他方法综合评价承载力、多种测试综合确定变形参数等，唯一疏忽的问题就是工程建设造成环境的改变。现在，许多工程只知按当前条件进行勘察设计，不注意预测工程建设特别是大挖大填改变环境造成的影响，本案例是很好的教材。

为了保护自然，工程建设中应尽量避免大挖大填。但我国是多山国家，有时也难以避免。大挖大填带来的岩土工程问题很多，而水文地质条件改变造成地下水位上升最为常见。根据地下水动态与均衡原理，周围环境变化必然改变地下水的输入和输出，引发水的积累或亏损，导致水位升降。例如20世纪60年代的邯郸水泥厂建在山坡上，地基为破碎的砂岩和泥岩，地表水渗入后很快顺坡排走，建厂前勘察无地下水。建厂时平整场地，开挖坡上的土石运至坡下回填夯实。场地平整后水流变缓，渗入增加，又受夯实填土的阻挡，地下水不易排出，在岩体裂隙中积聚，形成地下水。而原设计所有地下结构均未考虑防水，发现地下水后使勘察设计措手不及，十分被动，延误了工期。

20世纪30年代，苏联某钢铁厂建在黄土地基上（那时还不知道黄土有湿陷性）。建设前未见地下水，建成若干年后，由于长期管道漏水，地下水位上升至地面下1m多，黄土湿陷使高炉沉降达1m以上。该工程就是阿别列夫Ю.М.Абелев研究黄土的第一个基地。湿陷性黄土对水敏感，我国已经积累了丰富的经验，举世无双，但事故仍屡见不鲜。近年来西北、华北黄土地区机场建设和城市开拓，削山填沟，平整场地，填土厚度动辄超过100m，极大地改变了环境，岩土工程问题很多，但最应关注的还是水文地质条件改变带来的地下水问题。

岩土工程的勘察设计，不能只看到眼前，只看到地质对工程的影响；还要着眼未来，预见到工程建设对地质的影响。工程与地质是相互作用的，工程作用于地质，改变了地质条件（特别是水文地质条件），而改变了的地质条件又反过来影响工程。岩土工程师一定要有这种科学预见，并采取相应的工程措施，才能使自己立于不败之地。

人类和自然一定要和谐共处。想与自然交朋友，就要摸准朋友的脾气，顺着自然规律行事，否则必事与愿违。如果一定要与自然抗衡，那么，堂•吉诃德攻打风车的结局正等着你呢！

岩土工程典型案例述评11

台北国际金融中心大楼岩土工程[1]

核心提示

本案例为台北101层超高层建筑，断层活动性鉴定、地基基础设计和基坑开挖设计三方面的问题均相当复杂，台湾地区岩土工程同行专家考虑问题的思路和设计理念均值得大陆岩土工程师借鉴。

① 本案例根据陈斗生《台北国际金融中心大楼岩土工程简介》（2004海峡两岸岩土工程/地工技术交流研讨会）、陈斗生《金融大楼大口径场铸桩之试验、分析和应用》（百度文库）等文编写。

案例概述

1. 工程概述

台北国际金融中心大楼（台北101）位于台北盆地东南隅信义计划区，占地长宽各约175m，面积为30 277m²。主塔楼101层，裙房6层，地下室5层。塔楼、裙房均采用桩筏基础，反循环现浇混凝土钻孔桩。基坑采用地下连续墙围护，开挖深度塔楼为22.95m，裙房为22.25m。

塔楼桩筏基础筏板长98m，宽87m，厚度为3.0～4.7m，共有桩380根，桩径为1.5m，入岩深度为15～33m，平均入岩23.3m。裙房桩筏基础共有桩167根，桩径为2.0m，入岩深度为5～28m，平均入岩15.5m。基坑采用地下连续墙围护，塔楼区设7道内支撑，连续墙厚度为1.2m，深度约40～45m。

塔楼的下部91层为主塔楼（Tower），高为390.6m，从27层以上呈竹节状，共8节，每节8层；上部的92～101层为屋塔（Tower top），顶高为448m；最上部为尖塔（Pinnacle），自身高为60m，尖顶总高为508m。裙房平面呈L形，地面以上以伸缩缝与塔楼完全分开，地下室则塔楼、裙房连为一体。

图11-1　台北101大楼结构与基础系统剖面图

塔楼的主要支撑结构为16根箱形柱，从基础一直延伸至第95层，95层以上退缩为4根。塔楼4侧各有2根共8根巨型钢柱，从地下5层一直延伸至地上90层，截面尺寸为2.4m×3.0m；26层以下还配置了类似的8根箱形柱，截面尺寸为1.2m×2.6m～1.2m×1.6m及1.4m×1.4m～1.0m×1.6m。

台北国际金融中心大楼剖面见图11-1。

此外，为保证强风时的舒适度，在87～92层间设置了悬吊式阻尼器。阻尼器为球形，质量约660t，直径约5.5m，用8组直径为90mm的钢索悬吊在第92层的结构上（图11-2）。下半部支架则设置液压式阻尼器。为满足尖塔细长结构100年疲劳强度需要，在其顶部设置了简易的调质阻尼器。

台北101工程的主要岩土工程问题为：

（1）台北断层及其抗震设计问题；

（2）地基基础问题；

（3）基坑支护与监测问题。

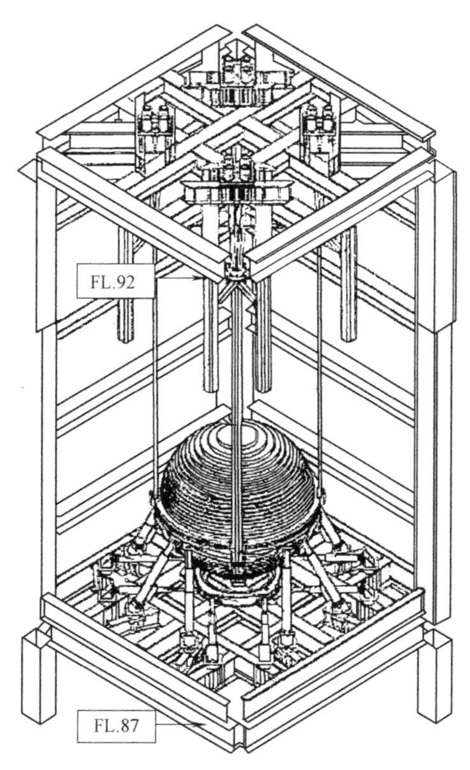

图11-2　调质阻尼器（谢绍松，编者修改）

2. 台北断层及其活动性

2.1　断层位置

根据地质文献，场地附近的台北断层曾被列为疑似第四纪活动断层。该断层为逆断层，形成于400万年前上新世至更新世造山运动的后期，走向北东东，沿基隆河谷载八堵向斜进入台北盆地。断层上盘为中新统的公馆凝灰岩或大寮组、石底组，下盘为上新统的桂竹林组。

台北断层的研究文献很多，近期有台北市政府捷运中心（台湾营建中心、中兴工程顾问公司）及地调所林朝宗、王源、黄敦友等所做的研究。

根据已有文献，台北断层在场地附近有两条：第一条沿信义路西行，离场地很近，需进一步确认；第二条离场地稍远，林朝宗等已做了详细勘探，包括2号井、台大1号井、25个钻孔、6个剖面，位置和各种具体参数已经确认。第二条断层厚度为3～10m，倾角为60°～75°，倾向东南，扰动带宽度为120～200m，平均宽度为170m，断层深度在信义路为38～79m。两条断层的位置见图11-3。

为了验证第一条断层是否存在，补充了5个钻孔。其中HH-5为斜孔，孔长140m，由南侧向北东东方向穿过信义路下方。5个钻孔均全面取样，并做有孔虫化石鉴定、岩相鉴定、黏土矿物鉴定、超微化石鉴定；对崩积土和冲积土中的有机腐殖物还做了C^{14}测年。勘探鉴定结果，5个钻孔层位一致，岩层波速均不超过2000m/s，而大寮组等岩层的波速均在3000m/s以上，无任何断层迹象，故可确认沿信义路的第一条断层不存在。

场地附近台北断层分布、补充钻孔平面及两钻孔地层对比见图11-3～图11-5。

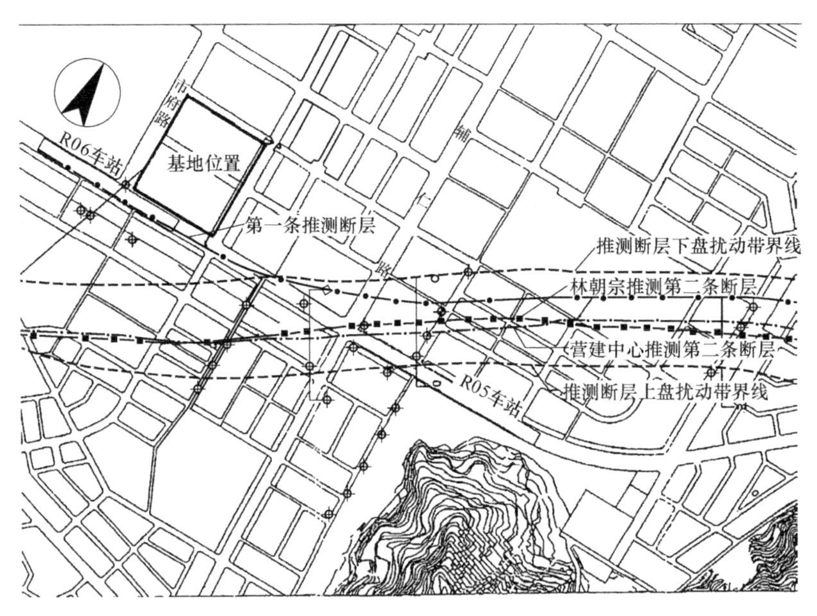

图11-3　场地附近台北断层分布图（编者删改）

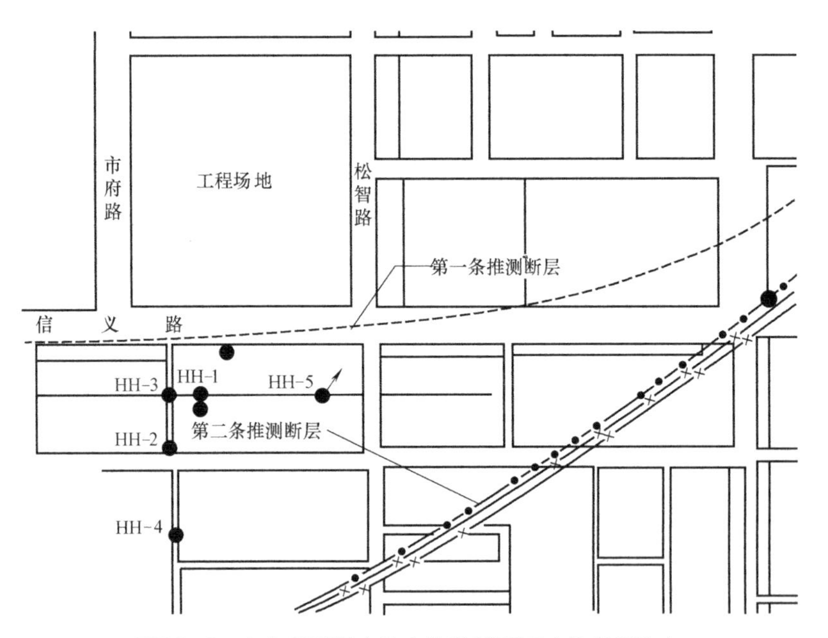

图11-4　台北断层调查补充钻孔平面图（编者删改）

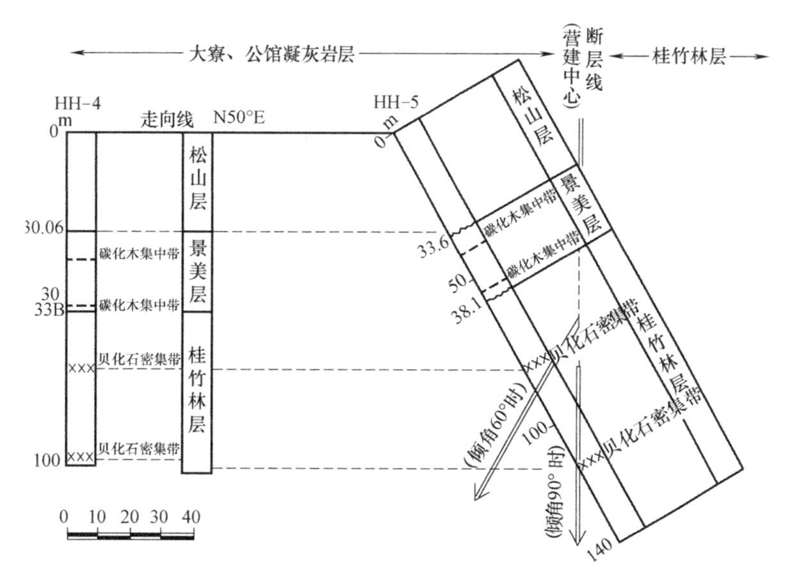

图11-5 钻孔HH4与HH5地层、化石、碳化木对比图（王源、黄敦友，2000）

2.2 台北断层的活动性

（1）松山层从10000～20000年前开始沉积，台北断层两侧第四纪地层的高程未发现明显差异。林朝宗、李锦发认为，台北断层在场地附近至少10000年未活动，王源、黄敦友认为45000年来未活动。

（2）根据地调所、林朝宗、李锦发的研究成果，台北断层未显示浅震（深度小于30km）和中震（深度为30～70km）密集的地震记录，而深层地震与断层无关，故台北断层无地震活动迹象。

（3）GPS地壳变形监测（余水倍等）显示，台北断层两侧地壳无明显变动。

（4）更新世以来，由于冲绳海沟的扩张，大地应力转向东西和北西西方向，以张应力为主。台北断层的压性逆冲应力正在消失中，再活动的可能性极低。

总之，根据钻孔地层、化石、C^{14}测年等资料综合分析，场地附近的松山层、景美层，甚至更老的地层，均在同一水平上，未被断层错断和扰动，台北断层至少45 000年无活动迹象，符合重大工程非活动断层的定义。

3. 地基与基础

3.1 勘察测试

场地勘探测试工作项目和工作量见表11-1～表11-4。

各阶段钻孔统计 **表11-1**

阶段	孔数	孔深，总深度（m）	执行单位	目的
(1)	34	38~88，1670	大亚，1996	规划参考
(2)	15	65~100，1180	富国，1998	规划/设计
(3a)	17	67~100，1306	亚新，1998	桩基规划/设计
(3b)	7	65~120，679	亚新，1998	
(4)	77	58~86，5768	世久/富国，1998	桩基设计/施工
(5)	5	80~140，560	王、黄/富国，2000	断层调查研究
总计	155	11 172		

原位测试项目和工作量 **表11-2**

项目	(1)	(2)	(3)	共计
孔内变水头渗透试验		11		11
岩层渗透试验		4		4
十字板剪切试验，4孔20组		20		20
孔内变形试验		10	26	36
现场岩石点载荷试验	9	58		67

地球物理探测项目和工作量 **表11-3**

项目	工作量
单孔波速测试	2孔，深60 m，82m
卓越周期微震试验	2个点
反射波法地震勘探	变频测线2条，各长126m，跨越信义路，基础外测线一条

室内试验项目和工作量 **表11-4**

项目	(1)	(2)	(3a)	(3b)	(4)	(5)	共计
岩土一般物理性试验	574	425	77		239		1315
岩土剪力试验	74	103	39		171		387
土的压缩试验	12	5					17

续表

项目	(1)	(2)	(3a)	(3b)	(4)	(5)	共计
土的渗透试验	5	5					10
土的动三轴试验		2					2
岩石静弹性试验		5					5
岩相分析		10		28		7	45
水质分析		2					2
岩石崩解试验				28			28
有孔虫化石鉴定		32				43	75
C^{14}测年						9	9
超微化石鉴定		27				36	63

代表性地层剖面见图11-6。

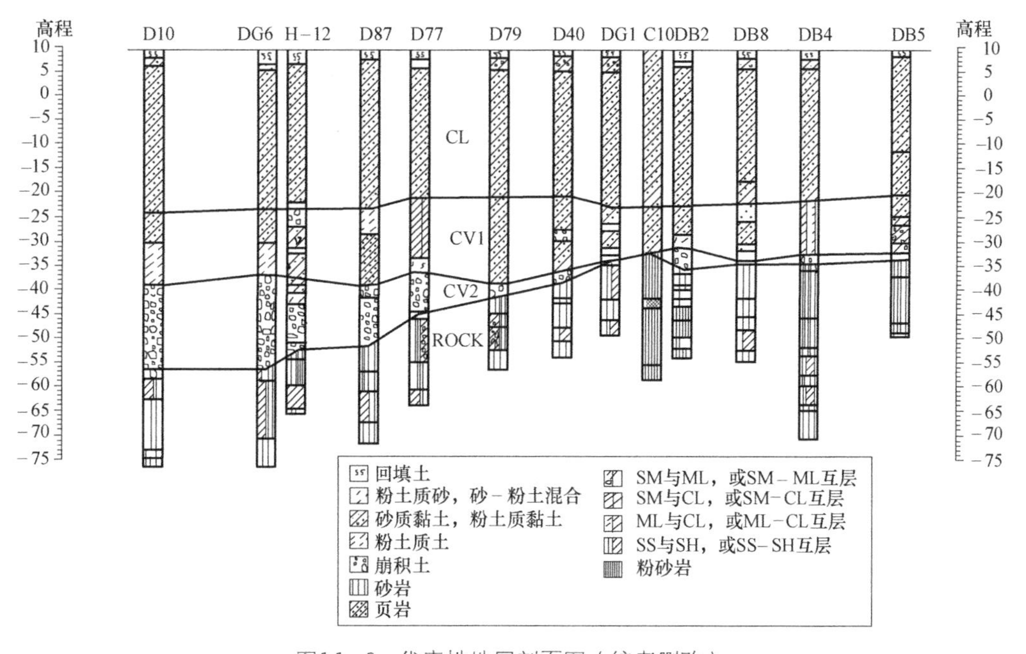

图11-6　代表性地层剖面图（编者删改）

岩土分层及物理力学性质见表11-5。

表中，γ为密度；w_n为天然含水量；w_L为液限；I_p为塑性指数；e为孔隙比；c为总应力黏聚力；φ为总应力内摩擦角；c'为有效应力黏聚力；φ'为有效应力内摩擦角；C_c为压缩指数；C_r为再压缩指数；S_u为不排水强度；

岩土分层及物理力学性质表

表11-5

层号	地层描述	层底深度(m)	平均厚度(m)	γ (g/cm³)	w_n	w_L	I_p	e	标贯锤击数N	总应力强度		有效强度		C_c	C_r	S_u (t/m²)	Q_u (t/m²)	v_p (m/s)	v_s (m/s)
										c (t/m²)	φ (°)	c' (t/m²)	φ' (°)						
1	回填土	1.2~3.2 (2.0)	2.0	1.75	32			1.1	1~12（6）									600	176~200 (190)
2	粉质黏土·上层	10.0~16.0 (12.0)	10	1.80	35	38	15	1.1	1~3 (2)	1.0	15	0.5	25	0.3	0.03	3.5		600~1550 (1150)	100~190 (140)
	粉质黏土·中层	19.0~24.0 (22.0)	10	1.80	39	43	19	1.2	2~6 (4)	1.0	17	0.5	28	0.4	0.04	4		1250~1550 (1480)	182~244 (200)
	粉质黏土·下层	30.5~33.9 (32.0)	10	1.80	37	43	20	1.1	4~21 (7)	2.0	18	1.0	30	0.4	0.04	6		1445~1538 (1490)	244~270 (260)
3	粉质细砂与细砂质粉土	32.3~41.8 (37.5)	5.5	1.95	23			0.7	9~59 (18)			0.5	32					1445~1610 (1510)	244~333 (270)
4	粉质黏土与黏质粉土	37.8~43.4 (42.0)	4.5	1.90	28	40	19	0.8	9~27 (15)	4	20	2.0	30	0.25	0.02	11		1538~1610 (1570)	270~333 (300)
5	粉质细砂、砾石、粉质黏土、岩块	41.6~69.0 (52.0)	10	1.98	22			0.7	15~100 (33)			0	35					1538~1760 (1670)	238~485 (375)
6	岩层·胶结不好	51.6~79.0 (62.0)	10	2.10	15			0.52	大于 (50~100)			10	40				3~138 (31)	1610~1760 (1700)	400~435 (420)
	岩层·胶结较好			2.20	12			0.45	大于 (50~100)			10	45				3~700 (127)	1760~1940 (1900)	435~600 (485)

注：括号中为平均值

Q_u为岩石单轴抗压强度；v_p为压缩波速度；v_s为剪切波速度；土分类按台湾惯例。

基岩顶面深度为42～60m，塔楼区较浅，向西南渐深。根据岩相分析和有孔虫化石鉴定，岩层为400～800万年前沉积的桂竹林层，主要为灰色细砂岩和粉砂岩，偶夹砂页岩互层。上部10m胶结不好，质地软弱；10m以下胶结较好。

根据观测孔和水压计记录，地下水稳定水位深度为1.5～2.0m，崩积层地下水压力低于稳定水位6～8m，根据历年台北地面沉降观测记录，由于超采地下水，累计地面沉降约50～75cm，现已稳定。

3.2 试桩和桩基静载试验

塔楼四边每根柱子的设计荷载超过万吨，荷载集中。根据荷载分布和地层情况，以及工期的紧迫性，浮式筏基和复合基础分析复杂，未予考虑。选择基础方案时，考虑了施工机械与施工技术、入岩的可行性、检验的难易程度、工期和造价等因素，决定采用目前最普遍的大口径现场灌注桩，塔楼为抗压桩，裙房为抗拔桩。在此基础上进行桩长分析、试桩和桩基静载试验。

为此，在场地上试作了20根试验桩，其中抗压试验桩6根，抗拔试验桩3根，其他为提供试验加载的反力桩。试验桩的直径均为1.2m。试验桩中3根原计划为半套管施工，后因摇管器能量问题改为全套管，6根为反循环施工。反力桩均为反循环施工，直径为1.2m、1.5m、2.0m、2.8m，入岩深度为0m、5m、10m、20m。所有施工细节都做了详细记录，以便发现问题，正式施工时采取改进措施。预计抗压破坏荷载为2000～3500t，抗拔破坏荷载为1300～2000t，因桩长不同而异。实际试验最大荷载分别为2400～4000t和1500～2200t。试验目的如下：

（1）反循环法和套管法施工的可行性，并作为确定工程桩施工方法的依据；

（2）量测各层岩土的侧阻力及不同施工方法的端阻力；

（3）检验目前施工方法的不足，以便工程桩施工时采取改进措施；

（4）分析试桩成果数据，作为工程桩设计的依据；

（5）因试验均加荷至破坏，可获得完整的桩土相互作用数据，为采用经济合理的安全系数提供依据。

压桩试验布置见图11-7。

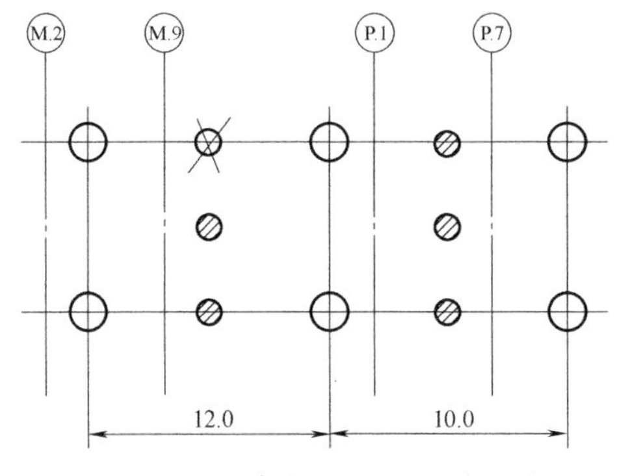

图11-7 抗压试桩配置图（编者删改）

压桩载荷试验与拔桩载荷试验的代表性荷载—位移曲线见图11-8。

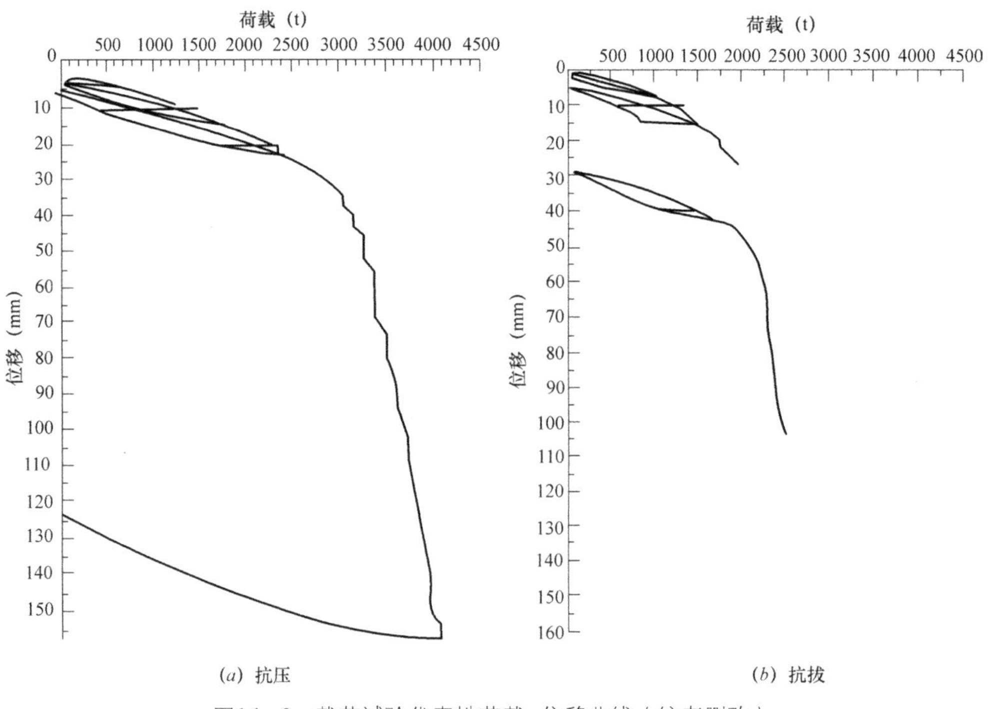

图11-8 载荷试验代表性荷载-位移曲线（编者删改）

根据载荷试验成果，在诠释国际上16种评估方法的基础上，对单桩承载力进行了详细分析和评估。这16种方法包括塑性变形控制法（AASHTO法、加拿大建筑基准法、ASTM（A）法、美国N.Y..C.C.法）、试验曲线特征法（Chin法、Brinch Hansen法、Brinch Hansen80%法、Mazurkiewicz法、Vander Veen法）、切线法（Davisson法、De Beer法、ASTM（B）法、Butler Hoy法、Ohio法）、总沉降控制法（Terzaghi法、美国L.C.E.法）。单桩承载力评估结果见表11-6。

单桩承载力评估（t/m^2）　　表11-6

桩型	桩号	桩长(m)	入岩(m)	极限承载力					按屈服点		按双切线	
				屈服点	位移25mm	双切线	塑性变形25mm	最大加荷	极限荷载	容许荷载	极限荷载	容许荷载
抗压桩	TPC1	55.0	10	1800	1800	1900	2050	2550	1650	825	1550	775
	TPC2	68.0	20	2050	2600	3300	3350	4060	3050	1525	3200	1600
	TPC3	58.0	15	2750	2600	2850	2880	2940	2050	1025	2200	1100
	TPC4	67.0	20	2000	1900	2100	2000	2500	1500	750	1670	835
	TPC5	64.0	15	2400	2050		2400		1800	900		
抗拔桩	TPT1	61.3	10.3	1800	1400	1600	1920	2200	1150	450	1350	510
	TPT2	62.2	6.4	1940	1200		1940		1320	510		
	TPT3	58.0	0.5	1500	1060		1500		920	370		

注：抗压试验安全系数取2；抗拔试验安全系数取3。

3.3　载荷试验成果分析

载荷试验时，除测读荷载和位移外，还在地层变化和重点部位安装了应力、应变和位移传感元件，可原位量测如下数据：

（1）荷载－位移曲线；

（2）各荷载下不同深度的荷载传递曲线；

（3）不同沉降量时的桩端阻力。

用试桩获得的基本数据进行分析，可取得不同施工方法的如下设计数据：

（1）单桩极限承载力；

（2）不同地层的桩周单位侧阻力；

（3）不同位移量时桩侧阻力的变化、极限侧阻力和残余侧阻力，亦即可获得完整的T–Z曲线；

（4）桩的端阻力，桩底岩土表象弹性模量粗估值（不一定就是弹性模量）；

（5）单桩垂直反力系数（K_v）。

对于加荷至破坏的试桩，还可进一步进行基础设计荷载作用下桩的行为分析，作为设计的依据。行为设计（Performance Design）已是离岸工程和重大工程必须进行的分析，因其原理和分析方法不太复杂，故用于本工程的基础设计。

代表性桩身荷载分布图见图11-9；各类地层综合T-Z曲线见图11-10；侧阻力与端阻力合力曲线见图11-11。

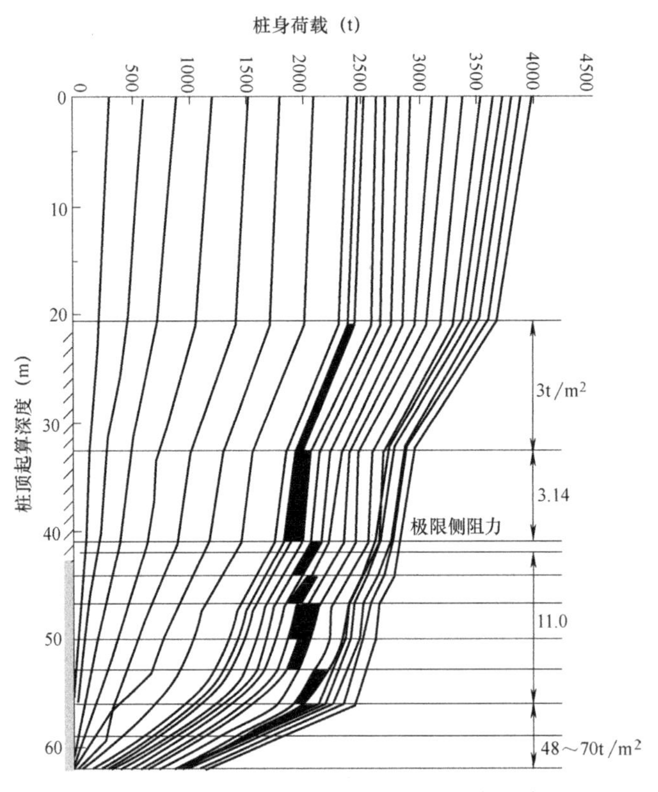

图11-9　代表性桩身荷载分布图（编者删改）

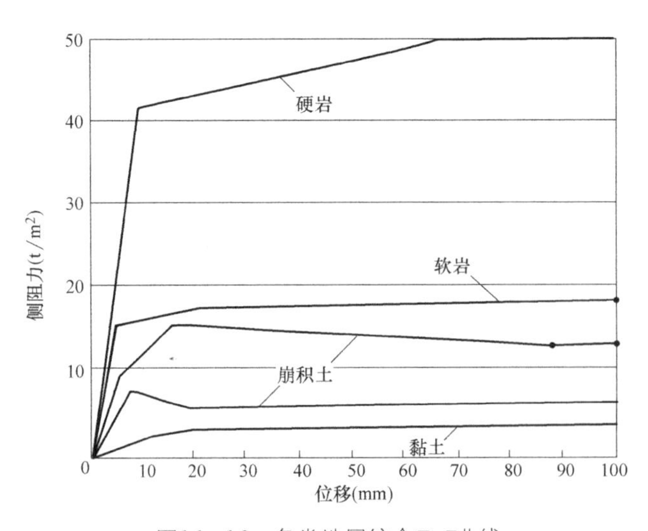

图11-10　各类地层综合T-Z曲线

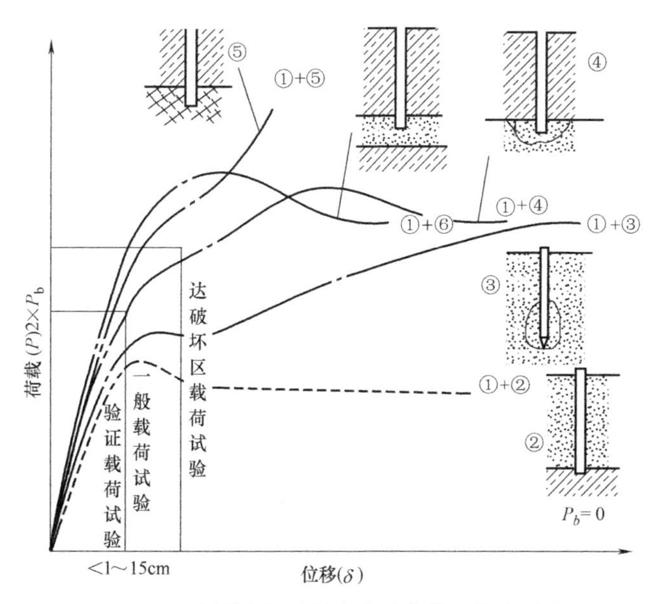

图11-11　侧阻力与端阻力合成曲线（编者删改）

3.4　结构—桩—土相互作用分析

极限承载力理论预测和载荷试验推估均可发现，一般情况下，桩的极限侧阻力发挥较早，相对位移只需1～2cm即可达到；而桩的端阻力完全发挥，则沉降需达到5%～10%的桩径，对大直径桩可达10～15cm以上。

在进行结构—桩—土行为设计分析时，需预估结构实体受到各种外力作用时传递至桩的荷载和产生的位移，这些外力包括施工过程中和施工完工后的重力以及风力、地震力等，以便预估结构应力的重分配，以获得安全而接近实际的结构设计。为提供结构设计和岩土工程分析的弹簧数值，需根据桩基载荷试验取得不同地层的侧阻力（T）与位移（Z）的非线性关系。小位移时可假设T–Z为线性弹性体，即应力应变关系在数学上仍属线性微分方程的唯一解，但不是直线关系。至于桩端阻力（R）与位移（Z）的关系，由于大直径长桩在设计荷载下一般底部受力很小，故只考虑T–Z关系即可进行分析。

超高层建筑基础筏板较厚，故需进行结构—桩—土相互作用分析，使沉降—桩的承载力与结构具有一致性，而不致产生结构底板之应力集中。本工程的结构分析尚需将地下室和四周的挡土墙纳入分析模式。在行为设计工程实务中，结构工程师与岩土工程师需紧密配合，反复分析。载荷试验仪器测试结果分析得到的各地层代表性的T–Z曲线，可用于分析不同厚度地层桩基础荷载与位移的行为。结构初步分析获得的基础荷载分布，可初步确定各桩分担的荷载，从而分析桩的沉降（包括单桩和群桩），由此可算出各桩位置的弹簧系数，利用这个弹簧系数，反馈分析结构荷载的重新分配。如此反复分析，使结构分析与桩基行为分析逐步趋于一致或接近收敛。此时，桩基荷载分布和相应的桩长即可确定。图11-12为根据地层差异经反复分析得到的桩长。

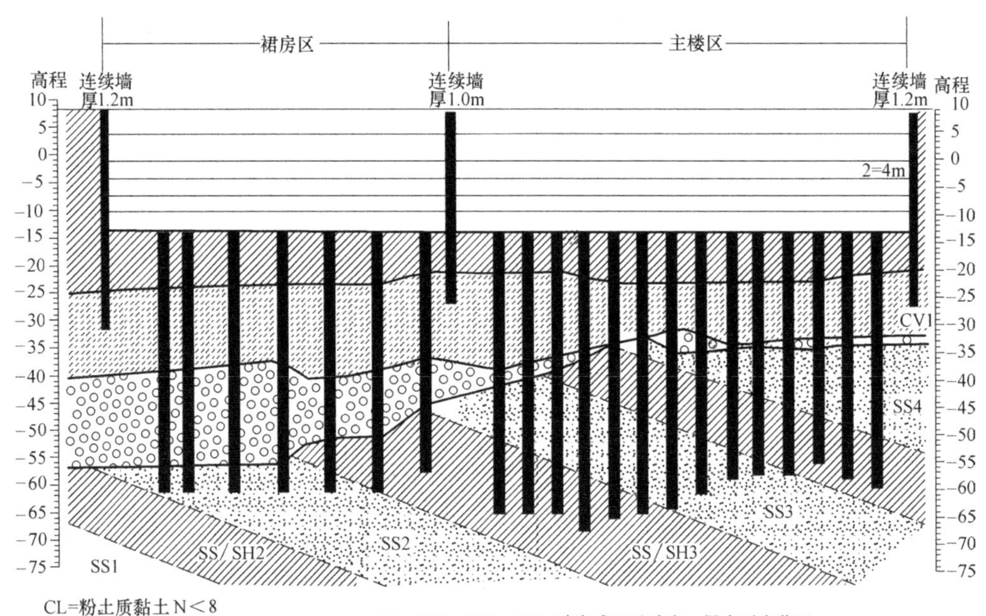

图11-12 岩土分布与桩基剖面图（编者删改）

3.5 反循环施工工法的改进

试桩施工发现，半套管法由于摇管器扭力不足以克服套管与地层之间的摩擦力和黏滞阻力，不能适应本工程桩基的施工，施工厂商改用全套管法替代，并将套管端部的直径稍加扩大，以减小套管与地层间的摩擦力。但因此套管与孔壁间形成水流通道，摩擦力大幅度减小，故建议工程桩不采用套管法施工，全部采用反循环法施工。

由施工记录可知，反循环法无法完全清除孔底沉渣，因此建议用气举法清除稳定液后再进行混凝土浇筑工序，并改进稳定液与混凝土分离器，以减少孔底沉渣。修改三翼钻头的切削角，使孔壁较为粗糙。适度调整中央稳定轴，以保持桩孔垂直。

经上述改进后，施作了两根80m深的基桩。钻孔取样显示，孔底沉渣可降至10cm以内。此外，还在桩底埋设注浆管，进行注浆处理。最后确定工程桩均采用反循环施工，且计算时仅考虑桩侧阻力，端阻力只作为安全储备。根据各桩位地层的*T*–*Z*曲线特征，考虑了群桩效应，分析了在设计荷载下的沉降量，塔楼中心最大沉降在6～8cm以内。至主体结构封顶，塔楼中心最大沉降小于2cm。

4. 基坑开挖与支护

塔楼地下室开挖采用顺筑工法，裙房采用逆筑工法。四周的围挡采用地下连续墙，墙深为40～45m，墙厚为1.2m，裙房区辅以内扶壁，塔楼除采用7道内支撑外，辅以外扶壁。为保证周边建筑和道路的安全，设置了大量监测元件，量测地下水位变化、连续墙的位移与变形、周边地面沉降以及邻近建筑物的沉降和倾斜。此外，在结构体和基础内还设置了甚多地震仪、应变计等监测仪器。

基坑周边沉降等值线、连续墙变形和地面沉降剖面见图11-13和图11-14。

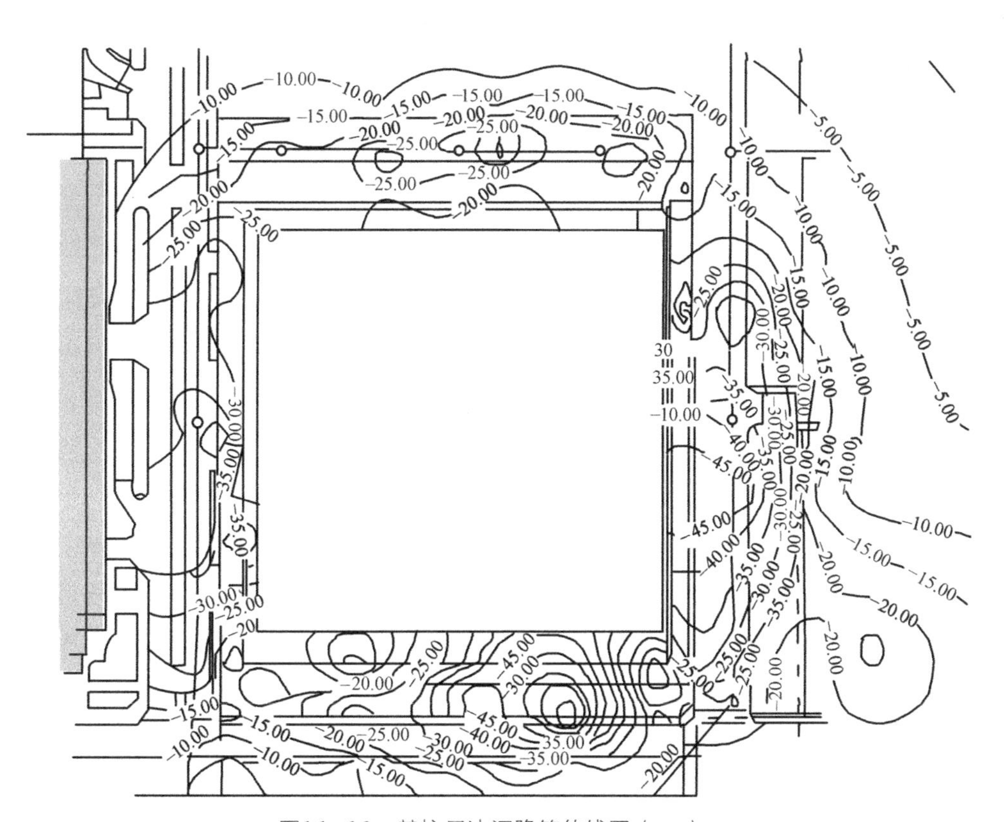

图11-13　基坑周边沉降等值线图（mm）

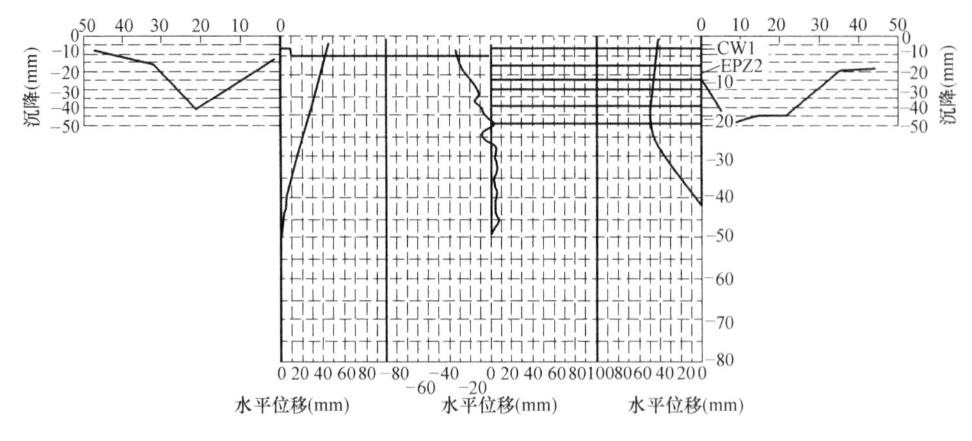

图11-14 连续墙变形与地面沉降剖面图

评议与讨论

本案例主要根据2004年"海峡两岸岩土工程/地工技术交流研讨会"上陈斗生先生所作的报告《台北国际金融中心大楼岩土工程简介》，并参考了百度文库部分相关文献编写。为了避免出错，计量单位和部分术语仍按原文。由于原文有些插图难以辨认，故改编时做了适当取舍和删改。通过本案例可以看到台湾同行们处理岩土工程问题的思路和方法，很值得大陆岩土工程界借鉴。下面分三方面说明编者的看法：

1. 断层及其活动性

从大陆岩土工程师角度审视，台湾地区的地质背景相当独特，大地构造上属于华南地块的台湾活动带，喜马拉雅运动在此十分强烈，伴随而来的就是强烈的地震和频繁的地质灾害。我国地震和地质灾害的重灾区有两大块：其一是由于印度板块俯冲、青藏高原隆起而形成的云南、川西的横断山脉一带；其二就是接近太平洋板块的台湾活动带。

台湾的地层发育也很特别，第四系和新近系（上第三系）的更新统、上新统、中新统十分发育，例如其中下更新统的卓兰组为巨厚的砂岩、页岩、泥岩；上新统至中新统的桂竹林组为砂岩和泥岩；中新统的大寮组为凝灰岩、玄武岩。而新近系以前则基本上都是变质岩系。

与大陆经济发达地区主要处于华北地块、扬子地块、华南地块不同，台湾地区处于活动带，新近断裂活动十分强烈。就台北盆地而言，据林朝宗近年来的调查和研究，台北盆地的新庄断层、嵌脚断层、台北断层、新店断层、屈尺断层等都是逆断层；树林断层、更寮断层、三重断层、内湖断层、大直断层、台大断层、山脚断层等都是正断层。其中，山脚断层为控制台北盆地的新构造，该断层穿过全新统松山层，有多项活动证据，包括近期的GPS观测数据和300年前台北盆地大地震时在其西北部形成的“康熙湖”（清朝康熙年间大地震断层陷落形成的湖）。研究者认为，该断层活动发生的地震可形成直下型破坏、毁灭性破坏，是地震防灾最需注意的活断层。相比之下，工程场地附近的台北断层不是关注的重点。

与大陆岩土工程师一样，台湾同行专家对断层注意两点：一是查明其存在和位置，二是鉴定其活动性。案例中的第二条断层，在配合捷运信义线规划时进行了大量调查和钻探，钻穿新近沉积物后（10～45m），为断层上盘之木山层、公馆凝灰岩、大寮层，断层下盘之桂竹林层，部分钻孔还直接见到断层带，其存在和位置可以完全确认。对案例中的第一条断层，本次专门补充了5个钻孔，包括一个斜孔，发现地层正常，否定了这条断层的存在。关于断层的活动性，台湾的同行专家们也主要用历史地质学的观点进行判断，台北断层已10000年乃至45000年没有活动过，即可判定对工程没有影响。无论判断方法还是年限，与大陆专家和大陆规范都完全一致，不谋而合，从而进一步印证了这个理论和方法的合理性。此外，台湾同行专家认为，台北现代大地应力以张应力为主，而台北断层为压性逆断层，活动可能性很小。用地质力学的方法进行分析，与大陆地质专家的分析方法也是一致的。

2. 地基基础与基坑工程设计

由本案例可知，台湾同行们在进行基础工程设计时，十分重视下面三方面的问题：一是注重桩基载荷试验；二是按变形控制设计；三是重视变形监测。

根据本工程的地质条件和岩土性质，采用桩基础是无疑的，桩径和桩长也在同行经验估计的区间内，但进行技术决策必须依赖桩的载荷试验。试桩目的有二：一是试验性施工，即按初步确定的施工方法在拟建工程场地上试施工，根据试施工中发现的问题，提出改进措施，确定工程桩施工的技术方法。由于场地条件各有特性，试施工不宜忽视。二是载荷试验，量测试桩荷载与位移关系，量测桩身应力随深度的分布，据以确定单桩的极限承载力和容许承载力，确定桩的端阻力和侧阻力，并尽量加荷至破坏。本案例试桩工作做得很细致、很到位，资料丰富而完整，为桩基设计打下了良好的基础。

按变形控制设计是地基基础设计的基本原则之一，大陆如此，台湾也是如此。本案例结构工程与岩土工程密切配合，进行了结构－桩－土共同作用的分析，以便使结构与桩基变形协调，避免基础底板出现应力集中，即大陆流行的“变刚度调平设计”。本案例在进行桩基变形分析时，考虑到大直径长桩传至桩端的应力很小，桩侧阻力发挥至极限时位移为1～2cm，而桩端阻力发挥至极限时位移达10～15cm，故用的是桩侧阻力与位移关系曲线（T–Z曲线），桩端阻力忽略不计，作为安全储备。采用的数学模型似乎也是比较简单而实用的。计算结果，塔楼中心沉降量不超过6～8cm，结构封顶时实测沉降不大于2cm。由此可见，基础沉降的计算不可能很精确，上述计算是令人满意的结果。计算模型的选择主要在于实用，不过分追求复杂和“先进”。对于重大工程、缺乏经验的工程，留出一定的安全冗余是必要的。

本案例基坑工程采用地下连续墙和内支撑，根据基坑深度和地质条件，同行专家肯定会认可这个方案。基坑开挖引起周边地面沉降和支护结构的位移虽然可以计算预估，但精度不高，必须监测。本案例很重视监测工作，做得很到位，并展示了监测成果。

从本案例可以看出，无论单桩承载力的确定还是基础沉降的分析，台湾地区似乎更“多元化”，岩土工程师有更多选择的余地。以根据载荷试验确定单桩承载力为例，大陆就是根据规范，很简单明确，岩土工程师没有其他选择，也不需要了解规范之外的其他方法。“多元化”似乎比“大一统”更灵活，更能充分发挥岩土工程师的主观能动性，更利于技术创新和技术进步。但对岩土工程师的素质有更高的要求，还需与之匹配的管理制度和社会诚信机制。这个问题值得大陆岩土工程界和管理部门认真思考。

3. 岩土工程也要改革开放

台湾地区将Geotechnical Engineering 译为地工技术或大地工程，大陆译为岩土工程。为促进两岸交流，1992年7月在北京举行了第一届海峡两岸岩土工程/地工技术交流研讨会，之后轮流在大陆和台湾举行，至2013年已历九届，对增进两岸同行友谊和技术提高起到了重要作用。选取本案例目的之一就是让大陆岩土工程界关注台湾地区的地工技术，借鉴台湾地区的经验，促进面向国际。

由本案例可知，无论断层活动性的论证还是地基基础的勘察、设计、施工、监测，关注的问题、思考的方法乃至工作的具体项目，两岸岩土界都是十分相似的，有共同的语言，交流起来非常顺畅。在与台湾地区同行的交流中，有两点对编者印象最为深刻：一是台湾地区工程师的水平，总体上似乎高于大陆；二是工作过程细腻，决不苟且。编者在高大钊教授著《实用土力学》“序”中提到，我国现今“还只能称得上岩土工程大国，称不上岩土工程强国”。理由是，改革开放以来三十几年的大发展，我国的岩土工程，难度和规模都是举世无双，已经完全可以依靠自己的力量，在复杂的地质条件上建造世界上最高的建筑、最深的隧道、最长的桥梁，进度迅速，巍峨壮丽，十分精彩。但问题不少，总体上还比较粗放。工程的优秀、过程的精致、工程师素质和能力的高超才是强国的标志。这里有复杂的体制和社会原因，需不断地深化改革。例如对规范过多依赖，影响了工程师素质的提高和创造性的发挥；国际和地区间交流也显得不够。我们要不断引进、吸收、消化发达国家和地区的新理论、新技术；又不断将我们的经验和创新介绍出去，取得国际学术界、工程界的认可，与国际融合，乃至逐步成为国际岩土工程的主导。以目前我国岩土工程的规模和难度，有新一轮中央改革开放决心的推动，我国引领世界岩土工程的强国之梦定能早日实现。

北京丰联广场大厦地基与基础的共同作用分析[①]

核心提示

本案例为高层建筑、低层建筑、纯地下室建在同一筏板上的复杂工程。经地基与基础共同作用分析，计算了地基变形和结构内力，建议适当提高结构刚度，可以采用天然地基。监测效果良好，与计算基本一致，节省了造价和工期。

① 本案例根据北京市勘察设计研究院于玮、张乃瑞《北京丰联广场大厦地基与基础协同作用分析》（第八届土力学与岩土工程学术会议论文集）编写。

案例概述

1. 工程和地基概况

丰联广场大厦位于北京朝阳门外大街南侧，总长约103m，宽约96m。两栋主楼分别为15层的西主楼和28层的北主楼，框筒结构；主楼周围有6层裙房及纯地下车库，为框架剪力墙结构。主楼、裙房及地下车库均设有3层地下室。北主楼基底平均压力约463kPa；西主楼基底平均压力约268kPa。建筑物全部采用筏板基础，筏板厚分别为1.80m、1.50m、1.00m。高层与低层之间不设沉降缝，仅设置施工后浇带。建筑物的基底持力层为厚2.22～4.19m的第四纪圆砾、卵石层，局部间有中细砂及卵石混黏性土，其下以黏土、粉质黏土与砂卵石层交互出现，其中6～8m厚的黏性土及粉土是建筑物沉降的主要地层。地基土构成及相关参数见图12-1。

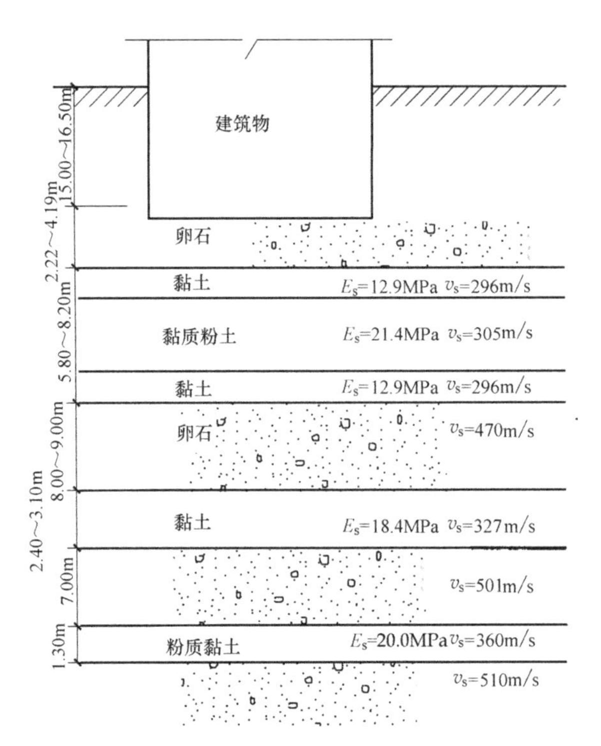

图12-1　地层剖面示意图

2. 地基与基础共同作用分析

变形分析采用北京市勘察设计研究院有限公司编制的“高层建筑地基与基础协同作用电算程序（SPIA）”计算，该程序采用单向压剪模型，地基应力应变非线性参数以室内三轴、高压固结试验、野外剪切波速为依据，并用经验系数修正。分析方法采用十字交叉梁的基本假设，将基础按十字网格划分成纵横两个方向的梁，在纵横线的交汇处设置计算节点，并考虑邻近拟建建筑物对本建筑物的影响。该分析方法可模拟基坑挖土卸荷与施工加荷过程，分三个阶段计算：

（1）卸荷回弹阶段：模拟基坑开挖，计算大面积挖土卸荷情况下土中自重应力变化，计算基坑回弹量，计算剩余应力作为下一阶段的初始应力；

（2）第一加荷阶段：高低层之间留有后浇带，基础相互脱离，取总荷载的75%作为计算荷载；

（3）第二加荷阶段：浇灌后浇带后，主楼与裙房基础连在一起，取总荷载的25%作为计算荷载，考虑第一加荷阶段后续沉降的影响，参与第二阶段的协同分析。

该软件能反映荷载和地基的不均匀分布、基础刚度对地基变形的调整以及后浇带对基础内力的影响，按设定条件计算出地基变形和基础内力。

3. 分析结果和设计改进

从首次计算结果可以看出：北主楼（28层）在施工缝浇灌后高低层之间差异沉降与高层内部相邻柱间的沉降差多处不能满足规范0.3%的要求，这是由于北主楼荷载大且分布不均，下卧黏性土层较厚，故差异沉降很大。不加强基础刚度，采用天然地基是不可行的。故建议在北主楼的地下三层沿轴线加设混凝土墙并延伸至低层跨内（图12-2），并在原有车道处所加的混凝土墙上开设扁洞。虽然在使用上略有不便，但比采用桩基或地基处理可大大缩短工期，降低工程造价。经上述修改后又进行了地基与基础的协同计算，从计算结果可以看出：西主楼（15层）与低层相邻柱间的差异沉降，除西侧最大为1.35cm（0.29%）外，大部分满足规范要求，西主楼采用天然地基可行。北主楼（28层）在加强基础刚度的情况下，计算所得的平均沉降和差异沉降都较原设计方案有较大的降低，尤其是在增加混凝土墙的部位，相邻柱间的差异沉降以及在后浇带浇灌以后高低层相邻柱间的长期差异沉降，仅有3处超出国家规范0.3%的控制值，故该工程经上述调整后可采用天然地基。

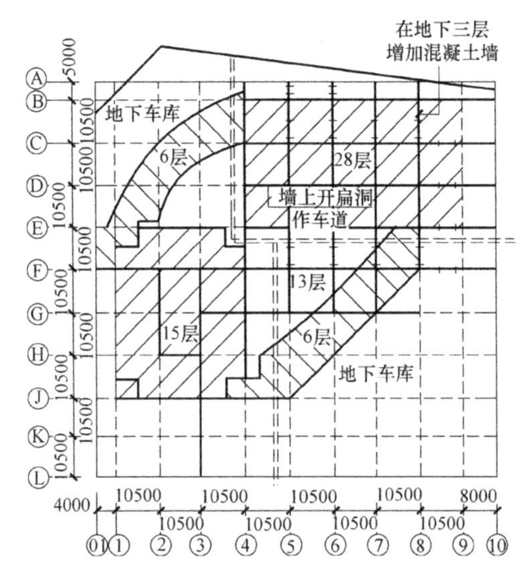

图12-2　调整后计算墙体布置图（编者删改）

该工程于1995年初开工，1996年底竣工。为了保证建筑物的使用安全，进行了基坑回弹观测、施工阶段和使用阶段的沉降观测。计算和实测沉降结果见表12-1、图12-3和图12-4。

计算与实测沉降（cm）　　　　**表12-1**

观测阶段	北主楼（28层）		西主楼（15层）		裙房	
	计算值	实测值	计算值	实测值	计算值	实测值
施工至结构封顶	3.22	3.33	2.30	2.47	1.16	1.53
装修后期	3.96	3.43	2.73	3.38	1.44	1.38

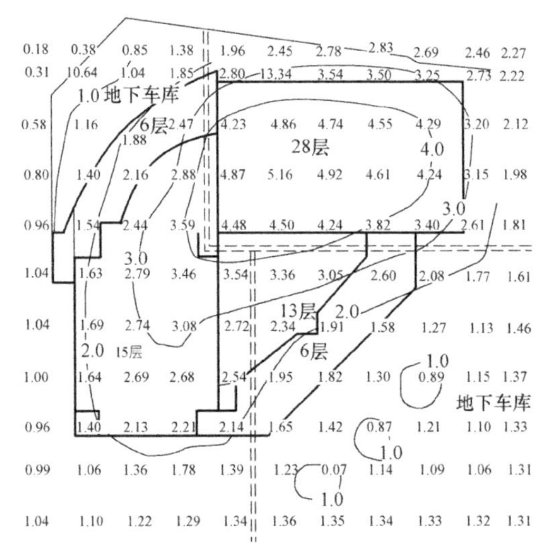

图12-3　进入装修后期计算沉降图（cm）（编者删改）

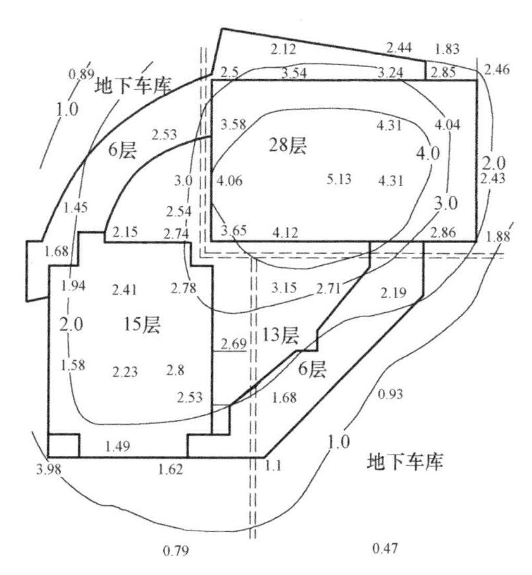

图12-4　进入装修后期实测沉降图（cm）（编者删改）

从计算与实测沉降的比较可以看出，在结构封顶和进入装修后期，地基与基础协同作用分析计算值与同期的实测值、沉降趋势极为接近。

评议与讨论

现今的大型公共建筑体型多变、高低错落，埋深较大，荷载很不均匀，而且在高低层及地下车库之间不设沉降缝，对地基基础设计带来很大的挑战，进行地基、基础与上部结构共同作用分析符合工程建设要求和技术进步的趋势。本案例通过分析，提出了适当提高结构刚度的建议，成功地采用了天然地基方案，取得了较好的经济效益和社会效益。

地基、基础与上部结构的共同作用（或称协同作用），是将地基、基础与结构视为一个整体，共同工作，相互作用，相互制约，通过变形协调分析基础、结构的内力和基础沉降。如果将基础和上部结构统称结构，也可称“地基与结构的共同作用”，这些年来已经成为业界的热门话题，并在不断进步，继续发展。对于一般岩土工程师，不一定要求人人对其计算模型、计算技巧都很熟悉，但对其基本概念则应当清楚，处理岩土与结构之间的关系是岩土工程的一项重要任务，也应当是岩土工程师的主要特长。

地基、基础与上部结构共同作用的基本概念详见附录。下面对结构（含基础和上部结构）和地基土的刚度、变形和相互影响问题做些补充说明，首先介绍基底反力和沉降分布问题：

上部结构将荷载传至基础底面，作用于地基，按布辛内斯克原理，均布荷载时基础中心下土中应力最大，离基础中心越远应力越小。因此，如土质均匀，不考虑结构的刚度（柔性结构），则基础沉降必然是中心大，边缘小，呈碟形，基础底面与地基土之间的接触压力为均匀分布。如果结构具有足够刚度，有能力抵抗弯曲变形，则结构刚度迫使基础均匀沉降，从而改变基础与地基土之间的接触压力，使地基对基础的反力呈马鞍形分布，并在结构中产生次应力。见图12-5。

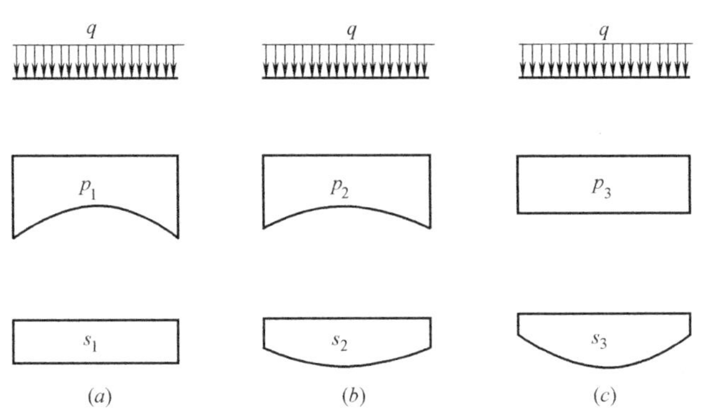

图12-5 结构刚度不同时的反力和沉降分布（黄熙龄）

（a）刚性；（b）半刚性；（c）柔性

p—反力 s—沉降 q—均布荷载

基础与地基土接触压力的马鞍形分布，必然造成土中应力的重分布。实测和理论分析表明，接触压力的不同分布对土中应力的影响主要在浅部，对深部影响不大，故沉降分析时仍可采用均匀分布的压力。但对片筏基础、箱形基础、十字交错基础的弯矩影响很大，工程上常采用弹性地基上的梁板理论确定地基反力。

下面介绍不同刚度结构类型的地基变形特点：

柔性结构的房屋建筑如木结构、钢筋混凝土排架结构、钢排架结构，一般采用柱下独立基础。柔性结构的特点是结构变形与地基变形基本一致，地基变形对上部结构不产生附加应力或附加应力很小，结构也没有调整地基不均匀变形的能力。柔性结构的优点是当基础沉降不均匀时，虽然填充墙损坏开裂，但能保证承重结构的安全。钢筋混凝土排架结构的单层厂房，在中低压缩性土上几乎没有因不均匀沉降而损坏的实例。对高压缩性土，如吊车过重、地面大面积堆载，可能造成过大沉降和不均匀沉降，使基础倾斜转动，吊车不能运行，钢筋混凝土柱水平开裂，建筑墙面产生八字形裂缝等不良后果，设计时应按规范要求控制沉降量和沉降差。

刚性结构如烟囱、水塔、筒仓及其他高耸构筑物。长高比小于2.5、荷载分布均匀、体型简单的高层建筑，基础刚度很大的多层箱基，相对弯曲很小，也可按刚性结构考虑。刚性结构的特点是具有很强的调整土中应力分布的能力，结构各部分的差异沉降很小，相对弯曲不会超过0.0002，使沉降均匀化。如荷载偏心或土质不均而发生不均匀沉降，则表现为整体倾斜。刚性结构的沉降量即使达到数十厘米也不致造成结构损坏，但应控制倾斜不能太大。调查资料表明，倾斜达到2%尚不致发生倾倒，但影响正常使用，如电梯不能正常运行，管道断裂，人产生不安全感，严重影响外观，规范规定了相应的变形限值。

一般的砌体承重结构和框架结构是介于刚性和柔性之间的半刚性结构，可承受一定的挠曲，具有一定的调整地基变形的能力。土质较硬时，调节变形的能力较小，土质较软时，由于基础接触压力改变，使地基不均匀沉降减少。当不均匀沉降超限，结构应力超过其强度时，会使结构开裂。规范规定框架结构相邻柱沉降差限值对高压缩性土为$0.003L$，对低压缩性土为$0.002L$。压缩性高的土，结构刚度对不均匀沉降的调整能力较强；压缩性低的土，结构刚度调整不均匀沉降的能力较弱。因此，对软土的变形限值规定较硬土松。为了防止不均匀沉降对结构的损害，常采取加强结构刚度的措施。

对于荷载分布不均匀和刚度分布不均匀的建筑，情况就很复杂。如有些建筑主楼和裙房建在一块底板上，荷载差别很大，又不设沉降缝。中央筒体和外框架的高层建筑，荷载集中在中央筒体，不同结构间的刚度也有突变。荷载的不均匀必然导致土中应力的复杂分布，使中央筒体部位的沉降远大于外框架，主楼部位远大于裙房。而厚筏或箱基的巨大刚度又迫使沉降均匀化，从而改变反力和土中应力的分布，使结构产生次应力。为了分析地基变形和结构内力，地基与结构的协同作用分析就成为当今设计研究的热点。

由于上部结构的刚度是在施工过程中逐步形成的，故上部结构刚度的贡献是有限的，只有最下面几层的刚度能够发挥。故常常只做地基与基础的共同作用分析，不考虑上部结构。

岩土与结构的共同作用分析，目前还不很成熟。首先是土的模型和参数不能完全反映实际力学性状，分析能否成功，很大程度上取决于土的模型是否合理和土的参数选用是否恰当。此外，结构次应力也难以计算清楚，上部结构刚度只是一部分参与，到底哪些部分能参与工作，能提供多大刚度，还算不清楚。施工方法、施工过程也有重要影响。因此，岩土工程师首先是弄清概念，并注意工程实测数据的积累，不要盲目相信计算。

岩土工程典型案例述评13

上海金茂大厦基坑工程[1]

核心提示

本案例为软土地区特大、特深、环境复杂的基坑工程，采用地下连续墙和排桩围护，钢筋混凝土桁架内支撑。由于设计指导思想正确、总体方案合理、精心设计、精心施工、检测监测到位，使支护体系稳定、变形可控，既安全，又经济。本案例总结的经验和实测数据对同类型基坑项目有很好的参考价值。

① 本案例根据赵锡宏《上海深基坑围护工程的新进展》、范庆国等《金茂大厦基坑工程的设计与施工》（基坑工程学术讨论会论文集，1998）编写。

案例概述

1. 工程概况

金茂大厦位于上海浦东陆家嘴隧道出口处的南面，是一幢88层的超高层建筑。塔楼高420.5m，是当时中国最高的建筑物，也是当时世界第三高度。建筑总面积约为29万m²，占地面积为2.3万m²，三层地下室，开挖面积约为2万m²，塔楼的开挖深度为19.65m，裙房的开挖深度为15.1m。塔楼基础桩为直径914mm的钢管桩，共430根，入土深度83m；裙房基础桩为直径609mm的钢管桩，共632根，入土深度为53m。该工程由中国上海对外贸易中心股份有限公司投资，美国SOM设计事务所设计，上海建工集团总公司施工承包。1997年8月28日结构封顶。基础平面图见图13-1。

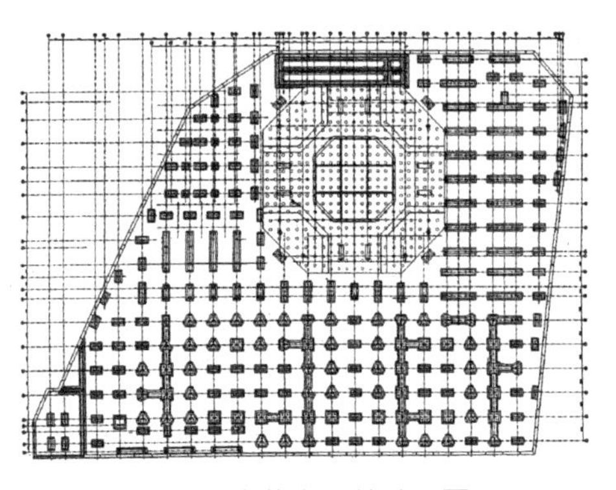

图13-1　金茂大厦基础平面图

2. 基坑围护方案

金茂大厦基坑工程特点是土质软，面积大，开挖深，体型不规则，地下管线复杂。美国SOM设计事务所的设计方案是采用围护与承重合一的地下连续墙，关键是采用何种最合理和最经济的支撑形式。设计者对斜拉锚，钢支撑和钢筋混凝土桁架支撑三种形式进行了详细的技术经济比较，认为钢筋混凝土桁架支撑适应性强，施工质量可靠，投资费用大体上与斜拉锚方案相当，最后决定采纳钢筋混凝土桁架支撑方案。围护结构总体设计方案如下：

（1）地下室外墙的连续墙，基坑施工时作为基坑外围支护的挡土墙；

（2）挖土分两阶段进行，在主楼与裙房间设三条钻孔灌注排桩，与主楼东端的地下连续墙形成一个封闭区域，在第一阶段开挖；

（3）主动土压力根据朗肯公式计算，黏聚力和内摩擦角取峰值，水土分算，土性参数取值见表13-1，土压力分布见图13-2；

（4）地下连续墙的坑顶荷载取20kPa；

（5）地下室每层板面设一道支撑，主楼底板中部再设一道水平支撑，即主楼设4道支撑，裙房设3道支撑，见图13-3；

（6）地下连续墙内力和水平支撑围檩的支座反力，按弹性地基梁平面有限元法计算；

（7）水平支撑内力按平面有限元法计算，并考虑水平支撑与连续墙的位移协调；

（8）钢筋混凝土围檩属弯压组合构件，考虑到围檩的轴力多数被挡土墙后主动土压力产生的摩擦力抵消，故围檩按纯弯配筋；

（9）水平支撑按垂直方向偏心受压计算断面的钢筋，弯矩通过对结点加箍作构造处理；

（10）水平支撑混凝土强度按C30等级设计，钻孔桩按水下C30设计。

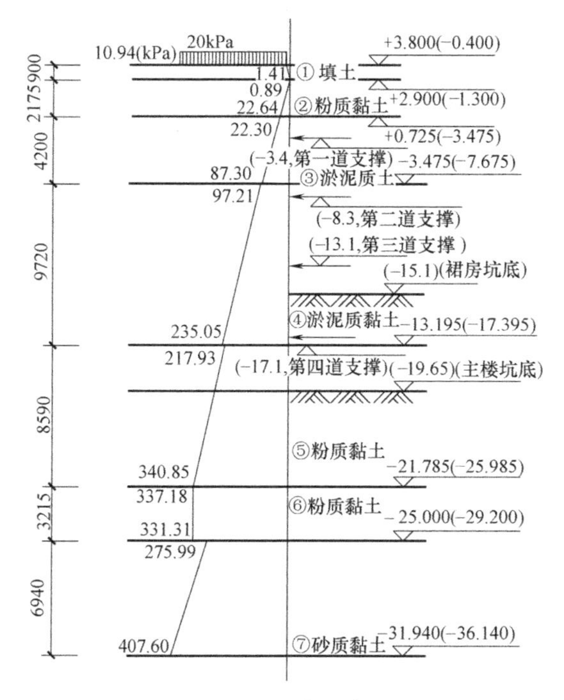

图13-2　土压力分布图

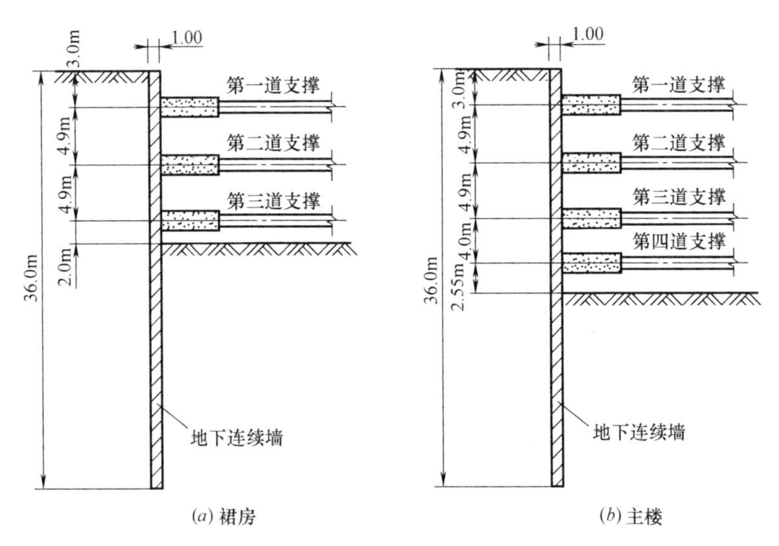

(a) 裙房　　(b) 主楼

图13-3　围护结构剖面示意图

岩土参数取值一览表　　**表13-1**

层序	土层名称	层厚（m）	标高（m）	固结快剪（峰值）		主动土压力（kPa）
				φ（°）	c（kPa）	
1	填土	0.9	+3.800	17	11	10.94
			+2.900	17	11	1.41
2	粉质黏土	2.175	+2.900	20.8	17	0.89
			+0.725	20.8	17	22.84
3	淤泥质粉质黏土	4.200	+0.725	22.0	11.5	22.30
			−3.475	22.0	11.5	37.30
4	淤泥质黏土	9.720	−3.475	13.5	14.0	97.21
			−13.195	13.5	14.0	235.05
5	粉质黏土	8.590	−13.195	20.0	13	217.93
			−21.785	20.0	13	340.85
6	粉质黏土	3.215	−21.785	21.0	51	337.18
			−25.000	21.0	51	331.31
7−1	砂质黏土	6.94	−25.000	32.7	4.29	275.09
			−31.940	32.7	4.29	407.60
7−2	粉细砂	28.32	−31.940	33.57	0	405.23
			−60.260	33.57	0	766.66

3. 围护结构计算和设计

地下连续墙既是围护墙体，又是地下室的外墙，主楼开挖深度为19.65m，裙房开挖深度为15.1m。主楼和裙房采用同一深度的地下连续墙，取墙厚为1.0m，深为36m，落在⑦$_2$土层上。

在主楼区域，东面是地下连续墙，另外三面是钻孔排桩。坑内的排桩是为主楼先期开挖而设置的，直径为1200mm，间距为1400mm，桩顶标高为-8.7m，桩底标高为-32.7m，采用钻孔灌注桩，桩底落在⑦$_1$土层上。连续墙和灌注桩墙的位移和内力均用SAP90程序计算，计算结果见表13-2。

根据SAP90程序计算，各道支撑的最大变位值、最大轴力、竖向最大弯矩以及水平最大弯矩列在表13-3中。表中最大轴力是指支撑的最大轴力，不包括围檩最大轴力。

地下连续墙和灌注桩的位移和内力计算结果　　表13-2

地连墙名称	最大位移值（mm）	最大剪力（kN）	最大正弯矩（kN·m）	最大负弯矩（kN·m）
坑外主楼地连墙	50	977	2377（1800/1500）	–1577
坑外裙房地连墙	41	620	1692（1400/1100）	–1112
坑内灌注桩墙	55	943	1800	–1200

注:（ / ）表示坑内 / 坑外的弯矩设计取值

钢筋混凝土桁架支撑位移和内力计算结果　　表13-3

支撑次序	最大位移值（mm）	最大轴力（kN）	最大弯矩（竖向）（kN·m）	最大弯矩（水平）（kN·m）
第一道支撑	2.34	7435	350	–1691（2737）
第二道支撑	3.36	14711	440	–3354（5881）
第三道支撑	3.85	16856	440	–4072（6739）
第四道支撑	3.60	16315	350	–3050（5529）

根据计算和分析，各道水平内支撑的断面设计如下（$h \times b$）:

第一道：围檩1000mm×800mm，塔吊行走支撑断面800mm×1000mm ，其他支撑断面为800mm×800mm，700mm×800mm、600mm×600mm;

第二道：围檩1200mm×800mm，大开间侧支撑断面900mm×800mm，其他支撑断面为800mm×800mm，600mm×600mm;

第三道：围檩1200mm×800mm，大开间处大多为1000mm×800mm，

局部杆件为1100mm×800mm，其他支撑断面分别为900mm×800mm，700mm×700mm；

第四道支撑与第三道支撑相同。

立柱支撑由两部分构成，埋入坑底以下的为钻孔灌注桩和坑底以上为格构式钢结构柱，立柱插入钻孔灌注桩5m。塔楼区的钻孔桩直径为1000mm，桩长为20m，格构柱外形截面尺寸为600mm×600mm；裙房区钻孔桩直径为850mm，桩长为22.5m，格构柱截面为480mm×480mm。格构柱的钢材为A3钢。

4. 地下连续墙和钻孔灌注桩的施工

本案例地下连续墙既是围护结构，又作为地下室的外墙，兼有承重和围护两种职能，没有内衬，对防水性和质量均有较高要求。为此，首次使用了C40高强度水下混凝土。原设计采用刚性接头，施工时采用了新型柔性接头，标准雌槽段长为5.4m，标准雄槽段长为6.0m， 采用间隔施工方式，用两台进口液压成槽机分区流水施工。在距地下连续墙较近的送桩孔进行压浆处理，保证地下连续墙成槽质量。在施工完成的地下连续墙外侧近接头区域进行劈裂压浆，以保证墙体的抗渗能力。

钻孔灌注桩分为两类，一类用于支承钢筋混凝土内支撑，另一类是主楼挡土围护排桩。各种类型钻孔桩的直径、孔底标高见表13-4。用日产履带式液压钻孔机成孔。由于与地下连续墙同时施工，要求在场地上与地下连续墙施工流水作业。采用人造泥浆护壁保持孔壁稳定，立柱桩沉渣控制在100mm以内，排桩沉渣控制在300mm以内。钻孔灌注桩的混凝土强度等级为水下C30。

钻孔灌注桩数据　　表13-4

序号	名称	桩径（mm）	孔底标高（m）
1	立柱桩	850	−37.52
2	立柱桩	1000	−39.65
3	立柱兼排桩	1200	−39.65
4	围护排桩	1200	−32.7

围护结构施工场景见图13-4。

图13-4　围护结构施工场景照片

5. 现场监测结果分析

施工时对各受力构件的主要部位进行了监测，图13-5为地下连续墙、钻孔灌注桩和桁架支撑的监测点布置图。图中D1，D3，D4，D6，D7，D10为地下连续墙垂直（测斜）变形监测点；D12为钻孔灌注桩的垂直变形（测斜）监测点；C1～C25为钢筋混凝土桁架立柱沉降变形监测点；Fi-j为桁架支撑轴力监测点（i为各道支撑编号，j为测点编号）。

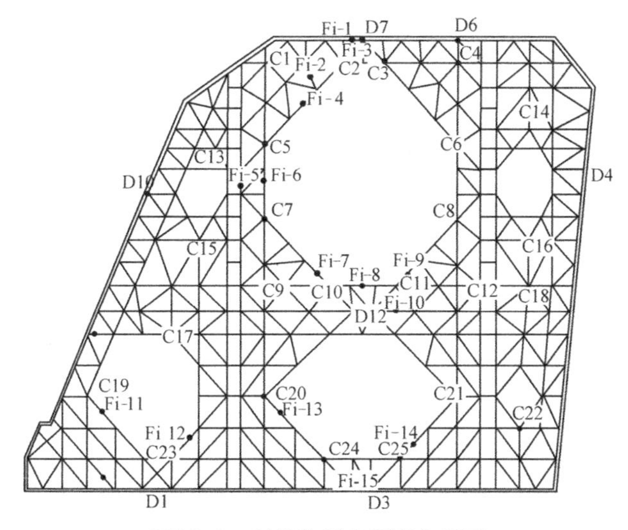

图13-5　现场监测点平面布置图

5.1　主楼地下连续墙变形分析

由典型测点D7的实测结果图中的曲线（图13-6）可见，主楼的地下连续墙变形有如下特点：

（1）主楼基础底板施工完成以前（图中95-08-20），连续墙的实测变形与计算变形值非常接近：D7最大变形为49mm，计算变形为45mm。最大变形发生的部位较之计算最大变形的位置低：实测最大变形的位置在地下15m，而计算最大变形的位置在地下12m。

（2）第三道支撑拆除时（图中95-06-06），连续墙的实测变形发展较快：D7最大变形为81mm，而计算变形为50mm。实测最大变形的位置在地下16m处。究其原因是：主楼基础（厚为4m）底板浇捣后，在养护降温的过程中，有一定的收缩。此时，基础底板对地下连续墙的约束很小，在第三道支撑拆除后，地下连续墙的变形对基础底板产生一个压力。该压力使基础底板产生变形，并导致地下连续墙的进一步变形。这种情况在一般基坑围护工程中尚未遇到。

（3）第三道支撑拆除以后（图中96-08-09），连续墙的实测变形发展较小，并趋于稳定。D7的全过程最大变形值为84mm，但较计算最大变形值50mm大。其原因是此时基础底板对地下连续墙已有很大的约束，地下连续墙刚度又很大，所以地下连续墙产生的变形增量很小。

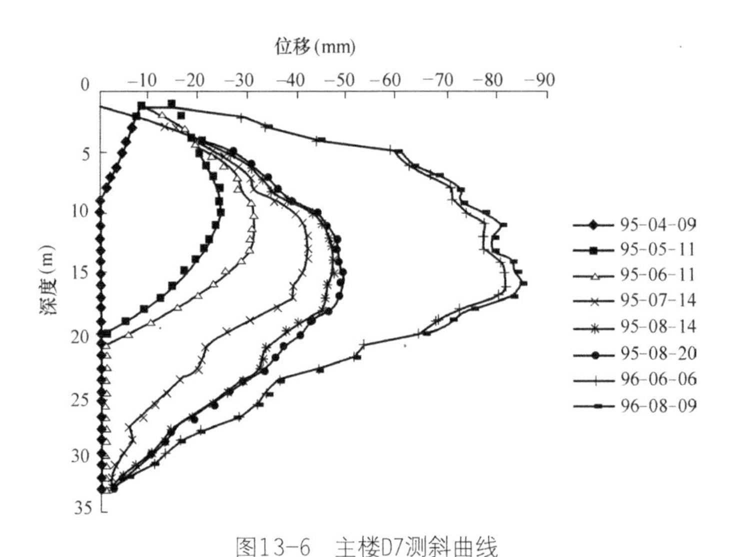

图13-6　主楼D7测斜曲线

5.2　裙房地下连续墙变形结果分析

裙房地下连续墙变形的特点与主楼的有相似之处，但在第四次挖土到第三道支撑拆除过程中变形较大。D1最大变形为81mm，D3最大变形为99mm。D1最大变形发生在地下17m处，D3最大变形发生在地下15m处，位置均比计算最大变形的位置低，计算最大变形的位置在地下12m。究其原因：裙房基础底板厚度只有500mm，相对主楼对地下连续墙的约束较小。

第三道支撑拆除以后的变形趋于稳定，D1全过程最大变形为97mm，D3全过程最大变形为102mm，但均比计算值大。

需要特别指出：裙房最后一次挖土产生的地下连续墙变形比主楼最后一次挖土产生的地下连续墙变形大。主要原因是：裙房最后一次挖土时间较长，地下连续墙挖土根部暴露过久。裙房挖土深度比主楼浅，但裙房连续墙的最终变形较大，相同的地下连续墙和支撑系统，并不是挖土较深变形一定较大，而主要与地下连续墙挖土根部暴露时间以及底板对地下连续墙的约束有关。

5.3 基坑支撑轴力变化规律

图13-7～图13-10为基坑主要支撑轴力随时间的变化曲线。4个测点都位于塔楼北侧，只是所处深度不同。其中F1-1位于第一道支撑上，轴力最大值为16 338kN；F2-1位于第二道支撑上，轴力最大值为14 809kN；F3-1位于第三道支撑上，轴力最大值为15 470kN；F4-1位于第四道支撑上，轴力最大值为10 379kN。从监测结果可以看出，支撑轴力随深度变化的规律与设计时的假定基本相符，即第三道支撑轴力最大，第四道支撑轴力小于第三道支撑轴力，且具有明显的滞后性。与常规情形不同的是，第一道支撑轴力偏大，比第三道支撑轴力还大。主要原因是场地紧张，许多建筑材料堆放在第一道支撑上，从而增加了第一道支撑的轴力。

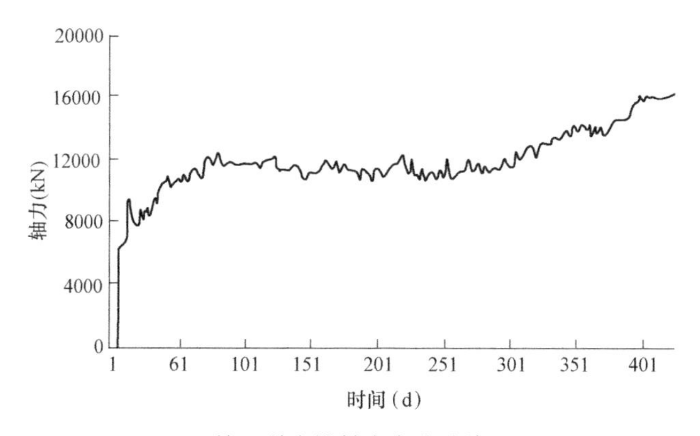

图13-7　第一道支撑轴力变化曲线（F1-1）

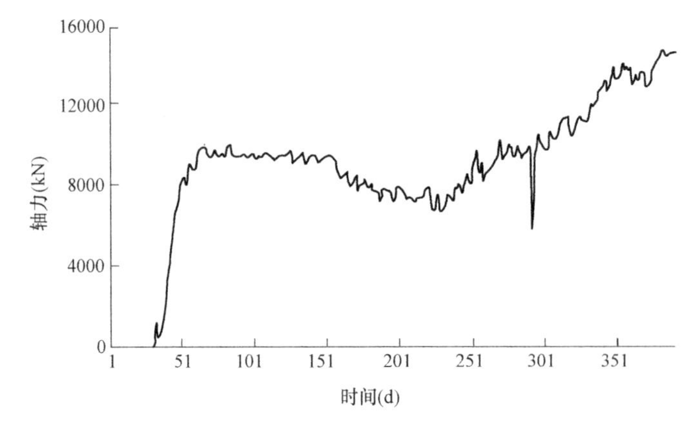

图13-8　第二道支撑轴力变化曲线（F2-1）

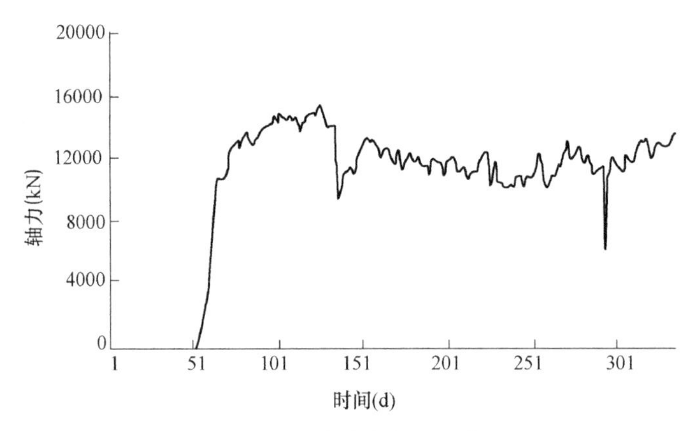

图13-9　第三道支撑轴力变化曲线（F3-1）

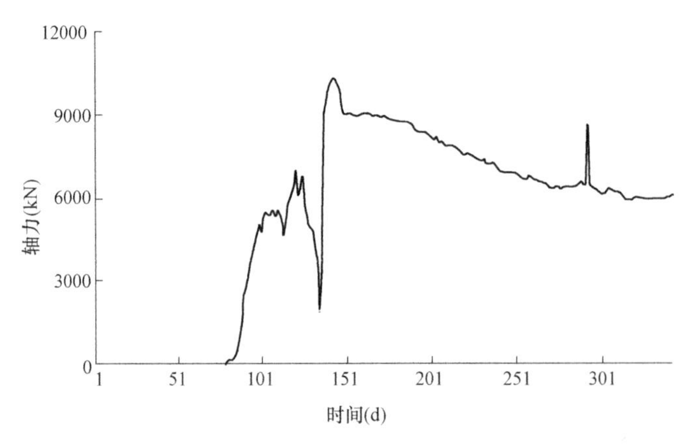

图13-10　第四道支撑轴力变化曲线（F4-1）

6. 结论

（1）在上海特大特深基坑围护设计中，应优先采用围护和承重合一的地下连续墙，既经济又安全。本工程地下连续墙的入土深度达到7-2土层（粉细砂），对基坑的整体稳定、抗坑底隆起和抗渗透变形均有明显效果。

（2）为解决特大特深基坑基础施工的工期问题，在基坑内采用临时钻孔灌注桩围护主楼区域，使主楼先期施工， 是合理的围护设计安排。

（3）钢筋混凝土桁架支撑系统是较理想的支撑方案，不但能满足围护支撑的需要，而且还能为施工创造一定的设施，为施工服务。但支撑的爆破拆除是最大的缺点，如有可能，应采用支撑系统与楼层系统相结合的逆作或半逆作方法。

（4）设计和施工实践说明，地下连续墙和钻孔灌注桩两种不同围护结构的共同工作是可行的。作用在地下连续墙与钻孔灌注桩的侧土压力不平衡问题，通过土体的位移变形是可以得到解决的。

（5）在一定的条件下，直径1200mm的钻孔灌注排桩可以代替厚度为1000mm的地下连续墙；直径1000mm的钻孔灌注排桩可以代替厚度为800mm的地下连续墙。

（6）本工程实践表明，按朗肯理论计算主动土压力与实际土压力较为接近，参数黏聚力取峰值，水土分算， 是简化计算较为实用的方法。

（7）本工程采用钻孔灌注桩和钢格构柱的组合，是一种合理的设计方案。支承在$⑦_2$土层的钻孔灌注桩，既具有足够的支承能力，又能满足抗压和抗拔要求。对于特大特深基坑工程，抗隆起是基坑工程重点之一，应予注意。

（8）在支撑轴力计算中，混凝土的收缩、温度变形、立柱的沉降或隆起、支撑的垂直附加荷载等，对支撑轴力的影响都很大，应予注意。设计时可对构件进行分类，主要构件轴力可按分类计算的最大值再乘以1.5的附加系数；一般构件轴力可取分类计算的最大值。

（9）本工程的地下连续墙实测变形比理论计算值大的主要原因，是由于SAP90程序按弹性理论设计，而实际变形可能介于弹性和塑性之间。设计时，可将最大变形值控制在3～5cm，使实际的变形值能控制在10cm以内，亦即对超过15m的深基坑，变形宜控制在0.5%H以内（H为开挖深度）。

评议与讨论

上海地区土质松软，水位很高，环境一般相当复杂，开挖特深特大基坑难度很大。本案例是采用地下连续墙和排桩围护，钢筋混凝土桁架支撑的成功范例。从概念设计到具体计算，从设计、施工到监测，内容全面而翔实，对类似工程有重要参考意义。本案例提供者赵锡宏等著的《大型超深基坑工程实践与理论》（人民交通出版社，2005），以外环路越江隧道为背景，介绍了上海大型超深基坑的理论与实践，包括设计理论、现场实测和预测、信息化施工、非线性弹性卸荷损伤模型，从墙体变形、地面沉降、土压力、支撑轴力、基坑隆起、损伤变量发展，到环境影响及其保护，进行了深入分析。建议读者参考，以便深入理解上海的经验。

基坑工程目前广泛采用线性平面设计理论，因为比较容易理解和掌握。遇到空间问题时主要依靠工程师的经验和判断，采取适当构造措施，以确保安全。对复杂的深大基坑，宜采用非线性空间设计理论进行设计，当然，该理论还需要通过实践继续检验，以求进一步完善。

基坑工程的实际问题非常复杂，理论远远落后于实践。土压力计算、地下水控制、桩墙变形、支撑轴力、地面沉降等，理论计算与现场实测都存在相当大的差别。研究和认识这些差别，不仅对工程师的综合判断和采取适当措施至关重要，而且也是理论研究的导向和规范修订的主要依据。

下面就与本案例有关的几个问题做些简单的讨论：

1. 总体布局

总体布局是整个设计的战略安排，挡墙、支撑、地下水控制以及施工方法，应作为一个整体统一考虑。由于地质条件千差万别，基坑大小、深度和周边环境各不相同，总体布局时应当根据这些因素做出恰当的选择。一般首先提出几个可行的比较方案，然后通过技术经济分析最终确定。像上海这样软土地区的深大基坑，常常选择地下连续墙为围护结构，既可挡土隔水，又可作为地下室外墙，有条件时还可采用逆作法或半逆作法施工。而地下水位较低、土质较好地区常用的锚杆和土钉，这里就没有用武之地了，而让位于内支撑。

就是在上海同一地段，随着具体条件的差别，设计布局也有不同，并随着经验的积累而不断改进。例如，金茂大厦由于主楼和裙房分期施工，故除了地下连续墙外，在主楼和裙房之间加了三排钻孔灌注桩；而恒隆广场由于主楼、裙房同时施工，就无此必要。再如，建金茂大厦时，只有金茂，旁边还没有环球金融中心和上海中心大厦，周围环境相对较好，等到建设环球和上海中心时情况就不同了。由于环球和上海中心的主楼各有不同直径的圆形结构，故主楼用顺作法，裙房用逆作法。基坑特点不同，施工方法也有所不同。此外，金茂基础桩采用的是914mm钢管桩，后来环球采用700mm的钢管桩，上海中心则不采用钢管桩，而用两种长度的灌注桩。

在总体布局设计时，对涉及基坑安全的关键问题务必予以关注，例如，由于基坑周边土压力不平衡可能导致基坑严重变形，由于立柱基础的沉降或隆起可能导致支撑结构失稳，由于混凝土底板未及时浇筑而失去约束等，都是桩墙围护+内支撑体系基坑应当特别关注的问题。

一般经验，桩墙水平位移取开挖深度的0.5%～1.0%，特深基坑应控制在0.5%。但是，桩墙水平位移警戒值，基坑开挖对周边影响的警戒值，应根据具体情况郑重考虑确定，单纯依赖规范是不够的。

2. 桩墙和支撑

深厚软土地区的深基坑，作为围护结构的地下连续墙或排桩应插入良好地层，“生根”才能防止“踢脚”，才能防止墙体下部过大侧移。有的工程单纯考虑入土的深度比而不注意地质条件，导致桩墙侧移过大，甚至酿成事故。本案例插入土质良好的$⑦_2$层是明智的选择。

本案例采用钢筋混凝土桁架支撑体系，获得大的开挖作业空间，加强了支撑结构系统的整体刚度，是正确的选择。钢筋混凝土支撑虽有拆除困难的不利条件，但整体刚度大、稳定性好。对于土质软弱的深大基坑，全部采用钢支撑是不适当的，应至少有一、二道或全部采用钢筋混凝土支撑，以确保稳定。杭州地铁湘湖站基坑采用全钢支撑，节点又缺乏有效的约束，以致墙体位移较大和局部构件失效时产生整体失稳，迅速整体倒塌。

影响支撑轴压的因素很多，且随着施工过程的进展而不断变化，除了土压力外，混凝土的收缩和徐变、温度应力、立柱基础的沉降或隆起等都是重要因素，不可忽视，应专门实测、研究和修正。

3. 监测和信息化施工

由于计算模式和计算参数不可能与实际完全一致，即使概念设计无误，计算与实际总有差别。因此，对于影响工程安全的关键部位和关键问题，设计时应适当留有余地。本案例地下连续墙的实测变形值大于计算值，就是由于软件假定与实际有差别之故。可见监测非常重要，既是检验计算的依据，也是将实际工程作为一比一的科学实验，更是保障工程安全的最后一道防线。

信息化施工是保证基坑开挖顺利进行的有力手段，应贯彻施工始终。为此，必须十分重视现场实测和预测研究，赵锡宏教授认为，监测是信息化施工的依据；预测是信息化施工的指导；经验与判断是信息化施工的决策；信息化施工过程中的丰富数据是理论发展的依据。

4. 计算方法和设计软件

基坑设计离不开计算，具体计算离不开软件，软件已是工程师手中的有力工具。现在有很多计算方法和软件可供选择。设计时最好采用多种计算方法和多种软件，以便比较。启明星软件可根据监测数据进行预测、检验和修正，超前提供数据，特别适用于信息化施工。

但是，软件只是一件有力的工具，要靠人驾驶和干预，进行综合分析，才能发挥作用，取得效果。基坑地质条件复杂多变，支护结构多种多样，计算条件的不确定性、模糊性和信息不完善性非常突出，实测值与计算值之间的差异是不可避免的。因而设计者要有综合判断能力，要有丰富的实践经验和高超的设计水平，单纯依靠软件是不够的。龚晓南指出（《基坑工程实例2》的前言，中国建筑工业出版社，2008》）：“基坑围护设计离开软件不行，但只依靠软件进行设计也不行”。土木工程发展到今天，总应该用电算取代繁琐的手工计算。但是，现在商业软件很多，不同软件计算结果有时差别很大，设计者将软件作为“黑箱”操作是不可取的。基坑工程个性很强，影响因素很复杂，计算软件都做了简化和假设，不可能全面反映各种情况。岩土工程的许多分析方法来自工程经验的积累和案例分析，而不是来自精确的理论推导。因此，更需要工程师具有随机应对的能力和智慧，岩土工程不仅蕴涵着科学性，还能体现出很强的艺术魅力。

岩土工程典型案例述评14

国家大剧院基坑工程的概念设计①

核心提示

本案例体型巨大，水文地质条件复杂，大面积基坑深度为26.0m，坑中坑深度达32.5m，周边环境极为敏感。设计突破了传统模式，将基坑支护与地下水控制密切结合，在多方案比选的基础上，采用技术最可靠、经济最合理、对环境影响最小方案，取得预期效果，其概念设计值得岩土工程师学习。

① 本案例根据余波《国家大剧院深基坑工程设计与施工技术》（2004海峡两岸地工技术/岩土工程交流研讨会）及相关资料编写。

案例概述

1. 工程概况

国家大剧院工程位于北京市中心，人民大会堂的西侧，北邻长安街，西为石碑胡同和兵部洼胡同，南有民房。为一多功能特大型公共建筑，由椭圆穹形结构的主体建筑（202区）及其南北两侧（201区、203区）的地下通道、地下车库及其他附属配套设施组成。占地面积约12公顷，总建筑面积约19万m^2。主体建筑202区东西长228.28m，南北长158.58m，占地面积25 500m^2，壳体为超大型空间钢结构，重约80 000kN，钛板和玻璃幕屋面面积36 576m^2，各种通道和入口均设在地下。室内设计地坪标高±0.00为44.75m，室外自然地坪标高为46.00m。体量之大，建筑标准之高，施工之难，均为国内外罕见。

本工程基坑深度变化多端。主体202区深度大部分为26.0m，歌剧院台仓为32.5m，戏剧院台仓为29.1m，音乐厅台仓为27.0m；而201区和203区基坑深度较浅，一般为13～18m，最浅仅7m多。基坑开挖深度平面分布见图14-1。

2. 工程地质条件

本工程位于永定河冲积扇中部，地层为黏性土、粉土与砂、卵石交互层，存在多个沉积轮回，成层性良好。形成③层、⑤层、⑦层和⑨层为卵石含水层；②层、④层、⑥层和⑧层为粉土、黏性土的相对隔水层。地面下约12m深度范围内主要为人工填土和新近沉积土，土质和厚度变化较大，工程性质较差。

由于含水层和隔水层交互成层，场地在92m深度范围内有多层地下水，依次为上层滞水、层间潜水和第一层承压水、第二层承压水和第三层承压水。

根据勘察报告和现场水位观测，上层滞水由大气降水和管道漏水补给，无统一水位，基坑施工时已基本蒸发，仅有局部残留水；潜水水位深度约30m，标高为-16m左右（以绝对标高46.0m为±0.00，下同）；第一层承压水的水头深度为26.6～29.8m，标高为-17.0m左右；第二层承压水和第三层承压水的水头标高与第一层承压水接近。上层滞水一般6月～9月水位较高，其他月份相对较低，年变幅为1～3m；层间潜水水位年变化幅度为1m左右；承压水5月～7月水位较低，11月至下一年3月水位较高；近3～5年水位年变化幅度为2～3m。

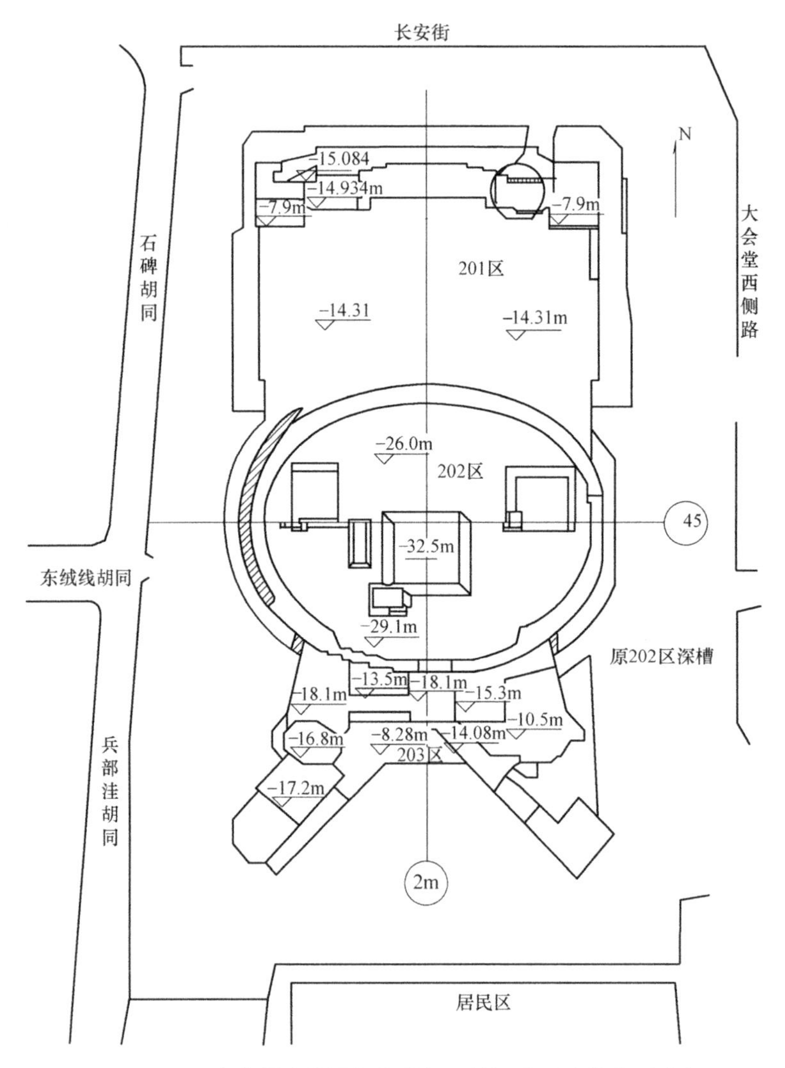

图14-1　国家大剧院总平面和基坑开挖深度图（编者删改）

3. 总体设计方案比选

本工程基坑设计首先要注意的是周边环境极为敏感，要求极高，在基坑开挖和控制地下水过程中，必须确保人民大会堂、民房、市政管线安全无恙。同时，根据本工程的设计埋深和水文地质条件，基坑支护和地下水控制必须同时考虑，进行一体化设计，在满足安全、有效、经济、环保的前提下，使整体方案最优。即无论采取何种隔水、降水措施，无论采取何种支护结构，均应严格控制围护结构的变形，使周边既有工程基本不受影响；应尽量降低施工难度，具有可操作性；要经济合理，满足工程投资的控制要求；施工工艺应满足环保要求，有利于保护地下水资源，防止对地下水的污染。

按有关规范规定，基坑工程的安全等级为一级。

根据上述原则，基坑总体设计有以下三种方案可供选择：

（方案一）不降低地下水位，地下连续墙+锚杆支护

该方案在不降低地下水位的前提下，分别对202区大面积26m深的基坑、歌剧院台仓32.5m深的基坑，设置地下连续墙+锚杆支护，并对基坑内的滞留水进行疏干。即充分利用地下连续墙的支挡和隔水作用，达到坑壁稳定、控制变形、控制地下水的目的。曾考虑两个结构计算模型：一是800mm厚的地下连续墙+4道预应力锚杆；二是1000mm厚的地下连续墙+3道预应力锚杆。

对大面积26m深的基坑初步估算表明：按计算模型一，最大弯矩为-805kN·m/m；4道锚杆的轴向极限拉拔力应分别达到754kN、910kN、1500kN、2060kN。第4道锚杆的极限抗拔力在2000kN以上，设置深度为20.5m，且从头到尾完全处在承压水头以下，施工作业难度很大。按计算模型二，最大弯矩达1700kN·m/m，3道锚杆的轴向极限拉拔力分别为895kN、1180kN、2200kN。连续墙的弯矩和第3道锚杆的轴向拉拔力均很大，墙体厚度不能满足要求，锚杆抗拔力也难以满足。

因此，该方案技术难度大，费用也高。

（方案二）降低地下水位，分级桩锚支护

该方案不做任何隔水措施，而在基坑内外布置降水井点，将各层地下水降至能正常开挖，并保证坑底稳定的标高。即疏干上层滞水、层间潜水，将第一、二层承压水头降至-33m以下，将第三层承压水头降至-26.0m以下，再分3级施作桩锚支护结构。自上而下分别为：ϕ600护坡桩+两道预应力锚杆，ϕ600护坡桩+两道预应力锚杆，ϕ600护坡桩+一道预应力锚杆。

经初步估算，桩锚支护结构均能满足常规设计和施工要求，但基坑降水涌水量达20万～30万m^3/d，降水影响半径达1000m以上，引起的固结沉降达10mm左右。虽然支护工程量较小，费用较低，但对周边环境将产生严重影响，且大量浪费地下水资源，综合考虑不可取。

（方案三）降水与隔水结合，护坡桩与连续墙结合

该方案分三步实施：第一步在大面积基坑（-26m）的外围有一圈标高为-12.5m的消防通道，地下水主要为上层滞水，用抽、渗井排除后，采用护坡桩+锚杆支护；第二步是消防通道基底至标高-26m、-28.5m、-29.1m的基坑，该深度段地下水为层间潜水和第一层承压水，采用地下连续墙+锚杆支护，利用地下连续墙的隔水性能将地下水挡在坑壁外侧，基坑内设置疏干井；第三步是歌剧院台仓，基底标高-32.5m，比202区大面积基底标高-26.0m深6.5m，如何解决挡水、挡土和抗渗流稳定需做专门分析，将在下一节介绍。

该方案充分考虑了本工程基坑开挖深度和水文地质条件的特点，能够满足基坑稳定和变形要求，对周边环境影响不大，技术难度较低，经济上也比较合理，经多次专家会议论证，决定采用该总体方案，见图14-2。

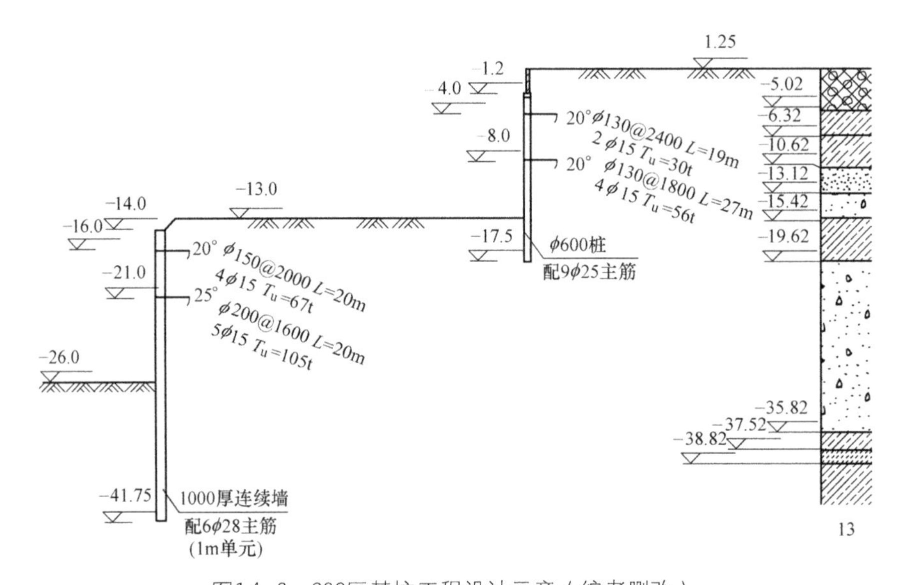

图14-2　202区基坑工程设计示意（编者删改）

4. 歌剧院台仓基坑设计方

歌剧院台仓基坑是个坑中坑，坑深6.5m，坑底标高-32.5m。由于相对隔水层较薄，下为压力较高的承压水，故除了需要解决挡水、挡土外，还要解决抗渗透破坏问题。曾考虑过多种解决方案：

一是采用地下连续墙，墙底进入第⑧层相对隔水层一定深度，墙底标高为-57.0m，即连续墙的高度为11.0m，墙身穿过第⑦层卵石层，该层卵石密实，粒径很大，施工难度相当大，施工费用也比较高。

二是采用高压旋喷，将台仓底部相对隔水层的厚度增大，从而平衡来自第二承压水的水压力，使台仓基底稳定。经初步测算，需将第⑦层卵石层旋喷胶结的厚度约4m，理论上可行，但实施起来相当困难。旋喷注浆管难以打入大粒径的卵石，高承压水中注浆又不易形成凝固体，浆液损失将相当严重，质量很难控制，且造价很高。

三是采用旋喷隔水帷幕+基底抗拔桩，抗拔桩进入第⑦层卵石层约4m，从而平衡来自第二层承压水的压力，使台仓基底稳定，并要求隔水帷幕与抗拔桩能共同组成一个整体。但实际施工中很难保证两者的结合效果，抗压效果难以预测。

四是采用冻结基坑壁+坑壁喷混凝土支护，冻结厚度约2.0m，进入第⑧层相对隔水层一定深度，底端标高为-57.0m，冻结高度为11.0m。冻结内壁喷射混凝土厚约300mm，逆作施工并适当施以对撑。该方案利于保护地下水资源，效果可能较好，但施工工期长，耗电量大，造价高。

五是采用减压井降低基坑底下承压水的水头+薄壁连续墙，即在台仓基坑周围施作4个减压井，将第二承压水的水头标高降低至不致发生渗流破坏的水头标高，同时在台仓周围施做隔离第一层承压水的帷幕墙，以确保大面积基坑（坑底标高-26.0m）的稳定。由于坑深仅6.5m，土水侧压力不大，主要作用是隔水，故厚度可减薄为300mm，坑内加角部斜撑，用连续墙成槽的设备施工，槽内灌素混凝土。权衡利弊，该方案最优。见图14-3。

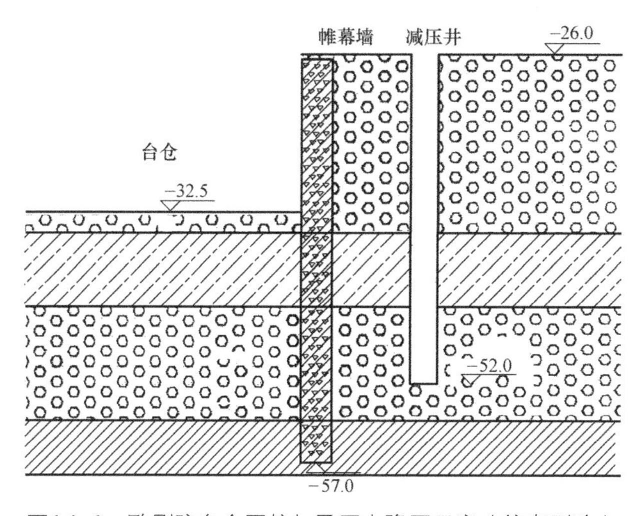

图14-3　歌剧院台仓围护与承压水降压示意（编者删改）

5. 实施与监测

通过对可选方案的深入分析和综合评价，确定本工程基坑采用降水与隔水结合、分步支护的方案，即第一步在消防通道标高为-13.58m处用护坡桩+锚杆支护，坑外抽渗井降排水；第二步在202区大面积基坑（标高-26m）范围内采用地下连续墙+锚杆支护，根据具体条件设置2～3道锚杆，基坑内设疏干井，基坑外设水位观测井；第三步在歌剧院基坑范围内（标高-32.5m），采用薄壁地下连续墙+角部斜撑围护，基坑内设置疏干井，基坑外设置减压井。

大粒径密实卵石层是地下连续墙施工十分难啃的骨头，本工程总结出“两钻一抓”的施工工艺，即采用旋挖钻机预钻孔后，再用宝峨BS650型抓斗机成槽，并采用新的配比泥浆，解决了高承压水和密实巨厚卵石层施工的难题。

高承压水卵石层中锚杆成孔与注浆施工难度也很大，采用功率超过79kW的锚杆钻机，配合高压水旋转喷射切削土体，有效解决了卵石层成孔难题。在锚束底端用充浆布袋封堵承压水；采用二次连续中压注浆代替常规高压注浆，保证了高承压水头卵石层中的顺利施工；并用增大射水压力和射水时间，使锚杆杆体形成糖葫芦形状，大大提高了锚杆的极限抗拔力。

监测结果表明：护坡桩和桩侧土体水平位移，除S79号因局部流砂导致最大测值达37.89mm外，其余均未超过23mm，结构出地面时最大水平位移为4.62～22.98mm。地下连续墙在主体结构超过标高-17m时，最大水平位移为4.64～10.87mm。

至主体结构出地面时，护坡桩锚杆轴力为149～282kN，仅为锁定值的39.4%～77.6%。地下连续墙锚杆轴力2001年4月最后一次测试时为400～600kN，平均为504kN，多数锚杆轴力略超过或接近锁定后的当日测值，但均小于设计锁定值。

坑外周边地面沉降西侧较东侧大，西侧最大沉降为15.4mm，东侧最大沉降不超过9mm，地下连续墙施工对周边地面影响不大，最终竖向位移为-6.4～2.5mm。护坡桩桩顶沉降变化较小，变化幅度在-4～4mm之间。地下连续墙墙顶均向上位移，累积上抬量最大值为18.30mm，最小值为7.78mm。没有观测到任何周围建筑物的沉降。

评议与讨论

由于本工程体型巨大，坑底标高变化多端，采用的基坑支护和地下水控制措施多种多样，故本案例对工程的设计和施工未做全面介绍，仅对主体建筑地段（202区）的情况做了概要说明。经多方案比选，采用了安全稳妥、对环境影响较小、技术适用可行、最为经济合理的设计方案，即分三步作业，降排水与隔水结合，护坡桩、地下连续墙、预应力锚杆等多种形式支护，突破了传统基坑支护和地下水控制的模式，更新了基坑工程的传统观念。在满足基坑功能要求和环境要求的前提下，有效地降低了施工技术难度，使工程造价趋于合理。从监测结果看，支护结构安全稳定，基坑周围地面变形很小，达到了设计的预期目标。由于仅在坑中坑周边设置降压井，范围小，抽水量不大，故对地下水资源和环境的影响都很小。

每个基坑都有自己的特点，影响设计有多种因素，包括基坑深度、工程地质和水文地质条件、周边环境等，岩土工程师要善于分析这些因素，抓住主要矛盾，寻找解决问题的最佳方案，做好概念设计。概念设计做好了，问题就解决了一大半。本工程设计者抓住了场地多层地下水这个主要矛盾，以解决好地下水问题为抓手，将控制地下水的设计与坑壁支护设计密切结合。

解决好地下水问题是本工程成败的关键，这是由于主体基坑面积大，深度大，局部坑中坑的深度更大，而多层强透水的卵石层，不仅抽降地下水时涌水量很大，影响很远，而且在密实粗粒卵石中地下连续墙很难施工，局部坑中坑还有坑底突涌的隐患。为了避免抽降地下水浪费资源，造成重大环境影响，确保人民大会堂及周边其他工程的安全，采用隔水而非降水是必然的选择。歌剧院台仓的坑中坑，面积小，深度也不大（6.5m），但存在坑底承压水突涌隐患，故单独设计，采用薄壁地下连续墙，用降压井解决突涌问题，施工简易，安全可靠。地下水问题一解决，支护结构问题就迎刃而解。潜水位以上部分用护坡桩+预应力锚杆；大面积主体建筑部分用地下连续墙围护，根据不同地段的基坑深度设置2～3道预应力锚杆锚固；歌剧院台仓的坑中坑面积不大，用内壁斜撑很容易解决了问题。

本案例概念设计的思想方法值得广大岩土工程师借鉴。

北京郊区某工程的基坑渗透破坏[1]

核心提示

本案例介绍了北京郊区某工程因控制地下水失误而导致基坑渗透破坏，又因不认识渗透破坏而不知如何处置基坑稳定和地基基础设计。本案例对岩土工程师认识渗透破坏，诊断病害很有意义。

① 本案例根据编者笔记编写。

案例概述

1. 工程概况

本案例位于北京市西南郊区，地层上部为第四系粉土和黏性土，厚度约12m；下部为巨厚的新近系长辛店砾石层，按岩土工程分类为卵石，半胶结。地下水位约为地面以下2m。

基坑长76m，宽38m，深9.1m，放坡开挖，中部有电梯井坑中坑。拟采用天然地基，以第四系粉土和粉质黏土为持力层。上部结构和荷载情况不详。

地下水控制采用降水与回灌相结合。在基坑周边布置了36个降水井，井深约12m，到达长辛店砾石层顶面。回灌井布置在降水井的外围，深度与降水井相同。降水井和回灌井未进入长辛店砾石层的原因是该地层中钻进困难。

基坑挖至深度7m后，再挖一铲时发现地下水，水位深度为8.1m，水量较大。负责降水的单位认为是承压水，上覆粉土和粉质黏土的竖向渗透系数远远大于水平渗透系数，估计渗透系数为2m/d。认为无法继续采用降水疏干基坑，乃在基坑内侧周边强行挖至深度9.4m（深于基坑设计标高300mm），用碎石回填做成盲沟，将水引至集水坑内抽出坑外。

采取上述措施后继续开挖，发现深度接近设计标高时有明显的冒水现象，形似无数“泉眼”；盲沟顶部覆盖土上有“橡皮土”现象，脚踩时有明显感觉；开挖较浅，砾石层上覆盖的粉土和黏性土较厚处情况正常。地下水控制的布置见图15-1。

根据设计单位要求，在基坑内进行4处载荷试验，实际做了2处。承压板面积为2m^2，要求承载力特征值为250kPa。试验实际结果为：1号试验点极限承载力为350kPa，承载力特征值为175kPa；2号试验点不正常，加载很小即大量沉降，未能完成。

由于地基土严重扰动，设计单位最终放弃天然地基，采用桩基础。

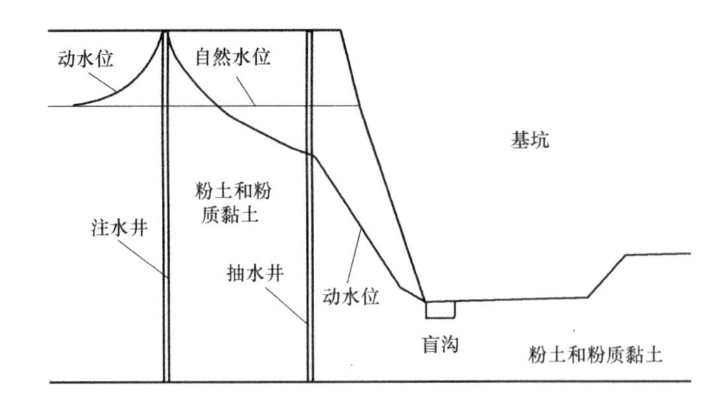

图15-1 基坑地下水控制示意图

2. 问题分析

(1)关于渗透破坏

无论外在表现还是内在机制，本案例基坑事故是渗透破坏都十分明显。外在表现是，基坑坑底像无数泉眼冒水，土体已处于失重状态，说明渗透破坏相当严重。由于土体为颗粒细而均匀的粉土和粉质黏土而不是颗粒不均的粗粒土，是全面破坏而不是管状破坏，故很容易判定为流土而不是管涌。流土常见于颗粒均匀的粉细砂中，隆起和土粒流失很明显。两处载荷试验点的结果不同可能与所在位置有关，开挖较深处土体已经破坏，开挖较浅处渗透破坏还未发生。内在机制是地下水渗透的水力梯度（坡降），按勘察资料，基坑底面至长辛店砾石层表面的距离约为3m，而两者之间的水头差约为10m，水力梯度超过3，由于地下水控制措施未能奏效，具备了发生渗透破坏的条件。渗透破坏造成地基土严重扰动，不能采用天然地基是肯定的。

负责基坑降水的单位判断为竖向渗透系数远远大于水平渗透系数，估计渗透系数为2m/d，显然没有根据。竖向渗透系数远大于水平渗透系数的有黄土，这里是一般的粉土和粉质黏土，冲洪积形成，竖向渗透系数一般小于水平渗透系数，粉土和粉质黏土的渗透系数也根本不可能达到2m/d。概念判断的失误使当事人迷失了方向。

(2)关于地下水控制

上部粉土和粉质黏土与下部长辛店砾石层之间并无明显的隔水层，勘察资料也未提供分层水位数据，第四系和长辛店砾石层中的地下水互相连通，上下水位一致，均为深度2m。基坑开挖深度为9.1m，井中水位至少应降至10m以下。但实际上，降水井的深度仅12m，刚刚到达长辛店砾石层顶面，深于基坑底面不到3m，外围还有深度与降水井相同的回灌井。这样的布置不可能将坑内水位降至基坑面以下，道理很简单：主要含水层为渗透系数大、厚度大的长辛店砾石层，而降水井全深度均在透水性很弱的粉土和粉质黏土中，抽水时砾石层中的水只能从井底进入，对含水层的影响很小，不可能有效降低砾石层中的水头，故在开挖至8m左右遇水，不能继续施工。在这样的情况下，当事人采取了很简便似乎很“聪明”的办法，盲沟排水。大概以为，只要将基坑周边的水排走，基坑就可以施工，但事与愿违。根本原因在于当事人不了解，基坑周边设置盲沟排水对上层滞水和降深不大的潜水，在一定条件下是有效的，但本案例含水层的水头高出坑底达7.1m，且为强透水层，用盲沟将水头降至设定标高是不可能的，以致地基土发生了渗透破坏，不能再做天然地基。

根据本案例的地质条件和基坑开挖深度，岩土工程师必须验算坑底的渗透稳定，采用降压井将长辛店砾石层中地下水的水头降至安全高度以下。

评议与讨论

本案例根据编者笔记编写，故具体数据不详，但基本概念是清楚的。有关渗透破坏的基本概念详见附录。

渗透破坏或称渗透变形，是岩土工程重要的基本概念，当事人大概也是知道的，但在本案例现场却未能识别。可见对岩土工程师来说，仅仅熟读书本是不够的。岩土工程实践性非常强，主要概念都是在现场观察、现场经验、现场实践的基础上，总结提高，上升为理论。优秀的岩土工程师肯定有长期的大量的现场工程经验积累，现场经验又进一步深化对理论的认识，往复循环而不断提高。

“知道”概念不等于“理解”概念，“知道”还停留在概念的浅表层面上，“理解”才深入到概念的本质。由于深入程度的不同，“理解”的程度也有很大不同。概念必须经过实践和理论的反复思辨，从不同表象、不同侧面、不同角度反复认识，才能得到深刻的认知。理论要和实践结合，实践经验要提高到理论层面上去总结。有人说，有的人“悟性”好，有的人“悟性”差，岩土工程确有悟性，编者觉得除了天赋不同外，主要还是理解程度各人有很大差别。

本案例的降水方案能否取得成功？理论素养较好、工程经验较多的岩土工程师肯定能作出明确的判断。对本案例深入讨论需进行流网分析，因有降水井、回灌井、盲沟等，情况比较复杂，又缺乏地层渗透性的具体数据，流网分析不便进行。但定性的概念分析也可得到明确的结论：

（1）长辛店砾石层巨厚，渗透系数大，比上部粉土、粉质黏土的渗透性大至少2～3个数量级，而降水井深度仅达砾石层顶面，抽取砾石层中的水量很少，对降低含水层的水头不会有明显的作用；

（2）降水井井深仅12m，外围还有回灌井（与降水井的距离不详），抽水时不可能将井水位降至基坑底面以下（井水位实际数据不详）；

（3）盲沟构筑在上部的粉土和粉质黏土（渗透系数很小）中，盲沟顶面深度与基坑底面齐平，平面布置虽然呈封闭状，但有效影响宽度有限，不可能降低基坑中部的水头；

（4）如此布置的降水措施，长辛店砾石层中的水头除在降水井底部和靠近盲沟的局部稍有改变外，不会有大的变化，基坑内的水头不会有显著降低，更不可能降至基坑底面以下；

（5）长辛店砾石层中的水头未能有效降低的情况下，开挖基坑产生渗透破坏是必然的结果。

岩土工程师根据工程要求和地质条件采取技术措施，就像医生根据病情开治疗处方。医生开方前首先要准确诊断，开方时需预测病人服药后会有何种功效，何种反应，并继续观察，不断作出调整。岩土工程措施也应有明确的针对性，并预测实施后会产生何种效果。如果没有把握，则应进行监测，根据监测数据调整措施。可惜本案例当事人采取的措施未能针对现场具体地质条件，又没有对降水、回灌、盲沟等措施进行分析和预测，更没有进行必要的水位监测，以致产生渗透破坏的严重事故。

岩土工程典型案例述评16

杭州地铁湘湖路站基坑事故[1]

核心提示

本案例是一项严重的基坑工程责任事故。发生的技术原因主要是违规施工，冒险作业，严重超挖；支撑系统存在严重缺陷；施工监测失效。在计算参数选用、稳定分析、支护体系设计等方面也存在不少值得注意的问题，其惨痛教训值得汲取。

① 本案例根据编者掌握的资料、《张旷成文集》中相关文献及有关专家评论编写。

案例概述

1. 工程及事故概况

杭州地铁1号线湘湖路站，位于风情大道与乐园路交叉口，沿风情大道呈南北走向，总长934.5m，标准段总宽20.5m。事故发生的2号基坑长107.8m，宽约21m，基坑深度约16m。左线及右线大里程端均为盾构区间，站端设置盾构始发井和接收井。坑壁支护采用地下连续墙，并作为永久性结构的一部分，墙厚为800mm，墙深约33 m，嵌入基坑底面以下17.3m。采用4道钢支撑。支撑水平间距3m，中有桩基础的立柱。支护结构示意图见图16-1。

基坑设计地面沉降控制在小于0.2%的坑深，围护结构最大水平位移小于0.3%的坑深，且小于50mm。地下墙混凝土强度等级为水下C30，充盈系数为1.05～1.10。设计要求开挖应分层分段进行，每段长度为15～20m。挖至支撑面标高以下0.5m时必须停止开挖，架设支撑，不得超挖。地面堆载不得大于20kPa，端头不得大于30kPa。并对地下连续墙和灌注桩的施工、钢支撑的预加应力等要求做了规定。

2008年11月15日下午3点15分，已挖到基坑设计标高，正在进行底板和内衬墙作业。西侧风情大道突然塌陷，深达5～6m，数十辆车陷入，幸正值红灯停车，未发生重大交通事故。西侧连续墙断裂，支撑管散落，约8000m^3土涌入坑内，坑底升高，坑深仅剩9m，河水灌入。东侧连续墙未破坏，但向内侧位移最大达2m，两墙最近处只剩3.4 m 。造成死亡21人，重伤1人，轻伤3人，直接经济损失4962万余元。是历年基坑工程最重大的事故。8人判刑，11人受党纪政纪处分。

2. 工程地质条件

表16-1为本工程勘察报告提供的地层、土的物理性指标及静力触探锥尖阻力的平均值数据。事故发生后，浙江大学、上海勘察院等单位进行了核查，结果稍有出入。

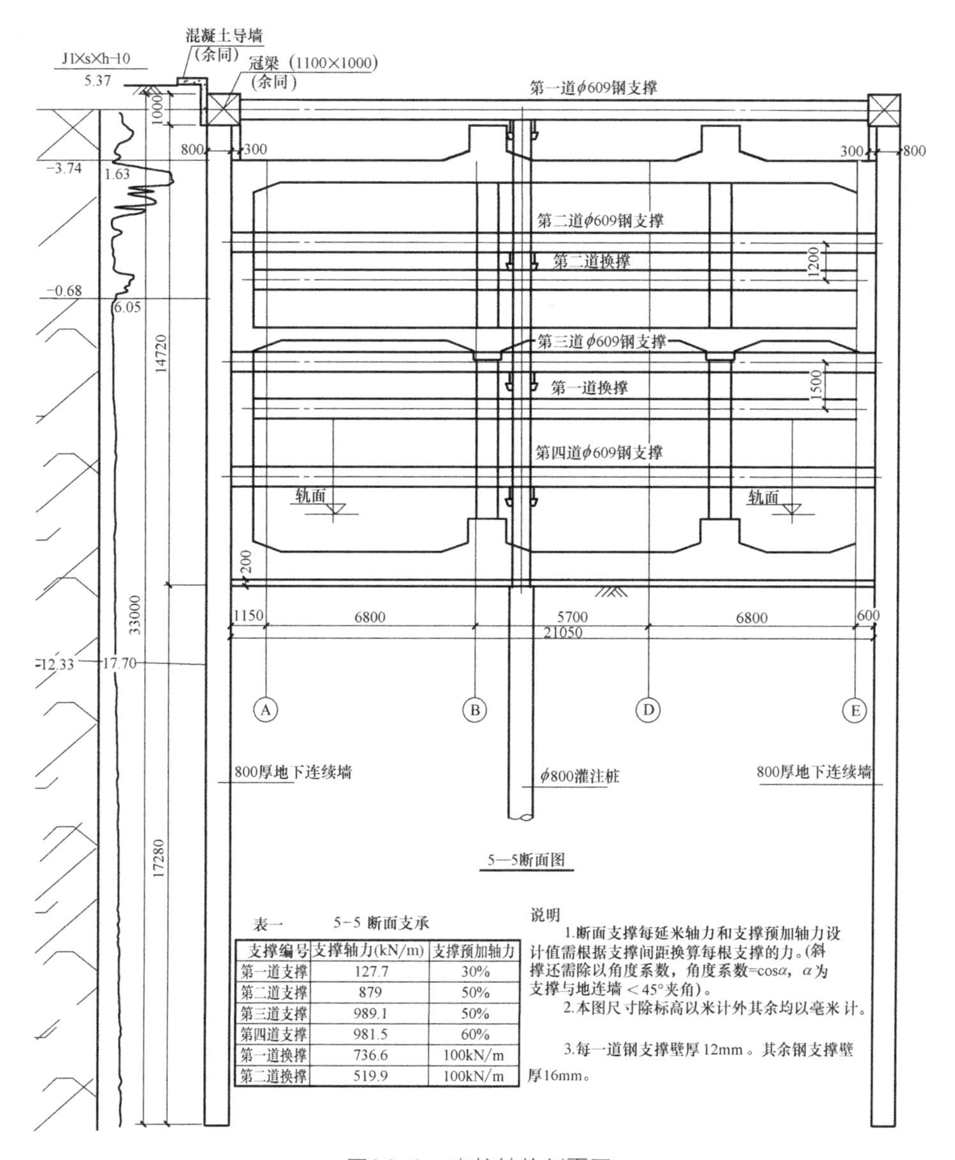

图16-1 支护结构剖面图

地层及土的物理性指标、静力触探锥尖阻力平均值 **表16-1**

层号	土名	成因	一般厚度(m)	颜色	状态	含水量(%)	孔隙比	液性指数	锥尖阻力(MPa)
②$_2$	黏质粉土	冲积相	4	灰黄	可塑	31	0.87		2.49
④$_2$	淤泥质黏土	海湾相	16	灰	流塑	50	1.42	1.34	0.54
⑥$_1$	淤泥质粉质黏土	溺谷相	17	灰	流塑	46	1.33	1.49	0.77
⑥$_2$	粉质黏土	湖相	9	灰黄	软塑	35	0.98	0.97	1.20

由表16-1可知，主要地层为④$_2$淤泥质黏土（第一软土层）和⑥$_1$淤泥质粉质黏土（第二软土层），土质软弱。

勘察报告建议土的强度参数见表16-2。

土的强度指标 **表16-2**

层号	直剪快剪		直剪固快		无侧限强度q_u (kPa)	三轴UU		三轴CU		三轴$\overline{CU}$	
	c_q (kPa)	φ_q (°)	c_{cq} (kPa)	φ_{cq} (°)		c_{cq} (kPa)	φ_{cq} (°)	c_{cu} (kPa)	φ_{cu} (°)	c' (kPa)	φ' (°)
②$_1$	11.6	16.8	16.2	18.1							
②$_2$	7.6	26.9	10.2	31.8							
④$_2$	8.5	6.7	15.3	13.0	20.3	8.3	0.2	18.3	4.7	16.0	4.5
⑥$_1$	7.2	8.5	13.5	13.6	24.1	10.1	0.3	17.3	12.6	20.3	16.7
⑧$_2$	7.3	8.1	14.4	16.5		8.6	0.6	19.0	15.1	24.0	19.9

表16-2中土的强度数据引自《张旷成文集》（中国建筑工业出版社，2013年9月），张旷成对表中强度参数的评论见下文。表中④$_2$层的固结不排水试验结果有效应力指标反常，李广信提供浙江地矿勘察院2007年7月的相关数据见表16-3。

深基坑围护参数表 **表16-3**

层号	直剪快剪		固结快剪		无侧限强度 q_u (kPa)	三轴UU试验		三轴CU试验			
	c_q (kPa)	φ_q (°)	c_c (kPa)	φ_c (°)		c_{uu} (kPa)	φ_{uu} (°)	c_{cu} (kPa)	φ_{cu} (°)	c' (kPa)	φ' (°)
②$_1$	11.6	16.8	16.2	18.1							
②$_2$	7.6	26.9	10.2	31.8							
④$_2$	8.1	6.1	15.8	11.9	25.34	11.0	0.2	17.1	9.7	19.0	12.6
⑥$_1$	7.1	8.3	13.8	13.6	24.06	9.0	0.4	17.8	13.2	21.3	17.5
⑧$_2$	7.3	8.1	14.0	18.2		8.0	0.6	19.0	15.1	24.0	19.9

3. 事故直接原因

事故发生后，对事故原因曾有不同说法：第一种认为，地下连续墙插入深度不够，墙根在淤泥质土中，土质太软，坑内外压力不平衡时，地下连续墙底部内移，坑底隆起，风情大道塌陷，属于“踢脚”破坏，设计失误；第二种认为，插入深度1：1.06足够，施工时第4道支撑缺失，大大增加了第三道支撑的压力，压曲失稳，地下连续墙断裂，土体涌入，是不按设计图纸要求施工引发。

经浙江省政府批准，由浙江省安全生产监督管理局牵头成立了事故调查组，对事故原因进行了调查。2009年3月15日在杭州召开了评审会，对事故原因进行了分析和评审。2010年2月10日由浙江省安全生产监督管理局和浙江省监察局联合发布了《关于杭州地铁湘湖路站“11.15”坍塌重大事故调查处理结果的通报》，指出：“直接原因是施工单位（中铁四局集团第六工程有限公司）违规施工、冒险作业、基坑严重超挖；支撑系统存在严重缺陷且钢管支撑架设不及时；垫层未及时浇筑”；“监测单位（安徽中铁四局设计研究院以浙江大合建设工程检测有限公司名义，实为挂靠）施工监测失效，施工单位没有采取有效补救措施”。

由《通报》可知，事故的直接原因从技术角度可以归纳为两方面：一是严重超挖。设计文件规定，基坑开挖至支撑设计标高以下0.5m时，必须停止开挖，及时设置支撑，不得超挖。但实际开挖时，在尚未设置最后一道支撑时，有的地段已挖至基坑底，支撑架设和浇筑垫层不及时；二是支撑体系存在严重缺陷。当地下连续墙发生较大位移时，支撑轴力过大，严重偏心，导致支撑系统失稳，基坑整体迅速坍塌，来不及撤走施工人员，造成重大伤亡。

施工过程中风情大道曾出现严重裂缝，多次修补，而监测位移数据仅为20mm，明显造假，监测缺失使安全失去了最后屏障。

4. 事故原因分析

（1）关于施工超挖

施工超挖是本案例事故的直接原因，这是显而易见的。据计算，第4道支撑缺失使第3道支撑的轴力、地下连续墙的剪力和弯矩，均增加至原设计的1.5～1.6倍。有人判断西侧连续墙断成三截，上部断点在第二道支撑附近，下部断点在墙顶下20m左右。即使地下连续墙没有断裂，墙体也必然产生较大的水平位移和沉降，导致整体性、稳定性很差的内支撑失稳，进而使基坑整体坍塌。

（2）关于计算参数

张旷成在《杭州地铁湘湖路站08.11.15基坑坍塌事故分析》（张旷成文集，中国建筑工业出版社，下同）指出：“基坑围护设计力学参数选用偏高，降低了基坑体系的安全储备。例如$④_2$层直剪固快试验标准值黏聚力为14.8kPa，内摩擦角为10.8°，而勘察报告的建议值黏聚力为15.3kPa，内摩擦角为13.0°，均高于标准值，其中建议的内摩擦角比平均值11.6°还高；$⑥_1$层试验标准值黏聚力为11.9kPa，内摩擦角为11.7°，但报告建议值黏聚力为

13.5kPa，内摩擦角为13.6°”。编者不知建议者出于何种考虑，从土的物性指标和静探锥尖阻力看，这两层土都很软弱，含水量④$_2$层为50%，⑥$_1$层为46%，锥尖阻力④$_2$层为0.54MPa，⑥$_1$层为0.77MPa；从三轴试验结果看，强度指标很低，固结不排水剪内摩擦角④$_2$层仅为4.7°，⑥$_1$层为12.6°，为什么建议值比标准值不仅不降低取值，反而提高？

（3）关于抗隆起和抗踢脚稳定

张旷成按国家标准《建筑地基基础设计规范》GB 50007-2002、上海市地方标准《基坑工程设计规范》DBJ 08-61-97、深圳市地方标准《基坑支护技术规程》，用不同的抗剪强度指标，对坑底隆起进行验算，发现无论采用哪本规范，无论采用哪种强度参数，安全系数均不能满足规范要求。对抗踢脚稳定进行了验算，安全系数仅1.12，也不满足1.3的要求。

退一步讲，即使没有施工超挖，基坑稳定的安全性也是不够的；即使没有发生隆起破坏或踢脚破坏，由于地下连续墙悬在淤泥质土中，墙体也会产生大幅度向内侧位移，产生较大的沉降（实测为316mm），从而使整体性很差的内支撑失稳，导致基坑迅速坍塌。正确的做法应当是或者对地下连续墙内侧土体进行加固；或者增加地下连续墙深度，深入⑥$_1$层下面的硬层。据了解，原设计有基坑内侧采用条形搅拌桩加固的措施，但被取消；现在设计连续墙的深度再增加4m即可进入⑥$_1$层下的相对硬层，可惜未能实施。

（4）关于内支撑的稳定性

本案例内支撑体系的整体刚度很弱，设计文件没有支撑钢管与地下连续墙的连接节点详图和钢管连接点大样；没有钢支撑与地下连续墙预埋件的焊接要求。施工时实际上没有焊接，节点约束很差。以致当地下连续墙发生较大位移时，造成支撑轴力过大和严重偏心，导致支撑体系迅速失稳。

评议与讨论

施工超挖和监测缺失两大问题在目前的基坑工程中相当普遍，业主和施工单位图快图省，冒险作业，监测形同虚设，杭州湘湖路站事故的惨痛教训应引以为戒，应加强管理，严防再次发生。下面仅就相关的技术问题进行评议和讨论。

1. 关于土性和计算参数

本工程勘察报告提供的土的灵敏度较低，见表16-4。但事故发生后华东建设工程有限公司的试验数据（2008年12月，李广信提供），场地主要土层的灵敏度相当高，事故后坑内外土受到扰动，灵敏度有所降低，见表16-5。

原状土与重塑土的抗剪强度（kPa）　　表16-4

土层编号	土层名称	原状土抗剪强度	重塑土抗剪强度	灵敏度
②$_2$	黏质粉土	60.6	23.0	2.63
④$_2$	淤泥质黏土	28.6	13.8	2.07
⑥$_1$	淤泥质粉质黏土	34.1	18.4	1.85

不同位置土的无侧限强度（kPa）与灵敏度　　表16-5

地层编号	外围土无侧限强度/灵敏度	坑外扰动区无侧限强度/灵敏度	坑内无侧限强度/灵敏度
④$_2$	47.9/6.6	37.5/4.8	
④$_3$	58.2/3.8	38.4/2.4	
⑥$_1$	51.9/9.1	40.3/6.4	45.0/7.5
⑥$_2$	60.5/11.5	47.5/8.0	54.2/8.0
⑧$_1$	76.0/8.0	61.2/6.8	28.5/3.7

李广信认为：主要土层这么高的灵敏度，西侧为风情大道，白天车水马龙，晚上运土运料，这种扰动已在一个多月前就有了预兆：路面开裂、变形。事故的突发性表明土的结构破坏，强度骤降。

计算参数是设计的依据，其重要性不言而喻。基坑设计土的参数主要是抗剪强度，可是现在有些勘察报告提供的强度参数可靠性很差，尤其是三轴试验成果，自相矛盾者有之，远离经验值更是常见，设计者切勿拿来就用，必须仔细审阅，遇有问题，应与有关单位沟通。强度参数可靠性低的原因：一是勘察市场太乱，鱼龙混杂；二是三轴试验技术要求较高，有些试验人员素质太低；三是三轴试验对样品质量要求高，现在的取样是勘察工作中最薄弱的环节；四是岩土工程师对三轴试验理解不深，经验不足。难怪有的专家说：“试验还不如经验”；“与其用不靠谱的三轴试验数据，不如用简单粗糙的直剪试验数据”。大力提高我国的勘察试验水准，已经成为刻不容缓的当务之急。

李广信在《对与基坑工程有关的一些规范的讨论（1）》（《工程勘察》2013年第9期）一文中提出了一个值得重视的问题：通常勘察报告每层土只提一个不固结不排水剪（简称不排水剪）强度指标的代表值（平均值、标准值或建议值），对于浅基础的地基承载力，涉及土的厚度有限，问题不大；但对于基坑稳定计算，涉及土的厚度大，一个值代表性不够。因为对于厚层土，随着深度的不同，不排水强度是不同的。本案例两层软土的厚度分别达16m和17m，均分别只给一个不排水强度代表值，缺乏代表性。饱和黏性土的不排水强度只有黏聚力，内摩擦角为0，表达的是土的总强度，对于正常固结土，总强度随深度增加而增大，大家熟悉的十字板试验就是不排水强度，同一层土强度随试验深度增加而增大，室内不排水剪试验也是如此。因此，天然状态正常固结土的不排水强度，实质就是不同深度有效自重压力下的固结不排水强度，可用式（16-1）表示：

$$c_{ui}=c_{cu}+\sigma'_{zi}\tan\varphi_{cu} \qquad (16-1)$$

式中，c_{ui}为地面以下第i点的不排水强度；σ'_{zi}为地面以下第i点的有效自重应力。

如果一层土只给一个不排水强度指标的代表值，则浅层土可能偏高，深层土可能偏低。当采用式（16-2）计算基坑隆起时，会得到嵌入越深，安全系数越小的不合理结果。

$$\frac{5.14c_u+\gamma t}{\gamma\ (H+t)+q}\geqslant K_b \qquad (16-2)$$

式中，H为基坑开挖深度；t为支挡结构嵌入深度；q为超载；K_b为安全系数。

2. 关于稳定分析

很多建筑基坑位于城区，周边建筑物和市政管线密集，环境条件复杂，基坑设计十分注意对周边环境的影响，主要是变形控制；施工时也密切注意环境的反应，一旦变形超限，会立即引起警觉，社会监督起了很大作用。按理说失稳可以避免，但仍屡有发生，如珠海的祖国广场、北京的万亨大厦、安贞雅园等。杭州湘湖路站周边环境并不复杂，对变形要求不高，设计、施工、监理都会产生麻痹心理，已经发生了大变形，仍心怀侥幸，冒险作业，以致酿成大祸。“稳定”是基坑工程的一条底线，是万万不能超越的。目前规范规定的抗隆起计算方法、抗踢脚计算方法，都不是理想的，无论计算公式和计算参数，均与实际有一定出入，有时可能有相当大的出入，岩土工程师一定要心中有数。例如：

(1) 欠固结土采用固结不排水剪强度指标，土的实际固结状态与试验方法不一致；

(2) 地面临时超载采用固结不排水剪强度指标，土的实际固结状态与试验方法不一致；

(3) 车辆、施工等动荷载对高灵敏土的损伤；

(4) 降雨、漏水等增加土的自重、降低土的强度；

(5) 墙背地下水向下渗流，墙前地下水向上渗流对土有效压力的不利影响；

(6) 水土合算计算稳定等。

以上都是不利因素，当然也有有利因素，如土的结构强度、非饱和土的基质吸力、基坑平面的三维效应、开挖过程中饱和土松胀产生负孔压、坑外降低地下水位等。由于这些有利因素和不利因素难以定量分析，故稳定分析规定一定的安全系数，而更重要的还是需要岩土工程师正确把握。

现在黏性土的水土压力和稳定计算普遍采用水土合算，有的采用固结不排水强度指标。李广信在《对与基坑工程有关的一些规范的讨论（3）》（《工程勘察》2013年第11期）一文中认为：该法计算饱和黏性土的水土压力是一种经验方法，误差在工程允许范围内；但用于饱和黏性土基坑的稳定分析则是不可行的，也有悖于土力学的基本原理和基本概念。

先分析抗踢脚计算：如采用不排水强度指标，由于饱和黏性土的内摩擦角为0，计算抗滑力矩时，无论用浮重度还是用饱和重度，这部分的抗滑力矩都是0，采用浮重度、饱和重度均可。但如果采用固结不排水强度指标，由于土体是在浮重度下固结而不是在饱和重度下固结，故滑动力矩采用饱和重度，而抗滑力矩必须采用浮重度（图16-2）。

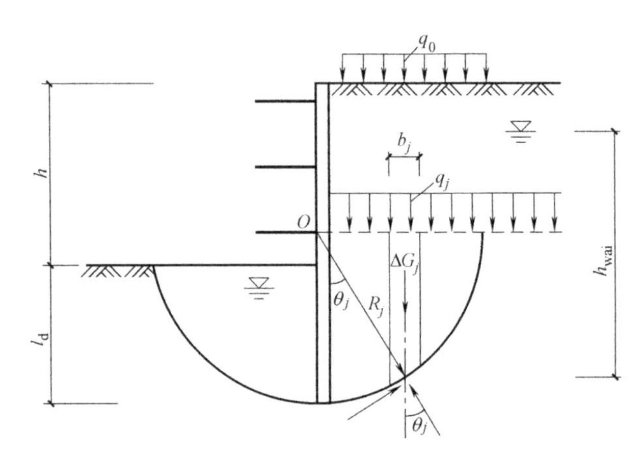

图16-2 抗踢脚计算示意图

再分析坑底隆起（图16-3）：

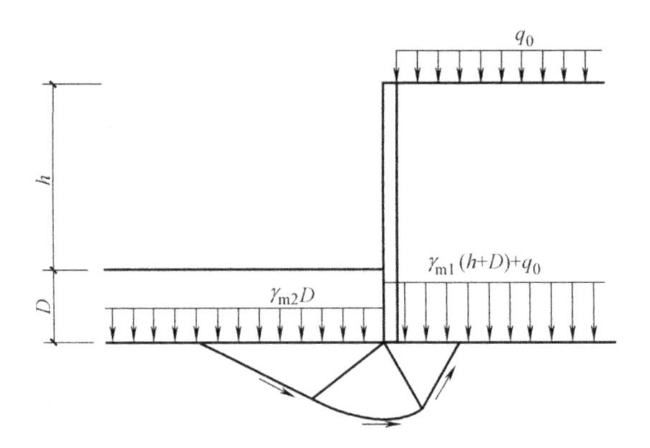

图16-3 抗隆起计算示意图（李广信）

一般采用式（16-3）计算：

$$\frac{\gamma_{m2} D N_q + c N_c}{\gamma_{m1}(h+D)+q_0} \geqslant K_b \tag{16-3}$$

式中，N_q为与深度有关的承载力系数，N_c为与黏聚力有关的承载力系数，其他符号见图16-3。

采用不排水强度指标时，式中的N_q=1.0，N_c魏锡克取5.14，太沙基取5.7。如果用固结不排水强度指标计算，由于N_q远大于1.0，从而扩大了承载力，是不安全的。因此，李广信建议采用式（16-4）计算，即抗力用浮重度，荷载用饱和重度。

$$\frac{\gamma'_{m2} D N_q + c N_c}{\gamma_{m1} h + \gamma'_{m1} D + q_0} \geqslant K_b \tag{16-4}$$

对于本案例，抗踢脚稳定计算时采用饱和重度计算的抗滑力矩比采用浮重度计算的抗滑力矩高2.4倍！这个问题关系重大，岩土工程界应尽快达成共识。

计算模式、计算参数和安全度是岩土工程计算的三要素。计算模式要求概念正确；计算参数要求有良好的代表性和测试的可操作性；安全度（包括分项系数、安全系数、经验修正系数等）则离不开工程经验。三要素互相配套，如果同一计算模式更换了计算参数（如UU不排水剪强度更换为十字板强度、压缩模量更换为变形模量），则安全度也需适当调整。

3. 关于内支撑

地下连续墙加内支撑，是软土地区深基坑开挖常用的支护方式，地下连续墙挡土挡水效果可靠，还可兼作地下室外墙，避免降水带来对邻近环境影响；内支撑传递荷载明确，支撑刚度较大。本案例的严重教训说明，支撑体系的整体性和稳定性问题必须特别关注。

在深厚软土场地上开挖深基坑，如墙体插入深度不足，即使不发生踢脚或隆起，墙体也会产生较大的沉降和水平位移，下部墙体向内侧移动，上部墙体向外侧移动，从而改变水平支撑的轴力。上部支撑轴力减小甚至变成受拉，下部支撑轴力增加，并产生严重偏心，使整体性差、节点约束弱的支撑体系失稳而迅速坍塌。

钢支撑自重轻，安装和拆卸容易，还可重复使用，故常被优先考虑。但钢支撑整体刚度较差，节点较多，如果节点构造不合理，或施工操作不当，容易因节点变形而使支撑变形，造成基坑较大位移。有时甚至因一个节点破坏，引起连锁反应而整体破坏。现浇钢筋混凝土结构自重大，浇筑和拆卸困难，工期较长，又不能重复利用，但适用于各种复杂平面的基坑，支撑刚度大，整体性好，现浇节点不会因松动而变形，比钢支撑更可靠。故有的专家认为，软土地区的深基坑，不宜多道全部采用钢支撑，至少有上部一二道用钢筋混凝土支撑，以加强支撑的整体稳定性。设计钢支撑时，应尽量采用超静定结构，对个别次要构件失效会引起结构整体破坏的部位设置冗余约束。采取有效构造措施，加强节点的约束，以避免遇到意外，发生偶然荷载时突然连续倒塌。

立柱在开挖过程中沉降或隆起，对支撑的稳定影响很大，基础一定要做好，并从严掌握。如果基坑周边土质差别较大，或其他原因使侧土压力存在较大不平衡时，也应予以重视。

岩土工程典型案例述评17

北京安贞雅园地下车库基坑事故[①]

核心提示

本案例基坑虽然不大不深，地质条件也不太复杂，但位于居民小区内，侧旁有燃气管道、自来水管道、电力管道，还有污水管道和化粪池，因采用了难以控制位移的复合土钉墙支护，导致坑壁整体坍塌。

① 本案例根据有关方面提供的资料及编者笔记编写。

案例概述

1. 工程及邻近环境概况

北京安贞雅园二期地下车库工程位于北三环路外，朝阳区安定路12号第三机床厂院的居民小区内，基坑开挖实际深度为13.0m。工程结构类型为框架—剪力墙，筏板基础。建筑面积6858m²。周边情况相当复杂。尤其是基坑西侧，距坑边13m处有两座居民楼和两个化粪池，化粪池与基坑之间为修建化粪池时新回填的土，有污水管道。紧邻坑边有与基坑平行的电缆管道、燃气管道、上下水管道等（图17-1）。

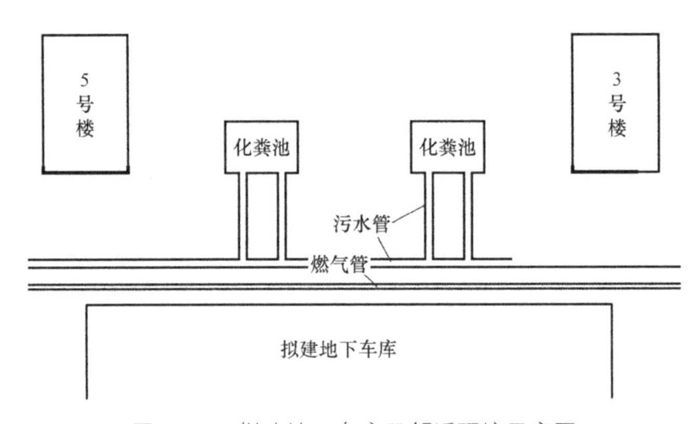

图17-1　拟建地下车库及邻近环境示意图

基坑采用土钉与锚杆组合的复合土钉墙支护，共8道，第1道深度为2.0m，以下竖向间隔均为1.5m。其中第2、3、4、5道为锚杆，配2根直径为16mm的钢筋，第2、3道长度为13m；第4、5道长度为12m。第1、6、7、8道为土钉，土钉钢筋直径为22mm，长度第1道为12m，第6、7、8道分别为10m、9m和8m，见图17-2。

采用管井降低地下水位。

2003年5月10日早晨，西侧边坡整体下滑，切断管道，燃气味充满小区，自来水淹没基坑。幸及时处理，未造成火灾和人员伤亡。

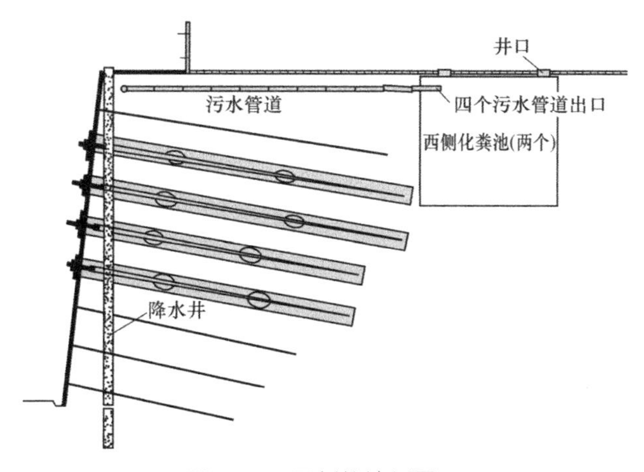

图17-2　西侧护坡剖面图

2. 工程地质条件

场地地面标高约为44.5m。

表层为人工填土，厚度为1.50~4.20m；

标高40.22~42.99m以下为②粉质黏土、重粉质黏土和$②_2$黏质粉土、砂质粉土；

标高37.64~39.72m以下为③粉质黏土和$③_1$砂质粉土、黏质粉土；

标高33.69~35.60m以下为④粉质黏土、重粉质黏土、$④_1$黏质粉土、砂质粉土、$④_2$黏土、重粉质黏土和$④_3$粉质黏土；

标高23.94~25.06m以下为$⑤_1$中砂、细砂和⑤卵石、圆砾；

标高21.48~22.16m以下为⑥卵石、圆砾；⑦粉质黏土、重粉质黏土；$⑦_1$黏质粉土、砂质粉土。

地下水位埋深为1.05~2.40m，标高为42.45~43.34m。

3. 事故经过

2003年春节前，西侧南段长15.0m、深6.5m的土钉墙完成。2003年4月底，西侧南段15m长、北段25m长的土钉墙已到坑底，在施工第二、三排土钉时孔内有少量臭水，边坡无任何异常。

2003年5月6日，5号楼东侧污水井向上涌水，致地面积水。5月7日地面方砖轻微下沉。5月8日疏通管道，未彻底。中午从污水井抽水，避免继续外溢。

2003年5月9日早晨，小区化粪池部位方砖严重下沉。将化粪池管道挖开，发现两个化粪池4个出口的管道接口处均错位。化粪池排出的污水不能流入污水管道，渗入基坑。随即采取紧急措施，在化粪池内下泵抽水，同时组织搭建施工平台，准备加固边坡。因坡面混凝土有局部崩裂而终止，坡面竖向裂缝加大。见图17-3。

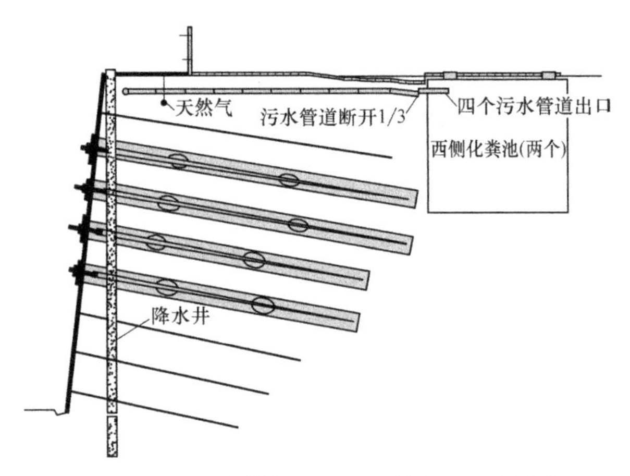

图17-3 5月9日护坡情况，污水管断裂，地面错开

2003年5月10日早晨，小区化粪池部位方砖严重下沉，局部断裂。开始疏导小区车辆，准备断水、断电、断气。8点05分，基坑西侧北段下滑， 10分钟后南段下滑，南段最深下滑8~9m， 土体整体向东推入坑内，见图17-4。

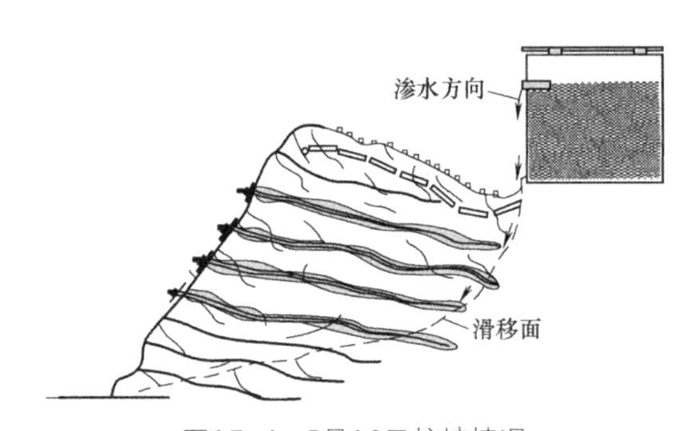

图17-4 5月10日护坡情况

4. 事故原因分析

本案例基坑虽然不深，但周边环境复杂，采用土钉和锚杆组合的支护方案显然不妥。土钉需有一定位移才能发挥，设置锚杆的目的是为了限制位移，但二者不能同步发挥。而且墙面柔性，锚杆并非固定在护坡桩上，故对位移的控制能力是有限的。坑边有自来水管道、电力管道、燃气管道、污水管道、化粪

池，采用位移难以控制的支护方案，犯了概念上的错误。

事故的直接原因是坑侧污水管道错位堵塞，污水渗入土内，降低土的强度，增加水压力（或渗透力），增加土重，促使土体加大位移。土体位移的加大进一步增大管道错位和漏水，进一步增加土重和水压力，降低强度，如此反复恶性循环，最终导致整体滑坡。

评议与讨论

本案例是个很小的“袖珍”工程，基坑深度仅13m，自然地质条件也不算复杂，设计者可能认为难度不大，掉以轻心了。但周边环境很复杂，工程位于居民小区内，紧邻坑边就是燃气管道、自来水管道、电力管道，并有污水管道与化粪池连通，化粪池与基坑之间是松软的新填土。在这样的环境条件下开挖基坑，基坑工程设计是绝对不能马虎的。本案例虽然一侧整体坍塌，管道断裂，燃气溢出，基坑淹没，但未发生火灾和人员伤亡，还是很幸运的。

水患一直是北京基坑工程的第一大敌，绝大多数基坑事故与水患有关。这是由于北京地下水位普遍下降，土层以非饱和土为主，对水特别敏感，包括连续降雨、大雨、暴雨，水管渗漏和爆裂，以及本案例的污水管、化粪池。估计其他非饱和土地区也有这个问题，应特别注意。

本案例基坑护坡采用的是土钉加锚杆，其实这里的锚杆与锚固在护坡桩上、地下连续墙上的锚杆有很大不同。后者荷载传递很明确，锚固段和非锚固段也很明确，可以控制坑壁的位移。本案例则不然，锚杆被固定在柔性的坡面上，其力学行为很模糊，难以计算。且土钉要发挥作用，必须有一定位移，因此，这种护坡形式虽然能够维持坑壁稳定，虽然比普通土钉墙的位移有所减小，但对于本案例这样基坑紧邻重要的必须严加保护的管道、需要严格控制位移的情况，显然是不适宜的。

岩土工程典型案例述评18

基坑降水设计与计算中的问题[1]

核心提示

本案例按规范规定公式计算了某基坑的降水涌水量，因计算者未对公式的假定条件与该工程的实际水文地质条件进行分析，盲目套用，以致计算结果与实际运营情况相差很大。本案例从反面教育我们，在应用公式或软件计算时，不仅要“知其法”，更必须“明其理”。

① 本案例根据编者笔记编写。

案例概述

某基坑平面尺寸为40m×50m，开挖深度为12.0m，潜水位深度为2.5m，需降低水位至地面下13m。地层情况为：深度0.0~2.2m为填土；2.2~15.0m以细中砂为主，夹多层较薄的黏性土；15.0~19.0m为黏土；19.0m以下为砂土与黏性土互层。

基坑降水采用大口径管井，间距为6.0m，围绕基坑周边布置，共32井，呈封闭状。井深为17.0m，深入黏土层约2.0m，为潜水完整井，井的结构符合相关规定。降水井的平面布置见图18-1，降水井与地层示意见图18-2。

按《建筑基坑支护规程》JGJ 120-2012“大井法”计算，公式为：

$$Q=\pi k\frac{(2H-s_d)\,s_d}{\ln\left(1+\frac{R}{r_0}\right)} \tag{18-1}$$

式中，H为含水层厚度，取12.5m；s_d为设计降深，取10.5m；r_0为基坑等效半径，取25.2m；R为降水影响半径，取40m；k为渗透系数，因细中砂含黏性土薄夹层，概化后取综合值0.8m/s。计算结果得总涌水量为180m^3/d，每井平均涌水量为5.6m^3/d，似乎符合一般经验。

但基坑降水运行情况与计算结果相差甚大，初期出水情况尚可，接着越抽越少，再后来所有井都不能正常出水，一抽就干，一停有水，而坑壁却不断渗水，无法正常开挖作业，只得采用垒砂袋、明排等措施，勉强完成基坑开挖。

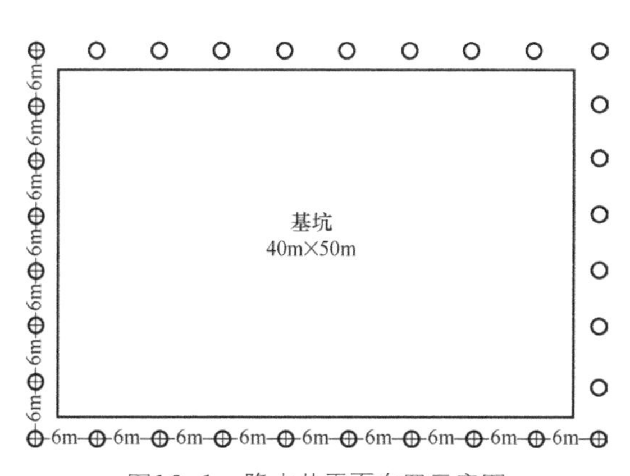

图18-1　降水井平面布置示意图

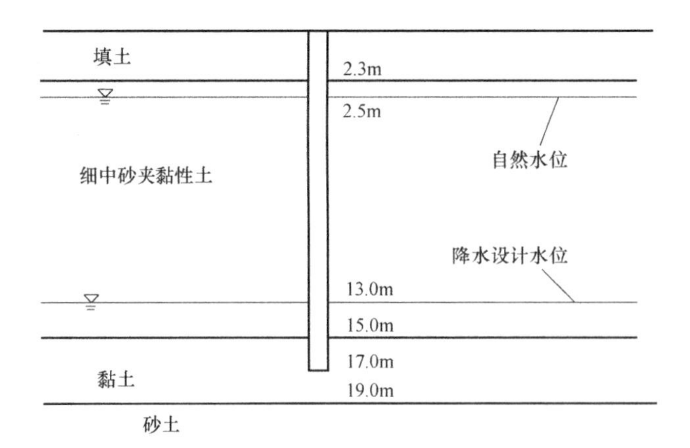

图18-2 降水井与地层示意图

评议与讨论

本案例的主要问题在于计算者对计算模式的假定条件与实际情况之间的差别缺乏分析。“大井法”源于裘布衣（Dupuit）公式，在基本符合裘布衣假定的条件下，虽然粗糙，但还可用。不过，当实际条件与公式假定差别较大时，则计算结果可能严重偏离实际，甚至大相径庭。

裘布衣公式于1863年导出，到今天已经150年了。这150年里，地下水动力学有了很大发展，从稳定流到非稳定流，从解析法到数值法，认识水平有了很大提高，计算方法不断创新。但目前基坑降水的工程实践中，还主要采用裘布衣稳定流理论，相关规范和手册所列的计算公式，基本上还是基于裘布衣公式导出。裘布衣理论如此古老而简单，实际情况如此复杂而多样，为什么至今还在广为应用呢？原因大概一是裘布衣理论简单明了，计算方便；二是基坑降水计算要求的精度不高。但计算时必须充分理解实际条件与理论假设之间的差别，提高自觉性，避免陷入误区。

下面结合本案例对常遇问题做些讨论：

1. 公式假定为稳定流，而实际可能为非稳定流

裘布衣理论适用于稳定流，不适用于非稳定流，这本来是众所周

知的。但在工程实践中，还是有人视而不见，认为无非是误差大一点而已。其实，不同的工程，不同的水文地质条件，情况可能大不相同。

补给量和抽水量达到平衡时，水位和水量才能稳定；抽水量大于补给量时，则继续疏干含水层，地下水运动必然处于非稳定状态。基坑抽水一般初始抽水量较大，以便迅速将水位降至设计要求，主要是疏干含水层，是非稳定流阶段；随着基坑周边疏干范围的不断扩大，水力坡度降低，流量渐渐减少，待抽水量与补给量平衡时达到稳定，这是稳定流阶段。对富水性强、补给条件好、基坑面积和降水深度不大的工程，在降水初期，基坑外侧为非稳定流，后期逐渐稳定，达到抽水与补给的平衡，成为稳定流；但对于富水性弱、补给条件差、基坑面积和降水深度大的工程，可能直到工程结束仍未达到稳定，基坑外侧始终处于非稳定流状态。基坑内侧处在封闭降水的条件下，因无补给，故自始至终都是非稳定流。因此，对于前者，用稳定流理论计算可能还有一定价值；对于后者，用稳定流理论计算的意义就不大了。

既然基坑降水很多情况符合非稳定流条件，人们自然会想到采用以泰斯（Theis）公式为基础的非稳定流方法计算。但仍应注意计算假设与实际条件的差别及其带来的问题，基坑降水遇到的主要是潜水，比承压水要复杂得多，主要是：

（1）导水系数是变数而不是常数；

（2）流入井的渗流，既有水平分量，又有垂直分量；

（3）含水层中释放出来的弹性储存量很少，而主要是来自含水层的疏干（与给水度有关），与给水度有关的储存水不是瞬间完成，而是逐渐释放的。

同时考虑上述条件没有解析解，需用数值法，有些商业软件可以计算水位降深与时间的关系，但我国目前用于基坑降水的经验尚少，研究成果也不多。

2. 公式假定潜水井降深不能过大，而实际常为大降深

裘布衣公式假定，对于完整井，流入井中的水为径向轴对称流，忽略了渗流矢量的垂直分量。这一假定对于承压水，流线平行于含水

层的顶板和底板，如果含水层水平等厚，则流线也全都水平，等势线垂直，符合裘布衣假设，水力梯度为ds/dx。潜水则不然，因有弯曲的潜水面存在（图18-3），潜水面以下的流线是弯曲的，等势面不垂直，也是弯曲的，水力梯度为ds /dl（l为流线微分弧长）。裘布衣假定忽略了垂直分量，意味着令ds/dx=ds/dl，即等势面垂直，等势面上不同深度的水力梯度均相等。显而易见，只有在水力梯度相当小的条件下ds/dx=ds/dl的假设才能成立，即只有在降深与含水层厚度之比较小的条件下才基本符合实际。因此，按裘布衣假定计算的水位低于实际的自由水位，从基坑降水的角度偏于不安全，且离抽水井越近，偏差越大。抽水井的降深越大，偏差越大。如果水位降到离潜水层底面很近时仍用裘布衣公式计算，就没有什么实际意义了。本案例正是这样的情况，含水层厚度仅为12.5m，设计水位降深达10.5m，降水水位离含水层底板只剩2.0m，与裘布衣假定出入太大，计算结果严重偏离实际是可以预料的。

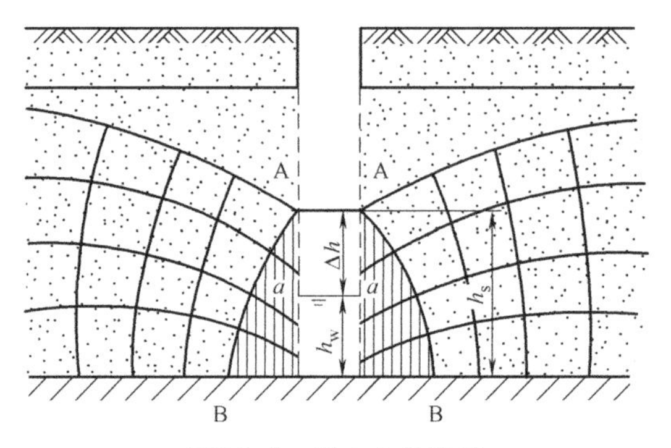

图18-3 潜水井的流线

3. 影响半径问题

裘布依影响半径、经验公式计算的影响半径、抽水试验的影响半径以及基坑降水的影响半径实际上不是同一概念。

影响半径在裘布衣公式中是一个独立参数，按公式的意思，是在离抽水井半径为R的圆周断面上存在一个常水头，但这种情况实际上几乎不存在，是个虚拟的参数。

有些规范和手册列出了影响半径的经验公式，例如：

承压水的奚哈德（W.Sihardt）公式为：

$$R=10s\sqrt{k} \tag{18-2}$$

潜水的库萨金（И.П.Кусакин）公式为：

$$R=2s\sqrt{kh_0} \tag{18-3}$$

但这两个公式用于裘布衣计算就产生了明显的逻辑矛盾。以潜水为例，库萨金公式中的R是随抽水井的水位降深s、渗透系数k和含水层厚度h_0而变的参数，而在裘布衣公式中，R是独立的常数，与s、k、h_0无关，所以，用库萨金公式求得的R代进裘布衣公式计算，逻辑上是不通的。

有的规范要求通过抽水试验实测影响半径，但抽水试验的影响半径，不仅与s、k、h_0有关，还与含水层分布，与补给类型和补给强度有关。抽水试验不同的降深，影响半径也不是一个值，基坑降水的影响半径与单井抽水试验更不是一个值。因此，裘布衣影响半径、经验公式的影响半径、抽水试验影响范围，三者不是一个概念。无论用抽水试验影响半径或者经验公式的影响半径，代入裘布衣公式计算，都存在不可调和的逻辑矛盾。

基坑降水计算目前常采用“大井法”，潜水即为式（18-1）。按该式计算时，井群内侧的水位不再计算，作为“大井”，稳定时与井水位齐平，但实际上是随时间逐渐疏干的非稳定流问题；R是“大井”的影响半径而非单井抽水的影响半径， 如何取值？实用上是个大难题。

还有一种计算方法是，根据干扰井叠加原理导出潜水完整井群井抽水公式，坑内任意点的水位降深为：

$$s_i=h_0-\sqrt{{h_0}^2-\sum_{j=1}^{n}\frac{q_j}{\pi k}\ln\frac{R}{r_{ij}}} \tag{18-4}$$

式中　s_i——基坑内任意点的水位降深；

h_0——潜水含水层厚度；

q_j——第j口降水井的单井流量；

k——含水层的渗透系数；

r_{ij}——第j口井至水位降深计算点的距离，当大于R时取$r_{ij}=R$；

R——影响半径。

该法存在的第一个问题是影响半径，前已提及，抽水试验实测和经验公式计算的影响半径与裘布衣公式的影响半径不是同一概念。第二个问题是，基坑降水时井群布置成封闭状，坑内无补给，水位随时间不断下降，水力坡度趋平，不是稳定流问题。

4. 弱透水层的阻隔和渗出面问题

裘布衣公式假定：地层水平、含水层均匀、各向同性，对供水水文地质较易满足，但基坑降水多数情况无论水平或垂直方向地层分布都是变化多端，特别是含水层中夹有弱透水层的情况（本案例就是），降水后由于受弱透水层的阻隔而形不成公式假定的降落漏斗，使实际与计算严重背离，这一点常常被公式使用者忽视。

当含水层中夹有多层弱透水层时，降水设计者往往将其视为一大层，取一个综合渗透系数进行计算，亦即认为仍可按单一含水层形成降落漏斗。抽水后由于弱透水层的阻隔，相当于存在多层地下水，形不成单一含水层的降落漏斗，每一小层的水力坡度都很小，故流量也小，井内水位虽然降得很深，但抽不出多少水来，而井外水位又怎么也降不下去，基坑侧壁依然渗水，造成基坑降水失效。图18-4为单一含水层降水与含水层中夹多层弱透水层时降水的比较。

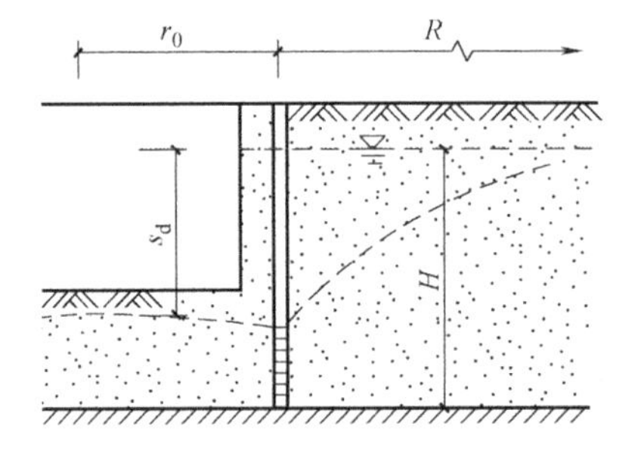

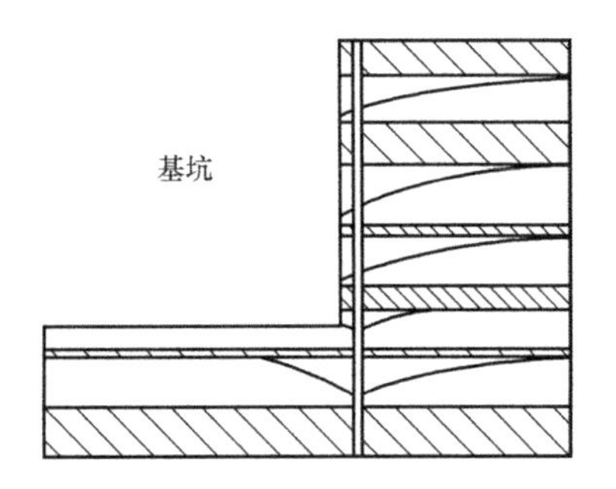

图18-4　单层含水层降水（左）、含水层夹多层弱透水层降水（右）示意

潜水渗出面是个普遍现象，自然界潜水在斜坡上流出时可以见到渗出面，潜水流入水井中也有渗出面（水跃）。裘布衣公式推导时未考虑渗出面问题，假定井壁水位与井内水位齐平，故计算浸润线低于实际浸润线。

如果基坑降水时，潜水层底板高于坑底（图18-5），或坑壁存在隔水层（图18-6），这时实际上已经不是降低地下水位，而是要求将基坑地段的该层潜水疏干，也存在渗出面。由于潜水层底板高于坑底，地下水只能在含水层底板以上渗流，虽然井内水位很深，但地层内总存在残留水，基坑侧壁作为渗出面依然不断渗水，不得不采用垒砂袋、插排水管等措施处理，出现“疏不干”现象。

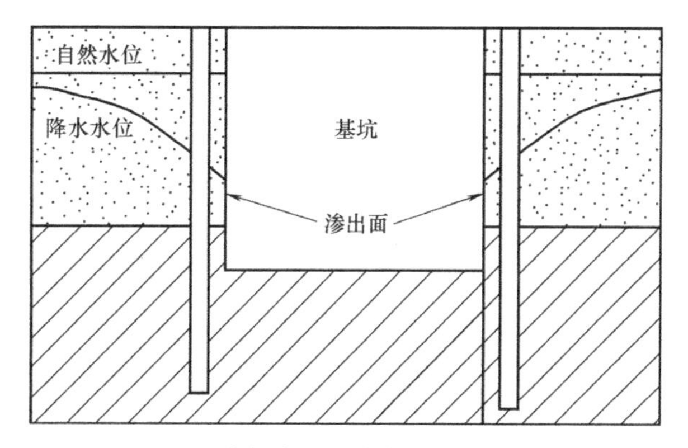

图18-5　基坑底位于潜水底面以下示意图

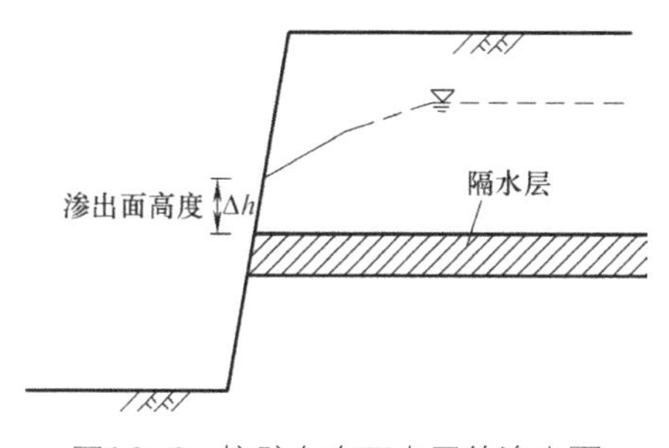

图18-6　坑壁存在隔水层的渗出面

坑底或坑壁存在隔水层采用群井降水时的“疏不干”现象，也可从另一角度理解：降水井抽出地下水，井周必有过水断面；而井周有了过水断面，则地层中一定有水。换句话说，要想无水必须抽水，要想抽水又必须有水，二者陷入了“悖论”。因此，厚度较小的强透水层按理渗出面高度很小，但仍疏不干，就是这个道理。

上面的分析还是比较简单的情况，实际工程还会遇到非完整井问题、绕流隔水帷幕的问题、为保护环境而实施回灌的问题等。预测潜水自由面随时间的变化，解析法在数学上很难实现，只能采用数值模拟。经多年积累，已有大量研究成果和很好的商业软件，在水资源评价、矿山疏干等领域得到了广泛应用，但在基坑降水方面尚缺乏经验，目前仅在大型复杂工程中有少量报道。数值法前景广阔，应深入研究，大力提倡。但也不能过分依赖，不能以为有了一个商业软件就能解决一切问题。应正确把握模型，正确选定参数，特别是处理好边界条件，力求模拟接近实际而又符合基本原理，否则同样会导致严重失误。

工程师贵在“明其理，知其法”。会用公式、会用软件是知其法；理解其内在机制，清楚公式的假定条件和推导过程是明其理。如果只知使用软件和照公式计算而不理解公式的适用条件，不了解计算与实际可能有多少差别，则必然陷入盲目。工程师既要懂得理论，又要有实践经验，应当是理论与实践结合得最好的职业群体。

岩土工程典型案例述评19

广东遥田低中水平放射性废物处置场勘察及核素运移预测①

核心提示

本案例针对低中水平放射性废物处置场的要求，在查明水文地质条件的基础上，运用地下水流模型和对流－弥散－吸附模型，对核素运移过程进行了分析预测，得到了遥田适宜作为低中水平放射性废物处置场的结论。我国类似工程的经验很少，无论指导思想还是技术方法，均有示范意义。

① 本案例根据广东省电力设计院马海毅、易树平提供的《低中放废物处置场地勘测及核素运移研究》（易树平博士后研究报告）编写。

案例概述

1. 基本要求

1.1 概述

核技术正在核电、军工、医疗、科研等领域飞速发展，广为应用，同时也带来了放射性废物的处置问题。放射性废物如处置不当，将对人类甚至整个生态系统产生极大危害，影响可达几百年甚至数万年，故世界各国都非常重视，积极开展处置库规划、选址、建设、管理以及核素运移基本理论的研究，国际原子能机构（IAEA）在系列报告中多次总结了选址和建设过程中需要考虑的因素。我国起步较晚，差距较大。近年来随着核电的快速发展，核废物处置面临巨大压力，亟待加强。

放射性废物分为豁免放射性废物、低中水平放射性废物（简称低中放废物）和高水平放射性废物（简称高放废物），遥田为低中放废物处理场，采用近地表处置，其概念模型及可能环境影响见图19-1。

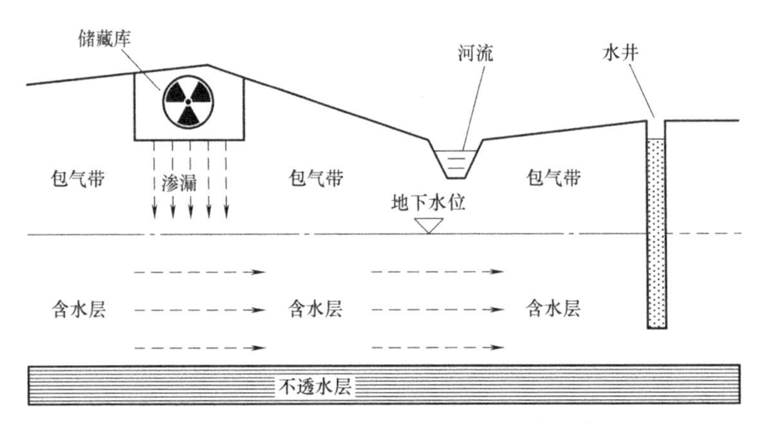

图19-1　低中放废物近地表处置及可能环境影响示意图

1.2 对场址的基本要求

低中水平放射性废物处置场对场址的基本要求可归纳为下列几方面：

（1）地质条件稳定，不会因地质灾害危及工程安全；

（2）远离能动断层，地震基本烈度不高于7度；

（3）天然屏障可靠，具有长期阻止渗流和核素运移的能力；

（4）水文地质条件简单，水位稳定，渗透性低，无通往场址外的强透水层；

（5）处置单元下有厚度较大的包气带；

（6）远离水源地，与水源地之间无透水通道；

（7）有利于工程屏障的建设，且长期可靠；

（8）岩土介质有利于对核素的吸附。

1.3 对勘察的基本要求

低中水平放射性废物处置场对勘察的基本要求可归纳为下列几方面：

（1）分阶段勘察，重点查明场地稳定性和水文地质条件；

（2）提供系统完整的室内试验和原位测试数据，确保计算参数的可靠性；

（3）在定性分析的基础上进行定量分析，建立合理的概念模型和数学模型，进行地下水流和核素运移的分析预测；

（4）对模型应进行测试、校正和验证，进行敏感度分析和不确定性分析；

（5）明确和量化处置场释放的核素向外部环境运移的有关因素，为处置场设计提供相关数据。

2. 岩土工程勘察

按《低中水平放射性废物处置场岩土工程勘察规范》，岩土工程勘察分为下列4个阶段：

（1）初步可行性研究阶段；

（2）可行性研究阶段；

（3）初步设计/施工图设计阶段；

（4）工程建造阶段。

场地条件简单、已有资料较多时，勘察阶段可适当合并。本案例为可行性研究阶段勘察，工作内容和工作量见表19-1。野外工作布置见图19-2。

遥田预选场址可行性研究阶段勘察内容和工作量　　表19-1

方法	项目		工作量
测绘	水文地质		4.86km^2
	工程地质		1.25km^2
钻探	水文地质		26孔，进尺740m
	工程地质		40孔，进尺1129m
物探	浅层地震折射波法		探测长度7245m
	波速测试		5孔，测试长度113m
	声波测井		6孔，测试长度32m
原位测试	试坑渗水试验		6试坑
	钻孔注水试验		11孔，30试验段
	钻孔压水试验		12孔，13试验段
	抽水试验		7孔，11试验段
	原位弥散试验		2组
室内试验	渗透试验		80组
	弥散试验		6组
	地下水简分析		9组
	地下水全分析		6组
	岩土分析	物理指标	194岩样，601土样
		化学组成	41样
		持水能力	52样
		胶体颗粒含量	33样
		吸附能力	41样
		阳离子交换（CEC）	41样
		酸碱度	41样
动态观测	孔内地下水位		28孔
	地表水位		8个观测点
	地表水流量		7个观测点
数值模拟	地下水流		1个模型
	溶质运移		1个模型

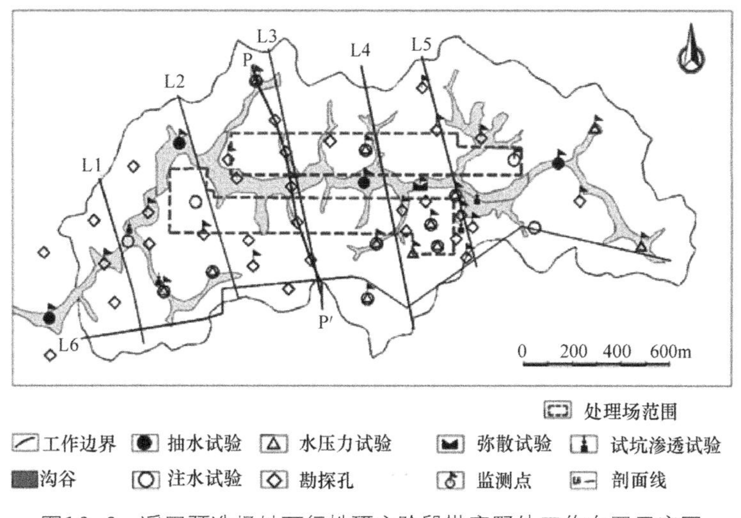

图19-2 遥田预选场址可行性研究阶段勘察野外工作布置示意图

3. 场区自然地理和地质概况

遥田场址位于广东省韶关市新丰县遥田镇附近，东经113° 51′ 00″ ，北纬24° 01′ 00″ 。场地地貌为剥蚀丘陵和丘间洼地，海拔160~357m，波状起伏，山体多呈垅状，沟谷多呈“U”形，坡度较缓，植被发育。

场区年均降水量为1895mm，年均蒸发量为1359mm，位于流域一级支流的源头，上游无来水，水力条件单一。西侧出口以上汇水流域面积为0.8km^2，有一级支流1条，走向东西，二级支流15条，发育于一级支流两侧，流速较缓。

场区地层和岩性较为简单，第四系为全新世冲积层和残坡积层，基岩为中侏罗纪石英闪长岩、晚侏罗纪二长花岗岩和早白垩纪二长花岗岩。未见断层，仅在花岗岩中发育节理和裂隙，节理主要方向为南—北向和西北—东南向，节理密度为3～4条/m^2，基本闭合，透水性差，不能构成连续的水流和溶质运移通道，石英脉填充的节理更是阻止地下水流的屏障。

根据地震活动记录，在以处置场为中心半径50km范围内，未发生过大于4.7级的地震；在以处置场为中心半径30km范围内，没有记录到更小的地震活动。因此，遥田场地为区域地质稳定的低地震活动区。

浅层地震折射法探测表明，场区内不存在隐伏断裂、洞穴等不良地质条件，利于低中放废物处置。场区内有波速较低的异常带，长度为20~95m不等，表明在这些地段可能存在裂隙带或花岗岩风化凹槽（图19-3）。但异常带仅稀疏地分布，不连续，从而对低中放废物的安全处置不具明显的不利影响。

4. 场区水文地质条件

4.1 包气带特征

场区包气带厚度差别较大，山丘地段较厚，主要为强风化花岗岩，最厚达38m。沟谷地段较薄，最薄处仅0.1m，为地下水蒸发排泄提供了便利条件，包气带等厚线见图19-3。场平后沟谷回填，厚层包气带有利于阻止核素的运移扩散。

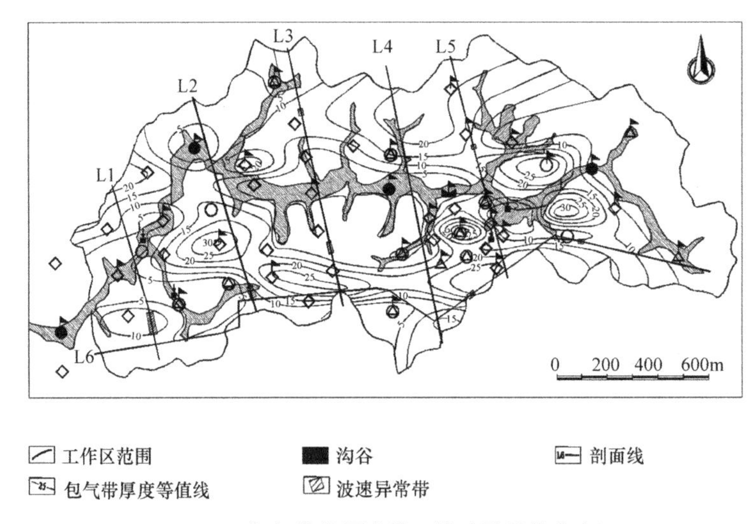

图19-3 包气带等厚度线及波速异常带分布图

4.2 岩土的渗透性

场区岩土的渗透性，浅部包气带采用注水试验测定，沟谷饱和含水层采用抽水试验测定，岩体采用压水试验测定，此外，还取了61件原状岩土样进行了室内渗透试验。试验结果及推荐值见表19-2。

岩土渗透系数试验结果及推荐值（cm/s） 表19-2

<table>
<tr><th>岩土分类</th><th>抽水试验</th><th>钻孔注水试验</th><th>试坑渗水试验</th><th>钻孔压水试验</th><th>室内渗透试验</th><th>推荐值</th></tr>
<tr><td>粉质黏土
（冲积）</td><td rowspan="3">9.98E-04
4.36E-03</td><td>7.58E-05</td><td>8.90E-06
3.10E-04</td><td>—</td><td>1.42E-07
4.66E-05</td><td>5.00E-06</td></tr>
<tr><td>冲积粗砂</td><td>1.30E-03
1.13E-02</td><td>—</td><td>—</td><td>—</td><td>6.00E-03</td></tr>
<tr><td>粉质黏土
（坡积）</td><td>1.06E-03
4.90E-03</td><td>6.89E-05
3.79E-04</td><td>—</td><td>6.10E-05
2.05E-04</td><td>8.00E-05</td></tr>
</table>

续表

岩土分类	抽水试验	钻孔注水试验	试坑渗水试验	钻孔压水试验	室内渗透试验	推荐值
砾质黏土（残积）	9.98E-04 4.36E-03	7.70E-06 2.35E-03	—	—	1.95E-05 4.42E-04	8.00E-05
全风化花岗岩		3.02E-06 8.94E-03	—	—	2.48E-05 1.18E-04	2.00E-04
强风化花岗岩		2.75E-06 4.10E-03	—	—	2.93E-05 4.20E-04	
中等风化花岗岩	5.90E-05 4.17E-04	—	—	2.90E-05 8.50E-05	—	5.00E-05
微风化花岗岩		—	—	2.00E-06 8.08E-05	—	5.00E-06

鉴于岩土渗透性对低中放废物处置场评价的重要性，《低中水平放射性废物处置场岩土工程勘察规范》对其分级有专门规定，见表19-3。

低中放废物处置场地岩土层透水性分级表　　表19-3

分级	标准		岩体特征	代表性土	场地适宜性
	透水率q（Lu）	渗透系数k（cm/s）			
强	$q \geqslant 100$	$k \geqslant 1.2\times10^{-3}$	等价开度≥0.5mm的裂隙岩体	砂砾、砾石	差
中等	$10 \leqslant q < 100$	$1.2\times10^{-4} \leqslant k < 1.2\times10^{-3}$	等价开度0.1～0.5mm的裂隙岩体	砂、砂砾	不适宜
弱	$1 \leqslant q < 10$	$1.2\times10^{-5} \leqslant k < 1.2\times10^{-4}$	等价开度0.05～0.1mm的裂隙岩体	粉土	一般
很弱	$0.1 \leqslant q < 1$	$1.2\times10^{-7} \leqslant k < 1.2\times10^{-5}$	等价开度0.01～0.05mm的裂隙岩体	粉质黏土	适宜
微	$q \leqslant 0.1$	$k < 1.2\times10^{-7}$	完整岩石，等价开度＜0.01mm的裂隙岩体	黏土	良好

由表19-2和表19-3可知，微风化花岗岩和冲积黏土的渗透性很弱，前者可作为处置场的隔水底板，后者可作为处置单元的回填和覆盖材料。中等风化花岗岩为弱透水层，微风化花岗岩埋深较大时亦可作为处置场隔水底板。强风化和全风化花岗岩、局部分布的冲积粗砂渗透性为强，下一步勘察时应详细查明，设计时应杜绝放射性核素渗漏到该层的可能性。残积和坡积黏性土的渗透性弱，由于分布不连续且厚度较薄，故不具备作为处置场底板的条件，但可作为回填和覆盖材料。

4.3 地下水的流动特征

场区年均降水量丰富，是地表水和地下水的主要补给来源。地表溪沟常年接受地下水的补给，降雨时沟谷水位和流量迅速增加，向下游排泄， 0.5~1天后水位恢复正常。暴雨后溪水猛涨但迅速回落。因此，除暴雨天气外，区内地表水位变化不大，丰水与枯水期水位差小于50cm。

场区初步可行性研究阶段布置了4个长期观测孔，但均在山腰和山顶上，不足以控制场区地下水流场。鉴于此，可行性研究阶段补充了28个地下水动态观测孔，可控制从场区边界到山腰、沟谷的全部流场，于2010年7月1日开始统一观测，每月2次，观测周期为2个水文年。

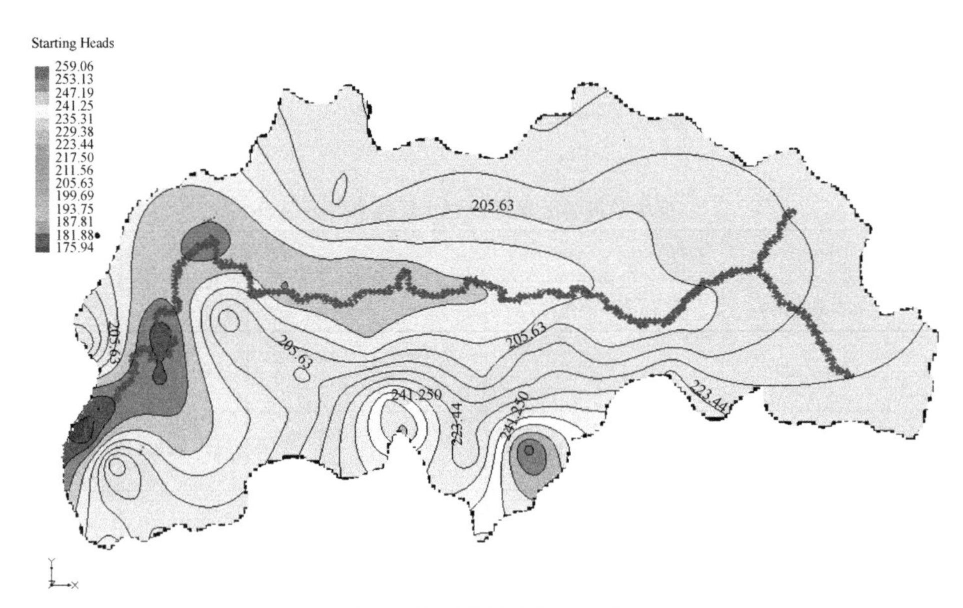

图19-4 场区地下水等水位线图

图19-4为根据2010年7月1日观测结果绘制的地下水等水位线图。可见地下水主要从场区南、北两侧山丘向中部沟谷流动，并以地表水的形式排出区外，少量地下水经沟谷地带沉积和强风化花岗岩由东向西缓慢排出区外。蒸发和蒸腾是地下水浅埋段的重要排泄方式。

4.4 地下水动态特征

由一年的动态观测数据可知，场区地下水位在4月末雨季来临时开始上升，6月达到最高水位，随后缓慢下降至次年3月。除暴雨天气外，沟谷区地下水位的年内变化幅度不大，最高与最低之差一般在0.5m左右，相当稳定。山腰和山顶水位年内变化幅度比沟谷稍大，可达1.0~2.5m。

4.5 溶质弥散特征

场区开展了2组现场多孔弥散试验，并在弥散孔内采取土样进行了8组室内弥散试验，进行对比分析。

由于狭窄U形谷地的限制，弥散试验场地面积仅为10m×10m，弥散试验的井孔分布和试验结果如图19-5所示。投源孔分别为MS01和MS10，示踪剂分别选用酸性玫瑰红和荧光素钠，其他孔为观测孔。开始于2010年6月5日，结束于2010年7月5日，试验持续时间1个月。

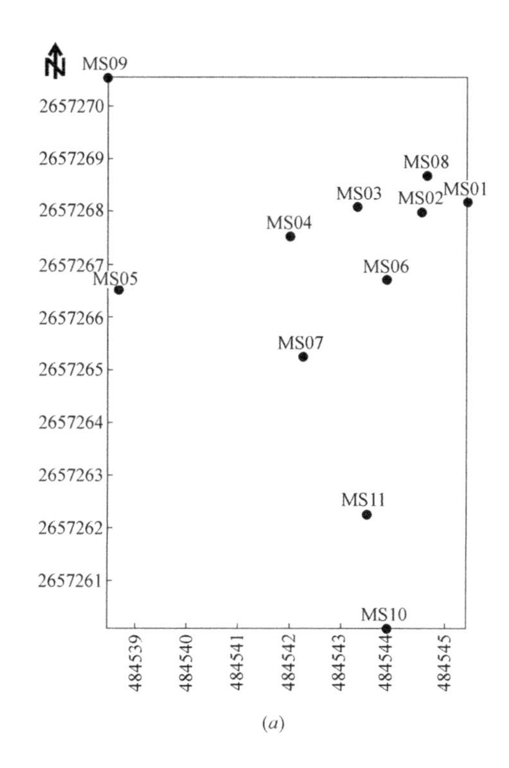

(a)

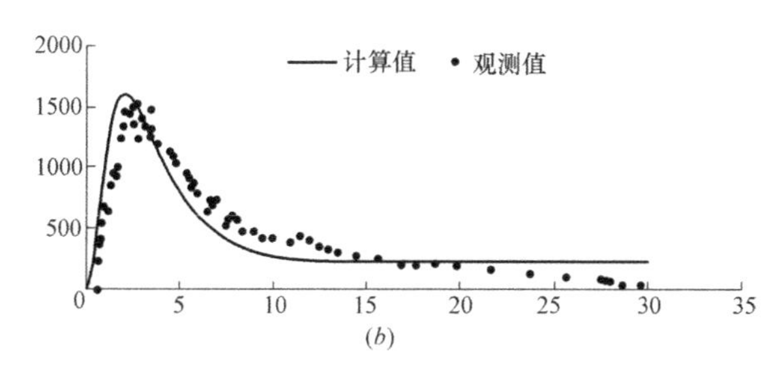

(b)

图19-5 弥散试验布置与成果图

(a) 弥散试验平面布置；(b) 弥散试验浓度与时间关系

试验结果，纵向弥散系数为$5.0\times10^{-3}m^2/d$。由于场地限制，未对横向弥散系数进行计算和校正。根据经验，横向弥散系数一般为纵向弥散系数的0.1。

室内弥散试验由于样品扰动较大，只能分析各岩土层弥散特性的差异。试验结果表明，冲积粉质黏土的弥散度最小，为$9.3\times10^{-4}m$，完全扰动的强风化花岗岩弥散度最大，达到$5.8\times10^{-2}m$。总体来说，扰动土样的弥散度较大，未扰动土样的弥散度较小；强风化花岗岩的弥散度大于冲积粉质黏土的弥散度。

4.6 地球化学特征

本次各岩土层共采集了250个样品，测试结果如表19-4所示。除中等风化和微风化花岗岩持水性较弱外，包括全风化、强风化岩在内的其余岩土均具有较强的持水性，不利于水和核素的运移。岩石薄片鉴定显示，场区花岗岩主要由钾长石、斜长石和石英等组成，同时含有少量的蒙脱石、高岭石、绿泥石等矿物，具有一定的吸附能力。岩土样的阳离子交换能力（CEC）为6～11mmol/100g，对阳离子核素的运移有一定的阻滞作用。因此，场区岩土的物理和化学特性均可满足低中放废物的近地表处置要求。

场区岩土样化学特征（6组平均值） **表19-4**

测试内容		粉质黏土	粗砂	砾质黏土	强风化花岗岩	微风化花岗岩
化学组成 [Ω（B）/10^{-2}]	SiO_2	71.23	74.77	68.34	71.78	71.63
	Al_2O_3	13.62	12.14	16.48	14.54	13.58
	Fe_2O_3	1.31	2.35	2.57	1.96	0.59
	FeO	1.21	0.51	0.46	0.59	1.88
	MgO	0.29	0.24	0.28	0.30	0.48
	CaO	0.25	0.03	0.09	0.05	1.69
	Na_2O	0.23	0.20	0.16	0.34	2.71
	K_2O	4.39	6.28	5.56	5.86	5.29
	TiO_2	0.37	0.39	0.36	0.30	0.30
	P_2O_5	0.08	0.03	0.03	0.04	0.13
	MnO	0.03	0.03	0.06	0.06	0.04
	H_2O^-	0.64	0.20	0.60	0.34	0.20
	TFe_2O_3	2.66	2.92	3.08	2.62	2.68
酸碱度（pH）		6.22	6.22	5.65	5.83	9.04

续表

测试内容	粉质黏土	粗砂	砾质黏土	强风化花岗岩	微风化花岗岩
胶质价（mL/15g）	32.08	25.93	26.90	25.72	—
CEC（mmol/ 100g）	12.22	5.21	9.56	6.91	4.26
持水度（%）	54.14	—	71.91	54.89	1.41

4.7 水文地质条件适宜性评价

遥田场区为一构造稳定，北、东、南三面封闭的相对独立的水文地质单元，仅西侧狭窄山谷的地下水可向下游排泄。水文地质条件简单，水位变化幅度较小，常年基本保持稳定，包气带厚度较大，含水层不发育，无连续发育的节理、裂隙等导水通道，风化花岗岩渗透性弱且有较强的吸附能力，可有效延缓核素的对流运移并形成阻滞能力，具备作为低中放废物处置场的条件。

但在处置设计和建设过程中应注意两个问题：一是合理设计地表排水，确保废物处置单元在地下水位以上，以免核素一旦泄漏，经地下水快速排到地表水，导致污染；二是地下水和地表水有弱腐蚀性，应采取措施防止对建筑材料的腐蚀。

5. 地下水流场的分析预测

5.1 概念模型

遥田场区是一个完整的相对独立的水文地质单元，第四系孔隙水和风化花岗岩裂隙水之间有统一的地下水位，因此模拟时将岩土概化为一个含水层，包括粉质黏土、粗砂、砾质黏性土、全风化、强风化、中等风化花岗岩等。微风化花岗岩作为模型底部的零通量边界，北、东、南三面与其他水文地质单元没有水力联系，可作为隔水边界处理。西部狭窄沟谷的地下水可向外排泄，模拟时作为一类边界。中部有一长年流水的小溪，与地下水之间水力联系密切，处理为内边界，即第一类边界。地表为降水入渗补给边界，将降水入渗补给和潜水蒸发排泄作为源汇项处理。场区内有少量民井，用水量很小，可不予考虑。地下水位的年内最大变化不到0.5m，动态稳定。总之，地下水系统简单，具备较好的模拟预测条件。

考虑到模型底部边界的不确定性，对以下三种情况进行了测试：一是底部边界深度统一为150m，二是底部边界深度统一为170m，三是根据近60个勘探孔揭露的微风化花岗岩岩面高程插值，底部边界深度为150~220m的凸凹不平的曲面。计算表明，三种情况基本一致，特别是核废物处置单元所在的中部地段差别很小，仅在东南边界附近相差较大，但该处不处置放射性废物。因此，三种情况均可用于场区地下水流和核素运移的模拟预测，不会造成大的差异。

5.2 数学模型和输入参数

根据上述概念模型，二维潜水非稳定流水流模型及其定解条件为：

$$\nabla^2 H^2 = \frac{2S_y}{k}\frac{\mathrm{d}H}{\mathrm{d}t} \qquad (19\text{-}1)$$

$$\begin{cases} H(x,y,0) = H_0(x,y) \\ H(x,y,t)\big|_{\Gamma 1} = H_1(x,y,t) \\ k\dfrac{\partial H(x,y,t)}{\partial n}\bigg|_{\Gamma 2} = q(x,y,t) \end{cases} \qquad (19\text{-}2)$$

式中：H为水头高度；S_y为y方向的给水度；k为渗透系数；t为时间；$\Gamma1$指第一类水头边界；$\Gamma2$指第二类流量边界；H_1为已知水头；q为已知流量；n表示第二类边界的法线方向。

上式为潜水二维非稳定流水流方程，求解方法可采用有限元和有限差分等数值方法，地下水模拟系统（GMS）采用的是有限差分法求解，预测时限为500年。分两种情况进行：一是自然条件，保持现有山区、沟谷、含水层等边界条件及其参数不变；二是场平条件，根据初步设计，中部沟谷回填至标高212m，场平条件的边界、源汇项和参数与天然条件存在如下差异：

（1）不存在中部沟谷的定水头边界，但上下游沟谷及其边界性质不变；

（2）排泄基准为211m，地下水上升至211m时自动排出；

（3）处置单元的工程屏障充分发挥，入渗可忽略不计；

（4）回填土的渗透系数取沟谷区和山丘区的中间值2m/d。

模型计算的基本参数取值为：渗透系数采用勘察试验结果；给水度采用当地经验值0.2；降水入渗系数为0.15；降水入渗量采用多年月平均降水量按天补给含水层；地下水初始水位采用2010年7月1日的实测水位（图19-6）。

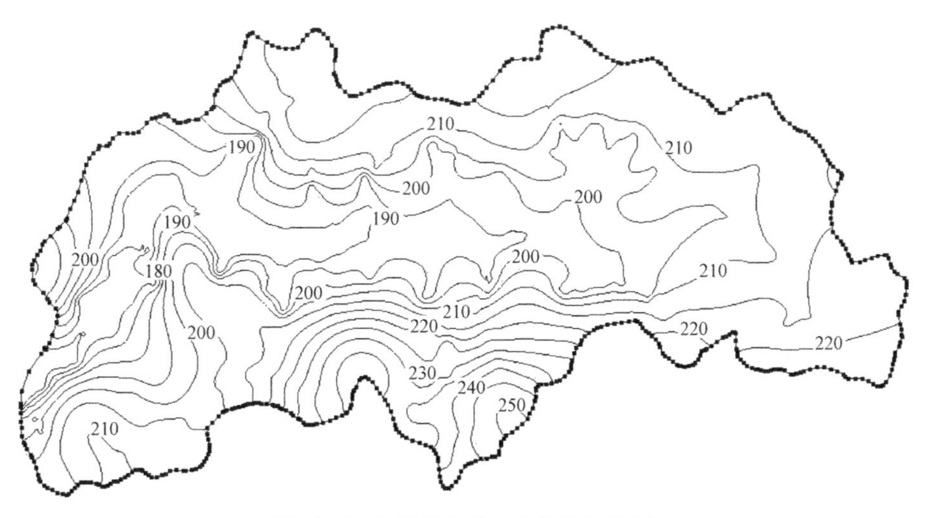

图19-6　初始输入地下水位等值线图

5.3　计算结果

计算结果表明，自然条件下场区地下水位变化不大，基本维持初始地下水流场，地下水由南、北两侧的山丘流入中部沟谷，部分转化为地表水经溪沟排出区外，其余由东向西以平缓的水力坡度经西部狭小边界排出场区外。由于渗透系数和水力坡度均较小，故水流平缓。受隆起的微风化花岗岩阻挡，水流将改向经场区西北角绕道后再经过西部沟谷排出区外（图19-7）。

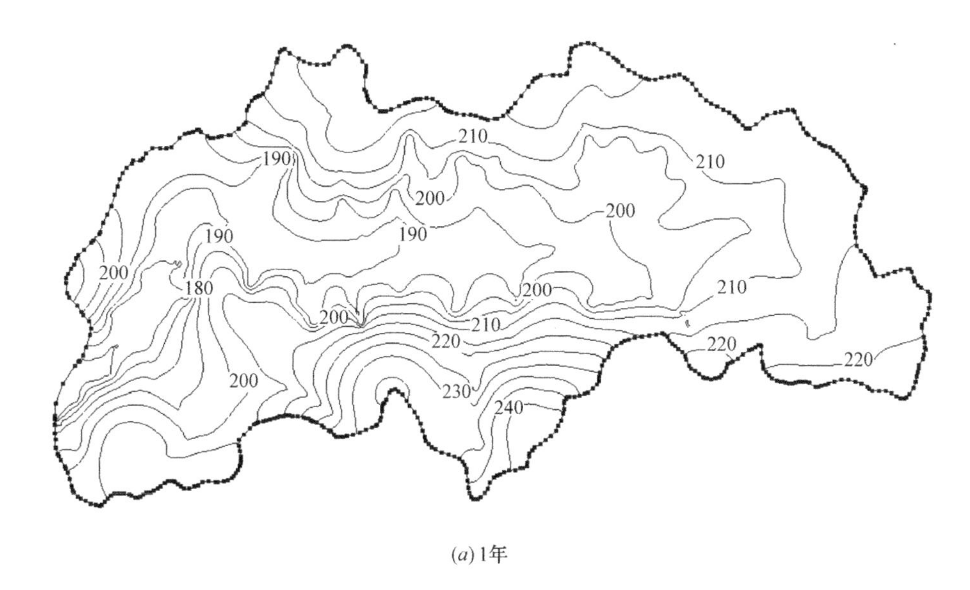

(a) 1年

图19-7　预测自然条件下1年、100年和500年地下水等水位线图（1）

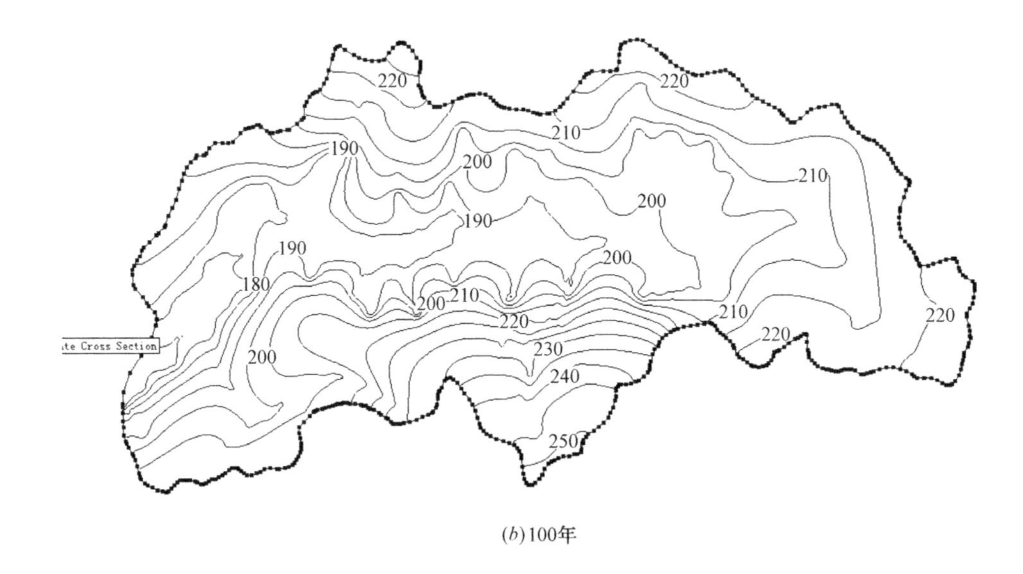

(b)100年

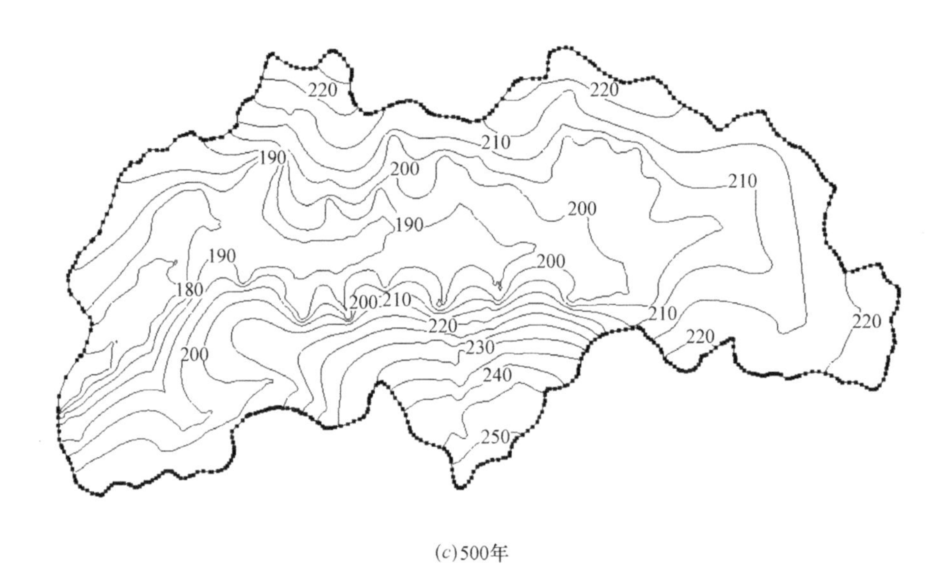

(c)500年

图19-7　预测自然条件下1年、100年和500年地下水等水位线图（2）

场平条件下地下水流场有较大变化，中部回填区地下水位逐步升高，最终高度取决于排水沟底标高。如排水沟底标高为211m，则需时间90年左右。90年后场区水流基本稳定，回填区中部形成一个地下水分水岭，分别向东、西两个方向流动。从而改变了东部的水流方向，但水力坡度较缓，在回填区东部边界出露地表处排泄；西部的水力坡度比自然条件下明显增大，较陡，经过回填区西部边界后以地表水和地下水方式排泄至下游地区，而隆起的微风化花岗岩则失去了屏障作用（图19-8）。

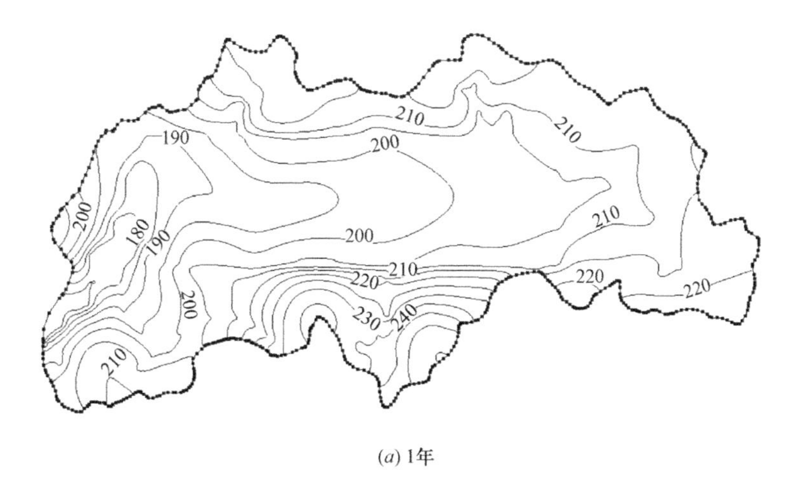

(*a*) 1年

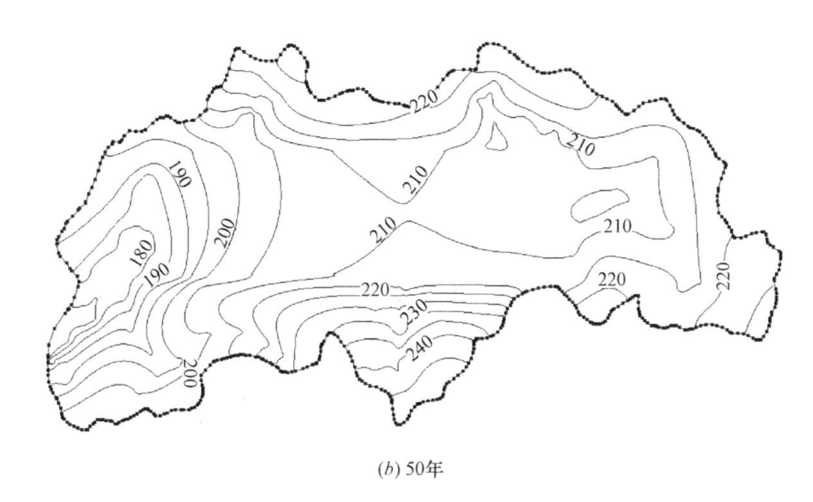

(*b*) 50年

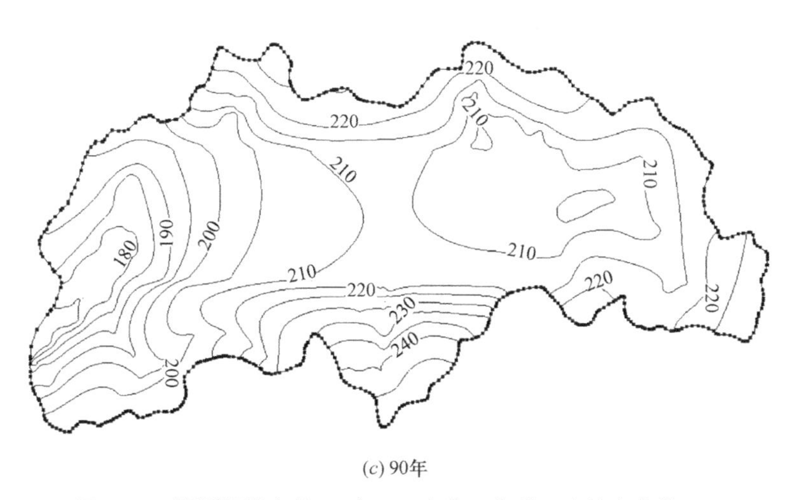

(*c*) 90年

图19-8 预测场平条件下1年、50年和90年地下水等水位线图

5.4 优化设计建议

根据水流场模拟预测，对处置场的场平设计提出下列优化建议：

（1）自然条件下处置区西部隆起的微风化花岗岩为一良好的天然屏障，可改变地下水的流向，延缓地下水向西排出的时间，应充分利用，故建议将处置区的西部边界适当东移，退至微风化花岗岩隆起的东侧边界内；

（2）回填区的高程和范围对地下水的流场有控制性作用，可结合场区地形地貌和水文地质条件，借助模拟分析预测，筛选最优的场平高程和范围；

（3）排水沟的设置对中东部形成内流区有控制作用，建议适当降低排水沟高程，如将排水沟现在的设计高程（地面下3m）降低6m，则可避免在东部形成内流区（图19-9）。

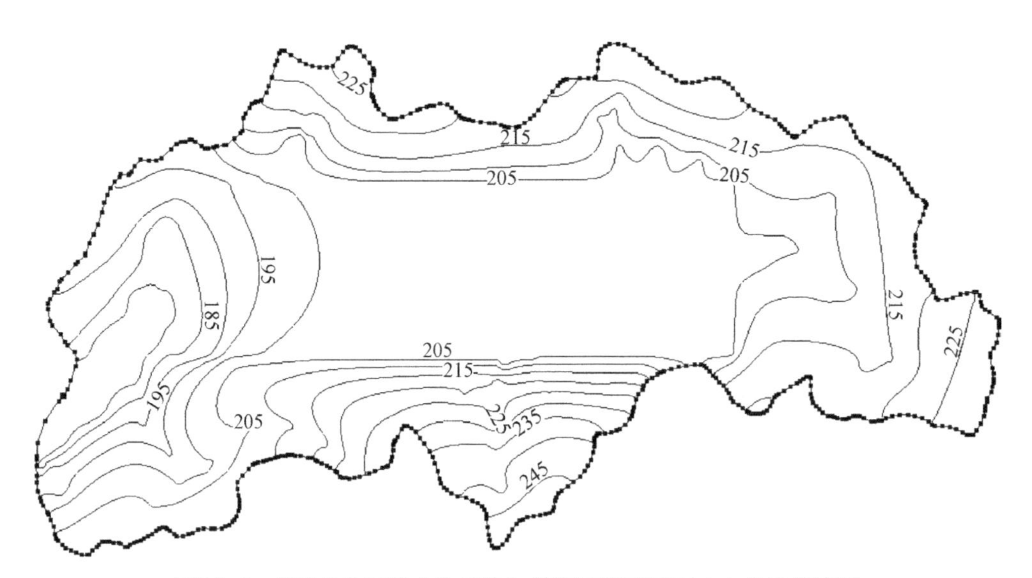

图19-9 场平条件下排水沟下降6m情况下稳定地下水水位等值线图

6. 核素运移预测

6.1 概念模型和数学模型

核素运移预测模型是在潜水非稳定流水流模型的基础上，考虑核素的对流、弥散和吸附，将其概化为统一的吸附阻滞过程。吸附是核素运移过程中与岩土固体颗粒达到平衡，遵循固-液分配规律，即分配系数（K_d）模型。假定核素在中部（P1）和东部（P2）边界点释放，O1和O2分别为处置区西部和东部边界的核素浓度观测点（图19-10），模拟计算保守性核素A（如HTO），弱吸附性核素B（如Sr）和强吸附性核素C（如Cs）500年的运移过程。

核素运移对流–弥散–吸附的数学模型及其定解条件为：

$$\theta R_{\mathrm{d}}\frac{\partial c}{\partial t}=-\nabla\cdot(\vec{v})+\nabla\cdot(\theta D\cdot\nabla c)+M \tag{19-3}$$

$$\begin{cases} c(x,y,0)=0 \\ c(x,y,t)\big|_{\Gamma 1}=\tilde{c} \\ -\theta D\nabla c\cdot \mathrm{n}\Big|_{\Gamma 2}=F_{\mathrm{D}} \end{cases} \tag{19-4}$$

式中，θ为有效孔隙度；R_d为核素运移的阻滞系数；c为溶质的溶解浓度；$\vec{v}$为达西流速；D为弥散系数张量；M为源汇项；t为时间；$\Gamma 1$指第一类浓度边界；$\Gamma 2$指第二类通量边界；$\tilde{c}$为已知浓度；F_D为已知通量；n表示第二类边界的法线方向。上式为溶质迁移方程，根据质量守恒定律推导而得，求解方法可采用有限元和有限差分等数值方法。

计算假定地下水中三种核素的初始浓度均为零，渗滤液中三种核素的浓度均为1g/L，渗滤液年补给量为250mm（面积为$14\times 12=168\mathrm{m}^2$，偏保守考虑），北、东、南三面和底部为零通量边界，西部出水口为自由通过边界，P1和P2点产生的渗滤液连续进入含水系统。见图19-10。

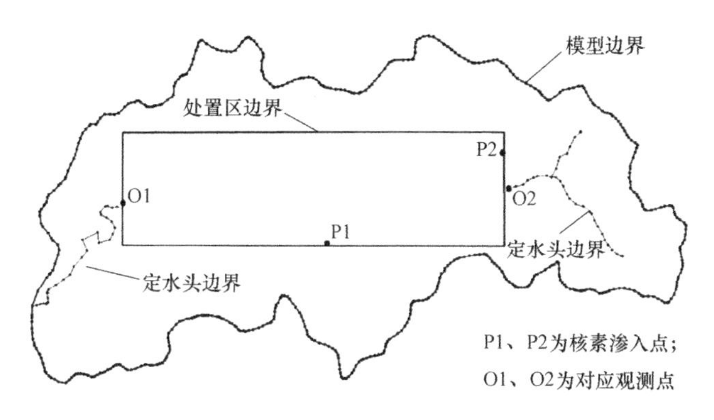

图19-10　核素释放点（P1、P2）和观测点（O1、O2）位置图

模拟条件同样分为自然和场平两种情况，初始输入参数如表19-5所示，采用MT3DMS，用有限差分法计算。MT3DMS是C. Zheng（郑春苗）和P Wang在MT3D基础上开发的第二代用于地下水中污染物运移的应用模拟软件，不但可以同时模拟地下水中多种污染物组分的物理迁移过程（包括对流、弥散、吸附等），

还可结合其他软件模拟组分在运移过程中发生生物和化学反应，由于具有易于使用、求解精确、快速便捷等优点，被诸多用户认可，成为目前世界上最为广泛的三维溶质运移模拟通用软件。

对流—弥散—吸附模型输入参数表　　表19-5

项目	山区渗透系数 k（m/d）	沟谷渗透系数 k（m/d）	给水度	有效孔隙度e	纵向弥散度 α_L（m）	分配系数K_d（ml/g）
A（HTO）	0.01998	4.025	0.293	0.3	2.8	0
B（Sr）						1×10^2
C（Cs）						44.4×10^4

注：弱吸附核素和强吸附核素的分配系数根据中国原子能科学研究院（2011）测试结果；纵向弥散系数 D_L 采用南京大学现场弥散试验数据，横向和垂向弥散系数均按纵向弥散系数的 0.1 倍取值。

6.2　自然条件下核素运移的计算结果

自然条件下，核素A约需5年由P1运移至中部沟谷；由P2运移至中部沟谷约需18年。约65年后核素A形成相对稳定的运移通道，其污染羽形状如图19-11所示，此后由渗滤液释放点经图19-11所示的运移途径排泄入中部沟谷，再随地表水流出场区。核素B和C运移500年后形成的污染羽仍被吸附在释放点附近，运移缓慢。根据分配系数计算的阻滞系数，核素B（R_B）为634，核素C（R_C）为28121，运移速度分别近似于核素A的1/634和1/28121。因此，核素B和核素C释放后主要吸附在固体介质上，不易运移形成污染。

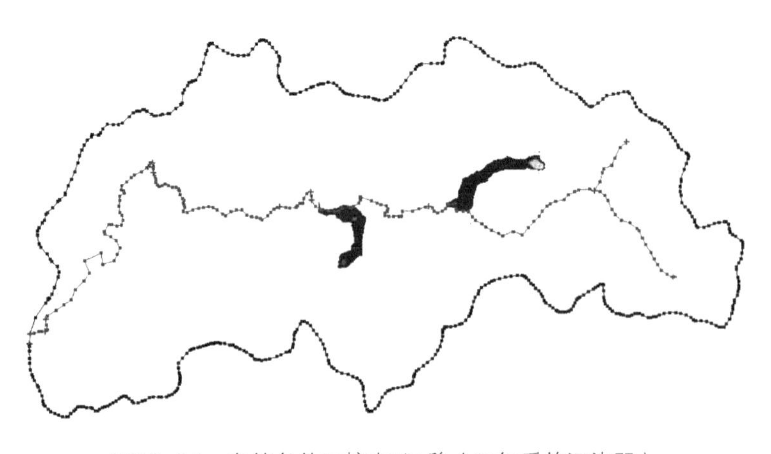

图19-11　自然条件下核素A运移（65年后的污染羽）

6.3 场平条件下核素运移的计算结果

场平条件下，由于中部沟谷回填压实后不存在地表水体，因此核素释放时仅在地下水系统中运移。在不考虑吸附的情况下，核素由P1运移到O1所需时间大约为210年，由P2运移到O2所需时间约为20年，如图19-12所示。

图19-13为O1点核素A浓度随时间的变化，从140年后开始增加，这是由于弥散作用加速了运移，随后，核素A的浓度逐渐升高，约300年后达到峰值。此时，由处置区上游运移补给的核素与由O1点排泄出区外的核素相等，反映了稳定的核素运移。O2点的情况与O1点类似，但因P2点到O2点的距离较近，故时间较短，浓度变化始于15年后，约80年后达到平衡（图19-14）。核素B和核素C由于绝大部分吸附于含水介质表面，其运移速度分别是核素A的1/634和1/28121，因而均未到达观测点。

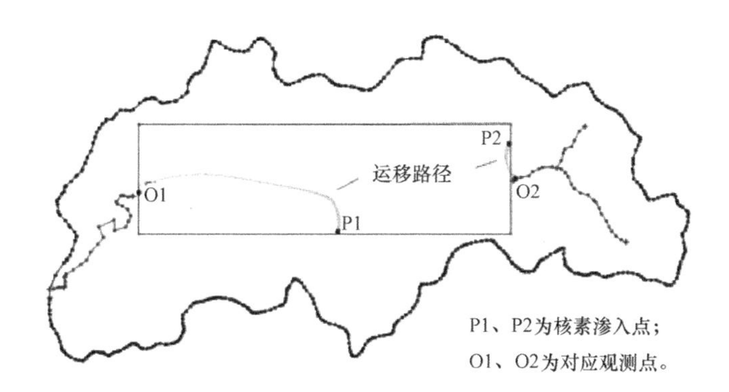

图19-12 场平条件下核素对流途径图，P1到O1约210年，P2到O2约20年

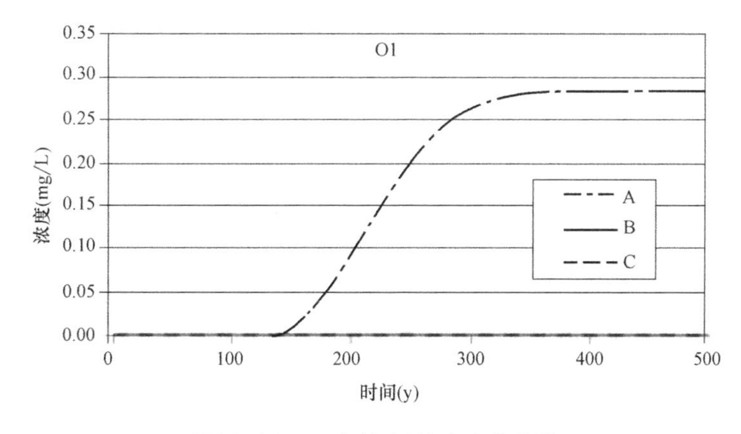

图19-13 O1点核素A浓度变化曲线
（核素B和核素C的曲线与X轴重合）

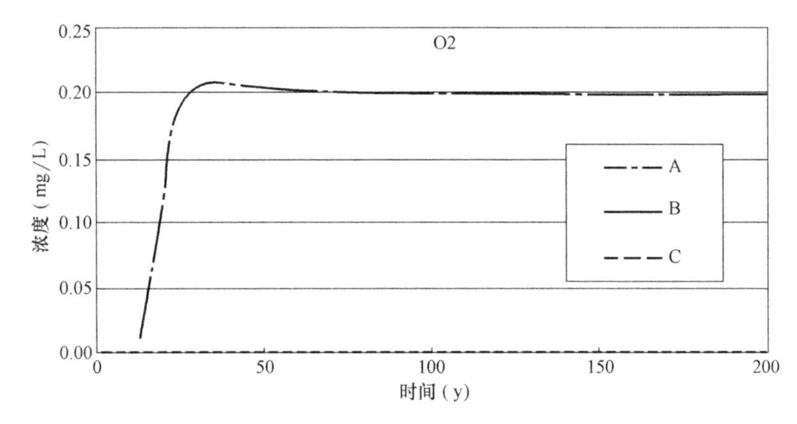

图19-14 场平条件下O2点核素A浓度变化曲线
（核素B和核素C与X轴重合）

图19-15～图19-17为核素A的污染羽不同时间的分布情况，核素在P1点释放13年后污染羽的前锋到达O2点（图19-15），163年到达西部处置单元边界的O1点（图19-16）。核素A的稳定污染羽分布如图19-17所示，东部P2-O2污染羽达到稳定的时间约为80年，而西部P1-O1污染羽的达到稳定的时间约为388年。

场平条件下核素B和核素C释放500年后的污染羽分布与自然条件一样，由于绝大部分被吸附转化为固相，故运移速度缓慢，污染羽很小，大部分核素仍滞留在释放区附近，导致放射性污染的可能性很小。

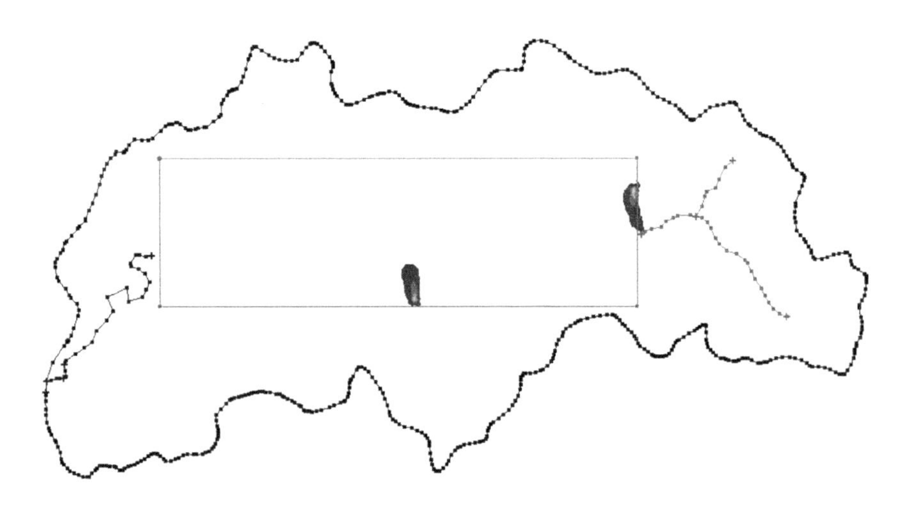

图19-15 场平条件下核素A运移13年到达东部边界污染羽形状

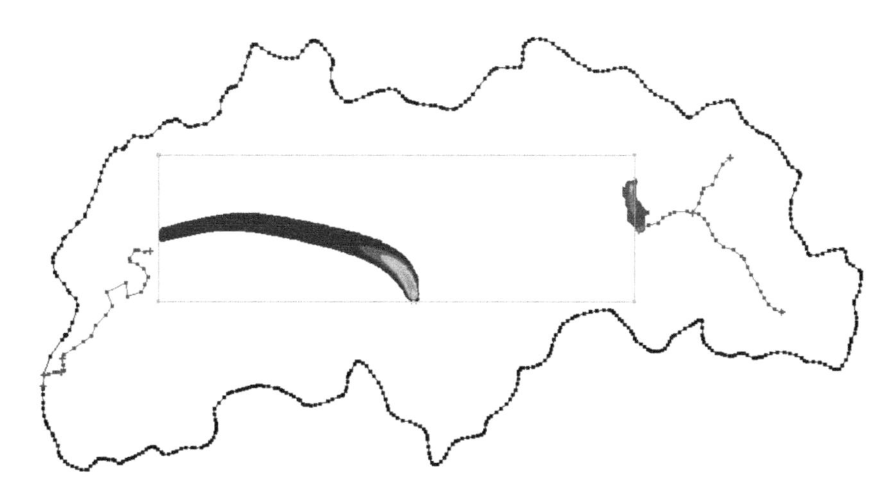

图19-16　场平条件下核素A运移163年到达处置单元西部边界污染羽形状

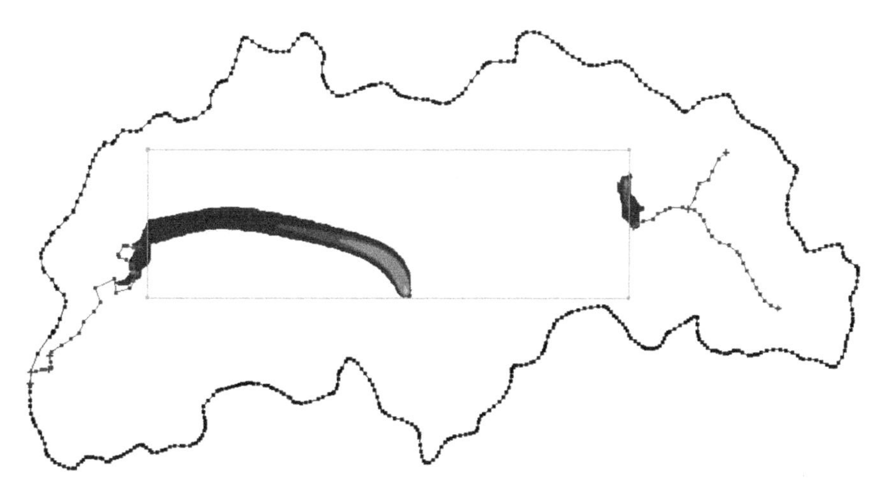

图19-17　场平条件下核素A运移388年后形成的稳定污染羽

对流－弥散－吸附模拟研究表明，相对于自然条件，场平条件由于增加了地下水流路径，减小了水力梯度，极大地降低了核素运移导致的污染风险。保守性核素A的运移过程主要由对流作用控制；弱吸附性核素B（$K_d \approx 1 \times 10^2$ml/g）和强吸附性核素C（$K_d \approx 4.44 \times 10^4$ml/g）的运移则主要受控于吸附作用。

核素长期运移污染羽预测和核素平均运移速度计算结果表明，保守性核素A平均运移速度较快（自然和场平条件下分别为54m/a和5.3m/a），自然条件下不适宜处置，场平条件可在场区中、东部处置。吸附性核素由于平均运移速度较慢

（小于0.08m/a），故在自然和场平条件下均可进行处置，其安全距离可根据吸附性核素的平均运移速度计算确定。根据吸附性核素Sr（$K_d \approx 1 \times 10^2$ml/g）和Cs（$K_d \approx 4.44 \times 10^4$ml/g）在场地含水系统中的平均运移速度，假定使用期限为500年，则应分别设置40m和2m的安全距离。

评议与讨论

1. 本案例的示范意义

本案例为低中水平放射性废物处置场遥田预选场区可行性研究阶段场地勘察及核素运移的预测。对放射性废物处置场的勘察研究，我国起步较晚，无论实践经验还是理论水平，与国际差距都很大，成为我国核燃料循环中最薄弱的环节。本案例之前，我国虽有甘肃玉门和广东北龙两个低中放处置场，但从岩土工程角度观察，勘察研究的深度都比较浅。本案例在查明水文地质条件的基础上，运用数学模型对地下水流和核素的对流－弥散－吸附进行预测，在我国还是第一次。

由于放射性废物对人类生存和生态环境影响极大，社会极为敏感，故世界各国都非常重视，积极实施核废物的处置，开展规划、选址、建设、管理以及基本理论的全方位研究。核工业产生的废物中，99%是低中放废物，1%是高放废物。高放核废物危害极大，需设置多重屏障，保证核素万年不向环境运移，而且还要让公众相信这样的处置是安全的。我国《高放废物地质处置研究开发规划指南》提出，从现在到2020年选择处置库场址，建成地下实验室；2020~2040年依托地下实验室开展现场实验；2040年开始建造处置库；2050年建成接收核废物，开始正式运行，并对公众开放。低中放废物虽然不如高放废物要求严，但数量大，计划今后几年在西北、西南、华南、华东、东北五个地区各建一个低中放废物处置基地。低中放废物处置场运行一般约500年，各国多采用近地表处置，也有采用地质处置。

核废物处置场的勘察研究涉及水文、地质结构、水文地质、岩相学、地球化学、数学等多种学科，核素在地质介质中的运移涉及对流、弥散和多种化学反应（吸附、沉淀等），问题极为复杂，难以量化，特别是大尺度、长周期的核素运移模拟技术尚未取得真正突破，亟待探索中提高。

为实现我国对控制全球温室效应的承诺，根据2020年中长期核电发展规划，我国将建成32个核反应堆，供应全国4%的用电。目前我国核电厂每年产生400多吨乏燃料，预计到2020年的积存量将达万吨以上，压力很大。开展低中放废物处置场的勘察研究任务迫切，经验极少，难度很大。本案例以遥田预选场区为依托，开展低中放废物处置场区勘察方法和核素运移的模拟研究，为我国类似项目的勘察研究提供理论依据和技术支撑，具有示范意义。

以本案例为依托，参考国内外其他类似工程经验，易树平主持编制了《低、中水平放射性废物处置场岩土工程勘察规范》，已于2014年5月正式发布，于2014年12月1日起实施执行。

2. 遥田处置场的适宜性

编者完全同意本案例主持人对遥田处置场适宜性的评价，理由如下：

（1）场地稳定，未发现断层，无崩塌、滑坡、泥石流、岩溶等地质灾害，远离强震区，以处置场为中心半径50km范围内未发生4.7级以上的地震，半径30km范围内无任何地震纪录。

（2）地处河流源头，流域面积仅0.8km^2。虽然当地雨量丰富，但无山洪隐患，地表水和地下水的补给量不大，且较为均匀稳定，便于排水沟的设计，利于保证处置单元与地下水之间有足够厚的包气带。

（3）地质构造和岩性简单，水文地质条件简单。北、东、南三面有花岗岩体作为地质屏障，底部有微风化花岗岩隔渗，仅中部有一溪沟及其冲积层导引地表水和地下水从西侧排出区外，水文地质单元独立、完整，便于模拟，便于分析，便于设计。

（4）除冲积层中局部有强透水土外，绝大部分岩土的渗透性微弱，水力梯度平缓，流速缓慢。场平后溪沟回填，无地表水流，地下水的水力梯度大大减小，进一步大幅度降低地下水的流速。

(5) 花岗岩及其风化物的矿物成分，有利核素的吸附。计算表明，运行期间万一发生核泄漏，弱吸附核素和强吸附核素基本上被固化在矿物表面，不会随地下水弥散。

(6) 本案例在模拟预测时，选取的计算参数偏于安全。例如溪沟回填土的渗透系数取2m/d，而处置场实际设计施工时，将严格选择料源，严格分层夯实，实际渗透系数必大大低于此值。处理场的平面布置、溪沟回填的高程、排水沟的设计等，优化的余地都不小。

因此，遥田预选处置场是一个难得的条件优良的场址，从岩土工程角度分析，没有任何足以颠覆的因素，建议尽快开展下一步工作。

3. 关于环境岩土工程

国际上发达国家的岩土工程，早在几十年前就转向以环境为重点，我国已严重落后，环境岩土工程还停留在少数高等学府和研究机构，产业单位基本上尚未涉及，差距很大。我国经过三十多年工业化的大发展，环境污染问题已非常突出，治理刻不容缓。现在，国家已将生态建设列入发展重点之一，全社会已经响彻了向污染宣战的号角，公众对污染也已不能容忍，深恶痛绝。因此，岩土工程重点转向环境的时机即将来临。本案例的低中放废物处置场只是个例，还有大量的垃圾卫生填埋、土石文物保护、污染土的调查和修复、矿山废弃物的恢复等，等待着岩土工程师去施展自己的才能。

岩土工程转向环境，除了法规和标准外，对岩土工程师来说，现在已经不是思想准备，而是知识准备和技术准备的问题了。传统的岩土工程关注的主要是强度和变形，环境岩土工程则更注重渗透和地球化学。岩土中污染物的运移，总是以水为主要媒介，以水为运载工具，经过岩土的裂隙和孔隙向环境扩散，因而渗透问题成为关注的第一重点。污染物在地下水中作为溶质存在，有溶解和沉淀问题；污染物在运移过程中有渗流和弥散问题；污染物与周围介质之间会发生相互作用，包括固体颗粒的吸附和吸收、与微生物、植物的生化反应等，污染岩土的降解和修复也与各种物理化学作用有关。勘察、设计、研究、治理、监测等，都要在传统岩土工程的基础上拓展，空间巨大而辽阔，前途光荣而艰巨，再学习已是摆在青年岩土工程师面前的迫切任务。

岩土工程典型案例述评20

深圳前海合作区围海造陆及软基处理工程①

核心提示

本案例为围海造陆和软基处理提供了一套示范设计方法，包括海堤、隔堤、场坪、道路、地铁保护带、过渡带的处理，沉降和固结度的计算、检测和监测的布置，沉降计算和工后沉降控制等全套经验，为同类型工程的设计提供了范例。

① 本案例由深圳市勘察测绘院丘建金提供，参加本工程的还有文建鹏、李爱国、张旷成、何其诚、高伟等。

案例概述

1. 工程概况

1.1 基本情况

前海合作区位于深圳西部蛇口半岛的西侧，珠江口东岸，地处珠三角区域经济发展主轴和沿海功能拓展带的十字交汇处，毗邻香港、澳门，由双界河、月亮湾大道、妈湾大道、宝安大道和西部岸线合围而成，占地面积14.92km^2。以铲湾路为界，铲湾路以南7.43km^{2}由招商局集团负责，已基本完成填海及软基处理。本案例主要是铲湾路以北部分，面积为7.49km^2，位置示意图见图20-1。

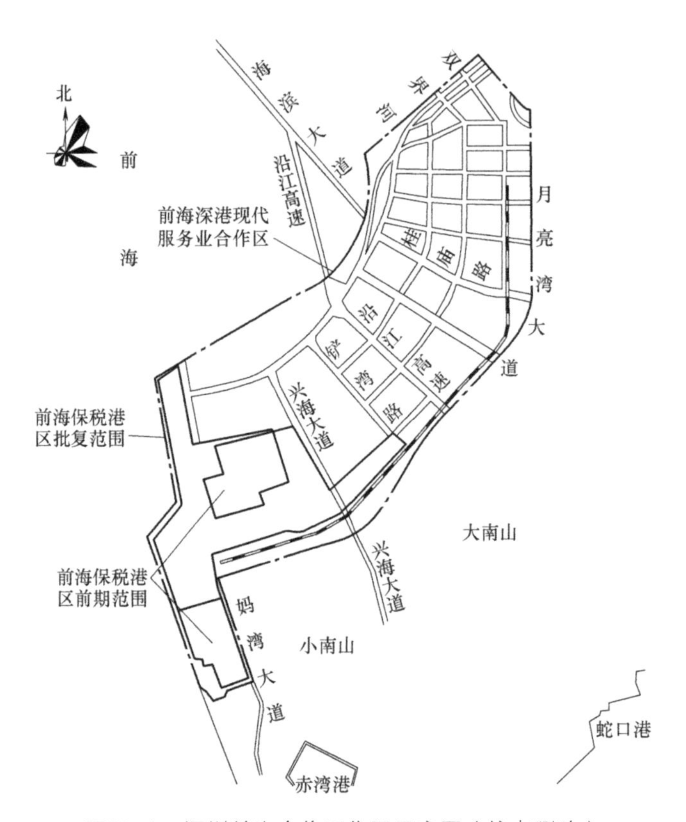

图20-1　深圳前海合作区位置示意图（编者删改）

长期以来，前海一直属于深圳西部边缘地带，主要发展港口、仓储、物流等功能。进入21世纪，随着深圳城市发展和产业结构升级，前海逐渐步入发展轨道。特别是2008年以来，明确定位为：借助香港服务业发达、国际化水平高的优势，在前海高起点、高水平地集聚发展现代服务业，推动珠三角及内地现代服务业的跨越式发展。

本工程原始场地为浅海区和蚝田，地面标高均低于平均海水位，且普遍分布厚达6.0～19.0m的淤泥和淤泥质土，围海造陆必须进行地基处理，在建设期消除绝大部分的沉降，将工后沉降控制在目标值以内。主要设计内容有：海堤的填筑和软基处理；大面积场坪的填筑和软基处理；场地内规划路网及相关市政工程的软基处理；地铁保护区的软基处理。

前海围海造陆设计从2005年10月开始，2006年3月完成初步设计，然后根据地块划分陆续进行施工图设计，至2012年12月完成全部填海及软基处理的设计与施工。

1.2 工程地质条件

前海合作区原始地貌为浅海及滨海滩涂，由陆域向海域倾斜，即由南东向北西方向倾斜。大致以振海路为界，以西为海域，海底较平缓，海底淤泥面标高-0.50～-1.50m，水深一般2～3m，最深约3.80m，平均海水深2.7m；振海路以东已经填土形成陆域。场区土层自上而下为新近人工填石、填土层（Q_4^{ml}）、第四系全新统海积层（Q_4^{m}）、第四系上更新统冲洪积层（Q_3^{al+pl}）和第四系中更新统残积层（Q_2^{el}）。软土地层为海相淤泥，厚度为0.40～12.50m，向东、向南厚度增加，大部分为6～15m，平均厚度约10m，典型地质剖面（东西向）见图20-2。淤泥的物理力学性质很差，具有含水量高（平均值达80%）、孔隙比大（平均值为2.2）、压缩性高、强度低等特点，主要物理力学性质见表20-1。

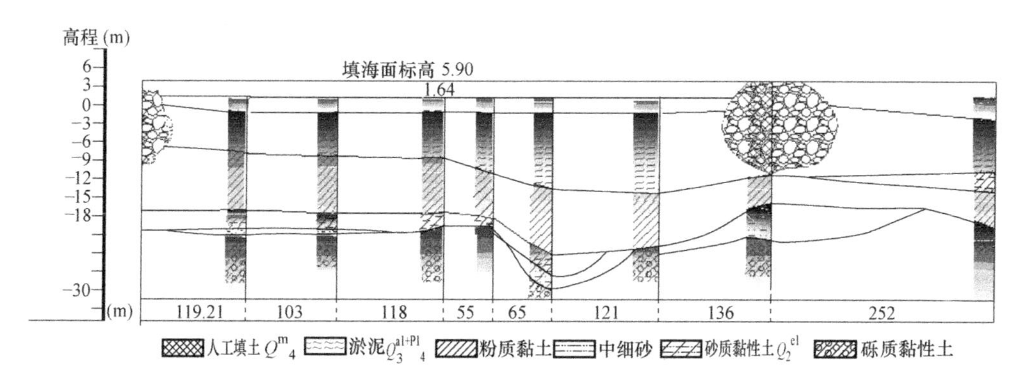

图20-2 典型地质剖面图（编者删改）

主要土层物理力学性质指标　　表20-1

层序	土名	含水量w(%)	天然密度ρ(g/cm^3)	孔隙比e	液限w_L(%)	塑性指数I_P	液性指数I_L	平均压缩系数$a_{0.1-0.2}$(MPa^{-1})	压缩模量E_s(MPa)	压缩指数C_c	固结系数(10^{-3}cm^2/s)		直剪　快剪	
											C_h	C_v	c(kPa)	φ(°)
(2)	淤泥	81.5	1.53	2.208	48.8	20.3	2.54	1.95	1.75	0.7	5.0	4.5	8.5	0.5
(3-1)	粉质黏土	28.7	1.93	0.8	38.6	15.8	0.4	0.37	5.47				31.1	13.1
(3-2)	淤泥质土	42.2	1.76	1.197	38.5	14.2	1.28	0.84	2.68				18.1	2.1
(3-3)	中、粗砂	16.8	2.07	0.504				0.28	6.84					25
(3-4)	砾砂	15.3	2.02	0.519				0.28	5.99					
(4-1)	砂质黏性土	29.8	1.86	0.87	38.5	12.8	0.34	0.47	4.24				28.7	17.4
(4-2)	砾质黏性土	33.3	1.81	0.984	46	14.9	0.22	0.54	4.11				26.2	15.6

注：上表值为统计的算术平均值，其中淤泥的物理性质统计了204组土样，力学性质统计了34组土样。

1.3　设计技术要求

场地经过软基处理之后应达到以下要求：

（1）海堤设计标准：200年重现期最高设计水位3.04m，一级水工构筑物，工后沉降小于15cm，差异沉降小于2‰。

（2）场区内主干道：车辆荷载等级按公路一级考虑，取BZZ-100，软基处理后工后沉降量小于15cm（20年使用期），差异沉降量小于1.5‰，纵、横向20m核算差异沉降小于3.0cm；交工时固结度大于90%；交工面回弹模量E_c≥25MPa；交工面地基承载力大于或等于140kPa；道路路基压实度（重型）路面下0～80cm大于或等于95%，80～150cm大于或等于93%。

（3）场区内一般建筑场地：软基处理后工后沉降量小于20cm（20年使用期），差异沉降量小于2‰，纵、横向20m核算差异沉降小于4.0cm；交工时固结度大于90%，交工面地基承载力大于或等于120kPa。

2. 总体设计思路

本工程围海造陆及地基处理面积巨大，施工顺序为首先进行外海堤的填筑，然后根据规划路网以及规划功能区填筑分隔堤，将整个填海区分割成每块

30万～50万m²的地块，再分别进行各地块软基处理、各规划道路及市政设施的软基处理（图20-3）。现分述如下：

（1）海堤工程：分为外海堤（西侧海堤）、内海堤（桂庙渠出海口岸堤）和临时海堤（双界河岸堤）。外海堤和内海堤均为永久性海堤，位于规划海岸线位置，为填石堤，采用超高填爆破挤淤法进行填筑，沉降稳定后再卸载强夯挤密。临时性海堤采用抛石挤淤法筑堤。

（2）隔堤（干道）工程：隔堤或称内隔堤或分隔堤，是填筑场坪的围堰。对已确定的道路及河道岸堤，施工期间作为临时便道，场坪填筑和软基处理完成后作为道路路基再加固处理，采用开山石（土）填筑。为消除工后沉降，对未落底的隔堤堤身采用强夯挤密法进行加固。对于尚未确定地块规划功能的隔堤，考虑到对后续工程的影响，主要采用大袋砂围堰方案。

（3）场坪填筑及软基处理工程：场坪填筑材料除了砂垫层以外（一般为1.0~1.5m厚），其余均为开山混合料和社会弃土。目的是将急待利用的留仙洞、安托山等残留山体的土石作为填海材料，可以消纳约2500万m³的开山土和石，还可消纳部分社会弃土。在规划为建筑场地的地段，对深厚淤泥区先施工砂垫层、插设塑料排水板后分层堆填；淤泥很薄的地段直接堆填挤淤后强夯挤密处理；规划为绿化的场坪或深厚隆起淤泥区采用真空预压预处理，然后直接堆填至设计标高。场区和新旧海堤、隔堤之间的过渡带采用砂石桩进行地基加固，以消除工后沉降及不均匀沉降。

（4）道路地基处理工程：主要采用复合地基方案，有搅拌桩复合地基、挤密砂石桩复合地基、管桩复合地基和强夯、强夯置换等。一般在隔堤位置的主干道，在填筑隔堤时经强夯或强夯置换处理后就作为路基，非机动车道可在场坪堆载预压时一并考虑；深厚淤泥区采用搅拌桩复合地基；松散填土地段主要采用砂石桩复合地基加固处理；淤泥滩地段也采用预压法处理路基。道路地基处理最关键的问题是不同工法之间的平稳过渡，避免产生剧烈的沉降变化。

（5）地铁保护区地基处理工程：前海片区最大的特点是在未经处理的淤泥中修建了地铁，而周边其他市政设施均未完善且地基未经处理，场地稳定性差，如何确保周边工程的实施不影响地铁的安全运营是一个很大的难点。为此专门划出1.2km²作为地铁保护区，在处理地铁周边地块的同时要保护好地铁。本设计中针对地铁周边的深厚淤泥采用了真空预压加固，以提高淤泥的强度，提高场地与地基的稳定性。对盾构区和明挖区分别采用了搅拌桩复合地基和刚性桩复合地基。

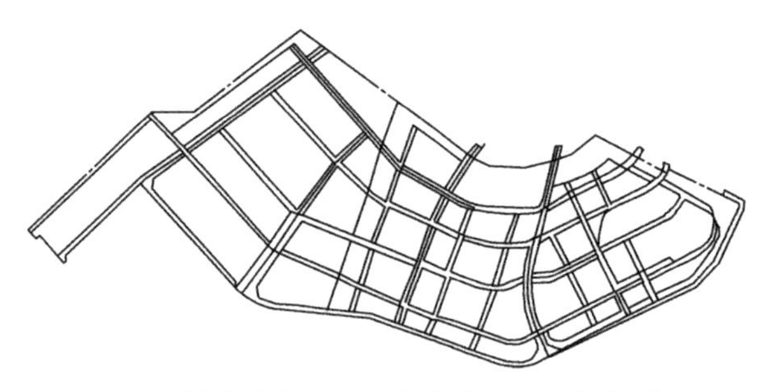

图20-3 前海合作区路网规划分区图（编者删改）

3. 围海填筑与地基处理

3.1 海堤填筑与地基处理

海堤位于外海海域及养殖鱼塘埂区，淤泥顶面高程为-1.64～0.9m，局部因挤淤效应隆起，淤泥顶面高程约3.0～4.0m，底面高程为-10.0～-4.77m，平均厚度约为10.0m，最厚处约15.0m。分布均匀，厚度较大，性质很差。

设计海堤总长约2370m，西侧为永久性海堤，总长约2056m；北侧为双界河岸堤，长约314m。海堤面临前海湾大海，海水深，不仅要承受场地堆载预压的推力，还要承受潮汐和波浪的冲击和侵蚀。设计为抛石斜坡堤结构，采用超高填爆破挤淤法进行软基处理。海堤抛石斜坡堤顶交工面高程为4.00m，先抛填到10.0m施加超载，填石堤顶宽度20.0m。淤泥面以上坡率为1：1.25，淤泥面以下转折点以上坡率为1：0.8，转折点在泥面以下H/3处（H为淤泥厚度），转折点以下边坡为1：1.0，底部一般形成一层泥石混合层，厚度不大于1.0m。堤头和堤的两侧进行爆破挤淤，待海堤沉降稳定后卸载到4.0m高程，再强夯密实处理。海堤结构断面见图20-4。

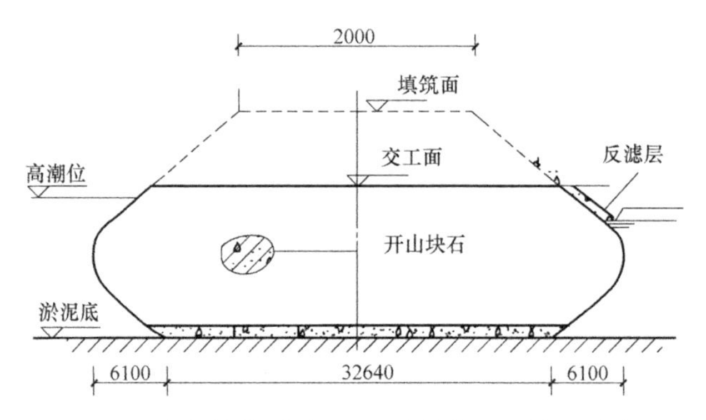

图20-4 海堤结构断面图（尺寸单位mm，编者删改）

3.2 隔堤（围堰）填筑与地基处理

（1）抛石围堰

隔堤既作为分区围堰，又作为场地填海地基处理的施工临时道路。为不影响后续地基处理，场坪隔堤基本沿着规划道路以及排水渠道岸堤布置，作为今后的道路路基，采用抛石挤淤填筑工艺。隔堤的顶宽为13m，堤身宽度（含隐伏于淤泥顶面下部分）以抛填时自然稳定状态为准，一般约20～30m；填筑厚度由海水深度和抛石挤淤的深度决定，一般为9～15m，堤顶高程为3.0m。堤身在填筑过程及使用期间将发生不同程度的沉降、移动，需及时补填开山石或风化砾石，以保持堤身完整和道路畅通，抛石围堰典型断面见图20-5。

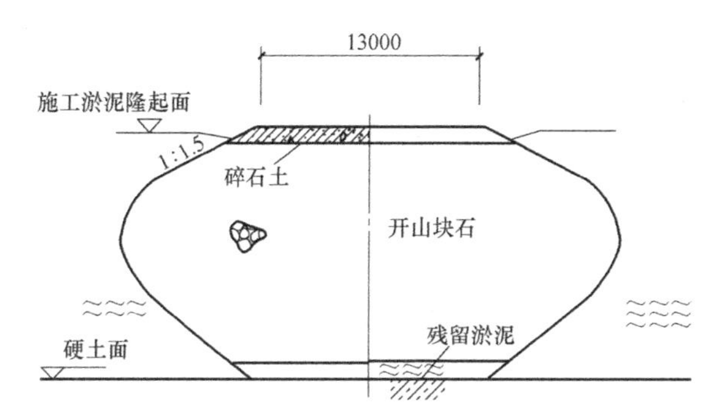

图20-5　抛石围堰结构断面图（尺寸单位mm，编者删改）

（2）砂被围堰

规划功能尚未确定的隔堤采用砂被围堰，既作为场地施工的临时道路，又不会影响后续开发建设。围堰顶设计宽度约为15m，围堰下固结排水板按正方形布置，间距为1.0m，穿透淤泥层进入以下土层至少1.0m。砂被围堰隔堤结构断面见图20-6。

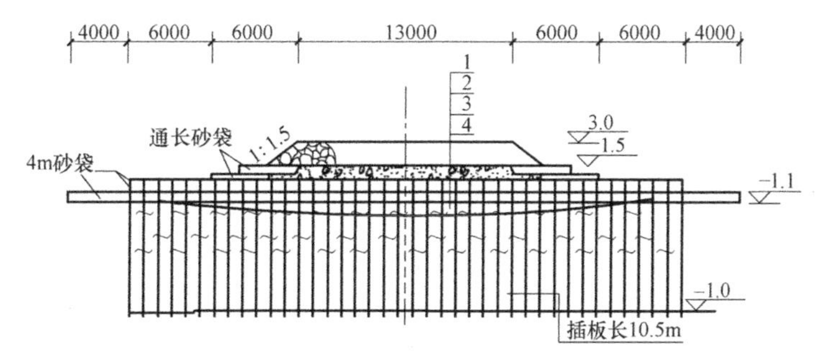

图20-6　砂被围堰结构断面图（高程单位：m；尺寸单位mm，编者删改）

1—填石；2—填砂；3—大砂袋；4—沉降量

3.3 场坪大面积软土加固

场坪大面积填海软基处理采用排水固结法。对已确定规划功能的建筑用地主要采用堆载预压，利用土石料分块堆载实施，总面积约为5.5km^2。局部采用真空预压，主要分布在规划功能为绿地的地段、地铁保护区周边地段、挤淤隆起地段，总面积约40万m^2。淤泥很薄的地段采用直接堆填挤淤后强夯挤密处理，面积约为1.0km^2。

（1）堆载预压排水固结法设计参数（以A地块为例）

对场坪建筑用地：插板间距1.0m，梅花形布置，砂垫层厚度约1.0m，总堆载厚度7.0～7.5m，满载时间220天，要求固结度大于或等于94%。

排水板长度以穿过淤泥进入下卧层不小于1.0m控制，加固深度约15.0m。

填土与淤泥之间采用砂井过渡带，砂井直径400mm，梅花形布置，间距1.5m。大面积填海及软基处理堆载预压剖面见图20-7。

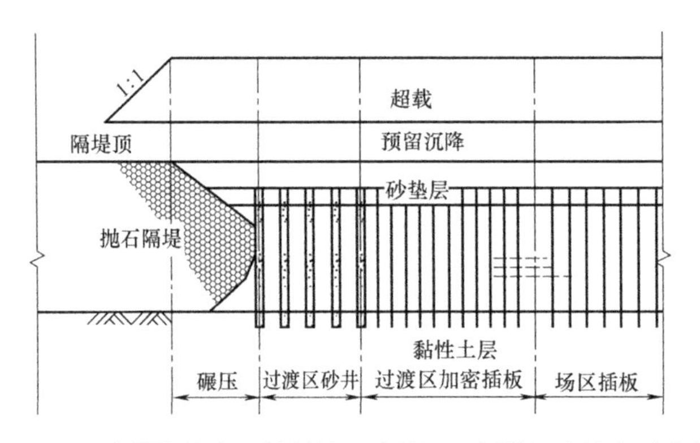

图20-7　大面积填海及软基处理堆载预压剖面图（编者删改）

（2）真空预压排水固结法设计参数（以D地块为例）

对场坪绿化用地：插板间距为1.0m，正方形布置，真空度80kPa，满载时间120天，要求固结度大于或等于85%。听海路、南坪快速路淤泥区联合堆载：插板间距0.9m，正方形布置，真空度80kPa，堆载厚3.0m，满载时间120天，要求固结度大于或等于90%。

插板长度以穿过淤泥进入下卧层不小于1.0m控制，加固深度约为15.0m。

为便于铺设真空膜和确保真空效果，将真空预压区分成若干个小区，每个小区约1.0万～1.5万m^2，布设真空泵10～16台，平均每1000m^{2}布置一台。主滤管、支滤管、真空泵、密封膜、真空压力观测点平面布置见图20-8和图20-9。

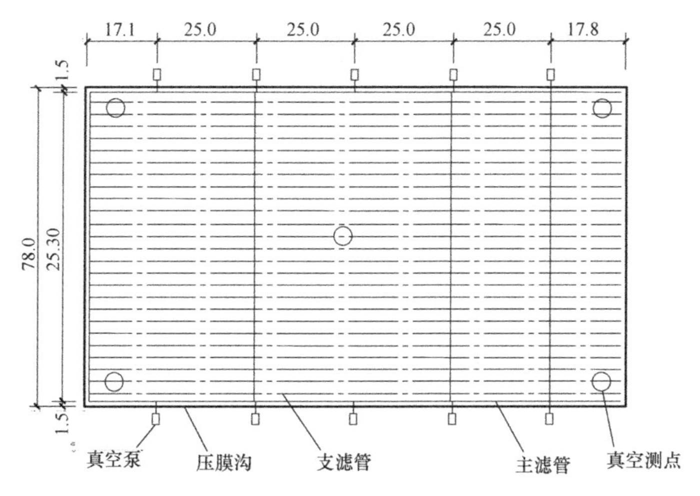

图20-8　真空管平面布置图（编者删改）

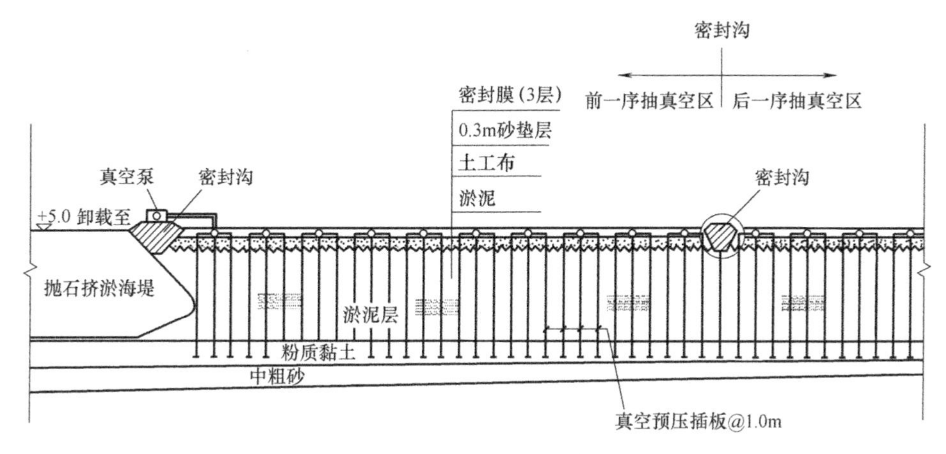

图20-9　真空预压典型剖面图（编者删改）

3.4　道路软基处理

道路软基处理主要采用复合地基法，包括搅拌桩复合地基、挤密砂石桩复合地基和强夯置换复合地基，检验效果良好。一般在深厚淤泥地段采用搅拌桩复合地基，先挖除淤泥换填素土作为工作面施工搅拌桩，局部填土区残留淤泥很厚地段，将顶面填石清理换填素土后施工搅拌桩，搅拌桩桩径为550mm，等边三角形布置，水泥掺入量15%～18%，桩底穿透填土和淤泥层进入下部土层不小于2.0m。在深厚的杂填土地段采用砂石桩复合地基，在表面杂填土上挖深2.0m施工砂石桩，桩径为480mm，间距为1.2m×1.2m，桩长要求进入淤泥底面下不小于1.0m，局部地段在砂石桩顶换填1.0～1.5m厚块石，并强夯加固，其上碾压至交工面。见图20-10和图20-11。

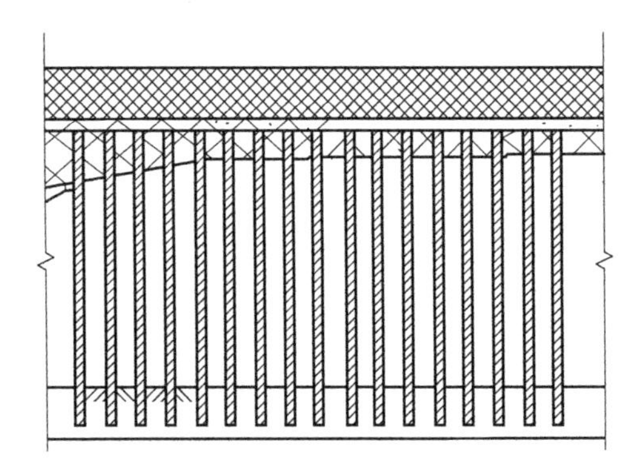

图20-10　搅拌桩复合地基（编者删改）

注：路基交工面标高4.5m，碎石垫层厚500mm，淤泥底板标高-8.0m，搅拌桩间距1200mm

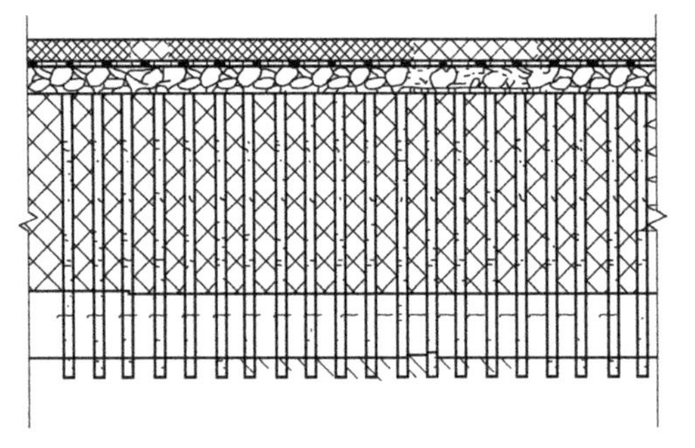

图20-11　砂石桩复合地基（编者删改）

注：路基交工面标高4.5m，填石面标高3.5m，清土面标高2m，砂石桩间距1200mm

在填土区与淤泥区交界处，对于上部填土（石）较厚和下部残留淤泥也比较厚的地段，为避免强夯区和复合地基处理区过渡带软硬不均匀而出现差异沉降，采用管桩复合地基的方法（图20-12），该法成功解决了已填土层中石块对其他工法的影响，有效控制差异沉降等难题，对淤泥区和填土区均适用。

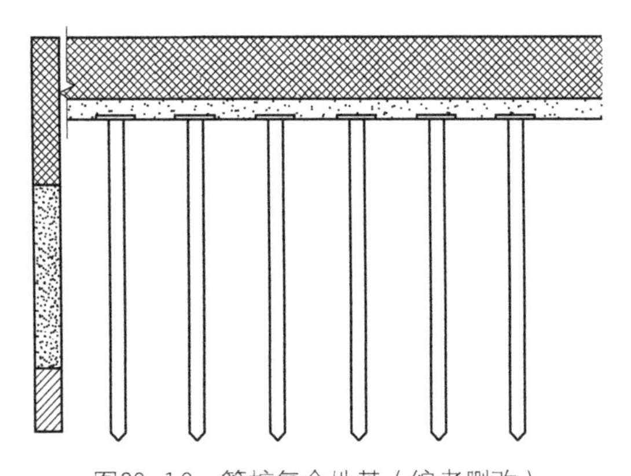

图20-12　管桩复合地基（编者删改）

注：交工面标高：4.2m，碎石垫层厚500mm，管桩直径300mm，间距2m

3.5 地铁周边场地软基处理

为准备深圳轨道交通二期工程建设，前海片区提前启动了地铁工程，在地块尚未进行软基处理，周边市政设施尚未形成时就先期进行地铁施工。已经建成的有地铁1号线鲤鱼门站、前海湾站、鲤鱼门-前海湾区间隧道、前海湾-新安区间隧道、前海车辆段上盖平台和地铁5号线前海湾站，即将完成的有前海湾-临海区间隧道。地铁周围分布大量淤泥层，稳定性很差，在自然和人为活动影响下对已经建成的地铁结构造成很大的安全威胁。为了保证通车后地铁结构不遭到破坏，影响运营安全，迫切需要启动前海北区地铁沿线的软基处理工程，尽快在地铁沿线构筑有效的保护区。

软基处理的具体要求为：工后沉降不大于20cm（桥头、涵侧不大于10cm）；差异沉降小于1.5‰；纵、横向20m核算差异沉降小于3cm；交工面回弹模量大于30MPa；深度0～0.8m的压实度大于93%；深度0.8m以下土层的压实度大于90%（重夯标准，下同）；交工面高程为5.0m和7.0m（黄海高程）；交工面承载力不小于120kPa。

（1）道路下存在盾构区间的路基处理

在现状淤泥面上进行真空预压，预压结束后挖淤平整至2.0m高程，铺设1.0m厚素土垫层，确保施工工作面为2.5m高程，然后施工搅拌桩。局部残留填土区先将顶面填石清除，换填素土后再施工搅拌桩。桩径为550mm，桩顶高程为2.5m，桩长穿透人工填土和淤泥层进入下卧层不少于1.5m。再开挖至2.0m高程，将桩顶0.5m桩头清除，铺设碎石垫层分层振动碾压密实。碾压第一层回填土后，除打设空桩地段外，满铺第一层土工格栅，碾压第二层回填土后满铺第二层土工格栅，上部分层碾压至交工面，见图20-13。

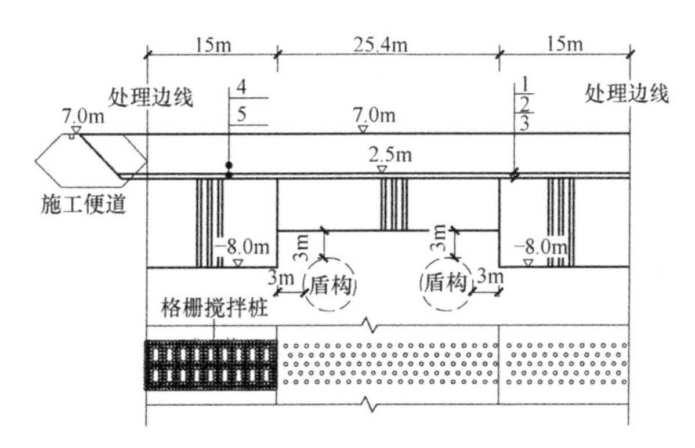

图20-13 地铁盾构段软基处理加固剖面图（编者删改）

1—处理交工面；2—碎石垫层面；3—桩顶；

4—回填碾压路基土；5—碎石垫层，厚0.5m

（2）道路下是地铁车站的路基处理

前海湾站、鲤鱼门站采用明挖施工，排桩支护（局部连续墙支护）。车站已经施工完毕，为刚性结构，沉降很小，而道路两侧为未处理的杂填土，沉降很大。为减少道路横向的不均匀沉降，在道路机动车道内采用PHC桩处理，桩顶采用钢筋混凝土联系板，非机动车道采用砂石桩复合地基，见图20-14。

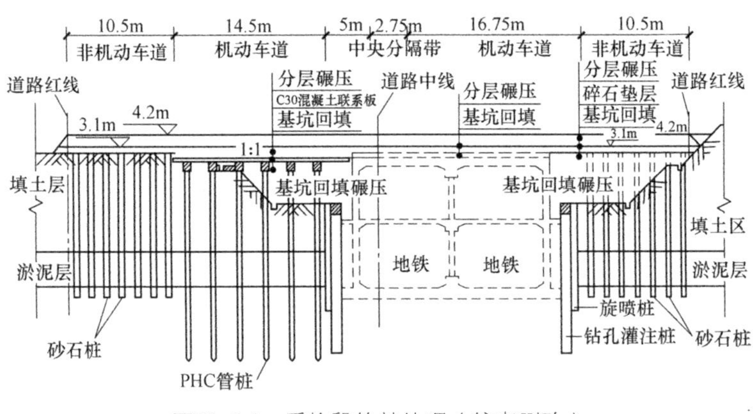

图20-14　盾构段软基处理（编者删改）

3.6　过渡带处理

过渡带按以下几种情况分别处理：

（1）场坪堆载区与隔堤过渡带：大面积场坪地基处理在填土（石）区主要采用强夯处理，而鱼塘等淤泥隆起区采用插板堆载预压。一般设置15～20m宽过渡带，采用碎石桩与插板堆载预压法处理，靠近隔堤部分采用碎石桩法，靠近场坪部分采用插板堆载预压法。插板堆载预压作为一种处理过渡带的方式，应比场坪堆载预压固结稍快以达到沉降过渡的目的，用加密插板间距或加高超载高度实施，效果良好。

（2）不同工法之间的过渡带：复合地基处理各工法之间的过渡，采用调整桩间距和桩长布置的办法，实现衔接处的地基刚度“由强至弱、由弱至强”的过渡模式，并在衔接处两侧一定范围内铺设双层土工格栅，以加强地基整体性，达到调整不均匀沉降的目的。在不同桩型两侧设置20m宽过渡带，如砂石桩与搅拌桩之间的过渡，砂石桩由疏至密向过渡带布桩，搅拌桩由密至疏向过渡带布桩，然后在桩顶铺设碎石褥垫层并设双层土工格栅，形成桩网结构。在振海路软基处理中，为避免强夯区和复合地基处理区过渡带软硬不均出现差异沉降，采用了管桩复合地基的过渡处理方法。该法成功解决了填土层中石块等对其他工法的影响，有效控制了差异沉降等难题。

（3）已建刚性结构与道路的过渡带：前海合作区内已建地铁工程有车站、车辆段、明挖和盾构区间等地下构筑物。地铁车站采用了明挖支护，而邻近为未处理的杂填土和淤泥，差异沉降非常突出。采用了预应力管桩加桩帽和桩顶联系板方式处理软土路基，既保护了地铁安全，又确保了道路机动车道由于基坑开挖而造成的不均匀沉降。桩间距为2.5～3.0m，桩长15～30m，桩顶联系板厚30cm，其上分层碾压路基土至设计标高。

4. 沉降计算与工后沉降控制

软土在竖向荷载作用下的沉降由以下三部分组成：

$$s(t)=s_c(t)+s_s(t)+s_d \tag{20-1}$$

式中 $s(t)$——时间t的总沉降；

$s_c(t)$——时间t的排水固结沉降，或称主固结沉降；

$s_s(t)$——时间t的次固结沉降；

s_d——瞬时沉降。

对于大面积填海造地工程，瞬时沉降量可达几十厘米甚至是一米以上，这主要是因为表层2.0～3.0m的淤泥含水量和孔隙比非常大，呈“浮泥”状，但又难以计算，故取经验值。

主固结沉降在总沉降中占主要部分，通常用下式表示：

$$s_c(t)=s_cU \tag{20-2}$$

式中 U——时间t的固结度；

s_c——最终沉降。

规范推荐采用土工试验e–p曲线估算最终沉降量，但由于勘察报告缺少包括小压力在内的e–p曲线，故本工程采用由e–lg$p$曲线求得的压缩指数C_c计算。根据深圳滨海地区预压加固工程实测资料反算，压缩指数C_c取0.7~0.8较为合适。对于含水量平均为80%，孔隙比大于2.2，表层回填土厚度为4.0m左右的场地，实测固结沉降量一般为淤泥厚度的20%~30%，比计算值稍大，这是由于实测沉降中包括了下卧层的沉降量，而上述计算中未包括。经估算，下卧层沉降量为20～30cm。

次固结沉降是软土在竖向荷载作用下，随着时间的推移，土体蠕变变形引起的沉降。次固结沉降在总沉降中所占比例较小，根据深圳地区实测资料，按30年计，软土次固结沉降约为主固结沉降的3%~5%，故工程设计时，通常在主固结沉降计算的基础上，用经验系数修正解决。

沉降计算时应注意以下两个问题：

（1）参数选取问题：按$e-\lg p$曲线C_c计算沉降是欧美国家常用的方法，计算结果较按$e-p$曲线稍大。其中最关键的是C_c值的确定，应按足够数量的$e-\lg p$曲线或根据实际工程沉降观测数据反算求得，深圳滨海软土的C_c一般取0.7~0.8较为合适。

（2）超载量的确定：根据深圳工程经验，采用加密排水板或超载2.0~3.0m的方法比较有效。但计算时以下三种荷载不应计入超载，而应作为附加荷载：一是因软土固结沉降而预留的堆载量；二是软基处理交工面与实际地面标高不同的堆载量；三是地面以上使用荷载折算的堆载量。

由于海堤、路基与场坪地基处理方法不同，各地段地质条件不同等因素，引起的差异沉降很难控制。为减小差异沉降的影响，本工程主要采用搅拌桩、砂石桩等复合地基处理方法来调节差异沉降。

为控制工后沉降，需严格掌握堆载卸载的时间。本工程主要根据总沉降量、推算固结度以及沉降速率综合确定，一般掌握最后10天的平均沉降速率小于0.5mm/d可以卸载。为减少工后沉降，主要采用增加超载或延长满载预压时间的措施，如计算满载时间约180天，而现场实施时间为210~250天。对于工后沉降要求很严的场地，则先对淤泥进行真空预压预处理，再用搅拌桩复合地基处理。

5. 实施效果

5.1 监测

施工监测和检测是验证设计施工是否成功的主要手段，因此前海合作区围海造陆及软基处理设计时布置了大量的监测点。监测项目包括：浅层沉降、分层沉降、孔隙水压力；检测项目包括：地基处理前后的静力触探、钻探、土工试验、静载荷试验、十字板剪切试验、密实度检测等。

以A地块的监测结果为例：共布置浅层沉降板25组、分层沉降标2组、孔隙水压力3组、深层位移2组。观测时间自2010年8月3日开始，至2011年8月26日完成，共388天。累计沉降量介于970.9～2438.2mm之间，平均累计沉降量为1731.0mm，最后1个月日平均沉降量为0.36mm/d。监测结果表明：

（1）加载期固结沉降较快，孔隙水压力及地下水位变化明显，各监测点沉降数据以近似直线发展，但对应于每一级加荷都有较大的变化，反映了淤泥对加荷极为敏感，加荷间歇期曲线没有转缓，呈现出在直线下降过程中对应于加荷的台阶；

（2）满载预压初期的沉降曲线仍以较大速率发展，1～2个月后开始转缓，3～4个月后才逐渐趋于平缓，但仍以一定速率发展，变化速率减少缓慢；

（3）截止监测结束日，各点监测数据已趋于稳定，固结度满足要求，实际沉降量与设计计算沉降量基本一致。

5.2 加固前后淤泥物理力学性质变化

实测表明，淤泥各项指标（平均值）均有大幅度提高，含水率和孔隙比降低了23.1%~26.6%；标准贯入锤击数增加了2.75倍；十字板强度原状土提高了1.7倍，重塑土提高了将近一倍。各项指标加固前后的变化见表20-2和表20-3。

加固前后主要软土层物理力学特性指标　表20-2

项目	含水率w（%）	重度γ（kN/m³）	孔隙比e	压缩模量E_s（MPa）	直剪快剪		标贯击数N
					c（kPa）	φ（°）	
加固前	81.5	15.3	2.208	1.75	8.5	0.5	0.8
加固后	61.2	16.2	1.621	2.24	14.0	4.1	3.0
变化率（%）	-23.1	6.0	-26.6	28.0	97.2	64.0	275.0

加固前后主要软土层十字板强度对比　表20-3

统计项目	原状土抗剪强度c_u（kPa）		重塑土抗剪强度c_u（kPa）	
	处理前	处理后	处理前	处理后
统计数	74	20	67	20
范围值	1.86~7.12	3.62~39.14	0.38~2.20	7.5~15.3
平均值	5.94	16.10	2.62	5.21
增长率		171%		98.9%

5.3 工后沉降和固结度

根据25个观测点的实测沉降，用三点法和Asaoka法预估的最终沉降。按三点法计算的工后沉降为11.3~18.5mm，平均约15mm；按Asaoka法计算的工后沉降为21.7~66.2mm，平均约44mm。满足工程要求。

根据26个观测点的实测沉降，三点法和Asaoka法预估最终沉降，按三点法计算的交工时固结度为98.0%~99.9%；按Asaoka法计算的交工时固结度为97.6%~99.5%。满足工程要求。

5.4 分层沉降监测

在淤泥的上部、中部、下部和黏土中，分别埋设了4个沉降观测磁环，分层沉降观测点FC-1、FC-2的监测结果见表20-4。

分层沉降监测统计表 表20-4

监测点号	磁环位置	累计沉降量（mm）	占总沉降比例（%）
FC-1	淤泥上部	482.9	46
	淤泥中部	342.2	32
	淤泥下部	177.3	17
	黏土中	58	5
FC-2	淤泥上部	495.7	48
	淤泥中部	318.5	30
	淤泥下部	175.3	17
	黏土中	53	5

由表20-4可以看出，浅层淤泥发生的沉降占总量的46%~48%，说明沉降主要发生在浅层；下部淤泥和黏土发生的沉降占总沉降量的22%，说明下部淤泥和黏土层仍有一定的压缩性，主要是由于淤泥与黏土交界面附近比较软，压缩性比较高之故。

实际沉降量与设计计算沉降量基本一致，平均沉降量为1.7m左右，约为平均淤泥层厚度的15%～20%。

5.5 总体效果

实测结果表明，该工程采用的软基处理工法加固效果明显，预压荷载大小、均匀性、稳定性、排水固结消除的沉降量、达到的固结度等，均达到设计要求，各项指标的规律性符合被加固软土的特性，加固效果明显，充分说明该工程软基加固设计和施工取得了成功。

目前，前海合作区的围海造陆及软基处理已经全部完工，正在进行基础设施建设。计划到2020年，将建成基础设施完备、国际一流的现代服务业合作区，形成结构合理、国际化程度高、辐射能力强的现代服务业体系，聚集一批具有世界影响力的现代服务企业，成为亚太重要的生产性服务业中心和全球服务贸易重要基地。

评议与讨论

大规模的围海造陆，国际上始于荷兰，我国率先实施的是香港，我国内地最早实施的是深圳，现已普及到沿海不少地方。深圳的围海造陆基本上沿袭了香港的做法，从规划、设计、施工、监测到验收，都很规范，效果也好。

本案例填海面积巨大，淤泥层较厚（平均10m），含水量很高（80%），有相当大的难度；采用的工法很多，填筑海堤和隔堤有抛石挤淤、超载抛石爆破挤淤、砂被围堰，大面积场坪软基处理有堆载预压排水固结、真空预压排水固结、联合排水固结、直接堆载挤淤，过渡带和其他特殊地带有强夯法、搅拌桩复合地基、砂石桩复合地基、强夯置换复合地基、管桩复合地基，地铁车站和区间周边采取了专门工程措施。因此，本案例具有很强的典型意义，值得同类工程借鉴。设计因地制宜，根据具体条件区别对待，精心设计，精心施工，值得同行学习。

围海造陆技术的难点主要在于淤泥的处理，处理得不好可能给后续工程建设造成长期隐患，例如：

（1）堆载挤淤或抛石挤淤没有落底，残存较厚淤泥，因而地面长期持续沉降，且再处理的难度很大，甚至造成海堤失稳和长距离飘移；

（2）大面积场坪软基处理不到位，工后沉降远超预期，不仅需大面积补方，而且造成建筑工程、市政工程等城市建设难以处理的隐患；

（3）填筑体不同工法之间、软基处理不同工法之间、挤淤形成淤泥包等，如果处理不好，均可产生严重的不均匀地基。

（4）填筑过程中应注意控制填料，不得采用淤泥和有机质填料、可能造成环境污染、危害人体健康的填料；建筑区严禁填筑块石，以免影响后续工程建设。

现在有些地方围海造陆，盲目追求进度，不讲科学，甚至不做论证和设计就仓促施工，酿成严重后患，应当好好学习本案例的经验。

工后沉降业主最为关心，也是软基处理设计计算的重点，虽然已有规范的计算方法，但仍发现有些工程实测与预估差别较大，学术界和工程界也有一些争议，值得岩土工程界关注。2005年时，编者收到招商局蛇口工业区林本义先生一份十分宝贵的资料，基本情况如下：

蛇口某填海工程面积7万m^2，淤泥平均厚17.4m，下为黏土和黏土含砂砾。淤泥含水量为69.2%，孔隙比为1.922，排水板间距为1.1m，正方形布置。由于某种原因，堆载预压达4年半后才卸载，因而积累了一批宝贵的实测数据。这些数据表明：总沉降为4912mm，沉降的收敛和固结度的增长明显比计算慢。譬如，满载8个月时，计算固结度为99.9%，按保守的固结系数计算也达97%，但随后3年8个月的沉降达313mm。是什么原因造成？可以想到的是次固结沉降和下层黏土的固结沉降，但林先生认为这不是问题的全部，还与计算公式中的β值有关。公式中的β是定值，林先生认为β随淤泥体积的压缩而减小。因而使计算固结度偏大，实际工后沉降超过预期。

预估工后沉降的难度包括两方面，一是固结系数、次固结系数等计算参数不易测准，甚至有较大偏差；二是还存在一些深层次的认识问题。例如：

（1）对主固结和次固结，学术界和工程界还有一些不同的理解。理论层面上可理解为，主固结是饱和土体受荷后超静水压力的消散进程，超静水压力消散完毕，土的主固结也就完成。超静水压力消散后，土体还会有因骨架蠕动而产生的变形，这就是次固结变形。而在工程实用层面上，一般根据s-lg$t$曲线判定主固结和次固结，二者不一定一致。

（2）目前次固结变形的实测数据很少。根据流变理论和实验，蠕变特性与应力水平有关，应力水平低时，蠕变随时间趋于稳定；应力水平高时，蠕变出现稳定流动。孙钧对上海淤泥质黏土的试验研究表明，应力水平超过0.03~0.1MPa时出现稳定流动，这也许是后期沉降大的原因之一。

(3) 林先生关于β值不是常数，在淤泥压缩过程中逐渐减小的看法很有道理。按一维固结问题解答：

$$C_v = \frac{k\ (1+e)}{a\gamma_w} \tag{20-3}$$

式中的渗透系数k、孔隙比e和压缩系数a，都是随淤泥的压缩而改变的，固结系数C_v值当然也会改变，且初期变化较大、后期变化较小，尤其是含水量很高、孔隙比很大的淤泥。但是，只有C_v为常数才能得到固结微分方程的解析解，否则，只能用数值解才能计算。

超载可以加速主固结，甚至使淤泥成为超固结状态，并减少次固结变形。超载越大，次固结发生的时间越迟，次固结系数越小，因而很多工程采用超载预压的办法减小工后沉降。

岩土工程典型案例述评21

攀钢弄弄沟溢洪道地质灾害治理①

核心提示

本案例报道了在地势非常陡峻、地质条件极为复杂、已多次发生大滑坡的斜坡上治理病害，面对汹涌的块石碎石流修造溢洪道的事例。治理过程中，采用压力灌浆锚桩固化破碎坡体，利用消力池、墩、墙等设施消能，柔性护坦抵御块石碎石流冲击，终于制服地质灾害，解决了在地层破碎、高差200m陡坡上建造溢洪道的难题，保证了攀钢至今十多年的安全。

① 本案例根据中国有色金属工业昆明勘察院李鸿翔、钱继彭、刘瑞昆提供《攀钢弄弄沟溢洪道地质灾害治理工程实录》编写。

案例概述

1. 地质灾害基本情况

攀枝花钢厂厂区西部排洪工程，于1972年完工，由工农水库、溢洪明渠及溢洪隧洞组成，承担上游22km²汇水面积的排洪任务，设计50年一遇的洪峰流量为156m³/s。原溢洪隧洞出口至金沙江岸边高差200m，平距120m，坡度达40°~60°。该地段地层主要为三叠系砂砾岩和中生代正长岩；隧洞出口地段正处于区域性断层F208和F209的交汇地带，岩体十分破碎。

由于在陡峻破碎的坡体上未敷设任何消能、导流设施，汹涌的洪水冲蚀并大量带走破碎岩体，造成坡体失稳。开始排洪即形成坡体大塌方，剪断排洪隧洞20多米。17年间排洪隧洞被剪断冲走达125m，并在隧洞出口北侧形成300m×150m的大型岩体滑坡，攀钢每年采取洞口清理、洞体加固等措施均未奏效。17年间发生4次大塌方，1984年大塌方冲入金沙江的碎块占据金沙江水面的三分之一。1988年滑坡继续活动，隧洞出口堵塞，近百方每秒的洪水返故道而下，造成原弄弄沟口地段电力、电信全部中断，攀钢西渣线停产，成都至格里坪的列车停驶，正开工兴建的攀钢二期原料场及水厂变成一片汪洋，带来攀钢二、三号高炉停产，一号高炉减产，攀钢为治理此次洪灾的直接经济损失达2000多万元。

对弄弄沟溢洪道地质灾害的治理，攀枝花市、攀钢曾几次邀请专家咨询研究，认为这是亚洲第二大洪害工程，存在地形陡峻，地质条件极差，洪水落差达200m等不利因素，滑坡整治、陡坡上敷设导流及消能设施的技术难度很大，一直未能形成有效而经济的治理方案。为适应攀钢二期建设的需要，攀钢曾准备另凿一条排洪隧洞，按1985定额计算需投资3000万元，施工期三至五年，施工技术要求高，若加上老溢洪道的临时治理，总投资约4000万元，但仍无法解决新隧洞施工期洪水安全排泄的难题。

面对汹龙逞威的地质灾害，为确保攀钢正常生产和二期建设，攀钢提出就地治理的决策，并委托中国有色金属工业昆明勘察院提出治理建议参加比选。为此，该院于1988年12月提交了《弄弄沟排洪隧洞出口地段处理建议书》，提出“稳住沟底、疏导洪水、削坡减载、治理滑坡、消除隐患”的方针和具体设想，得到攀钢领导的重视，要求提出相应设计方案。该院于1989年1月提出设计方案，并邀请国内专家进行咨询，攀枝花市、攀钢领导和同行专家进行了会审，完善了设计方案，接着该院承担了该工程勘察、设计、施工、监测的一条龙总承包。

2. 场地地质概况

该场地位于攀钢西渣场北尖山子北侧的冲沟中，冲沟左侧为正长岩和砾岩构成的陡壁，坡度60°~70°，坡高约70m；冲沟右侧有一大滑坡体。地下埋设有国家2201支线的弄弄沟隧道和攀钢巴关河渣场的弄弄沟隧道（图21-1）。

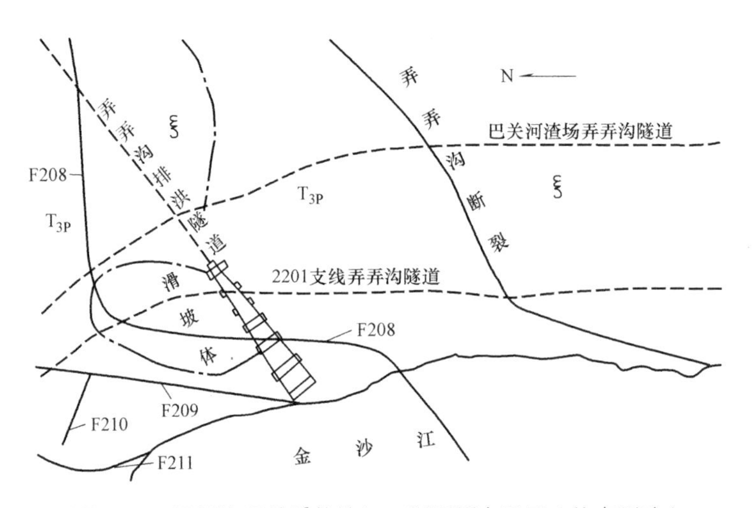

图21-1 弄弄沟区地质构造与工程平面布置图（编者删改）

场地内地层有第四系人工堆积炉渣及滑坡堆积块石，三叠系砾岩、砂岩和中生代正长岩。炉渣仅在冲沟口见到，厚约7.2m；块石成分为中等风化-微风化正长岩，粒径一般为20~80cm，混碎石、卵石和少量黏性土，松散-稍密状态，厚2.3~32.0m，分布于冲沟右侧和冲沟中；三叠系紫红色砾岩、砂岩为强风化-微风化，岩层产状为N40°~80°E/SE35°~60°，该层不整合于正长岩之上；中生代正长岩，灰-灰褐色，细晶结构，块状构造，中等-微风化，受构造影响，节理、裂隙十分发育，岩芯呈碎块状。岩层分布平面见图21-1，剖面见图21-2。

近场地区域有弄弄沟断层和F208、F209、F210、F211断层（图21-1），场地内有F208、F209断层通过。F208断层为逆断层，北端沿弄弄沟谷向北东方向延伸，并与区域性弄弄沟断裂相接，经本场地过金沙江向南西延伸。断层产状为N55°～77° E/SE39°～57°，上盘为中生代正长岩，下盘为三叠系砾岩，可见光滑断层面及构造擦痕。下盘为砾岩，破碎带厚10～20m，呈角砾状，含黏性土；上盘正长岩中节理裂隙十分发育，岩体十分破碎。F209断层为逆断层，发生于三叠系砾岩、砂岩中，产状N38°～70° E/SE30°～40°，出露于场地西侧，规模较小。

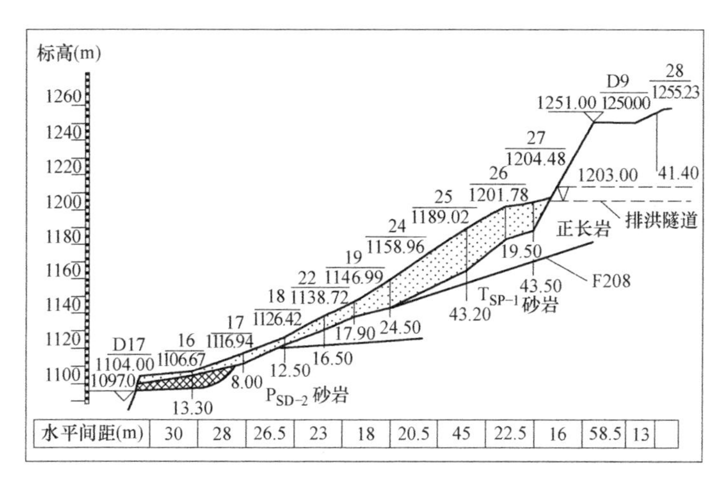

图21-2　场地地质剖面图（编者删改）

滑坡位于排洪隧道出口右侧，南北长130～300m，东西宽100～150m，高差约140m，滑体表面坡度30°～50°，可见多级滑坡台阶和拉张裂缝，后缘滑壁陡峭，高2～7m，拉张裂缝长30～40m，宽3～50cm。在大滑体上排洪隧洞出口的右侧，发育长约80m、宽约40m的二号滑体。由于F208和F209断层的多次活动，滑坡区岩层十分破碎。F208断层上盘正长岩呈块石状，而位于断层面附近下盘砾岩则呈土夹碎石、角砾状，雨水易沿破碎正长岩下渗至断层面，形成软弱结构面。1971年弄弄沟排洪线路勘察时，认为该地段为古滑坡，因规模小，无诱发因素，认为滑体处于稳定状态。但1972年排洪隧洞建成后，雨季开始排洪，在隧道出口下方陡坡上未设导流、消能设施，在冲沟洪水巨大动能的冲刷下，带走坡脚的碎块石，形成较大的临空面，导致沿F208断层倾向的牵引式滑坡形成。至1972年12月，已形成长约210m，宽26～88m的塌方区，随后17年雨季的洪水，坡前的碎块石被大量带走，滑体不断扩大，滑面已进入三叠系砾岩表层。

3. 治理方案设计与施工

治理方案本着“稳住沟底、疏导洪水、削坡减载、治理滑坡、消除隐患”的原则，结合地形陡峻、岩体破碎、每年均须满足排洪需要的实际情况，实行分期治理、分步实施、逐步完善的方针。治理工程布置的平面和剖面见图21-3和图21-4。

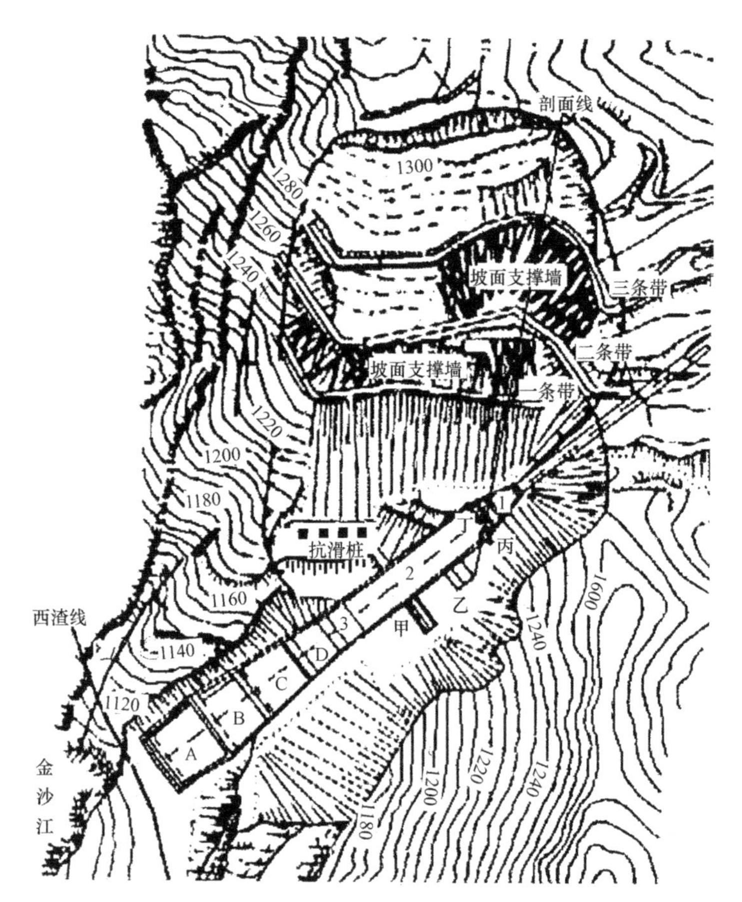

图21-3 弄弄沟溢洪道地质灾害治理总平面图（编者删改）

1—消力池；2—急流陡槽；3—末端挡墙；甲—甲墩；乙—乙墩；丙—丙墩；丁—丁墩；A—A护坦；B—B护坦；C—C护坦；D—D护坦

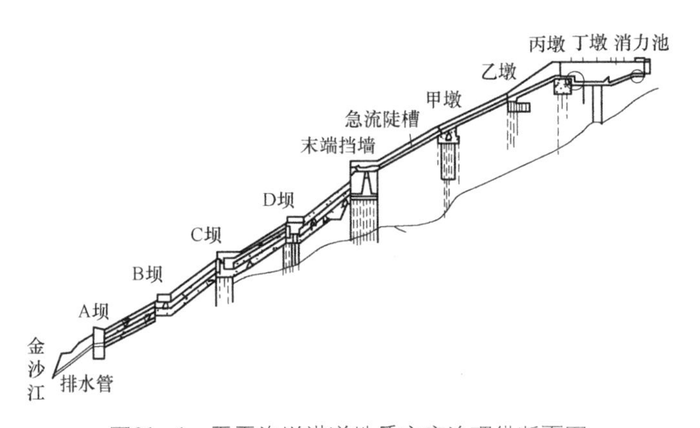

图21-4 弄弄沟溢洪道地质灾害治理纵断面图

3.1 根治滑坡

隧道出口右侧的滑坡是工程的最大隐患，必须根治。为此，在出洞口的右侧，滑坡的前缘设置4根沉井式抗滑桩，桩的截面尺寸为4m×5m，长边与坡向一致，桩长为10~18m，嵌入滑面下3.5~6m。在滑体的中上部设置3条压力灌浆锚桩带，锚桩长度为10~45m，穿过滑面进入稳定层5m。平面上以3m×3m的梅花形布置。一条带和二条带横向为3排，三条带横向为5排，间距为1.5m。自上而下进行压力灌浆，灌浆压力为0.2~0.3MPa，灌浆结束后孔内设置Φ28钢筋1根，用细石混凝土填实。锚桩顶部设置40cm厚的钢筋混凝土护面板。锚桩的剖面布置见图21-5。

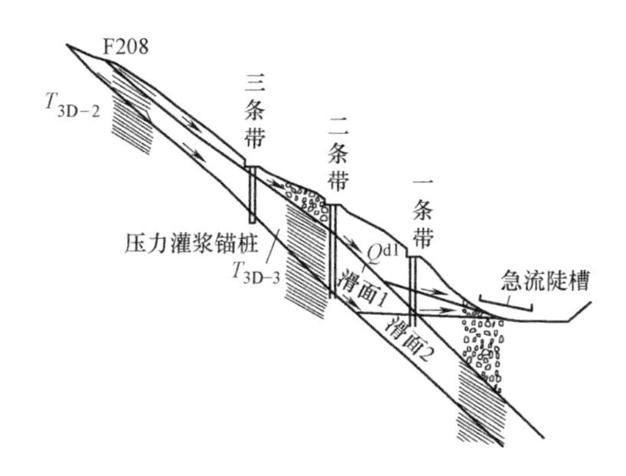

图21-5　弄弄沟溢洪道地质灾害压力灌浆锚桩治理剖面图

3条压力灌浆锚桩带之间的破碎坡面上，设置支撑墙稳定坡面。坡面支撑墙的做法为，在坡面上从坡顶到坡脚开挖X形的槽沟，宽度和深度均不小于0.5m，沟内用50号水泥砂浆的浆砌毛石回填。滑体后缘和中部设置排水沟，将坡面的雨水排出滑体之外。施工期间为防止地表水下渗，维持坡体稳定，减少坡面碎块石下滚，在坡面上喷射水泥浆。

以上根治滑坡的措施中，压力灌浆锚桩起了最关键的作用，经十多年洪水的考验，一直安全无恙。

3.2 溢洪道总体设计

从隧道出口至金沙江岸，整个溢洪道分为两段，上段在滑坡体上，下段在滑坡体外，总体布置的平面和剖面见图21-3和图21-4，现分别阐述如下：

排洪隧洞出口至滑体前缘有8～32m厚的碎块石堆积层，首先清理出排洪隧洞出口，使滑坡削方减载。在此段推出4个平台，每个平台上均设置压力灌浆锚桩加固坡体，锚桩深入基岩3～5m，桩径130mm，平面为3m×3m和2.5m×2.5m梅花形布置（图21-6）。成孔后用0.2～0.3MPa压力自上而下分段灌入水泥浆，将碎块石固结。灌浆结束后，下入ϕ28钢筋1根，并用细石混凝土将孔填实，钢筋顶部与排水构筑物底板联结。

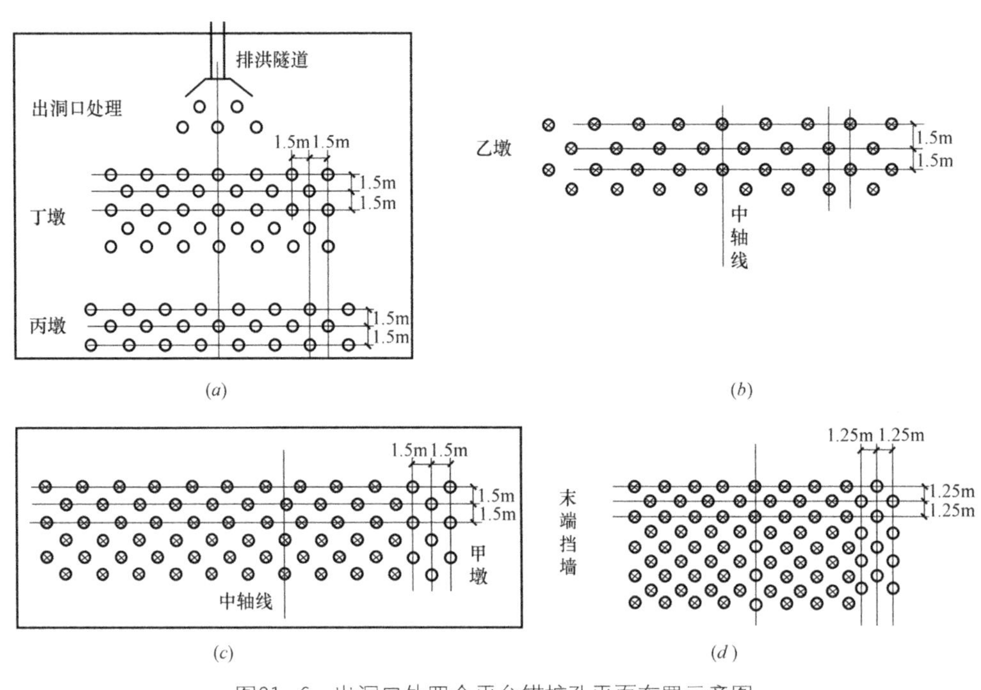

图21-6 出洞口外四个平台锚桩孔平面布置示意图
(a) 第一平台；(b) 第二平台；(c) 第三平台；(d) 第四平台

在4个平台上，自上而下分别构筑消力池及丁墩、丙墩、乙墩、甲墩、末端挡墙，这些墩、墙均有支撑排水构筑物和抗滑的双重功能。从丙墩至末端挡墙的急流陡槽，坡比达0.48，由于采取了上述加固措施，坡体得到了切实加强。

滑体外的溢洪道下段，即末端挡墙至金沙江边的陡崖间，从上到下构筑D坝、C坝、B坝、A坝和消力池，池与坝之间的斜坡上设置0.7m厚底板和框格式肋梁组成的护坦。这样，洪水排出隧道后，经消力池（池中设消力墩），从丙墩进入急流陡槽，在末端挡墙将洪水排出滑体，再经D、C、B、A柔性护坦、消力池逐级消能后，在A坝下池底标高上用8根ϕ1000mm的钢管送入陡崖下的金沙江。

3.3 抗御碎石块石冲击措施

按原设计条件，溢洪道过水为清水带砂，未考虑洪水可能携带块石、碎石。但1991年8月19～20日连续暴雨，进入溢洪道的洪水达30年一遇的流量，且挟带大量块石、碎石和泥砂，洪水后留在C护坦的块石长达1.3m，重2吨多，排洪隧洞底板上遍布0.8~1.2m的块石。由于洪水和泥石流的冲击，造成滑体范围扩大，出洞口左侧陡崖上发生大量坍塌，厚达80cm的急流陡槽底板局部被击穿，A、B、C、D护坦多处被砸烂。但据精密观测，已施工的各墩、坝、抗滑桩和灌浆锚桩带均未发现位移和沉降，说明并未伤及工程的根基。由于实际条件与原设计条件有了极大变化，故洪水后进行了第二次设计：加长了压力灌浆锚桩带，加厚了急流陡槽底板，表面采用钢纤维混凝土，末端挡墙进行了加固。对护坦，在其框格梁间设置了笼装块石，并加高了护坦底板以上肋梁高度：D护坦为1.56m，C护坦为1.37m，B护坦和A护坦为0.8m，前二者笼装块石为三层，后二者为两层，笼间用沥青浇筑固定，梁顶用角钢保护。笼装块石上铺设Φ25@200双向钢筋网片，组成柔性护坦。由于D坝、D池和C坝段有3～8m厚的块石堆积，故仍用压力灌浆锚桩加固地基；而在B坝、B池、A坝、A池、A护坦段，则清除碎块石，将基础砌筑于砂岩上。由于柔性护坦具有消能作用，且洪水及其携带的砂石不直接冲刷护坦底板，而冲刷钢筋网片和笼装块石，使护坦底板得到了保护。钢筋网片和笼装块石洪水时虽被冲刷破坏，但雨季后即可更换维修。图21-7为溢洪道柔性护坦示意图。

改进设计后，使溢洪道工程的洪水季节抗碎块石冲击的性能得到了根本改善。

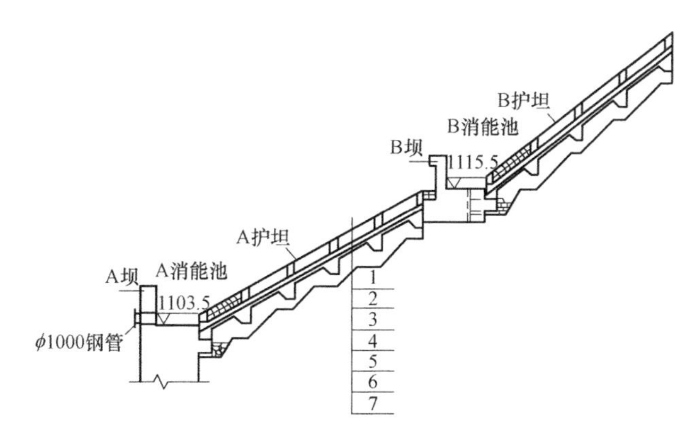

图21-7 弄弄沟溢洪道柔性护坦示意图（编者删改）

1—钢筋表面刷沥青；2—面层钢筋网，直径25mm，间距200mm；3—铁丝网石笼，笼间灌沥青；4—C30钢筋混凝土护坦底板，厚700mm；5—混凝土垫层，厚150mm；6—干砌块石；7—素土夯实

3.4 施工

工程施工分5年完成。1989年完成了滑体的削方减载，加固了出洞口，完成了丙墩、丁墩、消力池、乙墩和乙墩至丙墩之间的急流陡槽。由于5月中旬

开始大雨，边坡上的碎块石飞泻而下，施工只能中止，乙墩至A坝之间临时铺设笼装块石护坦。为防止临时护坦失稳和洪水大量下渗，在甲墩和末端挡墙平台上施工压力灌浆锚桩，在笼装块石表面充填砂浆。1990年完成了甲墩、末端挡墙、急流陡槽、A坝、B坝、C坝、D坝及消能护坦的施工。1991年完成了1号和2号沉井抗滑桩、第一压力锚桩带的施工。1992年完成了末端挡墙的加固，D护坦和C护坦的加固、A护坦和B护坦的修复、急流陡槽的修复加固、3号和4号沉井抗滑桩以及第二压力灌浆锚桩带的施工。1993年完成了A护坦和B护坦的加固、第三压力灌浆锚桩带、A坝至D坝之间的导墙以及坡面支撑墙的施工。

5年施工过程中均保证了顺利排洪，施工全部结束后经过一年运行，于1994年10月完成竣工验收，工程质量评为优良。

4. 治理效果

为进行工程监测和检验治理效果，于1989年初建立了精密测量控制网，1989~1994年对滑体、三条压力灌浆锚桩带、抗滑桩、各墩、各坝进行了位移、沉降观测，2000年5月~11月进行了12期观测，观测结论认为：

（1）第三平台以北地段的监测点位移，滑坡治理前的1989年个别点最大位移达800mm，处理后到2000年为17mm；

（2）第三平台及其以南治理范围内的22个监测点，每年各期的观测值有正有负，但三维变形量均小于允许值10mm，如丙墩上的W30、W31，1989年到2000年X向位移量为+1~+8mm，Y向位移量为-2~+4mm，H向位移量为-2~-8mm，结论为该22个点所处地段均呈稳定或稳定态势；

图21-8　弄弄沟溢洪道排洪情况（刘瑞昆，2013.7.12.）

（3）整个溢洪道工程均未发现裂缝及其他变形迹象，从竣工验收到2013年一直正常运转，图21-8为2013年7月排洪时拍摄的照片。

工程总结算造价为2454万元，扣除物价上涨因素及1991年洪水泥石流冲击后的修复加固费用，扣除保证施工期5年间雨季排洪临时措施费用后，折合1988年预算造价为1315万元，与当时新建排洪隧洞投资3000万元和老排洪洞的治理费相比，节约2800多万元，经济效益显著。

当年治理，当年顺利排洪，解决了另凿一条隧洞施工期间的排洪问题。特别是1991年8月发生30年一遇洪水泥石流的冲击，未给攀钢造成任何损失。若形成1988年那样的洪灾，攀钢的经济损失可达数亿元之巨。治理期间基本上解决了攀钢西渣线过沟延伸开辟生产应急渣场的难题，也保证了成都—格里坪2201铁路线、巴关河弃渣铁路线、西渣场铁路线的畅通，社会效益显著。

弄弄沟溢洪道地质灾害的治理成功，避免了洪水对破碎陡坡的严重冲刷和大量崩塌物冲入金沙江，保护了攀枝花地区金沙江的自然生态，环境效益显著。

评议与讨论

本案例难度极大。山高坡陡，洪水携带块石、碎石汹涌而下，又是断层交会，岩体破碎，发生过4次大滑坡，地质条件之复杂可想而知。在这样严峻险恶的条件下建造排洪工程，真让人望而生畏。本工程历时5年，中间还经历了一次30年一遇的大洪水，终获圆满成功，取得了经济效益、社会效益、环境效益的全面丰收。治理者真像在刀尖上跳舞，多么完美！多么壮丽！

治理成功的主要原因是主导思想正确，构思新颖，方法对路，至今已运行十几年，安全无恙。

固坡和消能是本案例的两大主题：削方减载、压力灌浆锚桩和抗滑桩是治理滑坡地质灾害的固坡措施；墩、墙、坝、护坦、消力池等是抵御洪水、块石碎石冲击的消能措施。两者之中，固坡是“本”。没有坚固稳定的边坡，急流陡槽和各种消能设施哪有立足之地？“皮之不存，毛将焉附”？1991年的大洪水虽然击穿刚性护坦，表面千疮百孔，主体却岿然不动，就是由于治害必治本的正确思路。

本案例治理地质灾害，稳定边坡的工程措施中，最值得称道的是压力灌浆锚桩。其作用有三：一是固结松散的碎石、块石，充填岩体中的节理裂隙，从而大大增强岩土自身的强度；二是岩土被胶结后，堵塞水流通道，使渗透压力不再存在；三是锚桩深入稳定基岩，锚定滑体，具有强大的抗滑能力。压力灌浆锚桩既有效，又经济，还容易实施，在固坡中起了关键作用。

本案例的各种消能措施中，最值得称道的是柔性护坦。由于原设计条件洪水为含砂清水，故采用一般刚性护坦。1991年的大洪水却携带大量块石和碎石，凶猛的块石碎石流击穿刚性护坦，由此改变设计，采用柔性护坦和消力池消能，攻克了这一技术难题。柔性护坦的钢筋网片和笼装块石，既便于更换，又可消能，使块石碎石流来袭时，不直接冲击作为护坦本体的刚性底板，而冲击可以更换维修的钢筋网片和笼装块石，收到了刚柔共济之效。

本案例在实施过程中，还注意了原则性和灵活性的兼顾。治害必治本是原则，但实施时还需结合工程的轻重缓急灵活安排。由于工程规模和难度都很大，非一两年所能完成，而施工期间又年年都要排洪，故先削方减载，清理加固洞口，设置灌浆锚桩稳住沟底，构筑笼装块石临时护坦等消能设施，以应急需。接着加紧构筑各种固坡工程和消能工程，并逐年加固，逐年完善。这样，既满足了排洪工程长期稳定和总体功能的要求，又完成了5年施工期间每年均需承担的排洪任务。

岩土工程典型案例述评22

某市堆山工程与地基承载力[1]

核心提示

本案例原文试图分析某人工堆山工程坍塌的原因，但分析时误将堆填地基与浅基础的地基混为一谈，用太沙基的地基承载力公式计算堆山地基的“承载力”，犯了概念性的错误。

① 本案例根据某期刊的一篇论文编写。

案例概述

1. 堆山工程和事故简况

该人工堆山工程位于某市新城开发区，山体平面呈V字形，中间主峰设计高度为54m，两侧次峰设计高度分别为15m和19m。整体南北长度为820m，东西长度为950m，占地面积为1100亩。2008年4月20日开工，填料以建筑垃圾为主，分层填筑压实。2009年5月5日，主峰堆土厚度已达40m，5月10日发现裂缝，随后南侧山体出现沉陷和滑坡。裂缝向东西两侧延伸，长为350m。主峰出现大面积沉陷，表面最大沉陷达5m多，深部沉陷4m多。5月19日又出现多条裂缝，方向与主裂缝平行。山脚地表隆起最大为0.54m，深部监测点最大隆起为0.6m，深部测点水平位移为3.5m。西峰监测点隆起0.02m，东南侧监测点隆起0.005m，孔隙水压力增大，被迫停工。但裂缝仍不断扩大，到5月19日，除山顶一条近东西向的主裂缝外，南坡又出现多条裂缝，方向大体与主裂缝平行。山脚也出现多处张裂隙，宽度约为5~6cm，长度约为12~15m，方向与山顶裂缝垂直，说明坍塌体仍在进一步蠕动。

坍塌裂缝及监测点位置见图22-1，堆山坍塌图像见图22-2。

图22-1　坍塌裂缝及监测点位置图

图22-2　堆山坍塌图像

2. 工程地质条件与地基处理

工程面向太湖，地面下40m深度范围内为全新统欠压密土，分为5个工程地质层。再往下为粉质黏土和砂层，基岩埋深为105m。全新统5个工程地质层为：

（1）粉质黏土，厚1.0~3.5m，含水量26.0%，孔隙比0.72；

（2）灰色粉质黏土，厚2.4~10.6m，含水量29.6%，孔隙比0.84；

（3）粉土，厚2.2~6.2m，含水量30.6%，孔隙比0.86；

（4）淤泥质黏土，含有机质，厚11.7~23.2m，含水量35.0%，孔隙比1.01；

（5）粉质黏土，厚11m，含水量19.7%，孔隙比0.68。

地基处理采用砂井，井径为70mm，井深为14.5m，山峰下井距为1.4m，向外至10m等高线井距为3m，梅花形布置，砂垫层厚度为0.6m。

3. 附加应力与自重应力

堆山材料为素土和建筑垃圾，填筑时控制密实度，重度以19kN/m^{3}计，40m厚度压力为760kN，相当于50~60层楼的建筑物。

《原文》作者用感应圆计算了附加应力，自重应力为总应力，不同深度的计算结果见表22-1。

附加应力与自重应力计算结果（kPa）　　表22-1

深度	0	14	28	56	70	84	102
附加应力	760	755	634	446	385	278	236
自重应力	0	266	532	1064	1330	1596	1938

4. 地基承载力

《原文》用《建筑地基基础设计规范》GB 50007和太沙基（Terzaghi）公式计算了地基承载力。《地基规范》规定基础宽度超过6m按6m计，计算深度按不大于基宽2倍计，为12m。《原文》的计算参数见表22-2（照抄），计算结果见表22-3（照抄）：

土的抗剪强度参数和压缩模量　　表22-2

土层编号	土层名称	直接剪切		固结剪切		压缩模量（MPa）
		φ（°）	c（kPa）	φ（°）	c（kPa）	
①	粉质黏土	9.35	48.95	13.1	51	6.6
②	粉质黏土	14.4	23.7	18.6	16	5.7
③	粉土	22.9	12.2	24.7	3	7.6
④	淤泥质土	10.9	19.2			4.4
⑤	粉质黏土	8.9	58.8	14.1	51	6.3

地基承载力计算结果　　表22-3

土层编号	规范法（容许，kPa）		太沙基法（极限，kPa）	
	天然地基	固结地基	天然地基	固结地基
①	280		512	740
②	200		468	500
③	160		605	536
④	90		273	
⑤	220		598	850

《原文》认为，最大地基容许承载力仅280kPa，最大极限承载力仅600kPa，而堆山荷载达760kPa。按加权平均计算的等效内摩擦角为12.25°，等效黏聚力为29.18kPa，算出综合地基极限承载力为465kPa，不能满足堆山要求。

5. 沉降计算

《原文》用分层总和法计算沉降s，公式为：

$$s=\sum_{i=1}^{n}\frac{\sigma_{zi}}{E_{\mathrm{sp}}}H_i \qquad (22\text{-}1)$$

式中，σ_{zi}为分层附加应力；E_{sp}为压缩模量；H_i为分层厚度。压缩层厚度按附加应力为自重应力的20%计，为105m，《原文》作者认为地基处理深度仅为14.5m，远未达到压缩层厚度。根据上式粗略计算，最终沉降量约为5~6m，15天沉降量约为1.1m（编者注：不知如何算出），与实测接近。

6. 原文结论

（1）堆山荷载大，砂井处理地基不能满足堆山要求，是发生坍塌的主要原因；

（2）沉降量和沉降差很大，较大不均匀沉降是诱发因素；

（3）砂井顶部砂垫层平铺，沉降后形成锅底状，不利于排水和排水固结；

（4）施工速度过快，使地基土来不及固结，也无法固结，是诱发坍塌的重要因素；

（5）堆山南坡硬壳较薄，坡度较陡，故坍塌发生在南坡。

评议与讨论

1.《原文》的主要问题：

堆山地基失稳与基础下地基承载力超限失稳，条件差别很大，不能用地基承载力公式计算是显然的。虽然从土力学的宏观角度看，二者原理相通，但条件不同，决不能把两个问题简单地等同起来。

地基承载力公式有两类：其一是“地基临界荷载”，认为荷载较小时，地基土处于直线变形阶段；荷载逐渐增加，到达“临塑荷载”时，基础边缘开始出现塑性破坏；继续增加荷载，塑性变形区不断扩大；再继续增加荷载，至塑性变形区连成一片时，地基破坏失稳。为了既安全又经济，工程上将塑性区开展深度等于基础宽度的四分之一时作为容许承载力。《建筑地基基础设计规范》GB 50007地基承载力计算公式，即《原文》采用的计算方法之一就属于这一类，见图22-3。其二是“地基极限承载力”，理论公式很多，有普朗德尔（L.Prandtl）、赖斯纳（Ressiner）、太沙基（Terzaghi）、汉森（J.B.Hansen）、魏锡克（A.S.Vesic）等，一般按整体破坏推导，假定地基土为刚塑体，按极限平衡理论求解；或假定滑动面，按静力平衡条件求解。《原文》采用的计算方法之二（Terzaghi法）属于这一类，见图22-4。

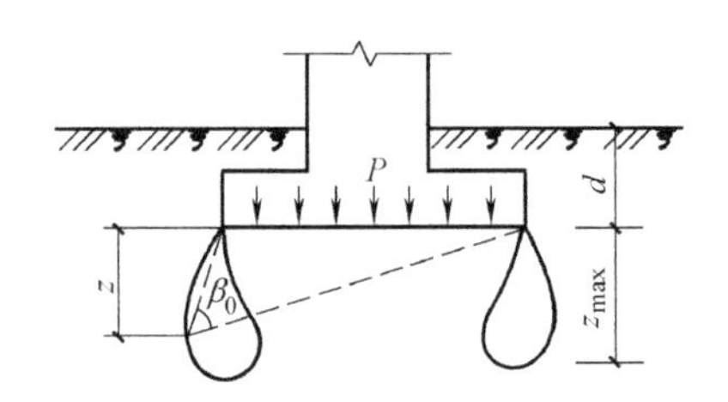

图22-3　条形基础底面边缘塑性区

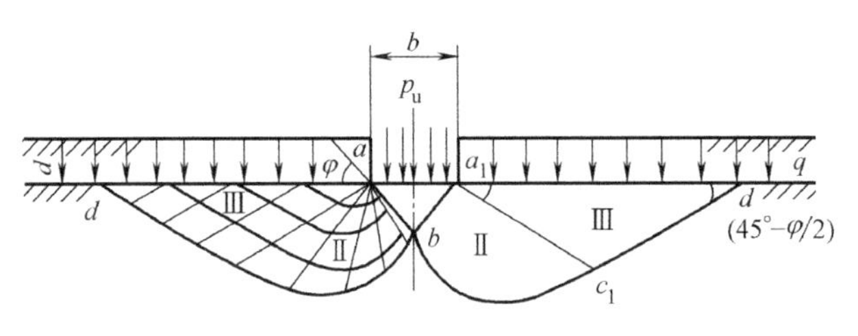

图22-4　太沙基地基极限承载力图

《原文》用的这两种计算方法，无论哪一种，推导时都有明确的假设条件，其中共同的一条就是有刚度足够大的基础，荷载通过基础传至地基，计算基础下的地基承载力。堆山没有基础，荷载又不均匀，山峰处地基的附加压力很大，山脚处地基的附加应力很小，既不具备从基础边缘开展塑性区的条件，也不存在太沙基假定基础下滑动面静力平衡的条件，最危险破坏面的位置需要搜索，其破坏模式（图22-5）与刚度足够大基础下地基的破坏模式相差甚远，不能用这类公式计算承载力是显而易见的。

推导这些公式时都是基于尺寸较小的基础，故其实不宜用于大面积的筏板基础和箱形基础，大面积基础设计实际上由变形控制。因为极限承载力公式推导基于整体剪切破坏，界限荷载基于塑性区开展深度，为了安全，《规范》规定基础宽度大于6m时按6m计。堆山面积很大，地基失效时可能在深部滑动，《原文》竟然套用《规范》取基础宽度6m的两倍12m为假定破坏深度，实在不可思议。

堆山地基稳定是个非常复杂的问题，没有现成的解析解，只能根据荷载分布和地基土的强度参数，搜索最危险的滑面，包括整体滑动和局部滑动，通过静力平衡，用数值法分析稳定系数。如果用较为简易的方法估算，则可根据经验判断滑动面位置，用条分法按静力平衡计算稳定系数。不但要分析堆山完成时是否稳定，还要分析堆山过程中不同工况时的稳定问题。图22-5为堆山地基失稳示意图。

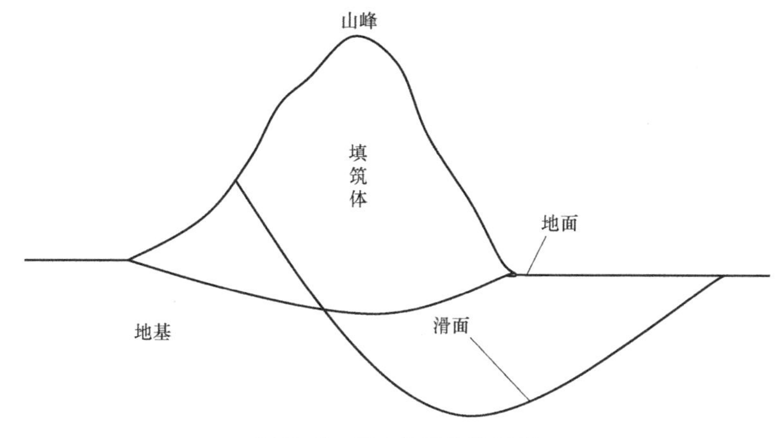

图22-5　堆山地基失稳示意

或许有人认为，基坑隆起验算公式也是基于地基承载力（式22-2），但不存在足够刚度的基础。其实，这是由于基坑侧壁土的自重为均布荷载，基坑隆起与条形基础下地基的破坏模式类似，式（22-2）又与基础宽度无关，故可用以验算坑底的隆起。

$$\frac{N_c\tau_0+\gamma t}{\gamma\ (h+t)+q}=K \tag{22-2}$$

式中，分子表示土的承载力，分母表示荷载；K为安全系数；N_c为承载力系数，魏锡克取5.14，太沙基取5.7；τ_0为不固结不排水强度或十字板强度；γ为土的重度；h为基坑开挖深度；t为桩墙入土深度；q为地面荷载。

2.《原文》的其他问题：

（1）地基处理采用砂井，《原文》认为深度不够，其实即使深度足够也不解决问题。因为砂井的作用只是加快沉降速率，提高地基土强度的作用是有限的，堆山地基失稳在于其强度不足。要解决堆山地基稳定的问题，完全依靠地基处理显然不现实，因为处理面积和处理深度太大，费用太高，只能从山体高度、坡度、反压等山体设计布置上下功夫。事实上，不仅堆山地基设计属于岩土工程专业，堆山主体工程设计也是相当复杂的岩土工程问题，现在不少地方把堆山工程看得太简单了。

（2）《原文》认为沉降计算结果与实测结果吻合。但是，实测沉降的4~5m是土体滑动后的沉陷，是短时间内形成的地基失稳；计算的5~6m是最终沉降，是变形问题。最终沉降可能要几年、十几年才能完成，二者不是同一概念。所谓“吻合”，不过巧合而已。

（3）《原文》将土的强度指标分为“直接剪切”和“固结剪切”，不知是什么意思。剪切试验方法分为“直接剪切试验”和“三轴压缩试验”两大类，前者又分为快剪、固结快剪、慢剪三种；后者对总应力法又分为不固结不排水剪（UU）、固结不排水剪（CU）、固结排水剪（CD）三种。

（4）《原文》采用加权平均法计算等效抗剪强度参数，该法隐含着一层意思，各层土的抗剪强度指标对地基稳定的贡献是相同的。这种做法显然不合理，因为有贡献的主要是滑动面上的土，不在滑动面上的土，强度再高也帮不上忙。堆山山体失稳发生在最危险的滑动面上，搜索最危险的滑动面是稳定分析的前提。正如敌军从西边陆上打过来，我东边有强大的海军，能帮得上吗?

本工程是个比较极端的案例，犯这样错误的工程可能不多，但不了解公式和软件的原理，盲目套用的现象却不少。类似本案例的工程还有各种堆场、高填方、垃圾填埋场等，编者也听到过有些专业人员用建筑地基承载力评判堆场地基的稳定性，可见类似的概念错误并非个别。熟悉基本概念是专业人员的起码条件，既然基本概念不清不是个别现象，难道还有必要开展一场认识基本概念的启蒙运动吗?

岩土工程典型案例述评23

墨西哥Texcoco抽水造湖与现场试验[①]

核心提示

本案例是面积达数十平方公里的综合性岩土工程，又是一项大规模的现场科学实验，二者密切结合，做得非常出色。尤其是利用软土地面沉降特性抽水造湖，既经济，又环保；既富有科学性，又有艺术的魅力。

① 本案例根据编者墨西哥软土考察笔记编写。

案例概述

1. 概述

1981年1月28日至2月27日，编者参加了赴墨西哥的软土考察。

墨西哥软土是火山灰在湖泊中的沉积，小于0.005mm的颗粒占总量的100%，片状结构，能吸附大量水分，含水量最高达400%，塑限、液限均以百计。原状土十字板强度约10kPa，但灵敏度非常高，在10以上。原状土样可以直立，但在手中摇晃几下，立刻化成一滩泥浆。墨西哥城因大量抽取地下水，产生了惊人的地面沉降，至20世纪70年代，累计最大沉降量达9m。打进砂层的水井，由于周边软土地面沉降，而使井管高出地面数米。支承在硬层上的桩，由于地面沉降而使桩明显高出地面，成为“高桩承台”，严重影响了工程的抗震性能。低层建筑天然地基承载力一般取40kPa，仍东倒西歪，比比皆是，因结构较柔而尚能使用。高层建筑过去主要用端承桩，由于“高桩承台”问题，考察时已经很少采用，桩底与硬层之间留一段距离，较大的沉降当然难以避免了。补偿式基础在墨西哥有丰富的经验，Texcoco地区的补偿式基础，又增加了充水预压的措施，在地下室部分建成后充水预压，再续建地面以上的工程，以减小建筑物的工后沉降量。典型的软土促进了墨西哥土力学和岩土工程的技术进步，墨西哥有些专家在国际土力学界很有地位。

墨西哥人发明了一种“控制桩”，可以利用千斤顶调节建筑物各部位的升降。编者考察时参观过，控制系统位于筏板上的地下室内，每根桩位一个千斤顶，根据需要随时调节升降。既可避免筏板与地面脱空，又可调整各桩桩顶的反力，减小筏板内力。控制桩还大量用于既有建筑纠倾，墨西哥城有很多倾斜的旧建筑，控制桩很有用武之地。

Texcoco湖位于墨西哥城郊，考察时已经干涸，成为一片荒滩。这里沉积了厚度达50m的软黏土，含水量超过300%，孔隙比达10，非常松软。分上下两层，上层软土厚约35m，下层软土厚约12m，中间夹一层砂。50m以下是10m厚的砂层。

为了改善生态环境，开发Texcoco，改造成为一片湿地，一个大公园，墨西哥政府成立专门机构，从1968年开始，进行了大规模的勘察、试验和研究。1974年部分工程动工，计划建设的主要项目有：若干人工湖、排水渠道（总长18km，深5m）、高速公路、飞机场、污水处理场、植树种草等。

在这些工程的设计施工前，进行了大规模的试验研究工作。试验研究均以工程为依托，在现场进行。通过试验、观测和研究，取得了土方开挖、补偿式基础、桩基工程、堆方工程、机场跑道、高速公路、植树种草等方面的研究成果，为工程的设计施工提供了坚实的科学依据。在工程实施和使用过程中，又继续进行长期观测，丰富和完善科研成果。

2. 建造人工湖

Texcoco地区建造人工湖的方法非常独特，非常巧妙，不用任何土方开挖设备，不用任何运输工具，而是用打井抽水的方法造成地面沉降，形成一块洼地，再在边缘做些适当修整即成。具体技术方案是：在拟建湖区按方格网布置抽水井，井距160m，深度超过60m，进入下部砂层，沿井的全部深度设置过滤器，两井之间埋设孔隙水压力计。连续抽水，自然水位接近地面，抽水井的水位深度平均为30m，两井之间孔压计测得的水位深度平均为20m，并用深层沉降标测定不同深度处软土的压缩量。

拟建湖区面积为4.2km×1.2km．经过5年抽水，软土固结，体积压缩总量达1760万m^3。除边缘外，一般沉降量约为4m，180口井的总抽水量达700L/s，在布井区外缘400m以外基本上没有地面沉降效应。用该法建造人工湖，单方造价为5墨西哥比索，比任何施工方法都经济，且现场非常文明。

量测结果表明，上层黏土的压缩量约占20%，下层黏土的压缩量约占80%。下层黏土压缩量占主要部分有两个原因：一是下层黏土所受的荷载大；二是下层黏土的固结是双面排水。分析认为，孔隙水的排出主要是垂直渗流，侧向渗流是次要的。上下两个砂层在固结排水中起了关键作用。编者觉得，如果设置砂井或排水板，必将大大缩短固结时间。

由于抽水井进入砂层，抽水井像支承在硬层上的桩，地面沉降时受到很大的负摩擦力。现场能明显看到井口高出地面很多，有些井因负摩擦力而弯曲。

3. 现场试验

墨西哥十分重视现场试验研究，勘察仅是前期工作的一小部分，大量工作是现场设计前的试验研究和施工过程中的观测。在Texcoco，现场试验研究规模之大，时间之长，内容之丰富和深入，结合工程之密切，在国内从未见过。

编者参观时，抽水造湖的前期试验工作已经完成，正在进行全面抽水，并观测地面沉降、深层沉降、抽水水量、水位和孔隙水压力变化，以便进一步积累数据。堆方、渠道、桩基、道路、机场跑道、植树种草等试验研究正在全面展开。试验段和施工现场的地下不同深处，布置着许许多多各种用途的测试元件和传感器；工地办公室的墙上，挂着各种各样观测数据、变化曲线和图表；工地上工人很少，绝大多数都是科技人员，科学和文明的氛围十分浓厚。

（1）堆方试验

为了修建湖堤和高速公路，需确定堆方的稳定性和沉降量，进行了现场堆方试验。试验段长100m，高3m，顶宽20m，底宽60m，经过7年的观测，堆方中心沉降为1.40m。用测斜仪量测了深部水平位移，平均水平位移为5cm。结论是在堆方压力下主要为竖向沉降，水平位移很小，堆方是稳定的。

用这样长的时间，做这样大规模的现场试验，可以看出设计者对试验研究工作是何等重视。

（2）渠道开挖试验

在这样的极软土中开挖渠道，按常规理论计算，稳定的坡度为1/12。这样小的坡度，显然无法进行设计和施工。设计者注意到灵敏度高是墨西哥软土的重要特性，尽量不扰动它，充分利用其结构强度，必然能取得事半功倍之效，为此进行了大规模的试验研究。

共设置了两个试验段，不降低地下水位，不用挖土机开挖，避免大批车辆运输，改用挖泥船在水下开挖和运输，开挖时保持水位。开挖深度为4m，边坡坡度为1/3。渠道两岸设置监测元件，监测开挖、放水、灌水过程中的水平和垂直位移，根据监测数据控制施工速度。开挖后进行了多次放水、灌水，经四、五年的观测，证明边坡是稳定的，可以用这种方法施工，为整个Texcoco地区渠道的修建提供了科学依据，节约了大量投资。

（3）桩基试验

除了进行端承桩、摩擦桩的静力载荷试验外，主要做了负摩擦问题的试验研究。大面积抽水造成的地面沉降，对桩产生的负摩擦力是不可忽视的重要问题。

试验桩长30m，截面为三角形，边长500mm。沿整个桩长设置元件，观测不同深度处桩截面上所受的荷载，以便确定负摩擦力、正摩擦力的分布和中性点位置。试验分两阶段进行，第一阶段无附加荷载，观测抽水后地面沉降引起的负摩擦力；第二阶段进行桩的静力载荷试验。考察时第二阶段工作尚未开始。第一阶段试验结果表明：随着抽水和地面沉降，荷载发展，从地表至深度22m

处，桩的轴向压力自上而下增加；自22m以下轴向压力自上而下减小，至桩端为最小值。说明中性点位置在22m处。22m以上是负摩擦力，22m以下是正摩擦力。

在观测桩身应力的同时，还观测了不同深度土的沉降，给出了应力和沉降沿桩身的分布。

评议与讨论

岩土工程设计，虽然可以取样试验，取得岩土特性参数，代入公式计算，解决承载力、变形、稳定、渗透等问题，但经验告诉我们，这样的计算常常是靠不住的。原因众所周知，一是计算模式与实际差异较大，二是计算参数不可靠，因而需做现场大型试验，这是岩土工程的专业特点决定的。本案例整个Texcoco地区，几十平方公里，像一个大型实验室，结合工程进行大规模的岩土工程各个领域的科学实验。虽然花费了几年时间和相当多的经费，但为工程的设计和施工提供了科学依据，也大大提高了软土力学的理论水平，多篇研究成果已在国际土力学会议上发表。反观我国现在的岩土工程，“勘察”和“研究”是截然分开的，勘察要做，因为这是基建程序的硬性规定，研究立项就难了。现在我国工程建设项目多，规模大，难度也不小，但做得出色的工程不多，更未出现国际闻名的大工程师。为了抢时间，都是匆匆忙忙，粗粗拉拉，科学性远不如40年前的墨西哥，实在令人羞愧。急功近利，浮躁，似乎已成了国人的普遍心态。

本案例的造湖工程，如此巨大的土方量，主持工程的岩土工程师利用墨西哥软土降低水位引起地面沉降的原理，采用井群抽水降低水位的办法，将地面降低了4m。不用一台挖土机，不用一台运输车，不运出一方土，安安静静，现场文明，达到了建造人工湖的目的。既经济，又环保，令人赞叹！多巧妙！多么富有艺术魅力！

岩土工程典型案例述评24

北京八宝山断裂对北京正负电子对撞机工程影响的评价[1]

核心提示

本案例以充分证据否定了八宝山断裂附近不宜建设重大工程的结论，为我国重大前沿科学研究工程的建设赢得了时间，节约了投资。同时，以“回顾一万年，展望一百年”的地质历史观判断，断裂已一万年不活动，今后一百年也可认为不活动，为全新活动断裂新概念打下了理论基础，提供了工程范例，解脱了长期以来在断裂面前束手无策的被动局面，具有里程碑意义。对工程地质、岩土工程、地震工程影响重大。

① 本案例根据建设综合勘察研究设计院向委托单位提供的《中国科学院高能物理研究所北京正负电子对撞机工程场地地震工程地质评价》编写。

案例概述

1. 概况

1.1　工程概况

北京正负电子对撞机（BEPC）是在邓小平同志关怀下建设的国家大型科学装置。总投资2.4亿元，由中科院高能物理所负责建造。1984年10月动工兴建，1988年10月建成，实现正负电子对撞。是我国继原子弹、氢弹爆炸成功、人造卫星上天之后，在高科技领域又一重大突破性成就。它的建成和对撞成功，为我国粒子物理和同步辐射应用开辟了广阔前景，揭开了我国高能物理研究的新篇章。

工程建筑总面积为57500m²，形似一个巨大的羽毛球拍（图24-1），由电子注入器、储存环、探测器、核同步辐射区、计算中心等5个部分组成。正负电子在高真空管道内被加速到接近光速，并在指定的地点发生对撞，通过大型探测器记录对撞产生的粒子特征。科学家通过对这些数据的处理和分析，认识粒子的性质，揭示微观世界的奥秘。BEPC建成后迅速成为在20亿到50亿电子伏特能量居世界领先地位的对撞机，其优异性能为我国开展高能物理实验创造了条件。20世纪90年代以来，取得多项居国际领先水平的重大研究成果，成为世界高能物理研究中心之一。

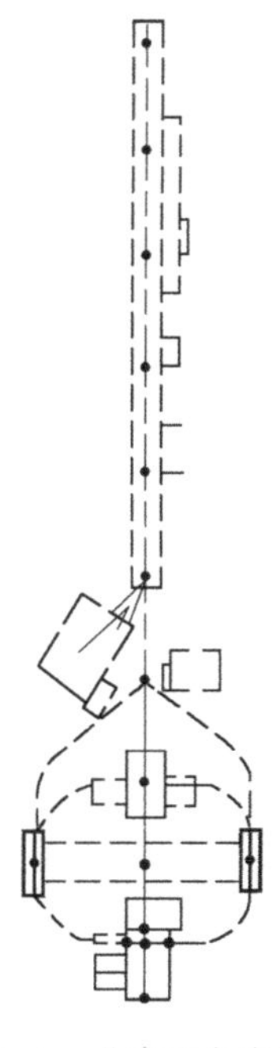

图24-1　北京正负电子对撞机工程平面布置示意图

1984年初，中国科学院高能物理研究所将工程场地选在八宝山东南，即该所场地范围内。该工程在工艺上对场地地基具有严格要求。设计单位提出：

（1）基础沉降：磁铁就位加载后两年趋于稳定，每季度在任何30m长度范围内，基础差异沉降不得大于1.0mm。

（2）直线加速器及贮存环建筑物基础，作为一个整体，可有水平移动，但不得有断裂错动。拟建工程处于八宝山活动断裂附近，在八宝山断裂与黄庄-高丽营断裂所夹地块上，故断裂的地震效应就成为该工程能否在该场地建设的关键问题。

1.2 场地地质概况

场地位于北京西郊八宝山-何家坟残丘的东侧，地形略向南倾斜。覆盖层除顶部有填土外，均为第四系冲洪积层，自上而下为上层粉质黏土（当时称亚黏土）、粉土（当时称轻亚黏土）、下层粉质黏土和红黏土，层位变化较大。粉质黏土和粉土为可塑状态。红黏土夹碎石，土质不均，至底部为碎石夹红黏土。红黏土中有光滑裂隙发育，膨胀挤压擦痕明显，多呈蒜瓣状，暴露后碎裂，呈坚硬—硬塑状态，自由膨胀率80%～120%，50kPa压力下膨胀率1.15%～2.18%，150kPa压力下膨胀率0.89%～1.35%，属中等至较严重膨胀土地基，为本工程基础的主要持力层。

场地基岩为震旦系硅质灰岩，坚硬而破碎，裂隙因溶蚀而扩大，充填红黏土，表层强风化。基岩面起伏较大，其埋藏深度，场地北部一般大于18m，电测结果最深达30m左右，南部一般为3～10m。

场地以北约300～400m处，八宝山断裂以北东60°～70°的走向通过，倾向南东，倾角30°左右，为震旦系雾迷山组硅质灰岩逆掩于古生界和中生界地层之上。在场区南部边缘外约250m处有黄庄—高丽营断裂，以北东50°走向通过，倾向南东，倾角大于70°，为正断层。两条断裂走向大体平行，在场地附近相距仅1km左右，场地处于这两条断裂所夹的一个三角形“无根楔形岩体”上，见图24-2和图24-3。

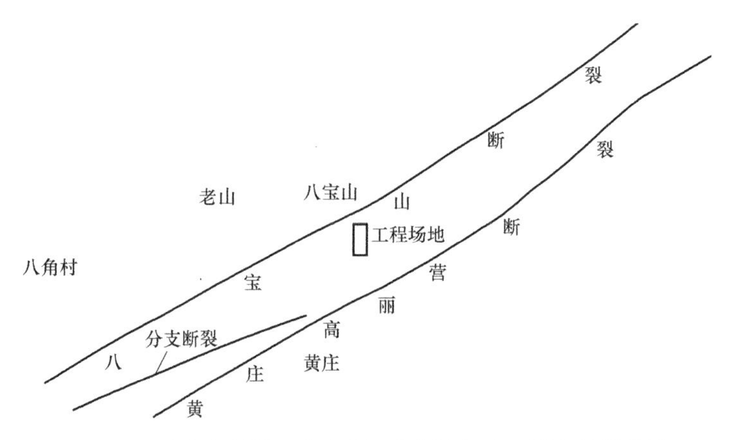

图24-2 八宝山断裂、黄庄高丽营断裂与本工程位置示意图

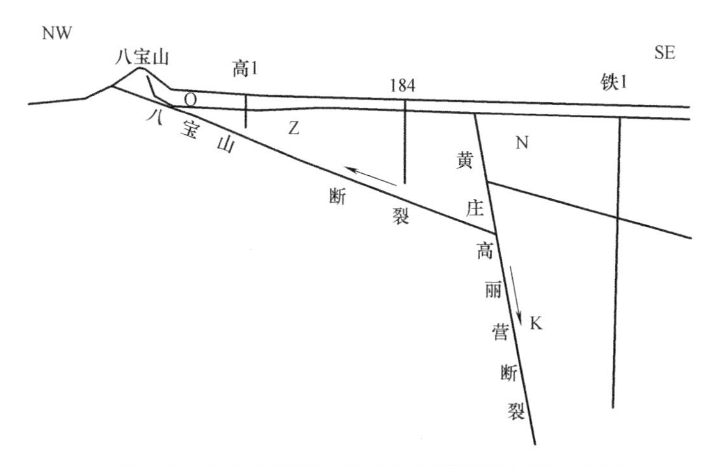

图24-3　八宝山断裂、黄庄高丽营断裂剖面示意图

1.3　八宝山断裂对工程影响的专项研究

由于长期以来，一直认为八宝山断裂是活动断裂，活动断裂及其附近不能建设永久性工程，故高能物理研究所要求对场地的断裂进行全面的地震工程地质评价。在前期勘察工作的基础上，又进行了以下专门性工作：

（1）广泛收集与场地有关的断裂和地震地质背景资料及邻近地震台对邢台、海城、唐山地震的记录，并进行综合分析，论证其地震背景与前景。

（2）收集有关八宝山断裂的大灰厂台站和八宝山台站的断裂蠕动观测数据，分析论证蠕动规律及其对拟建工程的影响。

（3）为了验证基岩及第四系中有无构造错动痕迹，补充钻探12孔、槽探15条、井探3个，并采取原状土样，进行土动力学试验。

（4）为查明基岩埋藏深度，并为场地地震动力分析提供基本参数，进行了必要的地球物理测试和勘探，包括电剖面、电测探、波速测试、地脉动测试等。

（5）判定场地在未来强震中发生地面错动的可能性，在覆盖层中取样进行了地层年龄测定。

（6）针对场地基岩埋深不同的地面运动差异，进行了动力反应分析的正、反演计算。

（7）为了解近期历史强震对场地的影响，进行了野外地质调查和宏观震害遗迹调查。

（8）为核实基本烈度对场地的适用性，与国家地震局地质所、地震地质大队、北京师范大学地理系、北京市水文地质工程地质公司等单位，共同勘查现场，考察八宝山断裂蠕变观测站的廊道及设施，研究场地的地震地质及工程地质背景。

（9）分析邻近工程对八宝山断裂的地震效应所做的结论，作为本工程的借鉴。

（10）调查研究国外同类工程在类似场地条件下的经验，作为借鉴。

研究的基本思路是，针对工程设计要求，运用地震工程地质的理论与方法，对场地及其邻近八宝山断裂带的地震效应进行工程地质评价。这是一项复杂的综合性课题，首先要理清断裂“活动”的基本概念，当时对活动性断裂的认识众说纷纭，其中具有代表性的就有十几种。但是，绝大多数不是针对工程抗震考虑问题的，“活动”、“稳定”之类的术语与工程抗震没有实质联系。抗震设计工作中要求回答的问题是：第一，“活动”的具体形式究竟是蠕动、振动还是错动？第二，如何进行“活动”的定量估计？第三，“活动”的效应如何？第四，断裂或其他特殊地质条件的存在是否需要调整设防烈度？针对上述问题，作为一般的法则，把断裂活动分为4种情况分别进行分析：

（1）动而无震：就是断层的蠕动，这种“活动”一般不产生动力作用，等效于静力下的变形（位移）。

（2）动而有震：是指与发震构造有直接联系的断裂蠕动。如果蠕动是单向的，将在蠕动过程中遇到闭锁，积累应变发生地震；若蠕动为往复式的，将会起到逐渐释放应力的作用，因而会避免发震。

（3）震而不断：指仅发震而不产生地表相对位移。一般属于中、深源地震或震级小，不足以构成地表错断的发震断裂。

（4）震而有断：指地震的同时产生断裂。这是对八宝山断裂、黄庄—高丽营断裂及场地内分支断裂错动的可能性需要的分析论证。

2. 场地附近断裂的地震工程地质分析

2.1 前人的观测和分析

北京市地震地质会战第二专题研究成果认为：八宝山与黄庄—高丽营两条断裂是在晚近地质时期有过强烈活动，而且现在仍处在活动之中。同时也是划分京西隆起与北京凹陷的区域性边界断裂。然而，已有资料论证的“活动”，主要是指八宝山断裂的蠕动而言，多将蠕动作为“活动”的同义词。也有资料将八宝山断裂的蠕动视为地震运动。地震地质大队根据地震地质背景分析，将地震中长期预报确定为6.0～6.5级。

邢台地震后，国家地震局地震地质大队沿八宝山断裂设立了一系列台座，布设了跨断层短水准测量、水管仪测量、伸缩仪测量及基线测量，对八宝山断裂的近期构造活动的方向和性质，进行了系统的测量与研究，其中以大灰厂台站观测资料最为系统和完整。

大灰厂测点自1967年9月开始观测，1971年后资料较为连续，到本次勘察时已有十多年历史。地震地质大队研究认为，大灰厂测点所反映的八宝山断裂的活动性质同北京地区断裂构造活动一样，在水平运动、垂直运动和阶段性上具有相同的性质。水平运动可粗分为3个阶段，细分为9个阶段，垂直运动可分为6个阶段（详细数据略）。

11年的观测资料归纳起来，主要有4种不同的形式：

（1）反扭张性活动，如1967年～1968年；

（2）顺扭挤压活动，如1973年6月～1973年8月；

（3）顺扭张性活动，如1969年；

（4）反扭挤压活动，如唐山地震前的1975～1976年。

少数情况下也有张性或压性活动。该点资料还表明，八宝山断裂在不同时期变化量也有较大差别，1971年变化幅度只有0.3～0.6mm，而1969年幅度可达4mm多。

从断裂的水平错动情况分析，一般有顺扭活动幅度大、时间短、速度快的特点；反扭活动相对幅度小、时间长，主要是渐变的形式。从反错和顺错的活动速率看，顺扭活动大于反错活动6倍。

据北京地震地质会战地应力小组的统计，八宝山断裂大灰厂测点1968～1979年活动情况如下：

（1）斜交基线：

伸缩变化量：1968～1974年，伸长8mm，显示顺时针扭动，扭动量为6.5mm；

1974～1979年，缩短2.5mm，显示反时针扭动，扭动量为-3.1mm。

高差变化量：1970年以前上盘下降，3年下降3mm，以后上下波动，变化不大，1976年又开始下降。

（2）垂直基线：

伸缩变化量：1968～1973年趋势性伸长，伸长量6.5mm，呈张性；1973～1977年缩短，呈压性；1977年以后又伸长，呈张性。

高差变化量：1971年以前上盘下降，3年下降3mm，以后上下波动，1976年下降。总体而言，1974年以前为张性顺扭，1974年以后为挤压反扭。

孙叶等人根据大灰厂点斜交基线和短水准1971年5月～1975年1月观测资料的统计，描绘了断层上盘垂直运动和水平运动方式，认为具有年周期性变化，即每年为一个椭圆形运动轨迹，4年来表现为4个连续的椭圆形运动轨迹，各椭圆长短轴交点之连线为断层上盘的运动趋势。表明水平运动具有顺扭性质，4年累计扭动量为2.5mm。垂直运动为1972年以前曲线上升，1973～1974年曲线下降。

2.2 现场的观察和分析

通过现场调查观察，特别在断层廊道中，设计并装置了精密的光弹·光电仪表，分析和发现以下问题：

（1）在八宝山台站的地下廊道中，发现墙体在跨越断裂部位的伸缩缝处所抹的灰皮，只有微细裂纹，规模极其有限，一般在0.5mm左右。此量级只能说明是由于温度变化引起的灰皮干缩缝，与地面蠕变记录的量级不相一致。

（2）廊道墙体伸缩缝灰皮上的裂缝呈张性，没有平移（错动）或压扭（顺扭或反扭）迹象，这与八宝山断裂的机制也不一致。

（3）灰皮裂缝没有往复平移运动的痕迹，没有任何迹象显示出廊道随断层蠕动而有所错动。

（4）八宝山台站蠕变资料是根据地面桩标实测的结果，但从记录的大量曲线可以看出，除在电压变化时出现畸变外，其他时期均为一条直线。所以，实测数据所反映的断层蠕动，可能夹杂有地表季节气温变化而产生的往复变形以及仪器稳定性的影响。美国斯坦福直线加速器中心（SLAC）曾埋设地面标桩，对邻近的圣安德烈斯大断裂的蠕动进行观测，起初所测得的蠕变量较大，后来发现这是由于地表受气候变化影响所致，随即改设深标，结果证明蠕变量是微不足道的。

2.3 断裂错动形迹的调查与分析

（1）八宝山主断裂的错动形迹

为揭露断裂面，在八宝山东坡垂直断裂走向布置了数十米的探槽，在冲沟的转折处揭露了断裂面，其上盘为灰色震旦纪破碎硅质灰岩；下盘为褐黄色石炭—二叠纪千枚岩及强风化破碎页岩。整个断面产状由几个平行的挤压小断面组成，各断面均无缝隙，两盘接触紧密。在破碎带上方约2m厚的残坡积土中，未发现被切割的迹象。其下侏罗纪之断面也未延伸至上覆第四纪堆积层中。说明新生代以来八宝山断裂未造成地层构造性错动，即使有震，亦属于震而未断。

（2）场地构造形迹的观察

场地内35号孔两侧的大型探坑中揭露的低序次断层，走向近东西方向，倾角为70°～80°，上覆地层由下至上为中更新统黏土、黄土状粉质黏土和填土。这三层土均未发现任何构造活动痕迹。3号孔处的探槽，挖至红黏土层1.0m以下，红黏土和黄土中均未发现因构造活动而被错断的遗迹。红黏土中有无规律的镜面，是由于该土具有较强的胀缩性，在膨胀收缩过程中挤压形成，而不是断层擦痕。因此，中更新世以来，基岩的断裂错动极不明显，没有切断上覆地层，没有发生过断裂错动。

（3）第四纪地层的地质年龄测定

场地第四纪地层分为两类：下部为红黏土夹碎石，上部为褐黄色黄土状土，由于红黏土中孢粉、碳质和新结晶矿物极少，且含碎石，难以用C^{14}、热释光、孢粉、古地磁等手段测定其地质年代，依据现场观察及其物理力学特性，将其定为Q_2。黄土状土时代的年龄测定，采用孢粉和热释光手段。孢粉分析由北京水文地质工程地质公司和北京师范大学地理系进行，热释光由中国科学院地质研究所进行，黄土状粉质黏土分两段，下段有耐旱的草本植物：蒿属、菊科、藜科、毛茛科等；木本植物仅松属一种；蕨类植物有中华卷柏。热释光分析结果与孢粉分析吻合，黄土状土的年龄约为7万年至13万年，属于晚更新世时期（Q_3）。

上述分析可以确认，本场地至少全新世以来处于稳定状态，没有构造断裂错动的迹象。今后100年（中长期地震预报的时间段） 的地震前景，可视为中晚更新世、全新世以来地震活动的继续，由于全新世（一万年）一直处于稳定状态（无断裂错动），今后100年也应稳定。本工程使用期限为50年，因此，八宝山断裂不影响工程的建设。

3. 设计地震下场地地面运动预测

3.1 地面运动加速度

根据国家地震局地震地质大队复核，场地的地震基本烈度为8度。但由于覆盖层厚薄不均，基岩面起伏甚大，场地内不同部位的地面运动可能有较大的差异。为此进行了场地波速测试，并用反演法计算出地面运动的反应谱。分析成果认为，对撞机工程结构的抗震设计宜分段按对应的反应谱加速度值复核其抗震性能，验算其安全度。

设计地震是这样确定的：1976年7月28日唐山地震后，北京市组织了地震小区划研究，现根据其研究成果，取八宝山小区的地面运动反应谱，作为未来符合基本烈度的场地地面震动的代表性特征值，将其转变为传递函数，向下输入到基岩，得到基岩地震反演计算的“记录”值。以此作为设计地震再向上传输，通过不同土层传到地面，从而得到不同地段的地面运动反应谱。这项工作是在国家地震局工程力学所的大力配合下完成的，结果见表24-1。

通过正反演计算分析，本场地抗震设计应按国家地震局地震地质大队的复核基本烈度（8度）进行设防，但鉴于此项重点工程的特殊要求和结构特点（直线加速器部分系一连续300m长的条形结构物），有必要考虑本场地各地段地面运动的较大差异（地面加速度峰值相差近两倍），宜分别按照不同孔号对应地段的地震加速度进行验算。

地面运动反应计算结果 表24-1

孔号	基岩埋深（m）	地面运动峰值加速度（g）	相当地震烈度（度）
V-2	13.0	0.33	8～9
V-3	10.0	0.26	8
V-4	21.0	0.35	8～9
V-5	4.0	0.13	7

注：按当时地面运动峰值加速度与地震烈度的对应关系

3.2 地面运动的频率特征

国内外的历史地震经验表明，多数建筑物的震害是由共振破坏所致。为了在抗震设计中尽量使建筑物的自振周期远离场地地基的固有周期，避免发生共振破坏，本次实测了场地的地面脉动，并分析其卓越周期。根据日本经验，卓越周期在多数中等强度的地震作用下接近场地地基的固有周期。通过现场测试、数据处理与分析，得到三组卓越周期为（0.20～0.25）s。

4. 工程实例的佐证

4.1 首钢轧钢厂的《纪要》

20世纪70年代中期，首都钢铁公司筹建新轧钢厂，选定的厂址与现在对撞机的地址一样，处于八宝山断裂和黄庄—高丽营断裂之间。为了工程安全，首钢勘探队收集研究了以往的资料，于1975年下半年邀请了在京的部分地震地质专家和工程地质专家，讨论首钢新轧钢厂的断层问题，并整理出一份《纪要》。《纪要》阐明："八宝山断层发生在中侏罗纪至晚侏罗纪期间，虽在白垩纪至第三纪时曾有过活动，中更新世有很小活动，但晚更新世和全新世没有发现活动迹象。据大灰厂观测站最近六、七年的观测资料分析，此断层为缓慢的蠕动，活动量很小，每年累计1mm，对建厂没有什么影响。另外，八宝山断层被南面的山前断层所切断，是一个断根的断层，不是发震断层，建筑物就是跨过或坐落在上面也没有关系"。"八宝山断裂带上没有发生过4级以上的地震。地应力分析表明，早期强、后期弱，以压性为主，扭动不大。而且八宝山断裂活动方向是逆动的，而南面山前断裂是顺向的，应力互相抵消，故不可能形成破坏性地震"。

4.2 北京市勘察处的评价

1982年初北京市勘察处（现北京市勘察设计院有限公司）受高能物理研究所委托，对该场地进行过评价，提出如下建议：

地震地质资料表明，本场地北部及南侧各有一条活动性断裂。在黄庄—高丽营断裂与南口—孙河断裂交汇处又存在产生6级左右地震的可能性。因此，正负电子对撞机及质子直线加速器等设备及其相应的建筑物应禁止跨越断裂带，并避让断裂带一定距离为宜，最好放在中部地段。由于地震时场区地面震动可能加大，因此在确定抗震设防标准时，宜适当提高。加强基础及结构的整体性，以保证地震时仍能正常运转。

4.3 美国SLAC的经验

美国加州斯坦福直线加速器中心（Stanford Linear Accelerator Center）工程建于1970年，主体为规模巨大的高能粒子直线加速器廊道及其端部环形谱仪部分，全长约3.3km（2mile）。工程使用对主体装置的线性度要求为：在长10 000ft范围内，三个月内准直度误差不得超过1/4in（6.4mm）。该项要求主要涉及场地地基差异变形问题。该工程的场地地基条件与本工程极为相似，甚至更为不利。主要表现在：

（1）该工程紧邻世界闻名的圣安德烈斯大断裂，相距仅约半英里（约600～700m），而主体结构物位于砂土山上，跨过圣安德烈斯大断裂的分支，可能面临断裂蠕动、振动与错动的威胁。

（2）圣安德烈斯大断裂的某些部位有着强烈的可以观测到的蠕动，并已导致建筑和路面的破坏。这与八宝山断裂蠕动性质虽然相似，但程度上要严重得多。

（3）该工程场地有膨胀土，虽与地震无关，但对该工程使用上的准直要求是个潜在的威胁，与本工程场地地基情况亦甚相似。

因此，SLAC工程的经验对本工程有极为明显的参考价值，其主要的经验如下：

（1）SLAC工程建成运行迄今十几年中，曾经历了两次近场地震动的波及。最近一次地震在1984年1月24日，震中在SLAC的东南方向，相距数十公里，震级6.2级。在SLAC有强烈震感，但并未造成破坏，没有产生任何断裂错动或蠕动，地震后立即恢复正常使用。

（2）该工程曾请ABA公司及Dames and Moore公司进行详细勘察和岩土工程咨询，论证了地震地质背景，评价现今地震的活动性，并埋设了地面标桩，观测断裂的蠕动量。结果发现，标桩埋设过浅，无法避免地表因气候变化而受到的影响，因此初期所得的“蠕变量”并非真正的断裂蠕变。后来加深标桩后，测得的蠕变量却微不足道。经十几年的运行，证明该工程丝毫没有受到断层蠕动的影响。

本案例的主持人王锺琦曾将本工程场地地基情况向SLAC土建负责人约翰逊（Ross Johnson）及其他专家共4人介绍，征询他们的意见。约翰逊明确表示，本工程与SLAC工程场地地基条件甚为相似，根据他们的经验，断裂及其地震影响不会成为实际的威胁，而可能真正构成威胁的则是膨胀土问题，希望对此有足够的估计和措施。

5. 结论与建议

（1）八宝山断裂及黄庄—高丽营断裂不与本工程场地直接交会，其影响仅表现在以地震危险区划为背景的地震基本烈度上。对此，国家地震局地震地质大队已有复核意见，认为仍按8度设防。

（2）八宝山断裂蠕动问题已有大量观测资料，尽管研究者的分析不尽相同，但总的看法多认为蠕动趋于减小而稳定。从八宝山台站地下廊道的直观来看，未发现断层两侧之间产生任何工程意义上的相对位移。

（3）经地层年龄鉴定，场地范围内构造错动形迹均在5万年以远，全新世内无任何错动迹象，表明至少在一万年以内是完全稳定的。本工程的使用期应视为是全新世的继续，回顾一万年，展望一百年，地震地质背景与前景应具有同一性。据此论断，本工程场地不存在基岩错动的问题。

根据上述三点，并对照美国SLAC的经验，可认定本工程场地可以建设对撞机工程。为使抗震设计更趋于经济合理，建议：

（1）宜按本次勘察所做的地震地面运动反应分析及相应的峰值加速度，分段验算主体结构特别是地基基础部分的抗震设计。

（2）为避免共振破坏，宜考虑使主体结构自振频率避开共振频域。

（3）红黏土为膨胀性土，如工程建设破坏该土原有的湿平衡条件，可能产生远大于对撞机使用要求的差异变形限值，导致严重后果，建议对膨胀土进行有效处理。

（4）建议在本工程主体结构及其附近的八宝山断裂上，设置专用的地基变形监测装置进行长期观测，以积累科学数据。

评议与讨论

本案例是一份高水平的咨询报告，是在王锺琦先生领导下完成的。

强烈地震时断裂复活产生浅部岩层错动，不仅大大增加震害，而且任何工程措施都不能抵御，是危及工程安全的重大问题，核电厂建设称为“能动断层”。而鉴定断裂的活动性，预测工程使用年限内会不会发生断裂复活和浅部岩层错动，难度极大，长期困扰着工程地质界、岩土工程界和地震工程界。

编者首次遇到的工程案例是20世纪60年代初的邯郸水泥厂，该厂为国家重点工程，位于河北峰峰，地震烈度当时定为8度（现为7度设防，设计地震峰值加速度为0.15g），一条断裂在该厂水泥库的一角穿过，是否影响工程建设就成了必须回答的问题。虽然做了大量工作，搜集资料，进行区域地质调查和场地工程地质测绘，以各种方式征询各方专家意见，虽然断裂的性质、年代、产状、断裂带的特征已基本查清，但还是回答不了能否进行工程建设的问题。原因就是没有科学依据，无法预测未来50～100年断裂是否可能复活和错动。无奈之下，当时的建材部部长赖际发作了可以建设的行政决定。以后又多次遇到类似问题，相关科技人员和专家多次讨论，争论，但莫衷一是，达不成共识。只有一点是相同的，即都是以地质历史推断未来趋势，将晚近期活动的断裂定为活动断裂。但年限究竟是多少，怎样定义断裂的“活动”，众说纷纭，分歧很大。

有志之士认为这个问题长期得不到解决、在科技问题面前束手无策、依赖行政首长拍板是一种耻辱，八宝山断裂和电子对撞机工程为“雪耻”带来了机遇。八宝山断裂是当时已有“定论”的活动断裂，电子对撞机是社会影响巨大的国家重点工程，如能突破，不仅解决了具体工程面临的问题，而且必将产生重大影响，成为类似工程的典范。乃调集力量，把勘察与研究结合，并与国家地震局地震地质大队、工程力学研究所、中科院地质所、北京师范学院地理系等单位配合攻关，终于取得未来100年不会发生断裂复活和基岩错动，工程可以建设的结论。

地壳运动的发展是地质历史过程，对未来的预测只能根据地质历史的考察推论。当时对“晚近期”的看法很不统一，由于地质历史极为漫长，时间尺度以百万年为一个单位，故多数地质学家把晚近期定得较为久远，有认为是新生代以来，有认为是第四纪以来，也有认为是晚更新世以来。但工程时间尺度则短得多，以年为单位，使用期只有50～100年。因而本案例提出“一万年”为时限，即今后一百年是过去一万年地质历史的继续，“回顾一万年，展望一百年”。当时多数地质专家仍是传统观念，本案例主持人力排众议，以充分的科学依据、合理的逻辑思维，非凡的勇气和胆识，取得了成功的突破。

本案例的直接意义是电子对撞机可在原址建设。之前由于存在八宝山活动断裂，高能物理研究所已经考虑了迁址的方案，估计需增加投资3000万元，延长建设时间3年。20世纪80年代中期我国综合国力很弱，3000万是个相当大的数目；建设时间延长3年，对于这个科学前沿项目更是难以接受。本案例的结论在当时意义之重大，可想而知（本案例后来获得全国科学大学奖）。

本案例的社会意义在于为《岩土工程勘察规范》对相应问题的规定准备了理论基础与工程范例，接着又被《建筑抗震设计规范》采纳，以国家规范的方式向全国推广，使广大工程地质、岩土工程和工程地震的科技人员有了一把开启断裂活动工程评价的钥匙，在场地地基抗震领域具有里程碑意义。修订《岩土工程勘察规范》时，以本案例的指导思想为理论基础，提出了“全新活动断裂”的概念。即“全新地质时期（一万年）有过地震活动或近期正在活动，今后一百年仍可活动的断裂”。并根据活动特征、活动速率、历史地震划分为“强烈”、“中等”、“微弱”三个等级，具有较强的可操作性。由于当时对全新世的时限尚无定论，故用“全新活动断裂”，确定为一万年。后来《建筑抗震设计规范》用“全新世活动断裂”，二者没有实质性差别。

本案例的思维方法和工作方法也值得借鉴。接受任务之初，主持人可能已有一个初步判断，但只是“大胆假设”，还需要“小心求证”。为了“求证”，做了大量细致的工作，论证《报告》的附件达13个。其中包括大量“反面意见”。并邀请持不同意见的权威单位和权威人士，共同参与现场调查和座谈讨论，共同追求正确答案。对不同意见不是简单否定，而是摆事实，讲道理，力争达成共识。不能达成一致的可以保留。用令人信服的事实根据和逻辑思维追求真理，体现出岩土工程师的勇气、智慧和艺术魅力。因此，之后再也没有出现过任何反复。

由于各路专家来自不同的行业和专业，关心的问题也不同，对活动断裂时限持不同意见是合情合理的。不说地质与工程间时间尺度的巨大差别，即使同属工程，房屋建筑、水利工程、核电厂，也有相当大的差异。因此，在修订《岩土工程勘察规范》时，对“活动断裂”不做定义，避免在这个问题上无休止地争论，而是“求同存异”，提出了“全新活动断裂”的概念，很快被工程界普遍接受，一直应用到现在。

此外，在以本案例为基础编写《岩土工程勘察规范》相关条文时，还注意了下面几点：

（1）国内外大量断裂错动调查的案例统计证明：低于8度的地震区一般不会发生断裂地面错动，《抗震规范》采纳了这个意见，直到现在仍按这个原则作相应规定。由于勘察是设计的前期工作，重大工程的断裂研究范围宜宽一些，故《勘察规范》规定对重大工程7度和7度以上地震区应进行断裂勘察。

（2）所谓断裂地面错动，指的是基岩错动，不是土层错动或地裂缝。隐伏断裂上有厚度30m以上的土层，足以起到基岩错动对建筑物的缓冲作用。《抗震规范》原则上采纳了这个意见，但在具体厚度上作了更严格的规定。

（3）鉴定全新活动断裂或能动断层都是指主干断裂（抗震规范称发震断裂），如果工程位于分枝断裂上，需通过分析与主干断裂的关系确定。

2008年5月12日的汶川大地震的震害实况完全印证了上述考虑：断裂错动发生在全新活动断裂上；8度以下的地震区未发现任何基岩错动；基岩错动均在主干断裂；基岩错动震害严重，任何工程措施都不能抵御。

岩土工程典型案例述评25

岸边地震液化判别和地震液化的基本经验①

核心提示

本案例为岸边某住宅区勘察，项目主持人用规范方法判别和评价地震液化，但未能注意岸边液化造成的灾害主要是岸坡失稳，不同于喷水冒砂造成的地基失效。本案例告诉我们，规范要遵守，岩土工程的基本概念和基本经验更不能忘记。

① 本案例根据编者笔记编写。

案例概述

工程概况

河北省某地一住宅区，大部分为6层砖混结构，无地下室。场地平面尺寸为400m×600m，位于河流一级阶地边缘，阶地走向大致南北，略向河漫滩倾斜，坡度约2%。场地东侧边缘离阶地边缘约60m，东侧为河漫滩，阶地高于河漫滩约3m，洪水时河漫滩被浸没。20世纪80年代后期进行场地勘察，地层情况如下：

（1）耕土：厚度约50cm；

（2）全新统粉质黏土：黄褐，可塑，天然含水量平均为30%，天然孔隙比平均为0.89，塑性指数平均为12，液性指数平均为0.60，厚度为2.5～5.4m；

（3）全新统细砂：褐黄，饱和，较纯，标准贯入锤击数为8～10击，厚度为1.2～2.1m；

（4）晚更新统粉质黏土：黄褐，可塑，天然含水量平均为29%，天然孔隙比平均为0.78，塑性指数平均为13，液性指数平均为0.55，厚度为3.3～4.4m；

（5）中更新统中砂：褐黄，饱和，标准贯入锤击数为24～32击，厚度为5.0～7.0m；

（6）中更新统粉质黏土：黄褐，硬塑，天然含水量平均为26%，天然孔隙比平均为0.71，塑性指数平均为12，液性指数平均为0.21，未揭穿。

代表性地层剖面见图25-1。勘察时地下水稳定水位深度为3.0～3.2m。

场地抗震设防烈度为8度。

编写《勘察报告》时，项目主持人按当时的《工业与民用建筑抗震设计规范》TJ 11-74判别了两层砂土的地震液化问题，认为上层砂土（第3层）可液化，下层砂土（第5层）不液化。由于上层砂土厚度很小，判断液化等级为轻微，可不进行地基处理。

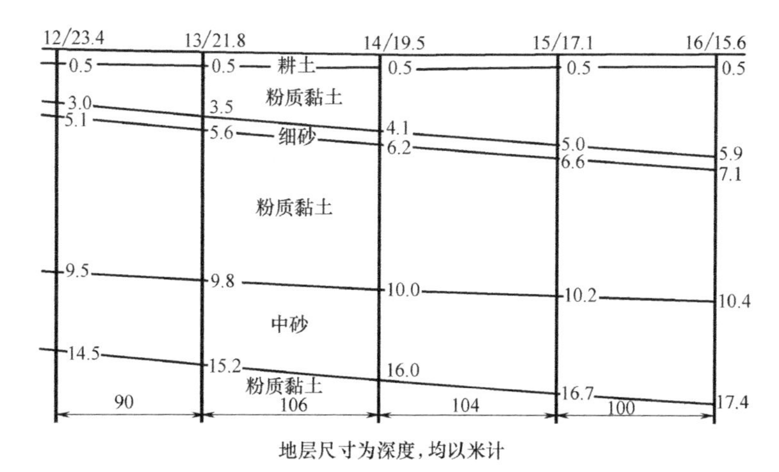

图25-1　代表性东西向地层剖面图

《报告》审查时引起了激烈的讨论，最终确定：可液化层虽然很薄，但向河漫滩一侧倾斜，地震液化时可能导致场地滑移，造成严重后果，应进行地基处理，消除液化，防止场地失稳。

评议与讨论

1. 规范液化判别方法的由来

20世纪60年代和70年代，我国多次发生地震液化，对工程产生严重危害，判别场地是否可能液化成了亟待解决而难以解决的问题。学术界和工程界的专家们为此进行了多年艰辛研究，取得了现已列入规范的成果。现以《建筑抗震设计规范》为例，根据编者的理解作些简要介绍。

20世纪70年代以前，我国研究地震液化的只有少数几位专家，1976年唐山大地震前后才开始进行大规模的深入研究。开始时的主导思想是引进美国西得（Seed）的简化方法，以动三轴试验为主要手段，将野外取得的扰动砂样在试验室内制备成密度与原状土“相等”的试样，在动三轴仪中进行液化试验，将试验成果代入简化的Seed公式计算，判断未来地震时是否可能液化。经过几年的努力，发现此路不通。动三轴试验的“可重复性”很差，同一样品，同一仪器，同一操作程序，同一个人操作，结果还是差别很大。况且制备的是扰动样，完全失去了原状结构，密度与原状土也不可能真正“相等”，还有仪器的问题、动应力的模拟问题、试验结果如何用于现场判别问题等。动三轴仪作为研究手段，不错，但用以解决工程问题，不现实。因而放弃了这个思路，改用“概念加经验”的方法。

概念加经验中的“概念”，就是根据国内外大量震害调查和科学实验得到的规律，以影响液化的主要因素为液化判别式的主要参数：地震作用方面取地震设防烈度（设计地震加速度）和设计地震分组（近震和远震）；场地条件方面取土性、深度和水位。试验研究表明，土的密实度对液化有举足轻重的影响，饱和松砂和密砂在循环荷载作用下的表现完全不同，应当是液化判别最重要的参数，确定用标准贯入锤击数表征（又有采用静力触探比贯入阻力表征）；土的初始应力状态是影响液化的重要因素，判别式用深度来表征（相当于上覆有效压力）；起初认为只有饱和砂土可能液化，但现场调查发现饱和粉土也可能液化，并在室内试验中得到证实，因而又增加了粉土，并附加黏粒含量为判别参数。这些参数均可通过常规勘察取得，不必采用动三轴试验之类的特殊手段，便于实施。概念加经验中的“经验”，就是根据大量现场调查和测试成果进行统计分析，分别在震后液化的场地和非液化的场地上进行标准贯入试验或静力触探试验（以有无喷水冒砂为是否液化的标志），1970年的通海地震、1975年的海城地震、1976年的唐山地震，均在现场做了大量对比试验，将试验成果用两组判别分析进行统计分析（编者注：“两组判别分析”是一种数理统计方法，这里的“两组”是“液化组”和“非液化组”），经多次调整修改后得到现行规范的判别方法。

由此可见，由于地震液化的不确定因素非常多，随机性非常强，故对于工程使用年限内是否液化的预测，只能作一大致的判断，谈不上精确。现行规范地震液化判别的方法精度都是不高的。由于数据离散，同样的标贯锤击数，液化与非液化互相交叉，无论液化组还是非液化组，都有相当数量不成功的子样。还应注意，如果判别成功率为90%，并非判别的可靠性就是90%。因为地震发生后液化还是非液化，影响的因素非常多，判别式只考虑了其中的几个因素。地震烈度和地震分组，建立判别式时作为确定性的因素，而实际上不确定性非常大，地震历时也有重要影响。土的颗粒级配方面，判别式中只考虑了黏粒含量，粗砂、中砂、细砂、粉砂都一律对待，其实不同粗细和不同级配的砂土，抗液化性能是不同的。由于地震的偶发性，参与统计子样的代表性很有限，将局部地区的经验推广到全国，可靠性不会太高，是可以理解的。

以上讨论决无贬低规范的意思，建立规范判别式时花了很多专家和科技人员的心血，寻找既科学又简便的判别方法，到液化和非液化现场做原位测试，大量的计算分析等，都付出了艰苦劳动。虽然理论不完善，但很简便、很实用，可靠性优于基于动三轴试验的Seed法，值得后人永远铭记。但也不能不注意其中还存在的问题。

2. 平原液化与岸边液化的不同表现

根据现场调查，平原地区的地基失效一般与喷水冒砂有关，没有喷水冒砂的地方，一般见不到地基失效导致建筑物破坏的现象，故将喷水冒砂作为地震液化的宏观标志。在斜坡和岸边地带，场地和地基失稳一般与侧向扩展或滑移有关，并在地面出现许多与边坡或岸边平行的张裂缝。

喷水冒砂造成水土流失，现场出现一个个砂堆，地面严重变形，建筑物大幅度不均匀沉陷，喷冒发生的地点和水土流失的多少无法预测。有人试图用数学方法通过计算震陷量来评价液化，编者认为不会有良好的前景。有人以为，震后砂土或粉土一定趋于密实，其实未必。地震动确实使松砂趋密而产生超静水压力，但超静水压力消散引起的喷水冒砂实质是渗透破坏，使土变松。现场测试表明，喷冒使土变得极不均匀，喷冒孔附近的土极为松软，标贯锤击数甚至为0。模型试验发现，喷冒前土中有“水夹层”，完全没有强度。编者曾在唐山钱家营做过震前震后三次标准贯入和静力触探试验，发现震后2个月深部的砂土普遍变密（10m以下），而浅部的砂土普遍变松（8m以上）。震后11个月再测，发现浅部砂土的密实度显著增加，大体恢复到震前水平。表明地震液化使砂土的密实度和强度发生极为复杂的变化，地震发生时的振动液化使土增密，喷水冒砂的渗流液化使土变松，后期固结恢复又有一个较长的时间过程，进一步证明计算液化震陷量是不靠谱的。

地形和微地貌可以改变喷冒的位置，地形较低的沟和坑有利于喷冒的发生，填土覆盖增大砂土和粉土的初始压力，对液化和喷水冒砂有明显的抑制作用。建筑物的存在也使喷水冒砂的规律不同于自由场。独立基础、条形基础的建筑物因严重不均匀沉降而使结构开裂（图25-2）；整体性好的筏基、箱基建筑则表现为整体倾斜（图25-3）。由于从地震发生到孔隙水压力升高，喷水冒砂，地基失效，建筑物下沉有一个时间过程，故液化震害明显滞后于结构惯性造成的震害。同一次地震，液化区的人员伤亡一般低于邻近的非液化区。

图25-2　1976年唐山地震液化房屋一角下沉（顾宝和）

图25-3　1995年日本阪神淡路地震液化房屋倾斜（叶耀先）

斜坡和岸边的砂土或粉土液化，则主要表现为侧向扩展，地面张裂，甚至发生长距离滑移，后果比喷水冒砂更加严重。1976年唐山地震时有很多案例（图25-4），1995年日本阪神–淡路地震液化，滑移严重毁坏了港口、堤岸；1964年美国阿拉斯加大地震时，长2400m的土体滑移150m，直至海中，70幢房屋和道路、电力、通讯、燃气、水管严重破坏，后果十分严重。而且，液化地层即使很薄，按液化指数判断为"轻微"，但可能发生严重后果。《建筑抗震设计规范》关于液化指数计算和液化程度判别的规定，其实只适用于喷水冒砂，不适用于斜坡和岸边。对于岸边建筑物、港工构筑物、取水构筑物，本案例具有警示意义。

图25-4　1976年唐山地震液化滑移地裂（顾宝和）

限于篇幅，本书不能全面介绍液化的基本经验。地震发生的概率很小，现场宏观经验很难得，很宝贵，希望年轻的岩土工程师们多多关注。

3. 怎样对待规范?

本案例的项目主持人根据当时规范的规定，作出场地液化轻微、可不进行地基处理的判断，似乎并不违反规范，但这样的判断显然忘记了最基本的力学概念。土体液化丧失强度，物体在没有摩擦力的斜面上，即使静力条件下也肯定会滑动。本案例向我们提示了一个重要观点：规范要遵守，但不能盲目，基本概念和基本经验决不能忘记。不违反规范，并不意味着就一定正确，一定合理，一定安全。这是因为：第一，规范只规定量大面广的普遍性问题，不可能面面俱到，包含一切特殊问题。岩土工程可能遇到的新问题、特殊问题多得很。第二，规范只能规定成熟的已被公认的经验，对还在争议，尚无定论的问题只能先放一放，继续探索和积累，例如黄土液化问题，至今尚未列入规范。

本案例当时执行的还是74版的《抗震规范》，至今已多次修订，逐步完善。按现行《建筑抗震设计规范》GB 50011-2010计算，虽然仍为上层砂土可液化，下层砂土不液化，液化指数为3.15～3.90，也还是轻微液化。但第4.3.10条规定："在故河道以及临近河岸、海岸和边坡等有液化侧向扩展或流滑可能的地段内不宜修建永久性建筑，否则应进行抗滑动验算，采取防土体滑动措施或结构抗裂措施"。这就明确了在评价液化时必须十分重视边坡和斜坡的稳定问题。

其实，地震液化极易造成岸边及斜坡失稳，是岩土工程的基本经验。况且，技术在进步，科学在发展，经验在积累，规范总是在不断修订，不断完善。而且，规范也绝不是"句句是真理"，受到质疑的规定并非个别。规范具有权威性，应当遵守，但不能将其神圣化、绝对化，陷入盲目和迷信，要自觉遵守，要在理解规范条文科学原理的基础上遵守。试另举一个例子：

河北怀来某综合性工程，高层建筑地上15～16层，低层建筑地上5～6层，框架结构，均有3层地下室，均为筏板基础，因场地整平标高低于自然地面标高，基础埋深在自然地面下18m。地基土为粉土与碎石土互层，粉土每层厚1～2m，标准贯入锤击数平均17击，碎石土每层厚2～3m。地层基本平坦，未见地下水。由于基底标高上有的地方是碎石土，有的地方是粉土，勘察设计者据此判断，所有建筑均为"不均匀地基"，拟作换填处理。

如此考虑显然不当。规范确有地基均匀性判断的规定，这是由于如果地基水平方向不均，容易导致差异沉降，着眼点在于地基变形问题。对于本工程，粉土与碎石土的土性差异确实不小，但对于5～6层高的轻型建筑，基底埋深18m的超补偿基础，粉土标贯锤击数达17击，相当好，根本不存在差异沉降问题。况且还用筏板基础（其实独立基础即可），还有什么必要换填？勘察设计人员显然只是生搬硬套规范，而忘记了岩土工程的基本概念和基本经验。既然"均匀性"针对的是差异沉降问题，当然指的是水平方向，可是还有勘察设计人员将水平方向大体均匀的分层地基也判为不均匀地基，那更是与规范初衷风马牛不相及了。

规范其实是一把双刃剑，一方面，规范是成熟经验的结晶，按规范执行可以保证绝大多数工程的安全、经济而合理；另一方面，过细的规定又使工程师有了过多的依赖，既不用耗费太多的精力和时间，又不担当风险，渐渐不思进取，降低了自己的素质。古有“邯郸学步”，结果是，邯郸人的行步没有学会，却把本来会走的行步忘了。我们现在学习规范，使用规范，更切勿盲目，务必将规范的规定与岩土工程的基本理论和基本经验结合起来思考。如有问题，可向规范编制组询问，编制组有责任解答。

田湾核电厂特殊地质体及其地震反应分析[1]

核心提示

本案例介绍了田湾核电厂核岛区特殊地质体的分布、成因、性质、工程特性、均匀性及其地震反应分析。地震反应分析由两个单位用两种先进软件按相同的物理模型和参数独立计算。分析结果认为：特殊地质体如不处理，将对场地地表的地震响应有一定影响；如置换处理，可将地表的地震响应降到可以接受的程度。本案例对核电建设中特殊岩土工程问题的处置有重要借鉴意义。

① 本案例根据田湾核电厂特殊地质体专家评审会上的资料编写。

案例概述

1. 特殊地质体的分布

1.1 概况

田湾核电厂为中国与俄罗斯技术合作项目，地处江苏省连云港市。1号和2号机组已于2007年投入商业运行。第二期3号和4号机组于2012年12月浇注第一罐混凝土，标志正式开工，计划2018年投入商业运行。

2003年田湾核电站二期工程在详勘过程中，在拟建主厂区场地内发现一条破碎带，自减震沟至二期人工边坡均有分布，表现为岩石强烈破碎和一定程度的风化，与周围岩体差异明显，界线清楚，有清晰的滑动面、断层岩等构造现象。由于破碎带与围岩有显著的差异，比较特殊，故非正式定名为“特殊地质体”。特殊地质体通过3号核岛的UKD、UQB、UKA、UKT及4号核岛的UBS等与核安全相关建筑物，因而有必要对其性质、特征进行深入研究。尤其令人关注的是，是否可能因能动断层而否定厂址，是否因构成不均匀地基而需进行地基处理。

1.2 特殊地质体的平面分布

探槽和减震沟揭露的特殊地质体长度约为160m，宽度为7.0～14.0m，方向为310°～330°。电剖面探测结果，特殊地质体宽度约12.00m，位置与地面地质测绘基本重合。见图26-1。

3号核岛基坑内特殊地质体呈连续分布，从基坑东南角到西北角斜穿UKD、UQB底板，总体走向NW335°，长度近70m，宽度约3.5～15m，与探槽揭露、电剖面探测的结果基本一致。见图26-2。

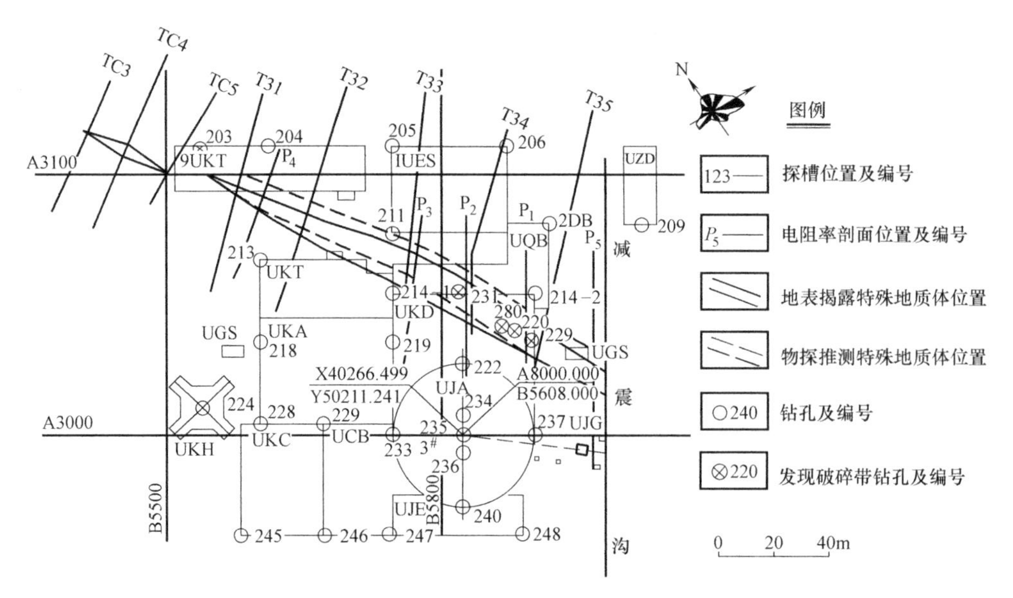

图26-1 特殊地质体平面位置图

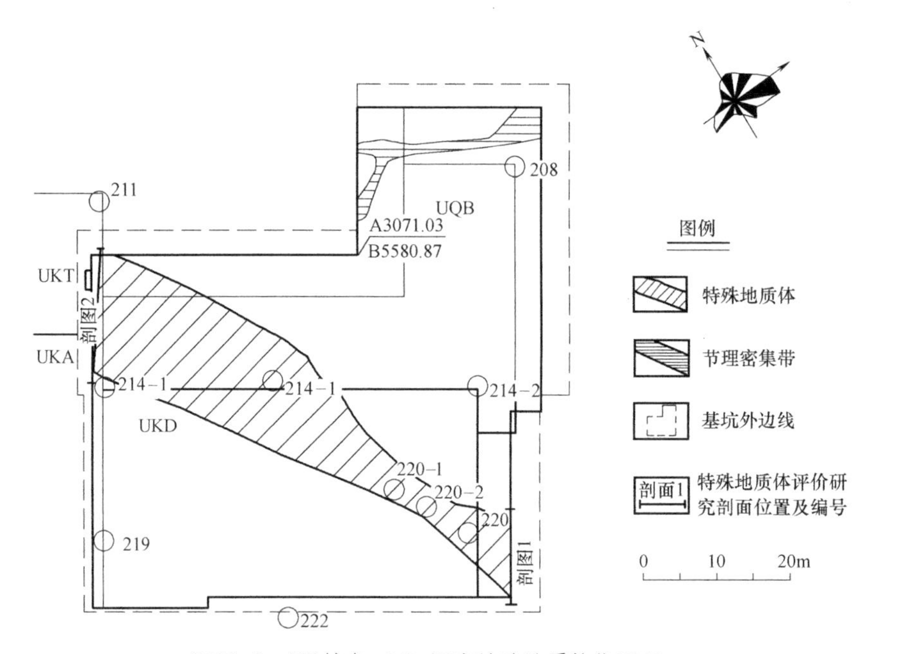

图26-2 3号核岛-0.8m深度特殊地质体位置图

3号核岛特殊地质体向东南方向延伸，经一期工程2号机组的循环冷却水隧道、核服务厂房基坑、循环冷却水泵房基坑，在2号汽轮机厂房基坑的中部尖灭。4号核岛特殊地质体从场地北部通过，斜穿UBS厂房地基东北角，总体走向NW305° ~325° ，地表揭露长度约78m，最宽处约9m。

1.3 特殊地质体的竖向分布

根据钻探资料，特殊地质体与围岩的接触界面为陡倾角，近乎直立，倾向NE或SW。共布置了5个斜孔，其中有2个斜孔XK3、XK4发现了特殊地质体，其水平投影均未超出地面边界。XK3在孔深71.2～77.9m（斜深，标高-59.91～-66.26m）处发现特殊地质体，水平投影宽约2.14m。XK4孔在63.4～70.7m（斜深，标高-61.35～-68.35m）处发现特殊地质体，水平投影宽约2.06m。3号核岛特殊地质体地面（标高7.6m）揭露宽度7～14m，表明特殊地质体随深度增加明显变窄。

3个未发现特殊地质体的钻孔，XK1、XK2位于特殊地质体的东北侧，深度分别为168.59m和156.12m，钻孔轨迹的水平投影超过特殊地质体西南地面边界约2m。另一个斜孔XK5位于特殊地质体的西南侧，与XK1、XK3基本处在一条直线上，倾斜方向相反，深度为135.20m，钻孔轨迹的水平投影超过特殊地质体东北边地面边界约1m。从剖面可以看出，特殊地质体在XK1孔与XK5孔交点之上和XK3孔-66.26m之下尖灭（图26-3）。

XK4孔发现特殊地质体的标高、水平投影宽度与XK3孔基本一致，而XK2孔没有发现特殊地质体，两剖面的位置相距只有约32m，可以认为该处特殊地质体在XK4和XK2之间尖灭，尖灭点的位置也在该标高位置。

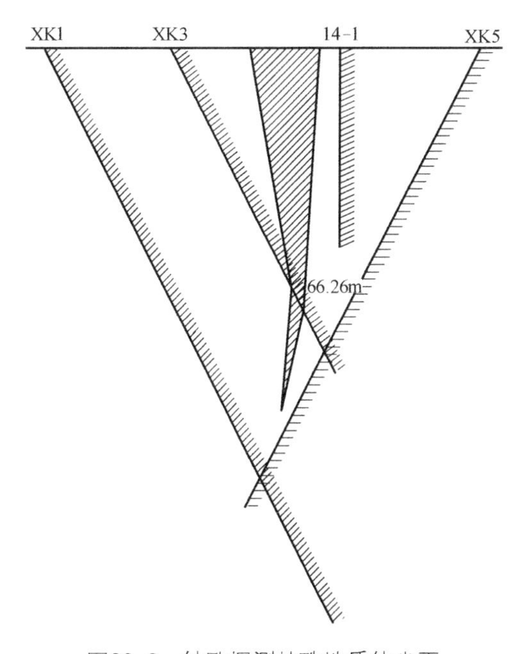

图26-3　钻孔探测特殊地质体尖灭

2. 区域地质概况与断层活动性

2.1 区域地质概况

厂址位于扬子地台东北部相对稳定的下扬子台褶带，新构造上属于苏鲁隆起的灌云—千里岩沉降区，该区上新世前以继承性上升为主，上新世以后自南向北逐渐转为沉降，断裂活动不活跃，地震活动水平较低，没有第四纪火山活动。

经过太古代晚期的海州运动和元古代末期的晋宁运动，近区域由地槽转化为地台，由活动趋向稳定。之后经历了漫长的上升隆起和遭受剥蚀的过程，缺失古生代和中生代早、中期沉积。燕山运动中、晚期，近区域有NE和NNE向断裂活动，总体上为上升隆起，相对稳定。晚第三纪至早更新世继承了燕山晚期和喜马拉雅早期的块断差异运动，有NE、NW及NNE断裂，地貌上形成了NE成带、NW成块的断块山形。中更新世早期仅有少数NW向断裂，到中更新世晚期，近区域的块断差异运动已不复存在，但更大区域块断式升降仍较显著。近区域共有13条断裂，走向分别为NNE、NE、NEE和NW，均为Q_3以前活动的基底断裂，与发震构造没有联系。

厂址近区域位于稳定地块内部，断裂构造不发育，基岩为海州群云台组二长浅粒岩。由于经过了强烈的变质作用和构造变形，发育了大量小规模的糜棱岩带、劈理破碎带和节理带，这些小构造延伸不长，深度有限。厂址附近的排淡河断裂（FI）和邵店—桑墟断裂（F2）均为隐伏的前第四纪断裂，这些断层和小构造均不是能动断层。

2.2 特殊地质体的成因

根据伴生和派生构造现象（构造透镜体、羽状节理、阶步、帚状节理等）可以判断，3号核岛和人工边坡特殊地质体的运动方向一致，均为南西盘向上、向北西方向错动，北东盘向下、向南东方向错动。说明特殊地质体在平面上曾经有过右旋走滑运动，与特殊地质体不连续的次级构造作左旋羽列的平面分布特征相符合。

由于燕山期郯庐断裂的大规模左旋走滑运动，其东部的构造应力场易形成北北西—北西向右旋张剪性破裂，这种破裂往往宽度大、长度短，呈透镜体状，与主断裂的锐夹角指示了本盘的运动方向。特殊地质体表现为断层破碎带，应是地壳浅部的脆性变形产物。特殊地质体与郯庐断裂的锐夹角方向指向北，与燕山期郯庐断裂东盘的运动方向一致。这些特征表明，特殊地质体是在燕山期郯庐断裂左旋错移过程中形成的。

2.3 特殊地质体的活动性

（1）最新活动年龄测定

采用国际上常用的电子自旋共振法（ESR）测定特殊地质体的最新活动年龄，取样13个，所取样品均为特殊地质体活动所形成的断层泥或碎粒岩，测试单位为中国地震局地质研究所地震动力学国家重点开放实验室下属的电子自旋共振法测年实验室。

特殊地质体ESR法的测年数据见表26-1。其中有9个数据大于70万年，属于早更新世，3组数据在50万～70万年之间，属中更新世早期，只有1个数据小于50万年（该样品位于自然地面以下约20cm，受光照和淋滤的影响，测值明显偏小）。

特殊地质体年龄测试（ESR）成果　　表26-1

样品编号	样品描述	ESR法测年结果（万年）	取样位置
样1	碎粒岩	78.6±6.0	原人工边坡剖面
样2	断层泥	56.0±4.5	原人工边坡剖面
样3	断层泥	>100	原人工边坡剖面
样4	碎粒岩	25.3±1.5	原人工边坡105m平台陡坎路边
样5	断层泥	>100	3号核岛基坑东壁
样6	断层泥	>100	1号核岛基坑东壁
样7	断层泥	>100	1号核岛基坑东壁
样8	碎粒岩	54.0±3.2	3号核岛基坑西壁
样9	碎粒岩	57.5±4.6	3号核岛基坑西壁
样10	碎粒岩	>100	3号核岛基坑西壁
样13	断层泥	85.6±6.0	4号核岛TC探槽
样14	断层泥	95.0±8.0	4号核岛TC探槽东壁主断面
样15	断层泥	>100	4号核岛TC探槽

（2）地形地貌特征

根据1978年拍摄的1：10000大比例尺航片的解译判读结果，没有发现特殊地质体在地表形成的影像特征。特殊地质体通过的船山东北坡、扒山东坡、扒山与扒山头之间的扇形洼地，地形等高线光滑规则。船山北陡崖以北的地形地貌未破坏，沿特殊地质体的延伸方向未形成断层陡坎等错断微地貌现象。厂址附近区域海拔100m左右的基岩中普遍分布有海蚀台阶、平台和洞穴等海岸地貌遗迹，代表中新世早期进入冰期以前的古海面，距今约25Ma。通过野外观测，船山一带断层破碎带两侧该基准面没有明显的位移。厂址及周边地貌特征表明特殊地质体不是活动构造。

（3）与其他能动断层的联系

特殊地质体规模很小，单条延伸长度小于200m，总体延伸长度小于1000m，与其他断层没有构造上的联系。厂址附近范围没有能动断层，不存在特殊地质体与其他能动断层有联系的问题。

根据以上分析，特殊地质体为中更新世以前的老断层，厂址附近没有能动断层，特殊地质体与其他能动断层没有构造联系，厂址近区域不具备发生5.0级以上地震的地质背景，沿特殊地质体没有小地震分布，因此特殊地质体不是能动断层，不影响厂址的稳定性。

3. 特殊地质体的工程特性和地基均匀性

3.1 断面特征

特殊地质体断面具有如下特征：

（1）发育于二长浅粒岩中，与围岩界线清楚，不是渐变接触关系；

（2）与周围完整岩体接触的断层面上有擦痕和阶步存在，并有厚度不等的断层泥；

（3）有宽度不等的构造破碎带，角砾岩、碎裂岩等发育，并有多条滑动面；

（4）岩体破碎程度明显高于两侧围岩，风化程度亦高于两侧；

（5）就总体而言，特殊地质体的破碎和风化程度在竖向上没有明显差异；

（6）次级剪节理发育，将岩石切割成大小不一的菱形块体；

（7）节理面（次级劈理）有弯曲现象，指明特殊地质体的运动方向；

（8）破碎和风化程度不均一，夹有破碎和风化程度较轻的相对完整岩体；

（9）特殊地质体中钾长石含量较两侧围岩高，多为钾长浅粒岩；

（10）特殊地质体与围岩接触带上常有绿泥石片岩。

3.2 风化特征

特殊地质体的风化程度明显高于两侧围岩，且不均一，为强风化或中风化；而围岩则表现为微风化或中风化。

特殊地质体的风化与一般岩石近地表的风化有明显差异：表现为：一是特殊地质体中不发育风化裂隙，岩体的破碎由构造裂隙切割而成；二是特殊地质体岩石中的钾长石先于黑云母等暗色矿物风化。

3.3 坚硬程度、完整性和岩体质量评价

特殊地质体中的相对破碎部分，按规范分级为极破碎，成碎块—碎粉状，接近散体介质，甚至出现断层泥，结构面多充填黏性土，失水干硬，遇水软化，崩解后呈碎渣或粉末状。岩体的强度已不再取决于岩石的坚硬程度，而类似于土，岩体基本质量等级为Ⅴ级。特殊地质体中相对完整部分的岩块仍为微风化状态，局部中风化，按规范分级为坚硬岩，破碎—较破碎，岩体基本质量等级为Ⅲ～Ⅳ级。

3.4 质量密度

采用现场灌砂法和室内试验两种方法对特殊地质体的天然密度进行测定。两次灌砂法试验结果为2.09g/cm^{3}及2.10g/cm^3。室内试验统计结果见表26-2。室内试验的平均值与灌砂法的测试结果接近。

特殊地质体天然密度统计（g/cm^3） **表26-2**

最大值	最小值	平均值	标准差	样本数	变异系数
2.48	1.89	2.11	0.19	8	0.09

3.5 弹性波速度

采用跨孔法测定弹性波传播速度计算动弹性模量、动剪切模量和动泊松比，同时记录体波的振幅和频率，计算特殊地质体的阻尼比。场地共布置了3组跨孔测试（1组2孔跨孔、2组3孔跨孔）。测试结果见表26-3和表26-4。

跨孔波速测试成果（1组2孔） 表26-3

指标		横波速度v_s (m/s)	纵波速度v_p (m/s)	动弹性模量E_d (GPa)	动剪切模量G_d (GPa)	动泊松比μ_d
特殊地质体（220-1、220-2）	最小值	1012	2025	6.08	2.25	0.330
	最大值	1343	2685	10.55	3.97	0.370
	平均值	1155	2355	7.89	2.95	0.339
	标准差	106.9	208.7	1.48	0.56	0.012
	变异系数	0.09	0.09	0.19	0.19	0.03
	统计数	17	17	17	17	17

跨孔波速测试成果（2组3孔） 表26-4

跨孔测试编号		v_p (m/s)	v_s (m/s)	G_d (GPa)	E_d (GPa)	μ_d	D_z
3号核岛（BS1-BS3）	BS3孔激发	3578	1993	9.8	24.8	0.277	0.097
	BS1孔激发	3571	2065	10.4	26.0	0.249	0.092
	平均值	3575	2029	10.1	25.4	0.263	0.095
4号核岛（BS4-BS6）	BS6孔激发	2730	1521	5.8	14.8	0.272	0.082
	BS4孔激发	2972	1666	7.1	17.6	0.277	0.081
	平均值	2581	1593	6.5	16.2	0.275	0.082

特殊地质体的破碎程度和风化程度具有明显的不均一性，无论沿走向方向、垂直走向方向还是竖直方向均是如此。与之相应，特殊地质体不同位置不同方向测出的波速也有相当大的差异，岩芯相对完整的地段，测得的压缩波速度平均值为3575m/s，剪切波速度为2029m/s；而岩芯非常破碎的两孔，测得的压缩波速度平均值为2355m/s，剪切波速度为1155m/s。两次结果的波速平均值相差41%（压缩波）和55%（剪切波）。经62个有效数据的数理统计，置信概率为95%，统计结果见表26-5，建议值见表26-6。

特殊地质体动参数统计 表26-5

指标	v_s (m/s)	v_p (m/s)	E_d (GPa)	G_d (GPa)	μ_d	D_z
最大值	2614	4630	41.2	16.3	0.37	0.137
最小值	1012	1949	6.6	2.4	0.17	0.029
平均值	1600	2923	16.8	6.6	0.29	0.086
标准差	474	689.6	9.55	3.96	0.042	0.034

续表

指标	v_s（m/s）	v_p（m/s）	E_d（GPa）	G_d（GPa）	μ_d	D_z
变异系数	0.3	0.24	0.57	0.6	0.15	0.39
样本数	62	62	62	62	62	43
统计修正系数	0.936	0.949	0.876	0.87	1.032	1.103
标准值	1497	2773	14.7	5.8	0.3	0.095

特殊地质体抗震计算参数建议值 **表26-6**

v_p（m/s）	v_s（m/s）	E_d（GPa）	G_d（GPa）	μ_d	D_z	ρ（g/cm^3）
2773	1497	14.7	5.8	0.30	0.10	2.38

3.6 地基均匀性分析

核岛地基中特殊地质体的风化程度比围岩高2个等级，岩体完整程度和基本质量等级差2～3个等级，工程地质特征差异明显。

微风化-未风化围岩与特殊地质体室内试验成果对比见表26-7。从表中可以看出，单轴抗压强度和静弹性模量的差异超过100%，波速差异达35%～51%。而跨孔波速测试，二者剪切波速度差异为44%～58%，压缩波速度差异为42%～56%，略大于室内测试成果，这是由于室内试验反映的是岩石波速，跨孔法反映的是岩体波速，后者更为符合实际。

微风化-未风化岩石与特殊地质体室内试验成果统计 **表26-7**

指标＼值别		微-未风化岩石		特殊地质体		差异（%）
		范围值	平均值	范围值	平均值	
质量密度（g/cm^3）	干	2.64~2.65	2.64	1.99~2.62	2.23	17
	湿	2.64~2.66	2.65	2.18~2.62	2.38	11
颗粒密度（g/cm^3）		2.65~2.66	2.66	2.41~2.65	2.58	3
吸水率（%）		0.064~0.116	0.083	1.84~7.20	4.61	193
饱和吸水率（%）		0.14~0.25	0.19	4.31~12.81	8.33	191
单轴抗压强度（MPa）	干	128.0~284.0	177.0	6.50~31.70	23.60	153
	湿	114.0~242.0	156.3	1.07~13.1	6.39	184
静弹性模量（10^{3}MPa）	干	37.55~62.20	47.06	5.93~24.70	15.55	101
	湿	32.00~48.37	40.88	1.55~5.40	3.01	173

续表

指标 \ 值别		微-未风化岩石		特殊地质体		差异（%）
		范围值	平均值	范围值	平均值	
静泊松比	干	0.18~0.24	0.22	0.18~0.30	0.24	9
	湿	0.23~0.25	0.24	0.16~0.35	0.26	8
膨胀力（kPa）		9.1~61.3	34.2	19.03~47.6	26.0	27
膨胀率（%）		0.0~0.177	0.05	0.014~1.154	0.50	164
耐崩解性指数（%）		99.5~99.9	99.8	77.7~99.8	90.8	9
软化系数		0.70~0.99	0.87	0.17~0.34	0.26	108
横波速度（m/s）		3039~3392	3210	1552~3013	2247	35
纵波速度（m/s）		5515~6132	5800	2320~5296	3456	51
动弹模量（10^3MPa）		50.14~71.81	63.72	12.40~41.19	24.74	88
动剪切模量（10^3MPa）		24.54~30.46	27.40	4.93	4.93	139
动泊松比		0.26~0.29	0.27	0.20~0.26	0.25	8

从以上分析可以看出，围岩（微风化—未风化二长浅粒岩）和特殊地质体的性质差异很大，特殊地质体通过3号核岛的UKD、UQB、UKA、UKT及4号核岛的UBS等建筑物地基为不均匀地基。

3.7 地基静态承载力

根据扩建工程详勘和特殊地质体勘察资料，微风化—未风化二长浅粒岩的地基承载力特征值为24.8MPa，特殊地质体的载荷试验选在破碎和风化最强烈的部位，因经过了5年以上雨水的反复浸泡，所以数值很低，仅375～750kPa，不能代表整个特殊地质体的性质。由于各建筑物地基中特殊地质体所占比例很小，建筑物为筏形基础，因此，地基在静荷载作用下不会破坏。

4. 地震响应分析和处理方案

4.1 技术路线和计算参数

为确保计算结果的可信，采取在计算条件相同的基础土，两个单位、两种软件并行计算。一是核能工程公司（核二院）与美国布鲁克海文国家实验室专家合作，采用国际上通行的最先进的有限元软件作为本项目的分析工具和工作平台，进行分析和计算；二是中国水利水电科学研究院（水科院）采用国内开发的软件进行独立验算。

问题的实质是在均匀的岩石地基中存在竖向软弱夹层，该夹层在一定深度处尖灭，分析这样条件下的地震响应，并给出处理意见。故分析的技术路线为：以均匀岩石地基为基准，分析具有特殊地质体地基的地震响应和置换处理后地基的地震响应，分析其与均匀岩石地基的差别。两家统一采用显式动力有限元分析方法，统一采用围岩、特殊地质体和置换混凝土的动力特性参数；计算模型的计算范围相近。边界处理方式有所不同，LS-DYNA软件（核二院）采用修正黏性边界的非反射边界；EENA软件（水科院）采用实现多次透射公式的传递边界。统一采用实体单元，模型的单元网格根据所采用的计算软件和计算经验各自划分。采用的材料参数见表26-8。

材料参数　　表26-8

材料参数		微风化-未风化二长浅粒岩	特殊地质体	C25混凝土
天然密度（g/cm^3）		2.65	2.38	2.4
饱和三轴实验抗剪程度	c（MPa）	14.4	—	—
	φ（°）	51.4	—	—
纵波速度（m/s）		4800	2773	—
横波速度（m/s）		2688	1497	—
动弹性模量（10^{3}MPa）		49.5	14.7	28
动剪切模量（10^{3}MPa）		19.6	5.8	—
动泊松比		0.28	0.30	0.2
阻尼比		0.05	0.10	0.07

4.2　核二院的分析

计算输入为一组加速度时程曲线。底部输入为直接等效荷载，侧向输入为按标高输入相应等效荷载。底部边界和垂直运动方向的侧向边界为非反射边界，沿运动方向的侧向边界为滑动边界。

模型分析范围为厂房基础外1.0倍厂房宽度，包括424270个单元，439632个节点。模型地基尺寸为：X方向157.4m，Y方向143.8m，Z方向150m。计算范围和所选节点编号见图26-4，计算结果见图26-5～图26-10、表26-9～表26-12。

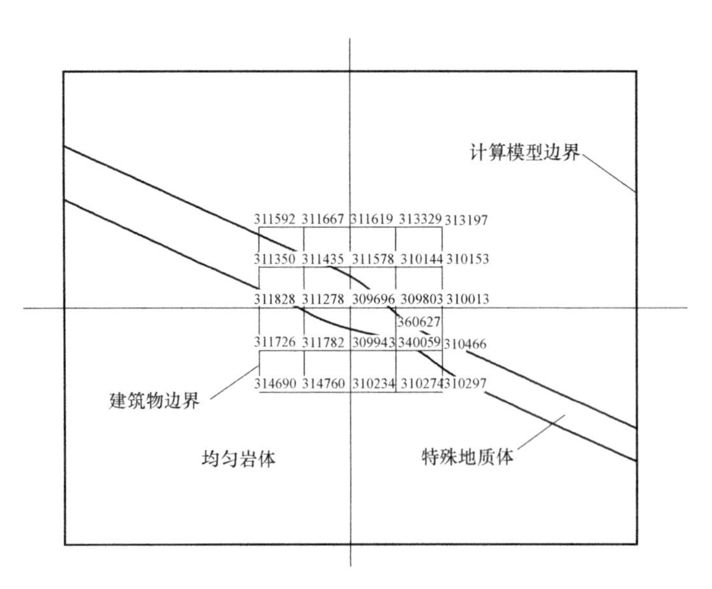

图26-4　所选节点编号

X方向应力比较　　　　**表26-9**

311350 节点	σ_{xx}	σ_{yy}	σ_{zz}	σ_{xy}	σ_{yz}	σ_{zx}
均质模型	−3.17E+03	−5.87E+03	−1.42E+02	−2.20E+03	−1.40E+02	−9.54E+03
	3.20E+03	4.36E+03	1.22E+02	2.76E+03	1.52E+02	1.04E+04
带特殊地质体模型	−6.29E+03	−1.73E+04	−5.72E+02	−2.47E+00	−7.72E+03	−7.54E+03
	8.10E+03	1.76E+04	6.34E+02	2.97E+03	8.17E+03	8.03E+03
部分特殊地质体置换后模型	−1.89E+04	−2.40E+04	−9.95E+02	−4.17E+03	−1.17E+04	−1.01E+04
	1.97E+04	2.44E+04	9.15E+02	5.11E+03	1.24E+04	1.06E+04

X方向应变比较　　　　**表26-10**

311350 节点	ε_{xx}	ε_{yy}	ε_{zz}	ε_{xy}	ε_{yz}	ε_{zx}
均质模型	−8.13E-08	−1.18E-07	−2.75E-08	−5.66E-08	−3.61E-09	−2.46E-07
	8.53E-08	9.25E-08	3.23E-08	7.11E-08	3.92E-09	2.67E-07
带特殊地质体模型	−3.42E-07	−1.08E-06	−5.02E-07	−2.18E-07	−6.83E-07	−6.67E-07
	2.96E-07	1.06E-06	4.62E-07	2.62E-07	7.22E-07	7.10E-07
部分特殊地质位置换后模型	−5.09E-07	−7.25E-07	−3.26E-07	−1.79E-07	−5.01E-07	−4.32E-07
	5.87E-07	7.45E-07	3.20E-07	2.19E-07	5.31E-07	4.56E-07

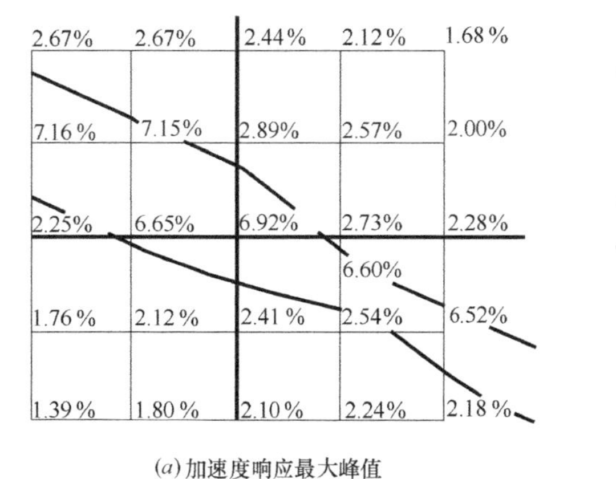

(a) 加速度响应最大峰值

(b) 反应谱

图26-5　处理前X方向差异比较图

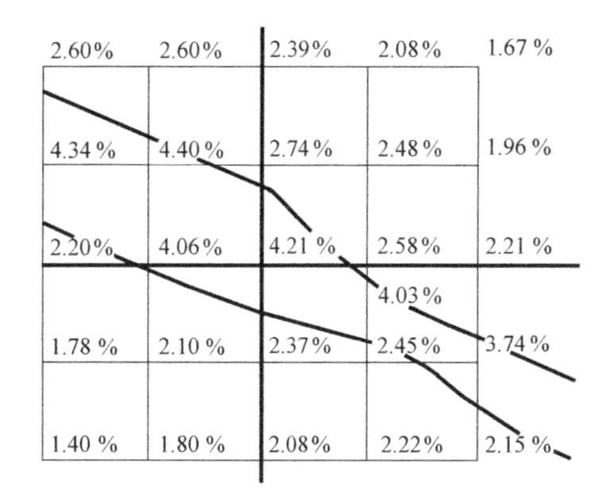

(a) 加速度响应最大峰值

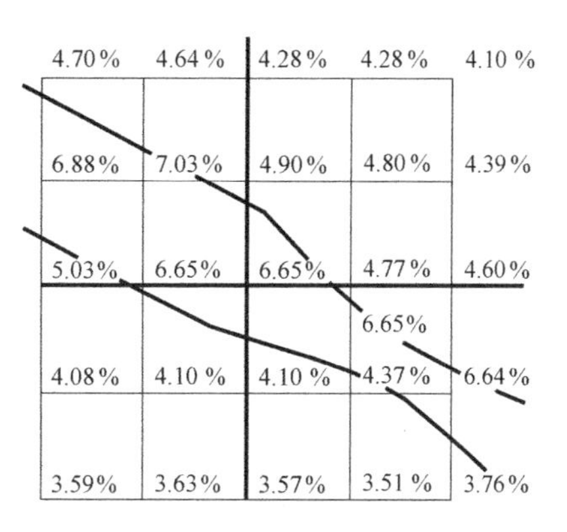

(b) 反应谱

图26-6　处理后X方向差异比较图

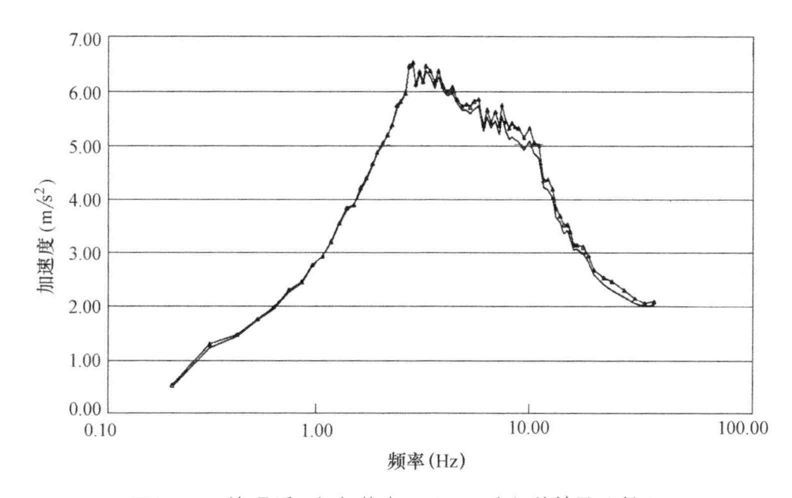

图26-7　处理后X方向节点311350反应谱差异比较图

Z方向应力比较　　表26-11

311350节点	σ_{xx}	σ_{yy}	σ_{zz}	σ_{xy}	σ_{yz}	σ_{zx}
均质模型	−2.70E+03	−2.80E+03	−6.62E+03	−4.16E+02	−1.48E+01	−9.54E+00
	2.69E+03	2.89E+03	6.37E+03	3.87E+02	1.41E+01	9.62E+00
带特殊地质体模型	−1.70E+04	−3.15E+04	−5.56E+03	−9.69E+03	−1.10E+03	−5.68E+02
	1.56E+04	2.88E+04	5.19E+03	9.00E+03	9.99E+02	5.22E+02
部分特殊地质体置换后模型	−1.87E+04	−4.29E+04	−5.12E+03	−1.60E+04	−1.66E+03	−8.62E+02
	1.74E+04	3.96E+04	4.91E+03	1.50E+04	1.54E+03	8.05E+02

Z方向应变比较　　表26-12

311350节点	ε_{xx}	ε_{yy}	ε_{zz}	ε_{xy}	ε_{yz}	ε_{zx}
均质模型	−3.61E-09	−1.91E-08	−1.03E-07	1.07E-08	−3.81E-10	−2.46E-10
	3.49E-09	1.74E-08	9.77E-08	9.97E-09	3.62E-10	2.48E-10
带特殊地质体模型	−4.01E-07	−1.68E-06	−5.60E-07	−8.57E-07	−9.71E-08	−5.02E-08
	3.71E-07	1.53E-06	6.32E-07	7.96E-07	8.83E-08	4.62E-08
部分特殊地质体置换后模型	−3.23E-07	−1.36E-06	−2.35E-07	−6.86E-07	−7.12E-08	−3.69E-08
	3.05E-07	1.25E-06	2.64E-07	6.42E-07	6.59E-08	3.45E-08

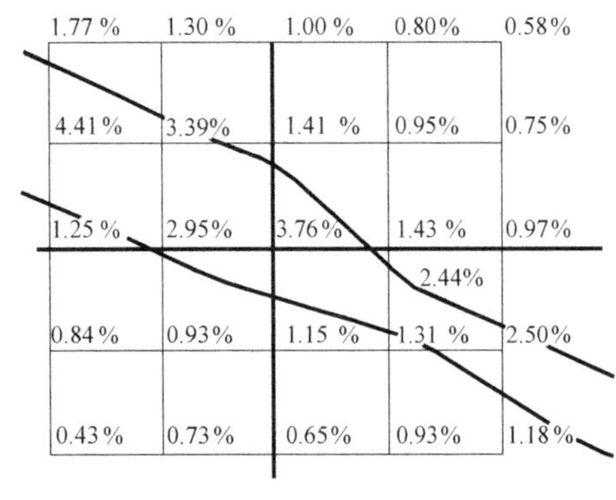

(a) 加速度响应最大峰值

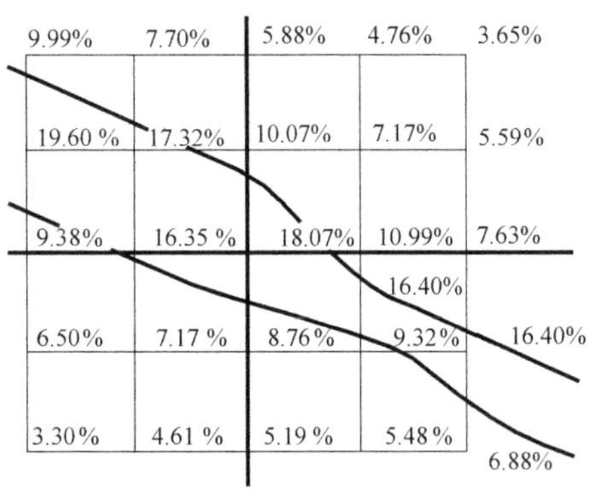

(b) 反应谱

图26-8　处理前Z方向差异比较图

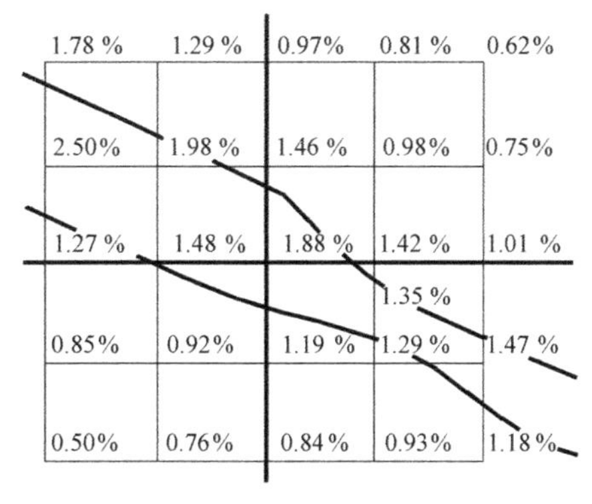

(*a*) 加速度响应最大峰值

(*b*) 反应谱

图26-9　处理后Z方向差异比较图

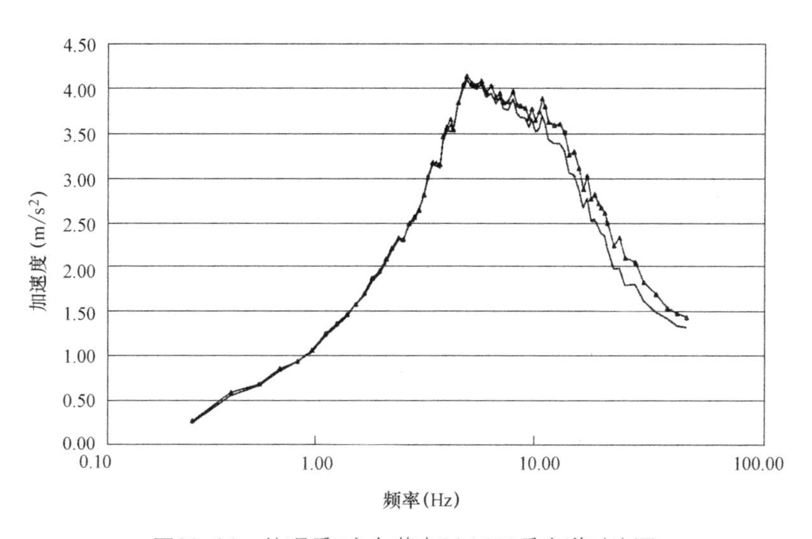

图26-10　处理后Z方向节点311350反应谱对比图

各种情况下计算结果的比较见表26-13。

各种情况下计算结果的比较　　**表26-13**

方向	加速度差异（%）		反应谱差异（%）		对应频率（Hz）	
	处理前	处理后	处理前	处理后	处理前	处理后
*X*方向	7.16	4.40	17.84	7.03	0.3	22.0
*Y*方向	3.30	3.20	12.91	6.91	0.4	25.0
*Z*方向	4.41	2.50	19.60	17.34	18.0	17.0

4.3 水科院的分析

水科院分析采用该院工程抗震研究中心研制的大型工程抗震非线性分析软件（简称EENA），该软件是在陈厚群院士主持下，通过“九五”攻关，吸收了国内许多著名力学、抗震专家的科研成果，不断完善，逐步成熟，适用于解决结构-地基动力相互作用问题，已成功地应用于国内众多大型工程的抗震研究，具有国际领先水平。

本次采用近场波动数值模拟的解耦方法分析。在有限元分析中，将结构及有限范围的地基进行离散化，离散化模型中的节点分为内部节点和人工边界节点。人工边界是在对无限连续介质进行有限化离散时在原连续介质中设置的一种虚拟的边界。地基网格为27166个节点、26070个三维固体单元、81498个自由度。模型地基范围为：*X*方向208m，*Y*方向152m，*Z*方向172m。分析结果见表26-14。

水科院计算结果（处理后） 表26-14

	加速度最大差异（%）	反应谱差异（%）	对应频率（Hz）
*X*方向	2.60	6.40	28.65
*Y*方向	2.05	6.60	18.92
*Z*方向	4.05	11.50	25.75

置换处理后核二院与水科院计算结果比较见表26-15。

置换处理后核二院与水科院计算结果比较 表26-15

方向	加速度最大峰值差异（%）		加速度反应谱最大差异（%）	
	核二院	水科院	核二院	水科院
*X*方向	4.40	2.60	7.03	6.40
*Y*方向	3.20	2.05	6.91	6.60
*Z*方向	2.50	4.05	17.24	11.50

为了安全，核二院和水科院对假定特殊地质体向下不尖灭的情况进行了补充计算。核二院计算结果见表26-16和表26-17。

核二院计算加速度比较结果 表26-16

方向	特殊地质体尖灭情况加速度最大值差异（%）		特殊地质体不尖灭情况加速度最大值差异（%）	
	处理前	处理后	处理前	处理后
*X*方向	7.16	4.40	7.33	4.55
*Y*方向	3.30	3.20	3.21	3.09
*Z*方向	4.41	2.50	5.01	3.08

核二院计算反应谱比较结果 表26-17

	方向	特殊地质体尖灭情况		特殊地质体不尖灭情况	
		反应谱差异（%）	对应频率（Hz）	反应谱差异（%）	对应频率（Hz）
处理前	*X*方向	17.84	0.3	18.69	0.3
	*Y*方向	12.91	0.4	13.74	0.4
	*Z*方向	19.60	18.0	20.33	18.0
处理后	*X*方向	7.03	22.0	7.48	22.0
	*Y*方向	6.91	25.0	6.83	25.0
	*Z*方向	17.34	17.0	17.85	17.0

水科院计算结果见表26-18和表26-19。

水科院计算加速度比较结果（处理后） 表26-18

方向	特殊地质体尖灭情况加速度最大差异（%）	特殊地质体不尖灭情况加速度最大差异（%）
*X*方向	2.60	2.53
*Y*方向	2.05	2.07
*Z*方向	4.05	4.34

水科院计算反应谱比较结果（处理后） 表26-19

方向	特殊地质体尖灭情况		特殊地质体不尖灭情况	
	反应谱差异（%）	对应频率（Hz）	反应谱差异（%）	对应频率（Hz）
*X*方向	6.40	28.65	6.31	28.45
*Y*方向	6.60	18.92	7.50	18.86
*Z*方向	11.50	25.75	12.31	25.82

4.4 结论和建议

（1）核岛场地中存在的特殊地质体对场地地表地震响应有一定影响，其影响范围为特殊地质体地表面以及靠近特殊地质体的岩石表面；

（2）将UKD、UQB基础下一定范围的特殊地质体用C25混凝土置换，可以将特殊地质体对场地地表地震响应的影响降至可以接受的程度；

（3）建议置换范围为从建筑物外延8m，深度为8m；

（4）经过综合分析，采用推荐的地基处理方案后，场地可以放置核安全级厂房；

（5）推荐的地基处理方案是可行的，并具备可实施性；

（6）增加核岛厂房底板的厚度有利于减小地震响应的不均匀性；

（7）假定特殊地质体向下不尖灭的计算结果，与尖灭的计算结果无显著差异。

处理方案平面、侧面示意图见图26-11。

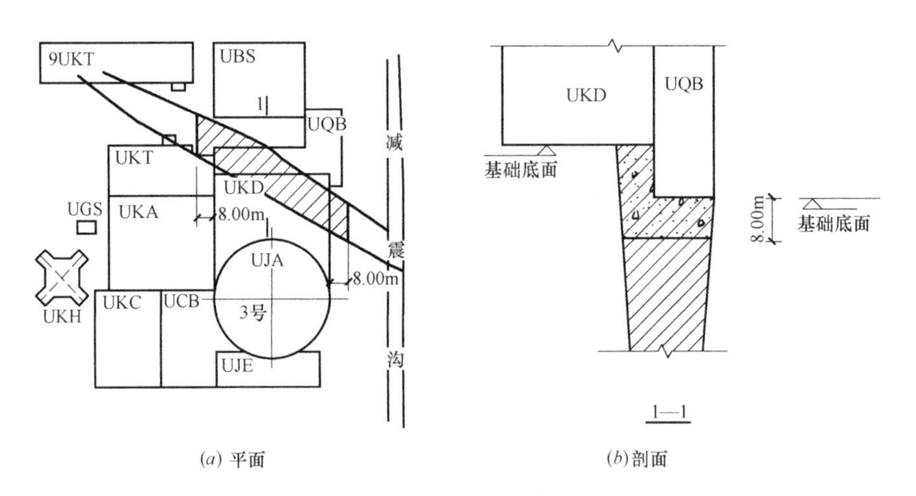

图26-11　3号核岛特殊地质体处理方案

评议与讨论

我国核电建设起步较晚，田湾特殊地质体问题发现前已建和正在建设的核电厂，几乎都选在完整而坚硬的岩石地基上，岩土工程方面没有遇到过难以解决的复杂问题，田湾核电厂特殊地质体是第一次挑战。因此，从主管部门到具体执行单位，从领导到第一线科技人员，都十分重视。2003年发现后，做了大量勘察工作，详细查明特殊地质体的空间分布、能动性质和工程特性，深入论证对核电厂建设的影响，各项工作做得都很到位。开了多次专家评审会、咨询会，仅编者参与过的就有三次。第一次是2006年6月，讨论和评审特殊地质体的性质，是否为能动断层；第二次是2006年11月，评审动力反应分析成果，到会的工程抗震专家、工程地质专家、结构设计专家共17人，其中院士7人；第三次是2008年10月，由环保部核辐射中心组织20位专家赴现场调研和评审。前前后后论证了5年以上，为一个具体技术问题如此反复调查，反复论证，在工程建设中实属罕见。为了国家和公众安全的万无一失，防患于未然，确有必要。

据编者查阅资料和现场观察，田湾核电厂特殊地质体确是小断层、老断层，不是能动断层。虽然与围岩界限清楚，作为围岩的浅粒岩，坚硬、完整而新鲜，而特殊地质体，破碎、杂乱而软弱，断层泥、断层擦痕等清晰可见，但规模很小，平面上断断续续，深部没有“根”，看不出上下盘的错动，因而不是一条典型断层，称之“挤压破碎带”似乎更为贴切。由于厂址附近属于稳定地块，没有能动断层，没有较大的强震记录，还有最新活动测年的科学证据，判断它是非能动断层的理由是充分的。多次论证，多次评审，意见一致，应该是没有问题的。

地基的不均匀性外观上显而易见，围岩与特殊地质体的工程特性指标差别也很明显，作为围岩的浅粒岩，压缩波速约4800m/s，特殊地质体约2800m/s；剪切波速围岩约2700m/s，特殊地质体约1500m/s；动弹模量围岩约50GPa，特殊地质体约14GPa；动剪模量围岩约20GPa，特殊地质体约5.8GPa。如此差别对工程的影响如何，可从地基承载力、地基变形和地震反应三方面进行分析。

核岛为筏板基础，刚度较大，并可通过板厚调整刚度。特殊地质体平面上所占面积不到总面积的10%，即90%以上为坚硬而完整的浅粒岩。特殊地质体虽比围岩软弱，但平均剪切波速仍达1500m/s，且大半为坚硬块石，土状、碎屑状所占比例很小。因而很容易判断，在静力作用下，地基承载力和地基变形均可满足，没有问题。

对不均匀地基起控制作用的是地震反应，本案例重点抓了地震反应分析是完全正确的。但地震反应分析的不确定因素很多，首先是模型条件与实际条件的差别，模型假定特殊地质体是均匀介质，而实际上是极不均匀；模型计算边界的边长为基础边长的3倍，而实际上计算边界以外还有特殊地质体。其次是软件的数学模型与实际的地震动肯定有较大出入，做了较大简化，不同软件的处理方法各不相同，都有一定缺陷。本案例选择两个单位，两个软件，并行计算，互相印证的做法是明智的。由于地震反应分析的局限性，仍需专家根据经验进行判断。

专家们一致认为，有特殊地质体存在与均匀场地相比影响明显，但地震反应的应力和应变差异都很小，反应谱的差异虽较大，但指的是谱曲线上的最大值，并非整个曲线上抬。置换混凝土后地震反应明显改善，可以接受。处理后的地基可以认为是基岩，可以作为嵌固端。并建议适当增加基础底板厚度，以改善地震动对厂房结构的影响。

随着我国核电事业的发展，包括承担海外核电工程的发展，肯定会有更多更复杂的岩土工程问题等待着我们去研究，去解决。

岩土工程典型案例述评27

唐山市体育中心岩溶塌陷治理[1]

核心提示

唐山市体育中心岩溶塌陷的治理，首先进行有效的调查和探测，充分掌握溶洞、土洞和松动带的分布、发生机制和发育规律。在此基础上采用上段加固土体，中段封堵“天窗”，下段截断岩溶水通道，标本兼治。最后采用有效手段检测治理效果。认识问题透彻，运用手段恰当，治理谋略高超，充分体现了岩土工程的科学性和艺术性。

① 本案例根据梁金国等“唐山市体育中心岩溶塌陷治理研究”编写。

案例概述

1. 岩溶塌陷概况

唐山市体育中心位于唐山市中心区。1988年6月6日，其第二田径训练馆发生地面塌陷，坑深6.5m，面积约35m²。用200m³碎石将坑填满后，于6月15日再次塌陷，馆内两根混凝土柱子陷入坑内，房顶随之坍塌，这一事件震惊全国。与此同时，位于第二田径训练馆东南方60m处的体育场主席台西北角， 地面出现沉陷。到2001年4月止，最大沉陷量达47cm，面积达496m²，主席台成为危险建筑。为此，自1991年开始，唐山市建委、计委多次组织有关部门对唐山市岩溶地质灾害进行勘察，积累了不少有价值的资料，但始终未能进行岩溶塌陷治理的勘察设计，仅仅停留在研究岩溶和塌陷发生规律的层面上。为了迎接2001年9月18日在唐山市体育中心举办全国陶瓷博览会，市政府决定对唐山市体育中心的岩溶塌陷进行彻底的勘察和治理。

岩溶地面塌陷在第二田径馆、运动场主席台西北部和明丰房地产公司西侧等三处相继发生。塌陷范围内的第四系地层大部分被潜蚀、破坏，形成松动带，土体强度明显降低，标准贯入锤击数显著低于邻近地层的正常值。如明丰房地产公司场地做标准贯入试验14次，锤击数最大仅6击，有的地方甚至测不出锤击数，而正常地层的锤击数黏性土最低为6击，砂土最低为25击。图27-1为明丰房地产公司的工程地质剖面图。

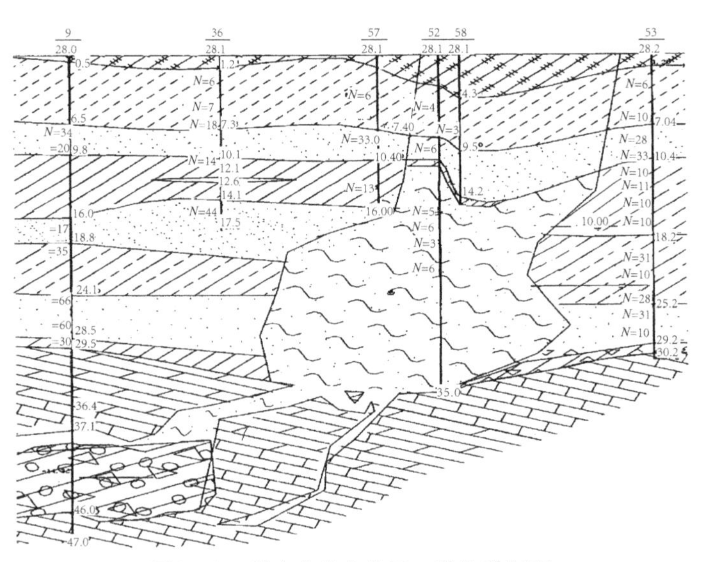

图27-1　明丰房地产公司工程地质剖面

2. 场地地质和水文地质条件

为制定该场地岩溶塌陷治理的设计方案，首先搜集了大量唐山市的工程地质、水文地质、环境地质、地震地质等方面的资料，包括唐山市体育中心1988年塌陷后的多次调查和勘察资料，有钻探、物探、测井、地下水同位素分析、地面变形测量等，对区域地质、场区及其附近的断层分布、第四系覆盖层的结构、性质、厚度和变化规律，多层地下水的赋存条件、水力联系及补排关系等有了初步认识。在此基础上，采用钻探、物探、原位测试等手段，对土洞塌陷区的松动带分布、地下水渗流条件、潜蚀和真空吸蚀作用等进行详细勘察研究，摸清了岩溶塌陷的基本情况和基本规律。

场地地层顺序见表27-1。

场地地层　　表27-1

层序	岩性	岩性描述	标贯击数（击）		层厚（m）	f_k（kPa）
			未扰动地层	平均值（剔除异常值）		
(1)	杂填土	杂色，以灰渣、石子为主，大部分为人工铺筑路面所致			5～4.4	
(2)	粉土	褐黄-浅褐黄色，稍湿，密实，局部夹薄层粉砂。具中-低压缩性	5～15	8	1.8～6.5	180
(3)	细砂	黄白色，稍湿，中密-密实，由石英、长石颗粒组成，分选一般，混土粒。上部为粉砂	21～66	33.6	2.2～8.0	200
(4)	黏土	黄褐色，一般可塑状态，夹粉土及粉质黏土薄层。具中压缩性	7～35	17		160
(5)	细砂	黄白色，一般很湿-饱和。密实，由石英、长石颗粒组成，分选好，砂质纯净	37～111	71	1.0～3.7 局部缺失	250
(6)	粉质黏土	黄褐色，一般可塑状态，含氧化铁及微云母，夹粉土透镜体。具中-低压缩性	7～69	23.2	2.1～8.6	200
(7)	中粗砂	黄白-灰白，一般为饱和，密实，分选差，级配较好，含30%左右的卵砾石，局部为圆砾层	35～150	81.5	1.0～9.6 局部缺失	280
(8)	黏土	棕红-紫红色，硬塑-坚硬状态，可见母岩结构。具低压缩性	30	30	0.6～8.56 局部缺失	250
(9)	粉质黏土	黄褐色，可塑-硬塑，含氧化铁，具低压缩性	12～34	23.6	9.3，仅见于6#孔	250

续表

层序	岩性		岩性描述	标贯击数（击）		层厚（m）	f_k（kPa）
				未扰动地层	平均值（剔除异常值）		
（10）	基岩	寒武系泥灰岩	紫红色–紫色，中风化，可见方解石脉，具裂隙及小溶洞				
		寒武系灰岩	浅灰–灰色，中风化，可见方解石脉、溶洞及溶洞充填物				
		青白口系泥岩、页岩	黄绿–暗绿–紫色，强风化–中风化，节理发育，局部泥化特征明显				
		青白口系砂岩	浅灰–灰白色，中风化，以浅变质石英砂岩为主				
		蓟县系白云质灰岩、白云岩	浅灰–浅灰白色，中风化，夹燧石条带一般裂隙发育，岩体破碎，易形成溶洞				

对于土洞、塌陷区的松动带，除了采用常规钻探和标准贯入探明外，还采用了瑞雷波（面波）探测。瑞雷波探测极易发现隐蔽的土洞和松动带，波速显著降低，水平方向剧烈变化，见图27-4、图27-6和图27-8。

场地第四系覆盖层厚约22.25～44.30m，为黏性土和砂土互层。黏性土一般为中–低压缩性土，砂土为中密–密实，均为超固结土。在基岩岩溶裂隙水与砂砾石孔隙水之间有透水性较弱的粉质黏土和棕褐色残积黏土相隔，从而阻隔了两个含水层之间的水力联系。但粉质黏土和棕褐色残积黏土分布并不稳定，局部缺失，形成“天窗”，为土洞和地面塌陷的形成创造了条件。

场地基岩为：寒武系的泥灰岩和灰岩，分布在东南部；青白口系的泥岩、页岩和砂岩，分布在场地的中部；蓟县系的白云岩、白云质灰岩，分布在场地的西北部。第二田径训练馆、运动场主席台位于蓟县系的白云岩、白云质灰岩分布区，而明丰房地产公司则位于寒武系灰岩分布区。蓟县系的白云岩、白云质灰岩和寒武系的灰岩，岩溶都比较发育，而青白口系泥岩、页岩和砂岩则不存在岩溶。

场地内第四系孔隙水自上而下分为3个含水层：

第一含水层位于（3）层细砂中，已基本疏干，以上层滞水形式存在，水量很小。水位埋深13.0～15.0m，水位标高14.72 ～16.90m。

第二含水层位于（5）层细砂中，局部疏干，水位较为稳定，水位埋深为16.62～19.7m，水位标高一般为8.51～13.08m。

第三含水层位于（7）层中粗砂中，局部疏干，因局部缺失而分布不连续，水位埋深为26.0~29.0m，水位标高为1.04~4.80m。

场地基岩裂隙岩溶水含水组包括寒武系灰岩岩溶水和蓟县系白云岩岩溶水。二者水力联系比较密切，差异不大。水位埋深为42.40~44.91m，水位标高为-16.60~-14.32m。由于人为开采，水位埋深远低于第四系孔隙水。地下水的总体流向由西北向东南，但第四系孔隙水在体育场区受“天窗”垂直渗流影响，局部汇流为东南流向西北，与基岩水流向相反。

第四系地层底部普遍存在棕红色的黏性土层，厚度为0.60~8.56m，有较好的隔水作用。但局部缺失，形成“天窗”，使砂土直接与基岩接触，成为第四系孔隙水向裂隙岩溶水渗漏的通道，使上部地层潜蚀成土洞。在钻探过程中当钻至碳酸盐类岩层顶面时，冲洗液便瞬间漏失。

由于大量开采岩溶水，市区内地下水已形成多层漏斗，各含水层在水平方向上沿层面向漏斗中心汇流。在垂直方向上，第四系孔隙水自上向下通过“天窗”补给裂隙岩溶水，使孔隙水局部疏干，从而在不同地段的垂直方向上，各含水层间的水力联系和交替作用显得非常复杂。第四系孔隙水通过“天窗”补给基岩裂隙岩溶水，孔隙水与裂隙岩溶水二者既各自独立，又有一定水力联系，构成了较为典型的双层结构。

3. 岩溶塌陷发育条件

岩溶区土洞和地面塌陷的发育，潜蚀和真空吸蚀是重要机制，在本场地均有明显体现。孔隙水向岩溶水竖向流动体现了潜蚀；地下水位在基岩面附近波动形成反复的真空吸蚀；而浅层的岩溶通道提供了水流带走泥砂的出路。根据唐山市体育中心场地的地层岩性、构造特征、地下水动力条件等，可归纳出该地区岩溶塌陷发育的基本条件如下：

（1）场地存在石灰岩、白云质灰岩、白云岩等可溶性岩系，具备岩溶发育的基本条件。

（2）断层破碎带是地下水流动的通道，可溶岩中的溶蚀作用优先在断层带发育，并不断扩大，本地区的溶洞和地下河受断层破碎带控制。

（3）第四系地层厚度在50m以内，为黏性土和砂土互层结构，条件具备时有利于潜蚀和真空吸蚀作用的发生。

（4）基岩顶面与第四系砂层之间有粉质黏土和棕红色残积土，但局部缺失，形成垂直水流通道，产生潜蚀；岩溶水水位在基岩面附近频繁波动，为真空吸蚀作用提供条件。“天窗”成为寻找土洞和预测岩溶塌陷的指示标志。

（5）仅有上述条件尚不足以形成土洞和塌陷，还必须有水动力条件。唐山岩溶塌陷历史上虽有发生，但因岩溶水开采量小，岩溶水和第四系孔隙水的水位基本一致，水力联系弱，故并不频繁和严重；20世纪80年代后，由于大量开采岩溶水，使岩溶水位急剧下降，孔隙水沿“天窗”垂直向岩溶水渗透，为潜蚀和真空吸蚀提供了水动力条件。图27-2为岩溶塌陷演化过程示意。

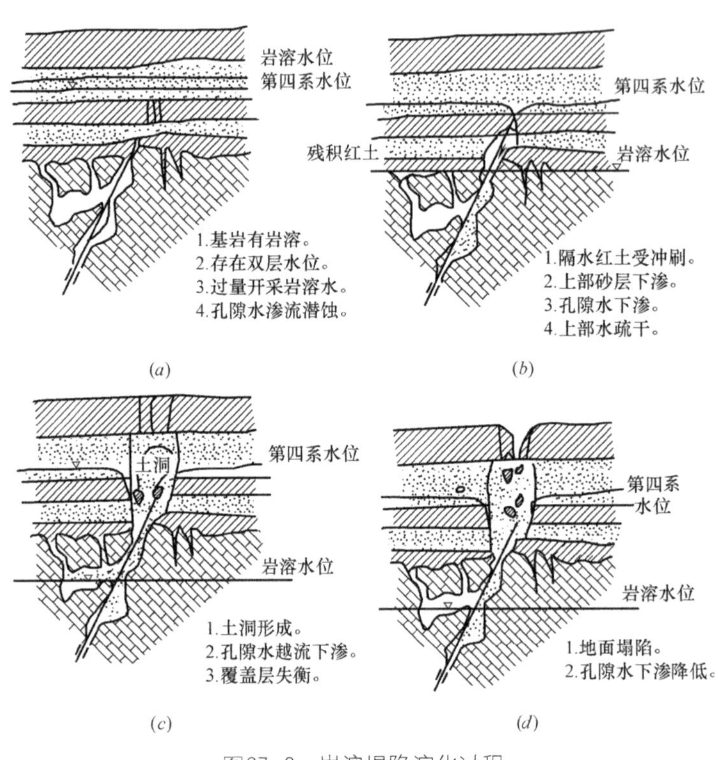

图27-2 岩溶塌陷演化过程

（*a*）原始状态；（*b*）潜蚀开始；（*c*）形成土洞；（*d*）产生塌陷

4. 治理措施

在基本查明岩溶塌陷形态和成因的基础上，制定了由上向下三段式逐步加固封堵的治理方案。即上段（第四系地层）采用充填加固，中段集中封堵残积红土缺失的“天窗”，下段充填溶洞通道，截断岩溶水的流动。基本要求是做到地基稳固，土层强化，“天窗”封死，岩溶水径流通道充填固化。

（1）第四系地层加固

对第四系地层中土洞的充填加固，以及封堵“天窗”塌陷区的松动带，采用高压旋喷与高压注浆相结合的方法进行。浆液以水泥浆为主，必要时掺加一定数量的粉煤灰和膨润土。

（2）基岩部分加固

基岩治理的重点是对岩溶水径流通道的截流，即对溶洞的充填及断层破碎带的充填加固。对较大溶洞采用先充填骨料（碎石、中砂），再注浆胶结加固的方法；对断层破碎带以注浆加固为主。浆液以水泥粉煤灰浆为主，必要时掺加水玻璃，避免浆液大量流失。

由于岩溶水有集中的通道，有明确的径流方向，石灰岩和白云岩中的洞隙具有良好的可灌性，且注浆深度较浅（基岩面以下30m左右），又有坚硬不透水的石英岩作为隔水层，可避免浆液流失，故完全具备在基岩溶洞和溶隙中实施注浆的可行性。

第四系土中注浆时，第一阶段部分钻孔出现串浆、跑浆现象，说明多孔之间贯通（图27-3）。特别是在重点塌陷区部位，有时受邻近钻孔注浆影响，甚至出现正在施工的钻孔发生缩孔、坍孔、埋钻等事故。但间隔月余后的第二阶段注浆，则极为顺利，不再发生串浆、跑浆现象。钻探时还取出水泥结石岩芯，证实松动体内的裂隙得到充填，土体强度增加，松动体经过注浆得到了有效加固。

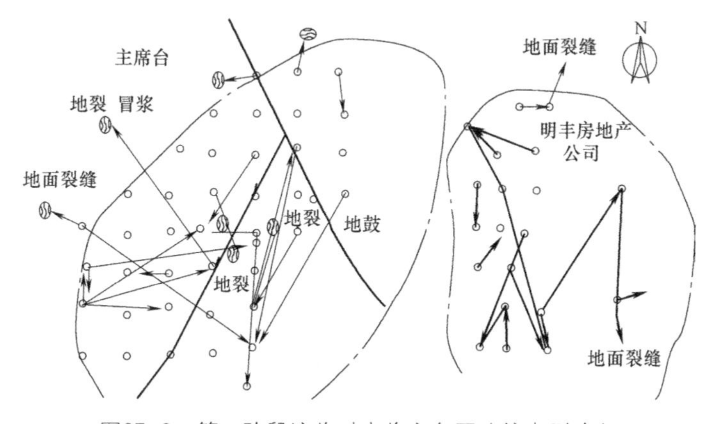

图27-3　第一阶段注浆时串浆方向图（编者删改）

5. 治理效果检验

（1）钻探验证

注浆完成后，采用钻探在加固部位检测，当钻至“天窗”，穿过残积土和基岩面下裂隙时，多处取出水泥结石体岩芯。如主席台的D31孔、D33孔、X14孔、D42孔、D36孔、D37孔、X15孔，明丰房地产公司的D51孔，基岩面上均取出相当坚硬的水泥结石体，薄的为1.2m，最厚可达3.5m，说明渗漏“天窗”得到了有效封堵。此外，注浆孔外围15m左右的检查孔，如J18、J20、D62、D3孔等，也在基岩面附近取出水泥结石体，证明注浆扩散半径达到15m左右，松动部位也得到了完好的充填加固。第四系全部钻孔中，无一钻孔发生漏浆现象，说明均已充填完好。

（2）物探检测

物探检测采用两种方法，一是用SWS-3A型工程检测仪（瑞雷波法）检测加固前后瑞雷波速度的变化，判断治理效果；二是采用井间地震波CT检测溶洞充填效果。检测结果表明，第二田径训练馆、主席台、明丰房地产公司以及馆外各治理区，均无低波速区存在，治理前后的瑞雷波速变化见表27-2和图27-4～图27-9。由表27-2可知，治理后瑞雷波速度均有明显提高；由图27-4～图27-9可知，治理前低波速区十分明显，水平方向剧烈变化，说明有土洞和松动带存在，治理后波速层状分布，完全正常。

治理前后瑞雷波速变化 **表27-2**

部位	深度（m）	治理前波速（m/s）	治理后波速（m/s）
主席台及田径馆外	0～44	116～204	250～500
	44m以下		>500
第二田径训练馆	0～15	120～250	250～300
	15～40		300～400
	40m以下		>500
明丰房地产公司	0～17	126～223	>400
	17m以下		>500

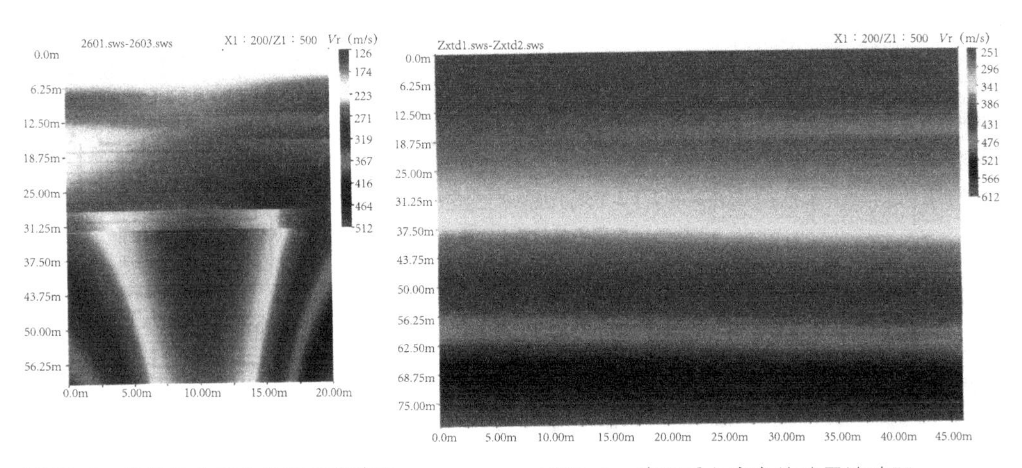

图27-4　治理前主席台处瑞雷波速图　　　图27-5　治理后主席台处瑞雷波速图

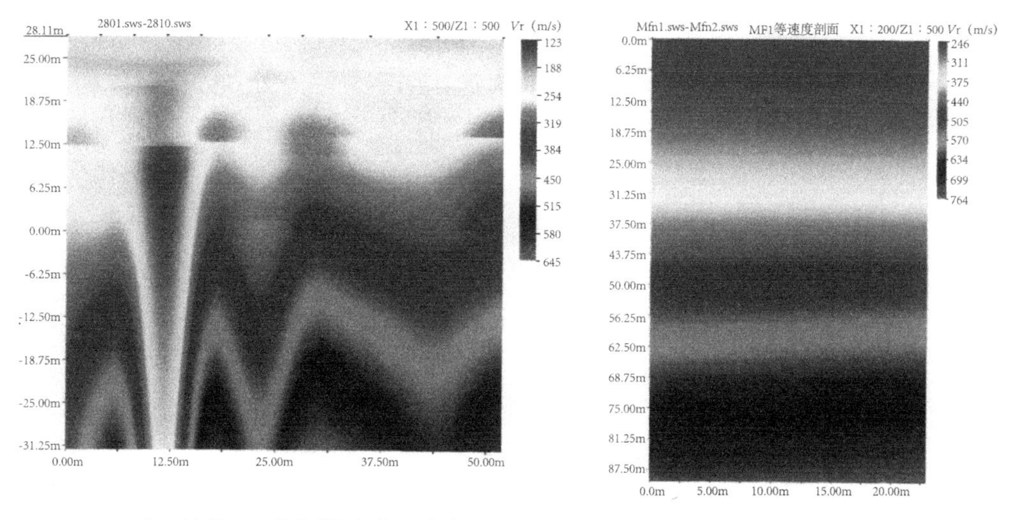

图27-6 治理前第二田径训练馆瑞雷波速图　　图27-7 治理后第二田径训练馆瑞雷波速图

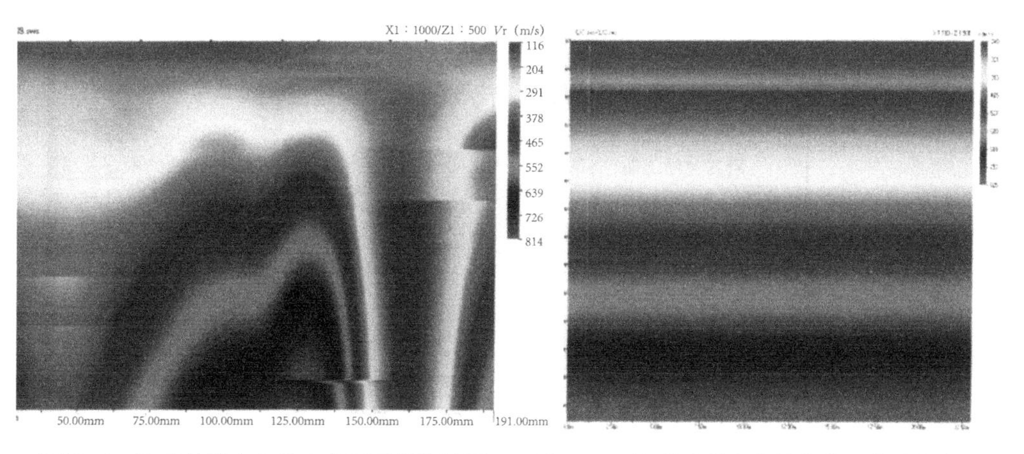

图27-8 治理前明丰房地产公司瑞雷波速图　　图27-9 处理后明丰房地产公司瑞雷波速图

6. 沉降观测

共设置8个沉降监测点，其中主席台区设置4个监测点，编号为11、12、10、13；田径馆共设置2个监测点，编号为15、16；明丰房地产公司设置2个监测点，编号为6、7。采用精密水准仪进行观测。治理施工初期每天观测一次，以后每三天观测一次，沉降基本稳定后，每周观测一次。

沉降监测成果表明：7月18日至8月24日，主席台和明丰房地产公司为钻探施工期，注浆量很少或尚未开始注浆，故均处于地面下沉阶段，沉降量为2～4mm左右。8月24日至10月4日陶博会期间，施工处于停工阶段，主席台和明丰房地产公司均处于缓慢下沉状态，沉降量为2～3mm，累计沉降最大值明丰房地产公司为6.14mm，主席台为7.83mm。10月4日起开始注浆治理，主席台区出现回升，回升值达2mm，而田径馆回升更快，明丰房地产公司处于基本稳定状态（图27-10和图27-11）。

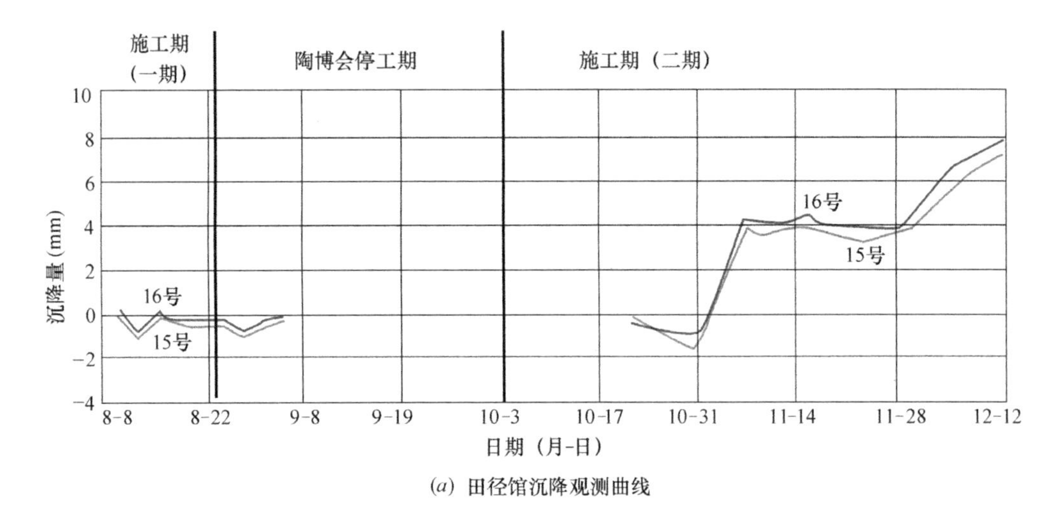

(a) 田径馆沉降观测曲线

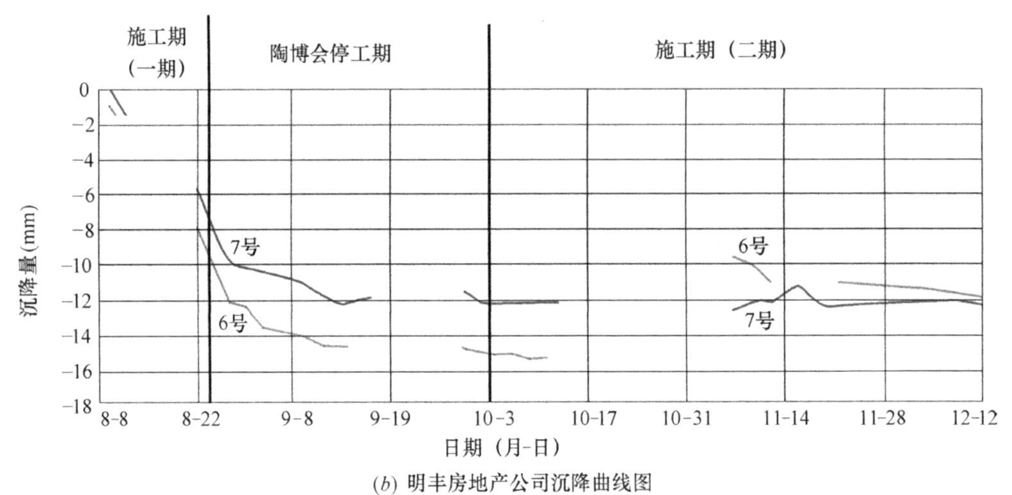

(b) 明丰房地产公司沉降曲线图

图27-10　第二田径馆和明丰房地产公司沉降观测曲线

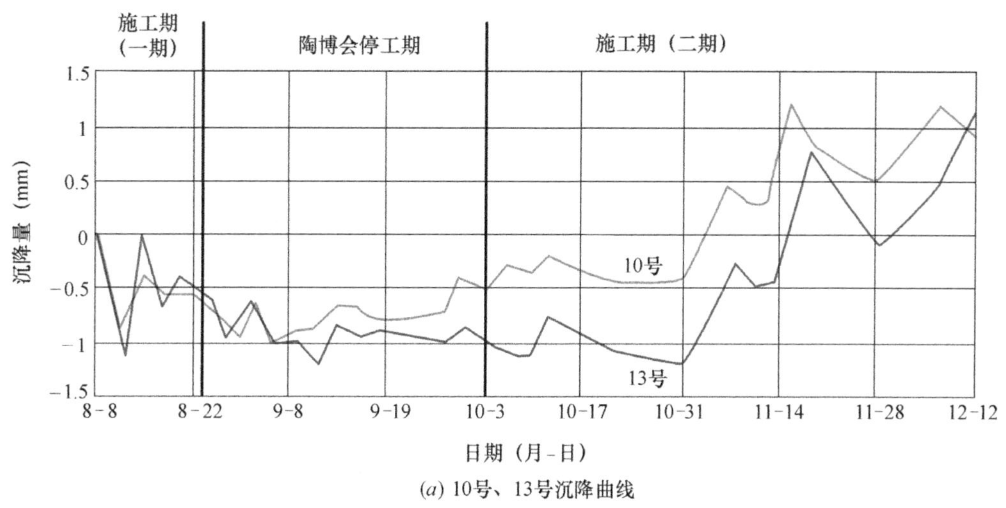

(*a*) 10号、13号沉降曲线

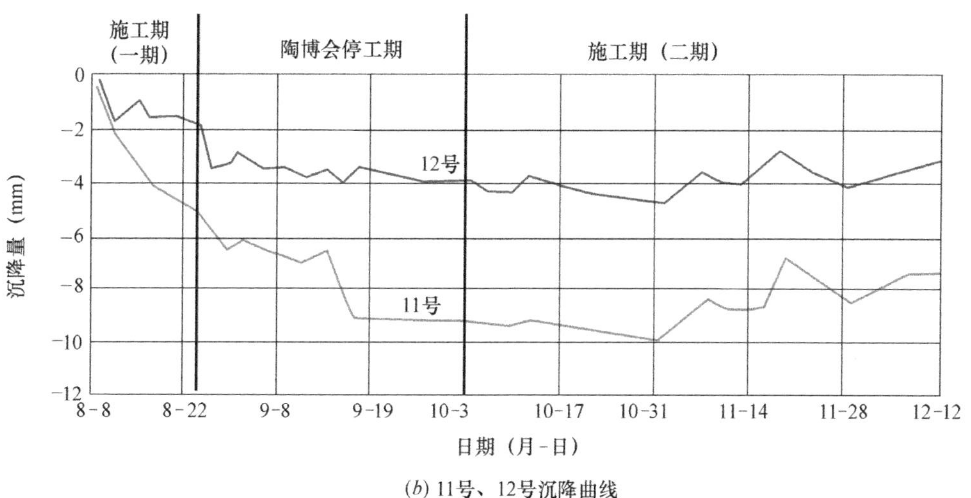

(*b*) 11号、12号沉降曲线

图27-11　主席台沉降观测曲线

7. 原位测试

采用标准贯入试验检测，结果表明，土体被潜蚀破坏形成土洞和松动体后，土体强度明显降低，标准贯入锤击数显著少于正常地层，治理后锤击数显著提高（表27-3）。

治理前后标准贯入锤击数变化　　　**表27-3**

土层	治理前标贯锤击数 *N*（击）		治理后标贯锤击数 *N*（击）	
	主席台	明丰房地产公司	主席台	明丰房地产公司
粉砂	23	4～6		18

续表

土层	治理前标贯锤击数 N（击）		治理后标贯锤击数 N（击）	
	主席台	明丰房地产公司	主席台	明丰房地产公司
粉质黏土	7	0.5	11	18
细砂	29	3～6	52	25
粉质黏土	15	5	17	35
粉质黏土	19	5	64	38

8. 水位观测

根据水位观测孔D7、D9、D11、D19，第③含水层的水位观测资料，注浆截流后地下水的流场发生了明显变化，主席台西北区不再存在漏斗，也没有平行断层的等水位线，说明两条断层带已被钻孔注浆完全封堵。

评议与讨论

岩溶塌陷是一种地质灾害，对城市安全和工程建设威胁很大，媒体常有报道，唐山市体育中心的成功经验值得学习和借鉴。发现隐患和治理灾害的困难在于：一是岩溶通道的隐蔽性；二是灾害发生的突然性；三是地质条件的复杂性；四是探明手段的局限性。该案例过去做过一些工作，第一次是第二田径训练馆塌陷后用碎石回填，这是在不明病因的情况下“头痛医头，脚痛医脚”，当然不会有什么好的效果，10天后旧病复发，再次塌陷。之后虽然做了多次地质勘察，但偏重于研究岩溶本身的一般规律，未能与工程治理密切结合，停留在纸上谈兵，未能解决具体工程问题。该案例的主持人将认识岩溶塌陷与治理岩溶塌陷密切结合，充分认识是为了彻底治理，只有深刻认识世界，才能正确改造世界。故采用了最有效的手段，探明溶洞、土洞和松动带的位置，查清岩溶、断层、“天窗”、水动力条件与土体流失的关系。在弄清科学规律的基础上制定治理方案，即上段充填加固土洞世界，才能正确改造世界，故采用了最有效的手段，探明溶洞、土洞和松动带，中段封死“天窗”，下段截断岩溶水通道，并采用多种有效手段检测治理效果，终于大获全胜，一劳永逸。这种思路和谋略，深刻体现了岩土工程的科学性和艺术性。

具体地说，本案例的成功，首先得益于详细搜集和分析前人的勘察成果，做了细致深入的调查研究。对本场地的岩溶塌陷演化的科学规律有了透彻的理解，对场地的地质与水文地质条件，地下水流通道和岩溶塌陷体的空间分布有了基本的掌握。像医生一样，有了正确的诊断，才能下决心做大型的“外科手术”。像指挥打仗一样，只有情况明，才能决心大，现代战争更是打信息战，否则就会陷入盲目。其次，治理的指导思想正确，即标本兼治。对第四系土中洞穴、松动带的加固是治“标”，修补“天窗”和封堵基岩中岩溶水通道是治“本”。运用的手段，如瑞雷波法探测松动带，注浆法加固松动带和封堵“天窗”等也很有效。最后，就是有效和严格的检测，用数据说明治理的效果，让使用单位放心，让公众放心。

岩土工程典型案例述评28

延安新区建设的岩土工程问题[①]

核心提示

本案例为大规模削山、填沟、造地、建城，总面积达78.5km^2，一期为10km^2，最大挖方和填方高度均超过100m，地貌和水文地质条件发生巨大改变，形成了新的人工地质体，规模之大、难度之大，前所未有。建设者注重科学预见、郑重论证、精心设计、精心施工、严密监控，在大自然面前既有敬畏感，又不是无所作为。截至撰稿，实施一年多，已取得初步成功。

① 本案例根据延安新区高建中提供的资料编写。

案例概述

1. 城市建设的战略突破

1.1 战略决策

延安市为了保护革命旧址、彻底解决用地紧缺、交通拥堵、城市结构形态不合理等问题，作出了重大战略决策，打破以往沿河道发展的传统模式，削山、填沟、造地、建城，开创了城市建设的新路。

延安老城区地处黄土高原丘陵沟壑地带，沿河谷两岸布局，是典型的线形城市，建筑密度过高，道路空间狭窄，交通日益拥挤。周边山区3万余户10万余群众住在自建的薄壳房、旧窑洞，环境乱，条件差，难以安居。市区内有168处革命文化遗址，被挤压、蚕食，亟需抢救性保护。在矛盾十分突出的情况下，“中疏外扩，上山建城”建设新区，是解决现实问题的唯一选择，但难度很大，也是艰难的选择。

1.2 总体规划

新区控制面积为78.5km^2，分北区、东区、西区3个片区（图28-1）。北区面积38.0km^2，东区面积32.3km^2，西区面积8.2km^2。通过土地整理，实际可以建设的用地为40km^2，承载人口约40万，与未来经济社会发展和人口规模相适应。

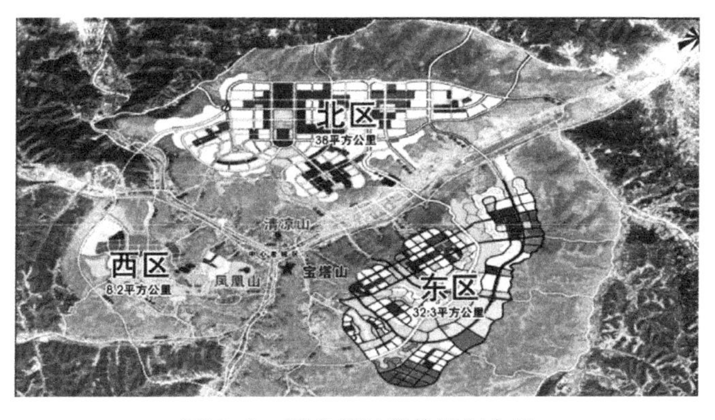

图28-1　延安新区总体规划布局

规划以老城区为依托，新区与老城区多通道紧密相连，无缝融合。同时考虑到新区位于黄土梁峁沟谷，被沟谷分割成若干小流域，为使削山、填沟、造地适应自然和生态，采取了“整流域”治理的原则，即按小流域分片治理，分片开发。从现在起十几年，乃至几十年，与中国城镇化的历史进程同步，并根据经济社会发展的实际，综合人口聚集、产业培育、资金投入等，量力而行，科学安排。

由于填方区沉降较大，稳定时间较长，故分期建设的原则是挖方区先建，填方区待沉降自然稳定后再建；填方厚度小的地段先建，填方厚度大的地段后建。挖方区以高层建筑为主，填方区以多层建筑和绿化区为主。

北区一期工程造地面积为10.04km^2，其中挖方区面积为5.45km^2，填方区面积为4.59km^2。挖填方总量为3.63亿m^3，其中挖方为2.00亿m^3，填方为1.63亿m^3。最大挖方高度为118m，最大填方深度为112m，平均挖填方高度为37m和36m。经测算，新区土方成本每亩约30万元，达到“七通一平”每亩成本约80万元。

1.3 科学论证

本案例是目前世界最大的湿陷性黄土区削山、填沟、造地工程。为了贯彻实事求是、科学发展的精神，新城建设的决策、规划、设计、实施的每一环节，都进行了科学论证，避免随意性和盲目性。

2011年11月8日，延安新区邀请全国知名专家举行“新区建设岩土工程可行性研究报告评审会议”，此后，截至2013年9月，先后召开岩土工程评审会及专题性论证会23次，参与专家69名，121人次，包括院士2名、勘察设计大师7名。并获2013年国家科技支撑计划科研项目（牵头单位：机械工业勘察设计研究院）“黄土丘陵沟壑区（延安新区）工程建设关键技术研究与示范（2013BAJ06B00）”，设5个子课题；陕西省重大科学技术难题攻关项目（牵头单位：信息产业部电子综合勘察研究院）“延安黄土丘陵沟壑区工程建设重大地质与岩土工程问题研究”（2012KTDZD03），下设7个子课题。

1.4 工程进展

新城北区一期正式开工时间为2012年4月17日。土方工程于2012年7月中旬开始，2013年8月基本完成，并进行了岩土工程中期评估。2014年将安排一期周边土方平整，填方量为8360万m^3，预计2015年底政府机构将迁入办公。

本案例将集中介绍北区一期的岩土工程问题。

2. 原始地形地貌和地质条件

北区一期勘察工作由机械工业勘察院、空军工程设计局、电子综合勘察院、西北综合勘察院、有色工业西安勘察院等单位完成。

北区一期南北长约5.5km，东西宽约2.0km。东、西、北三面高，中部为桥沟谷地，向东南开口。区内大小冲沟发育，沟谷深切，地形破碎，起伏很大。主沟桥沟上游宽约30～50m，中游宽约40～70m，下游宽约100～200m。总体地势北高南低，坡度为2%～5%。南侧地面高程为955～1171m，高差为216m；北侧地面高程为1040～1263m，高差为223m。全区最大地面高差为308m。地貌、地形见图28-2和图28-3。

图28-2　治理前北区一期原始地形地貌

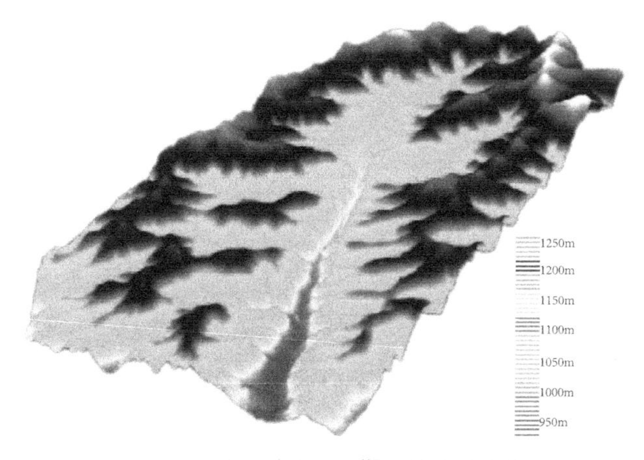

图28-3　治理前北区一期原始地形地貌

北区一期主要为桥沟流域，流域面积13km^2。桥沟长约7.5km，属延河水系，为季节性河流，枯水期流量一般小于5L/s，雨季有断续洪流。沟底有下降泉出露，流量较小。

场区地层有：耕植土、人工填土、沟谷冲洪积物、堤坝淤积物、崩塌滑坡堆积物、上更新统黄土及古土壤、中更新统黄土及古土壤、第三纪红黏土、侏罗纪延安组砂岩和泥岩。

上更新统风积黄土为湿陷性土，分布在梁峁区，厚度一般为10～20m，最大厚度达30m左右。湿陷系数变化较大，一般值为0.026～0.042，属中等湿陷性，局部为强湿陷性，自重湿陷。

由于农村拦水淤土造田，曾修建多处淤土坝，在坝的上游沉积了淤积土。淤积时间一般为15～25年，最短不足一年，最长约28年。淤积土总面积约25万m^2，一般厚度为7～8m，最大厚度为14m，地下水位深度约3～4m。淤积土区最大填方厚度达77.6m，预计最大沉降量超过1.7m，达到固结度80%的时间需3～5年，故需进行地基处理。

场区内不良地质现象有滑坡25处、崩塌24处，还有黄土陷穴、黄土土洞等。

场区水文地质的基本特征是：上部黄土梁峁区为透水不含水层，含水层由第四系冲积层及侏罗纪延安组风化壳构成；下部为延安组微风化基岩组成的隔水基底。含水层的富水性较差，属潜水型。大气降水通过黄土孔隙入渗，到达基岩（微风化泥岩和砂岩、第三纪红土）表面，沿基岩表面运动，以下降泉的形式在沟谷中出露。

3. 岩土工程的设计和施工

北区一期岩土工程设计由中国民航机场建设集团公司、空军工程设计局完成；土方工程和地基处理由中铁十八局、北京蓝天等13家单位完成。

3.1 岩土工程设计的总体考虑

岩土工程设计将该工程的特点概括为处理好“三面二体一水”复合系统（图28-4），“三面”指交接面（填筑体与原土体交接面、填挖过渡面）、顶面（填筑体顶面）、临空面（填筑体边坡坡面、开挖边坡坡面）；“二体”指填筑体和原土体；“一水”为地下水。复合系统的功能、稳定和可靠性受“三面二体一水”控制，控制好“三面二体一水”，解决好“面”与“体”之间的相互作用，就解决了复合系统的主要岩土工程问题。

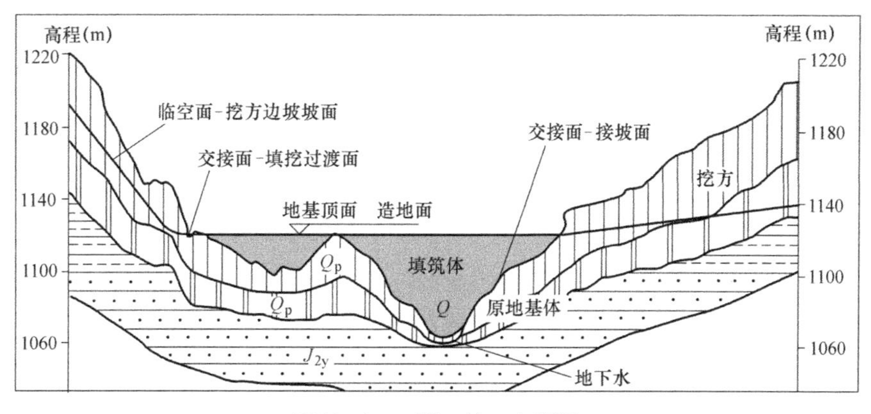

图28-4 三面二体一水概图

根据原始地面高程，按桥沟及其两侧的自然坡度，南端造地高程控制在1075～1085m左右，北端控制在1160m左右。南北方向总体坡度为1%～2%，行政中心等核心地段按1.0%～1.5%控制，局部地段控制在5%以内。

对填筑体的工后沉降限制的要求为：重要和特殊建筑区工后沉降100mm，工后差异沉降为0.1%；一般建筑区工后沉降200mm，工后差异沉降0.15%；主要交通区工后沉降300mm，工后差异沉降0.2%；一般交通区工后沉降400mm，工后差异沉降0.5%；绿化和其他非建筑区工后沉降为500mm。

3.2 地基处理

由于原土为湿陷性黄土，为避免增湿造成湿陷，产生大幅度不均匀沉降，需进行地基处理。对挖方区、填方区以及填挖交界面过渡段的湿陷性黄土，均采用强夯加固。根据规划功能的重要性和湿陷性黄土的厚度，夯击能量为3000～6000kN·m不等。要求地基承载力达到：重要和特殊建筑区挖方区为220kPa，填方区为200kPa；一般建筑区挖方区为200kPa，填方区为180kPa；重要交通区挖方区为220kPa，填方区为200kPa；一般交通区挖方区为200kPa，填方区为180kPa。

原地面为斜坡的地段，先挖成台阶进行强夯处理，再分层回填碾压至一定高度，再强夯补强，如此循环逐步向上推进。填方区各作业段形成高差的地段，采用类似办法处理。台阶搭接强夯时，点夯的夯击能为3000kN·m，夯点间距为4m，单点夯击8～10遍；满夯的夯击能为1000kN·m，搭接1/4，单点夯击3～5遍。

淤积土的土质松软，压缩性高，必须处理。处理方法主要采用强夯，强夯表面铺设适当厚度的素土垫层和碎石垫层。当处理厚度小于5m时，强夯能量为

2000kN·m；当处理厚度为5～7m时，强夯能量为3000kN·m；当处理厚度大于7m时，强夯能量为6000kN·m。为了降低地下水位，破开淤土坝排水，两侧设置深4.5m的排水盲沟，顺沟方向每隔一定距离设4～5m深的排水盲沟。盲沟回填后再强夯加固至要求的密实度。

3.3 填筑体的压实

填筑体的压实，采用碾压和强夯两种方法，按表28-1要求进行。

填筑体压实要求 **表28-1**

分区	压实度（%）	承载力（kPa）
重要及特殊建筑区	95	220
一般建筑区	93	200
主要交通区	93	220
一般交通区	93	200
绿化及其他非建筑区	90	160

填筑体的碾压，按表28-2要求进行。

填筑体碾压要求 **表28-2**

碾压方法	机具	行走速度（km/h）	碾压遍数	虚铺厚度（m）	压实度
振动碾压	50t振动压路机	≤3	8～10	0.4	0.93
				0.5	0.90
冲击碾压	25t3-25KJ压路机	≥10	22～25	0.8	0.93
				1.0	0.90

填筑体的强夯，按表28-3要求进行。

填筑体强夯要求 **表28-3**

夯型	夯击能（kN·m）	夯点间距（m）	单点击数	虚铺厚度（m）	密实度
点夯	3000	4	8～10	4.5	0.93
满夯	1000	搭接	3～5		

采用取样室内试验、标准贯入试验、重型动力触探、灌砂法和环刀法、载

荷试验、瑞雷波波速测试等进行严格检验，控制质量。

3.4 地下水的疏导

场区原始地形山高坡陡，大气降水主要以地表径流排泄，渗入地下很少，故地下水较为贫乏。削山填沟使地形变得平坦，虽然做了各种排水措施，大气降水入渗量仍可能增加。填沟又堵塞了泉水和地下水的排泄通道，如无妥善措施，必将在填筑体内形成地下水，并不断积累。为了保证建筑物和市政工程的安全、边坡的稳定，必须采取有效措施，疏导地下水。由于疏导工程位于地下深处，一旦失效，无法修复，一定要精心设计、精心施工、严格检验、严密监测，以保证新区长期安全、稳定，持续正常运转。在新区建设的各项岩土工程中，地下水的疏导极为重要，难度也最大。

本案例地下水疏导采用盲沟，具体办法是在冲沟底的原地面设置树枝状布置的支盲沟、次盲沟和主盲沟，见图28-5。盲沟由反滤层和土工布包裹的砾石及涵管组成，将泉水和填方后形成的地下水导入盲沟，从填筑体边坡的坡底排出域外。

主盲沟下游断面为2.0m×5.0m，加2根直径为800mm的涵管；上游断面为2.0m×3.0m，加1根直径为800mm的涵管。次盲沟下游断面为1.5m×1.5m，加1根直径为200mm的软式透水管；上游断面为1.2m×1.2m，加1根直径为200mm的软式透水管。支盲沟断面为0.5m×0.5m，连接泉眼，疏导坡面水。盲沟断面见图28-6和图28-7，盲沟出口见图28-8。

主次盲沟的交接部位设置抽水井，抽取地下水，用于绿化和补给人工湖。

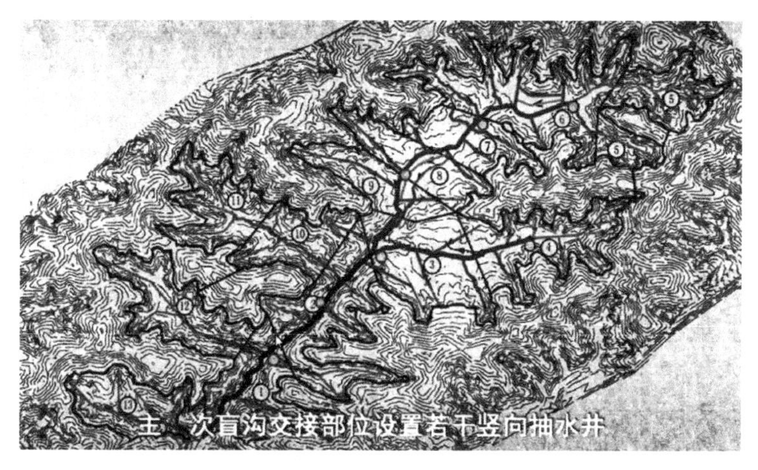

图28-5 主盲沟、次盲沟、抽水井布置示意图

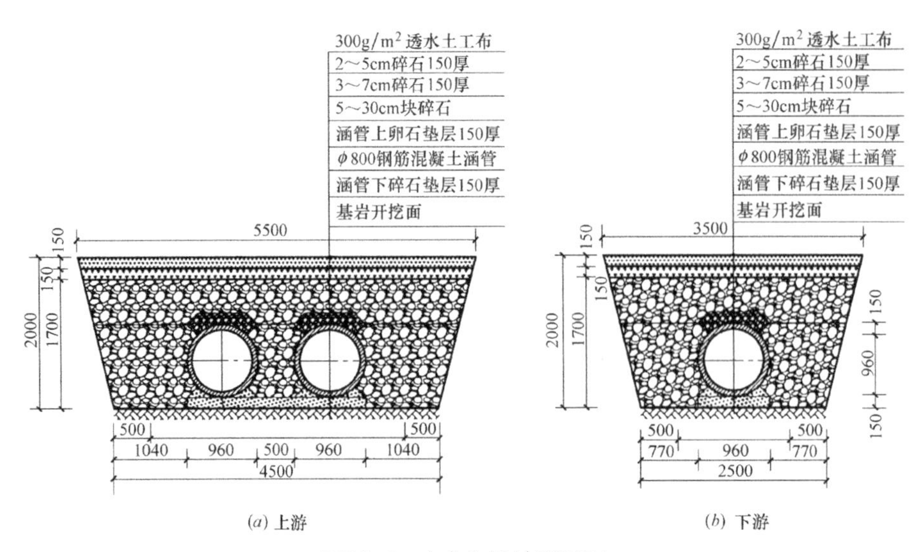

图28-6 主盲沟设计断面图

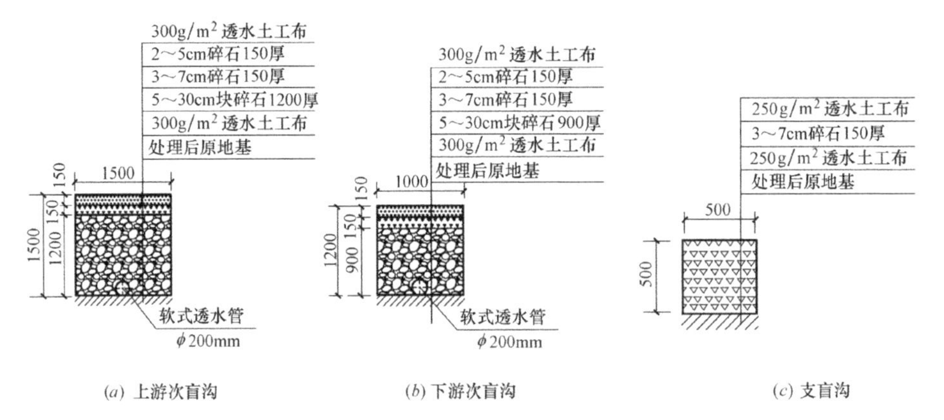

图28-7 次盲沟和支盲沟断面图

图28-8 盲沟总出水口

为了减少地面水下渗，采取了以下措施：一是填方压实，道路、广场、院落硬化；二是市政工程多方向、多渠道排水；三是设置山体截水沟，将来自山体的地表水直接排出域外；四是收集雨水，设置人工湖。水文地质试验表明，天然条件下的山区，大气降水入渗率约为1.0%；在人工压实的填方区，大气降水入渗率约为2.8%。

软式透水管、土工布、土工格栅、涵管等均经过严格的质量检验。铺设盲沟在沟谷底部进行，定位放线后，按设计位置和坡度开挖基槽、处理表土和孤石，基槽验收后用块石垫平低洼处找坡，再铺设土工布、铺设碎石垫层、安装钢筋混凝土涵管，分层铺设反滤层、土工布包裹。涵管接头用土工布和土工格栅包裹，再回填土并分层压实。

每一环节均有监理旁站，每道工序均严格检测验收。

3.5 边坡设计

开挖边坡根据山势营造，坡高不等，最高为82m，坡度为1：1.5～1：3，以保持长期稳定。

填方边坡中，桥沟主沟边坡为最主要的边坡。边坡总高度为75m，上部为生态公园的一部分，距沟口约900m。结合道路分成若干台阶，每个台阶坡度为1：2，综合坡度为1：3.5左右。下部按街区道路要求以5%的坡度填土延伸，至沟口与老城衔接。边坡坡面设置纵向和横向排水系统及植物防护措施，以减少雨水下渗和漫流冲刷。桥沟主沟边坡主段的平面图和剖面图见图28-9和图28-10。

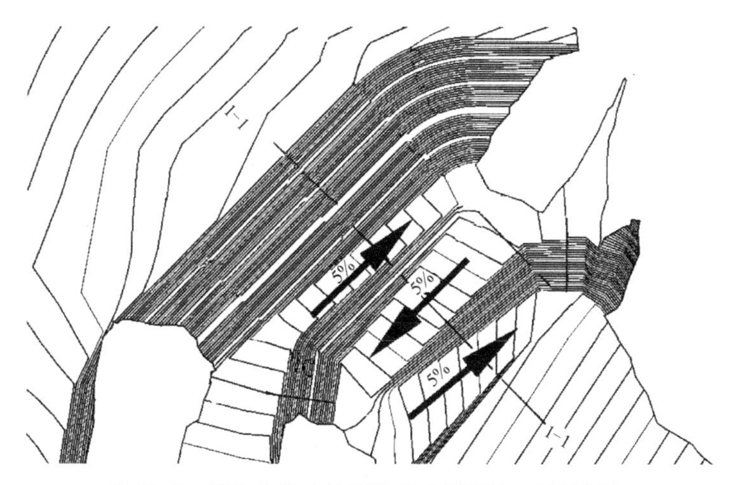

图28-9　桥沟主沟边坡平面图（根据施工图绘制）

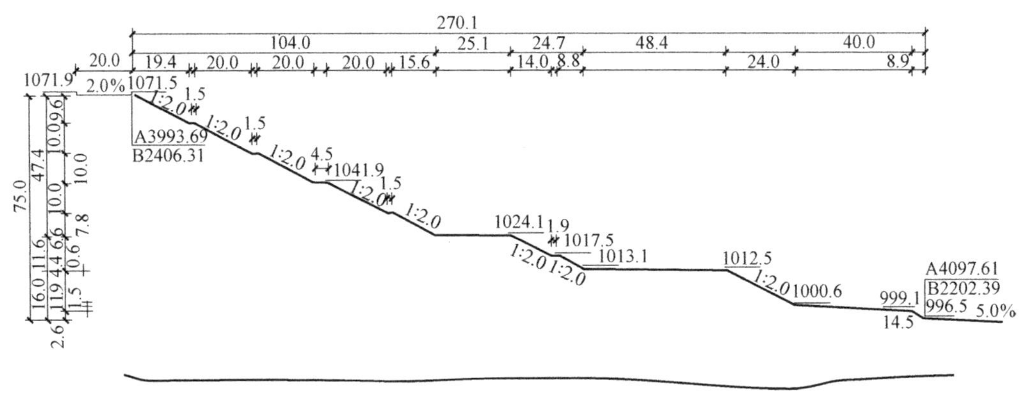

图28-10　桥沟主沟边坡剖面图（根据施工图绘制）

4. 检测与监测

4.1　检测

质量检测由西北综合勘察设计研究院负责进行。

截至2013年9月，完成检测工作量见表28-4。

检测工作量　表28-4

检测部位	土工试验（件）	压实度（点）	波速（点）	标准贯入（次）	载荷试验（组）
原地面	163	372	38	480	28
填筑体	5431	54298	543	5180	72
湿陷性土	1553	318	370	2058	165

4.2　监测

监测工作由机械工业勘察设计研究院负责进行。从2012年12月20日开始，布设地表沉降监测、深部变形和应力监测及地下水监测设备，进行地下水位和盲沟出水量监测。2013年3月10日开始，随着春季复工，埋设深部监测元件，同步监测。7月20日起进行雨季临时锁口坝的边坡位移监测。截至2013年9月16日，共埋设深部监测元件1164件，包括单点沉降计、分层沉降磁环、孔隙水压力计、土壤水分计（TDR）、土压力计、预埋式沉降钢板等。埋设地表沉降和边坡位移监测标志268个，地下水位监测标志8组。深部分层沉降监测沿主沟方向和主要支沟方向，在湿陷性黄土分布区和淤积土分布区的关键断面上布设。冬歇期间，在填方区和挖方区布设地面沉降监测标点84个，6条监测断面。监测断面布置见图28-11，监测结果见图28-12～图28-14。

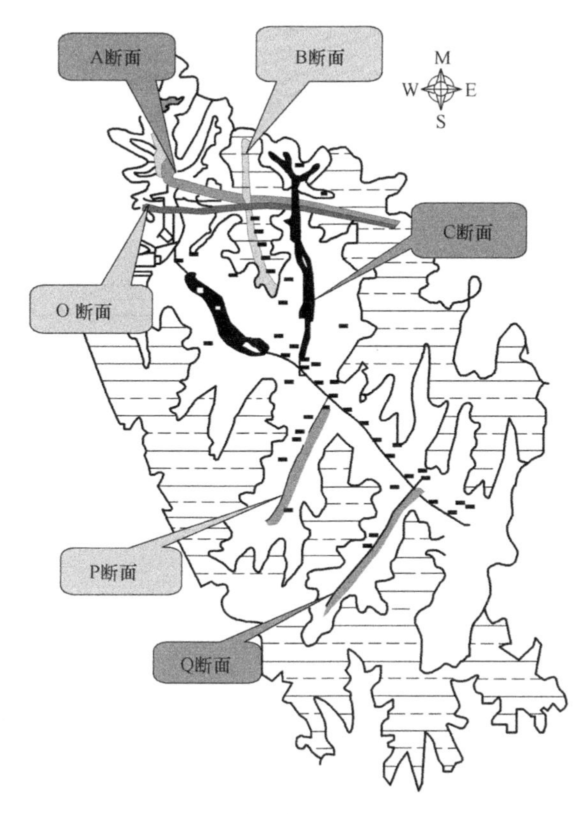

图28-11　地面沉降监测断面布置（编者删改）

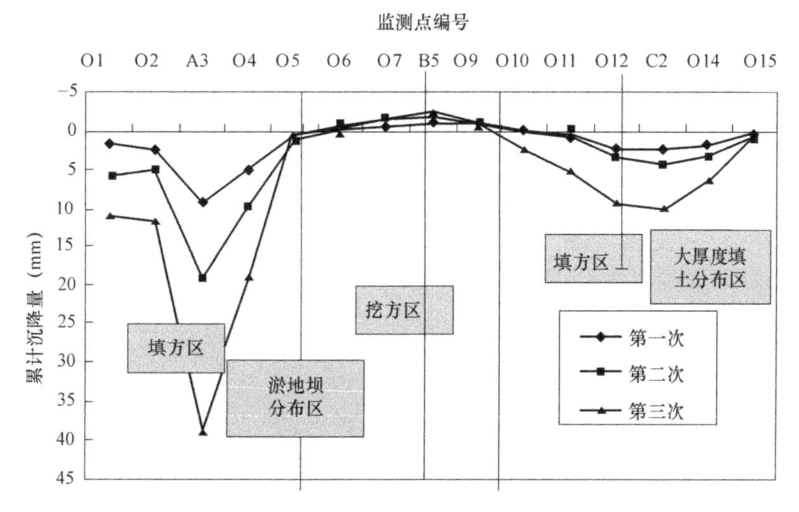

图28-12　O断面监测结果

（横穿填挖区，曲线自上至下为第一次、第二次、第三次）

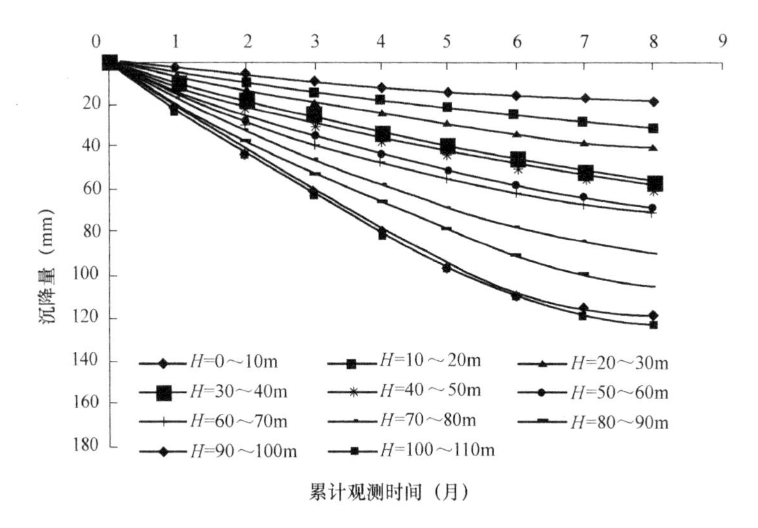

图28-13　不同填土厚度沉降量-时间关系曲线

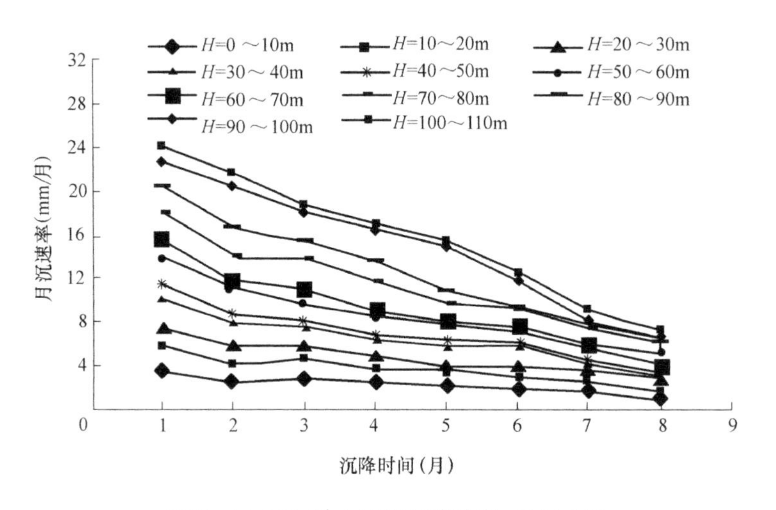

图28-14 不同填土厚度沉降速率-时间曲线

由图28-12可知，挖方区地面略有回升，填方区沉降。由图28-13和图28-14可知，随时间推移，沉降速率降低，填土厚度小于30m的地段已趋于稳定；填土厚度为30～70m的地段有所减缓；填土厚度大于70m的地段尚未稳定。

监测表明，在施工阶段，由于施工取水，水位略有下降，抽水停止后基本恢复至初始水位；施工后整个场地设置17口深入基岩的观测井，水位基本稳定。

盲沟出水量监测结果见图28-15。施工期间由于抽水，水位降低，以后基本稳定，随季度稍有变化，未出现突变、断流现象，至2014年10月流量为22.4m³/h。水质清澈，水量稳定，说明盲沟排水系统运行正常。

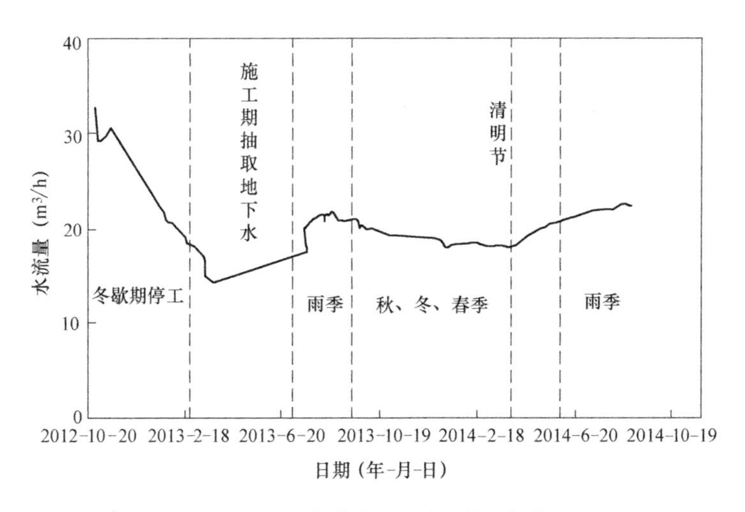

图28-15　盲沟出水量与时间关系

5. 强降雨考验与中期评估

2013年7月，延安出现大范围持续强降雨，31天中有19天降雨，5次强降雨。气象台站7月份一个月的降水记录为523.1mm，新区气象台为599.6mm，超过多年平均降水量（512mm）。为1945年有气象记录以来过程最长、强度最大、暴雨日数最多的一次，百年罕见。持续强降雨造成延安市山体崩塌滑坡8135处，房屋和窑洞倒塌4.5万间（孔），因灾死亡42人，受伤133人，直接经济损失102.7亿元。新区削山填沟造地已初具规模，采取“分区泄洪、错峰泄洪、联合调度”的措施，排洪顺畅，经受了百年一遇强降雨的考验，证明了新区岩土工程的可靠性。与原来的黄土沟壑自然地貌比，经过压实处理的填方区表现良好，极大地减少了水土流失，自然环境得到了改善。

2013年9月20日，延安新区管委会、延安新区开发公司邀请了6位岩土工程专家举行了“北区一期岩土工程中期评估会”。专家们一致认为：该工程前期做了充分论证，吸取了国内高填方经验，采纳了历次专家论证的主要意见，密切结合现场实际，设计方案合理，施工、监理、检测、监测到位，过程控制严格，质量总体可控，已经初见成效。肯定了“依托老城，沿川道展开，整流域治理”的指导方针；对地下水采取多种控制措施，盲沟效果良好；填方压实度得到了有效控制，湿陷性已经消除；2013年7月经受了百年一遇强降雨的考验，削山填沟有效遏制了水土流失，改善生态环境的效果已初步显现。并指出：高填方沉降有一时间过程，应贯彻挖方区先建，填方区待沉降自然稳定后再建的原则。

评议与讨论

1. 黄土沟壑区城市建设具有示范意义的突破

延安是新中国的摇篮，是全国最著名的革命圣地，但地处黄土沟壑，穷山恶水，经济社会长期不发达。近十多年来，延安开始驶入快速发展轨道，向现代化城市的目标突飞猛进。但是，现今的延安沿延河两岸线形布局，发展受到极大限制，交通拥堵，部分居民居住条件十分困难，矛盾非常突出。延安城市发展想要突围，唯一选择只有“中疏外扩，上山建城”一条出路。而上山建城必须削山填沟，改变山川形势，风险很大。决策者深谋远虑，尊重科学，经过两年多的反复论证，终于确定了削山、填沟、造地、建城的指导方针，落实了规划，实施了勘察、设计和施工，于2013年基本完成了北区一期的土方工程，开始绿化建设，新城基地已初见雏形。实践证明，上山建城既是一项艰难的决策，又是一项科学的决策，明智的决策。延安在湿陷性黄土区削山填沟造地，其规模之大，难度之高，举世无双。延安的突破，对我国黄土沟壑区城市的发展和建设有着重要的示范意义。

从岩土工程的技术角度观察，削山填沟的主要风险有两方面：一是高填方的工后沉降，对建筑物的安全影响重大，难以预测，难以控制；二是地下水的疏导，不仅关乎建筑、市政、边坡的安全，还涉及生态，更是难以预测，难以控制。此外，在短时间内实施大规模的土方工程，如何控制好质量也是重大考验。延安新区的建设者们在认真听取专家意见的基础上，结合实际，郑重论证、细心勘察、精心设计、精心施工、严格检验、严密监测，取得了初步成功。这是延安儿女们发扬光荣的延安传统，贯彻科学发展观，以非凡的智慧和勇气，敢于突破，善于突破，敢于创新，勇于创新，在城市建设和城市发展方面的生动体现。

据高建中2005年3月17日来电，新区建设顺利，已经造地16km^2，2.4万亩，填方总量2.2亿m^3。最大挖方高度118m，平均37m；最大填方高度112m，平均36m。填方区地面沉降速率逐渐降低，初始平均速率每月为10.8mm，15个月后每月为2.9mm，远低于预期。

2. 关于高填方区的沉降

填方区的工后地面沉降由三部分组成：一是原土地基的压缩沉降；二是湿陷性黄土的增湿沉降；三是填筑体自身的压缩沉降。

对于原土地基的压缩沉降，填筑体相当于大面积荷载，填筑体越厚，荷载越大，沉降也越大。同时，还与原土地基的厚度和压缩模量有关，理论上是可以计算的。但由于压缩模量不易正确选定，故计算精度不高。北区一期填筑体最大厚度超过100m，原土地基的压缩沉降相当可观。

对于原土地基的湿陷沉降，由于填筑体厚度不同，作用在原土地基上的压力也不同，评价黄土的湿陷系数和湿陷等级时应当注意这个因素。削山填沟虽然设置盲沟排泄地下水，但不能排除增湿效应。为了避免湿陷引发大幅度沉降和差异沉降，本案例在填方施工前进行了地基处理，消除湿陷。

对于填筑体自身的压缩沉降，沉降量的大小取决于压实度的控制和填筑体厚度两个因素，虽然理论上可以计算，但经验不多，计算结果的可靠性不高。

湿陷性黄土地区已有高填方工程的经验表明，由于影响因素复杂，情况差别很大。有的工后沉降相当可观，达数十厘米，且历时相当长，对工程安全威胁很大。由于难以预测，本案例采取了两项有效措施：一是规划明确规定，挖方区先建，填方区待沉降稳定后再建，填方厚度小的地段先建，填方厚度大的地段后建，用时间避让沉降；挖方区以高层建筑为主，填方区以多层建筑和绿化区为主，用空间避让沉降。二是加强地面沉降监测，根据监测资料推测最终沉降量和沉降与时间关系。随着时间的推移和数据的积累，不断修正而逐渐趋于精确，用科学数据确保工程安全。

3. 关于地下水的疏导

泉水和地下水的疏导，地下水位的控制是本案例难度最大的技术问题。根据地下水动态与均衡原理，削山填沟极大地改变了环境，地下水均衡被完全打破，如不给以出路，水位必将上升，在填筑体内形成新的水体，严重威胁建筑物与边坡的安全。采用盲沟疏导地下水的方案，论证时曾有不同意见，有人认为，盲沟不保险，不能保证数十年数百年后还能正常运行，主张在基岩内开凿隧道，隧道上方打引水孔排水。但基岩内开凿隧道代价太大，且能否将填筑体中的水引入隧道也是问题，最后确定了盲沟排水的方案。盲沟持久运行确有堵塞的可能，建设者们从两方面入手解决：一是精心设计、精心施工、严格检验、严密监测。现在看来，盲沟布置和断面设计是合理的；反滤层和土工合成材料的采用和铺设是认真的；检验和监理是严格的，监测表明效果良好。二是准备了一旦出现异常的应急预案，设置抽水井抽排。填筑体的渗透性很小，地面做了良好的排水系统，渗入地下的水量不大，水位上升的速度缓慢，完全不同于突发性地质灾害。即使特大暴雨，也主要形成地表径流，地下水位不会突然大幅度上升。如果若干年后出现异常，完全有时间启动预案，甚至增加工程措施（如打抽水井）也还来得及，控制地下水位是完全可以做到的。

关于地下水的控制问题，本案例初期论证时曾有专家建议，在冲沟沟底铺设厚度和宽度较大的碎石层排泄泉水和地下水，碎石层顶部与填筑体界面上设置反滤层。与盲沟相比，由于面积和厚度较大，不易堵塞，耐久性比盲沟要好。碎石层相当于一个人工含水层，可将地面水疏导至地下储存，形成地下水库，可更充分地利用水资源，似乎比采用盲沟以排为主更为有利。这个建议在砂石地方材料较为充足的地方是很好的方案，但延安不具备这个条件，未能采用。

4. 削山填沟与生态保护

很多专家反对工程建设中大挖大填，认为大挖大填必将破坏自然平衡，破坏生态平衡，造成预料不到的严重后果。“你触犯了自然，自然会不客气地给你报复”。这话当然有道理，人类的生存与发展，必须与自然友好相处，“人地和谐”，尽量不要触动自然，维持自然生态的平衡。决策就是权衡利害，趋利避害。对自然应当有敬畏感，但在自然面前也绝不是不能作为。不触动自然固然好，但也不能绝对化，人类总要生存，要发展，要工业化，要现代化，还能回到田园牧歌的时代吗？延安削山填沟，的确改变了山川形势，改变了自然平衡，但只要注意善待地球，尊重自然规律，就会达到新的更加“人地和谐”的平衡。削山填沟堵塞了泉水和沟谷水流的通道，但只要我们加以疏导，给予出路，就不会产生不良后果。有人可能要问，地下水的疏导能否持续？盲沟堵塞了怎么办？延安新区建设者已经有了这方面的科学预见，准备了预案。对盲沟出水量和地下水位进行长期监测，一旦发现异常，即可启动预案。事实已经证明，削山填沟改变了昔日山高坡陡的形势，减少了水土流失，改善了生态。随着绿化和市政设施的进一步完善，大气降水必将得到更好的控制和利用，新区将成为美丽的宜居家园。

5. 持久监测与研究

城市的寿命以千年计，削山填沟造地建设的新城能否经得起时间的考验，决非二三年的成果所能断言。沉降的监测、水位的监测、出水量的监测、土含水量的监测等，要长期坚持。还可根据新情况、新要求，开展新的监测项目。长期监测才能及时发现问题，及时启动应急预案，防患于未然。

岩土工程当然要有科学预见，但预见不可能十分精确和具体，因而监测是岩土工程师手里最重要的“法宝”，最后的一张“王牌”。重要建筑物要做沉降监测；深基坑要做变形监测；滑坡要做位移监测；地下水要做水位、水质监测等。监测既是保障工程安全的“预警机”，又是积累经验、积累科学数据的主要手段，岩土工程一些最宝贵的经验数据都是通过长期监测得到的。依托工程研究是岩土工程研究最重要的手段，延安新区的现场就是一个大型实验室。延安新区作为全国同类城市建设的示范工程，必须持久地监测，持久地研究，以丰富的令人折服的数据作出科学结论。

岩土工程典型案例述评29

长昆客专怀化南站岩溶的综合探测技术[1]

核心提示

本案例采用钻探、地震波CT和管波技术三位一体的方法探测隐伏的溶洞和溶蚀裂隙发育带。三种技术取长补短，相互印证，相辅相成，取得了良好效果，为准确判定岩溶地区桩基持力层提供了新技术、新方法、新思路。

① 本案例根据铁道第三设计院集团有限公司李志华提供的资料编写。

案例概述

1. 工程与地质概况

新建长沙至昆明铁路是我国铁路快速客运通道“四纵四横”之一的沪昆客专的一部分，线路自新建长沙南站引出，经怀化、都匀、贵阳、安顺至昆明南站，全长1158km。其中湖南段全长约415km，沿线由东向西经过长沙市、湘潭市、娄底市、邵阳市和怀化市，在怀化市设立怀化南站。

长昆客专怀化南站地形地貌为丘前冲沟地带，冲沟大致东西走向，地势东高西低，现多为水田或水塘。地表水主要为水田、池塘积水及林肯溪和双管溪（均属太平溪支流），两溪水量受季节及上游林肯溪水库和双管溪水库调控影响。表层覆盖第四系冲洪积层，基岩仅零星出露。

该地段第四系有：杂填土，厚度为1.3～1.8m；粉质黏土，软塑-硬塑，含2%～20%的角砾、圆砾，分布于表层，厚度为3.2～22.4m；黏土，软塑-硬塑，局部含少量砾石和砂，分布于表层，厚度为2.0～18.2m。基岩为白云质灰岩，弱风化，中厚-厚层状，隐晶质结构，较破碎-较完整，节理裂隙较发育，多由方解石脉充填胶结，岩溶强烈发育，分布于整个怀化南站。

地下水为孔隙潜水和岩溶水。孔隙潜水赋存于第四系碎石土中，受地表水和大气降水补给。岩溶水赋存于溶洞中，连通性好，由第四系孔隙潜水和地表水垂直下渗补给。钻孔地下水位埋深为0～20.0m，水位高程225.70～240.19m。

怀化南站长约2500m、宽约155m，面积为38.75万m^2，为6线3台重要站房工程。钻孔揭示，场址为覆盖型岩溶，覆盖层厚度一般为10～20m，岩溶强烈发育。溶洞埋深为3.7～79.0m，溶洞高度为0.2～24.30m，多数无充填，少数由软塑至流塑状黏性土充填。钻孔遇洞率达70.9%，线溶率为0.36%～48.57%，平均线溶率为14.3%。地下水位大多高于可溶岩顶板。总的特点是溶洞大小、深浅和分布极不规律，单纯钻探根本无法查明。

怀化南站站场处于地势低洼地带，与线路中线地面最大高差为8.5m。如为非岩溶区，可填方处理。现因岩溶强烈发育，且覆盖层不稳定，塌陷较为活跃，填方可能引起岩溶塌陷。为了安全，采用了低桩板和桥的结构，将结构荷载通过钻孔灌注桩直接作用在完整岩体上，一柱一桩，桩的长度取决于完整基岩埋深，最长达84.0m。因此，对溶洞探测的要求非常严格，需查明每根桩位的溶洞深度和高度，为桩基的设计和施工提供可靠依据。

由于怀化站场覆盖层较厚、岩溶强烈发育、溶洞埋深最大达79.0m，岩溶对线路方案确定和工程措施影响很大，采用常规物探和钻探难以查清。铁道第三勘察设计院集团有限公司结合钻探，采用地震波CT和管波技术，有效解决了这个难题。

本次岩溶探测的总体思路是，在分析定测阶段钻孔成果的基础上，对岩溶发育进行初步评价，再根据桩位实际情况，进行钻探、管波、地震波CT综合探测，具体布置根据桩群平面分布情况确定。图29-1为基本的探测布置，以4桩×4桩为一单元格，4角布置4个钻孔，并进行管波探测，兼作地震波CT的激发孔和接收孔。相邻孔之间均进行孔透（激发孔至接收孔之间的地震波透射），以保证所有16根桩的桩位都能探测清楚。图中：纵向桩间距为6.0m，横向桩间距为5.5m，地震波CT最大孔透距离为24.4m，最小距离为16.5m。当发现设计孔深处溶洞依然发育时，则根据实际情况加深，一般以最深溶洞底板下10～15m控制，确保孔底有足够厚度的完整基岩。

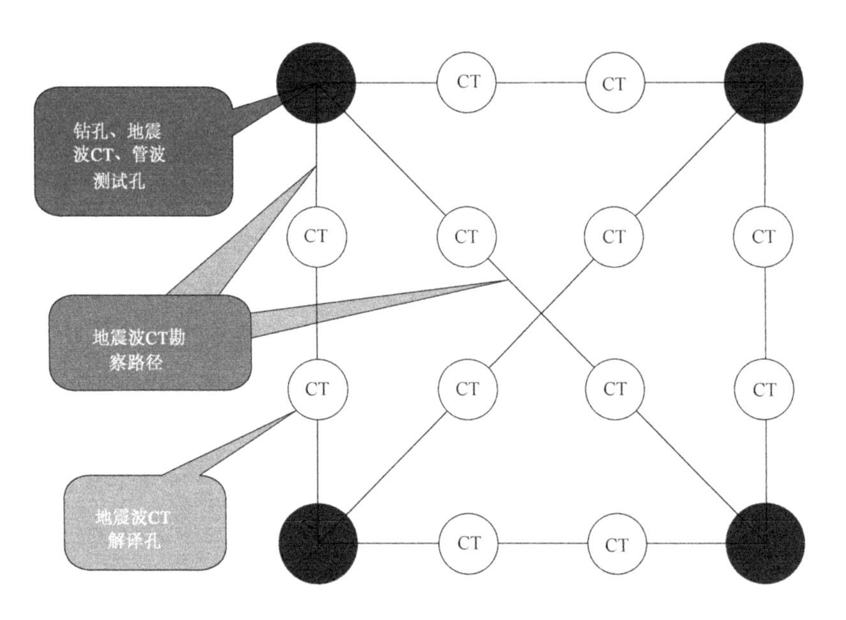

图29-1　以4桩×4桩为单元格综合探测示意图

2. 地震波CT和管波技术简介

2.1 地震波CT

地震波CT成像是在两个钻孔间采用一发多收的扇形观测系统，组成密集交叉的射线网络（本次激发深度间隔1.0m，接收深度间隔0.5m），根据射线的疏密程度和成像精度划分规则的成像单元，采用反演算法形成被测区域的波形图像，并以此划分岩体的性质，确定溶洞、溶蚀、节理裂隙发育带等的空间分布，如图29-2所示。

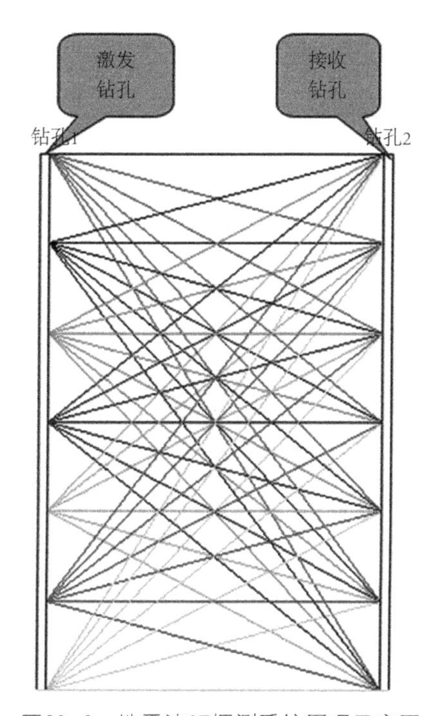

图29-2 地震波CT探测系统原理示意图

地震波CT成像与医学X射线断层扫描的原理相似，系利用射线走时来重构岩土内部波速的分布，通过像素、色谱、立体网络的综合展示，以达到反映可溶岩内部结构图像之目的。坚硬完整的岩体波速较高，而节理裂隙发育、溶蚀、空洞（或充填）地段则相对低速，出现波速异常。波速差异为应用地震波CT成像查找溶洞和溶蚀裂隙发育带提供了有利的地球物理条件。

2.2 管波技术

当相互接触的两种介质一种是流体另一种是固体时，流体的振动会在两种介质的分界面附近产生沿界面传播的界面波，称为广义的瑞雷波（Rayleigh waves）。在液体填充的孔内和孔壁上，广义的瑞雷波沿孔的轴向传播，称作管波（Tube waves）。管波在孔液和孔壁以外一定范围内沿钻孔轴向传播，除在孔径变化、孔底和孔液表面产生反射外，在管波的有效探测范围内的任何波阻抗变化都会产生反射。这种波阻抗的变化必定是钻孔侧旁存在不良地质体造成，因而可通过管波反射波的变化来确定钻孔侧旁是否存在不良地质体（溶洞、溶蚀、软层、风化带、裂隙发育带等）。由于管波具有能量强、衰减慢、传播速度与孔液纵波波速相当的特征，反射管波的能量很强，在使用固定收发间距的一发一收探测装置采集的时间剖面上很容易识别。广东省地质物探工程勘察院李学文、饶其荣于2003年提出管波探测法，同年申请了国家发明专利。铁道第三勘察设计院集团有限公司于2007年引入，并应用于铁路勘察。

在实际应用中，一般采用200～3000Hz宽频管波进行探测，有效探测半径为2.0m，分辨能力为0.3m，具有非常高的垂向探测精度。适合于灰岩地区大口径嵌岩桩的桩位勘察和孔内岩溶探测。

2.3 技术的发展与进步

此前的地震波井间CT主要在岩土体完整、介质相对单一、边界条件清晰、异常类型单一、简单数据处理就能得到良好处理结果的条件下进行。复杂条件下有效信号不仅振幅能量降低，甚至有时连识别与追踪都十分困难。且设备简陋，效率低下，成图质量粗糙，应用受到较大的限制。铁道第三勘察设计院集团有限公司自主研发了位列国际先进水平的地震波CT数据处理软件，能有效揭示测试孔之间岩溶的空间展布形态，比单纯钻探更详尽地揭露地层情况，更详尽地探明基岩起伏和溶洞分布，从而减少了财力和物力消耗，节省了钻探时间，保证了工程设计和施工进度。

采用管波技术可以拓展钻孔探测范围，准确查明钻孔外1m范围的洞隙，且可监督检查钻孔质量，杜绝可能出现的造假。施工期间亦能及时开展桩身周边的施工地质工作，极大降低地质灾害发生概率，有效规避工程风险，对岩溶地区工程建设具有重大意义。

3. 综合探测技术的实施

钻探、地震波CT和管波技术各有优缺点，钻探虽然是直接勘探手段，但仅仅“一孔之见”，不可能完全查明洞隙的分布和形态；地震波CT的优势是能提供大量孔间信息，比钻孔“全面”，但某些条件下不易正确解释；管波技术虽然范围不大，但精度很高，弥补了钻孔和地震波CT的不足，对桩基工程很有价值。本工程利用三种方法优势互补，达到有效查明桩基相关地段隐伏洞隙的目的。下面用几个典型实例说明。

实例1（验证孔30073）

图29-3为16根桩，角部为4个钻孔，并进行管波探测，还作为地震波CT的激发和接收孔。孔间桩位均为根据地震波CT信息构成的地层剖面，并布置了一个验证钻孔。最长孔透距离为24.4m，最短为16.5m。图中黄色断续线为钻探揭示的溶洞，蓝色、绿色和红色分别为地震波CT解译的溶洞、溶蚀裂隙带和完整基岩。由图可知：

（1）根据验证孔揭示，在高程225.95~196.45m之间，有8个串珠状连续发育的溶洞。

（2）地震波CT根据波速解释，将8个串珠状连续发育的溶洞判定为2个较大的溶洞，与钻孔揭示的串珠状溶洞虽不完全一致，但总体上吻合。

（3）在高程211.55～207.75m处，钻探揭示为溶洞，地震波CT剖面在此空间岩性完整。可能由于钻孔正好坐落在溶隙的位置上，如果必须查明，需补充管波法进一步探测。

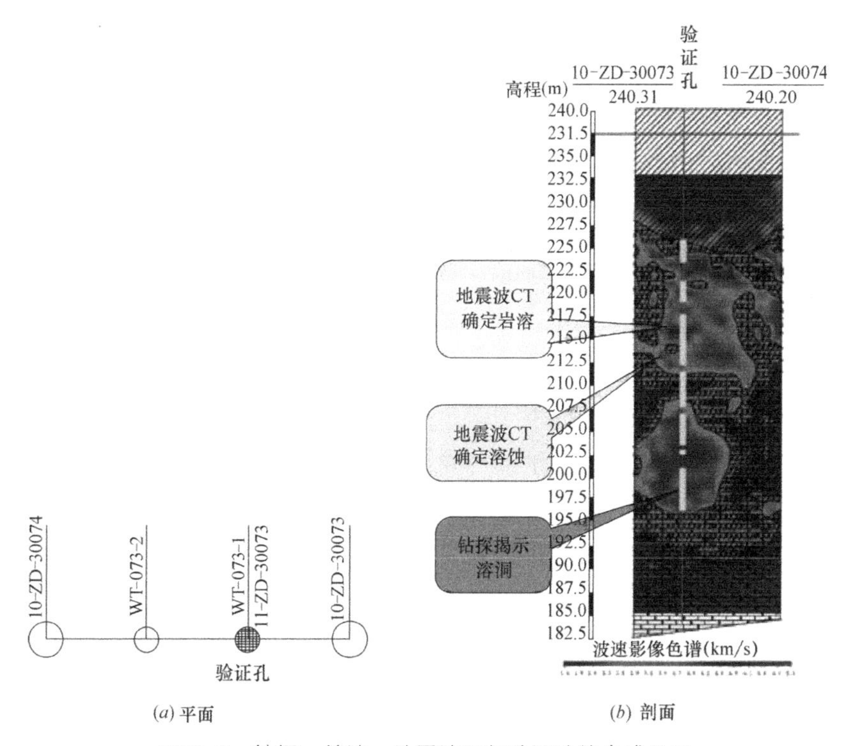

图29-3　钻探、管波、地震波CT与验证孔综合成果图

实例2（路基低桩板验证孔31531）

验证情况见图29-4，平面布置为两钻孔之间两根桩，钻孔兼做管波探测，并作为地震波CT的发射接收孔，验证孔布置在中间。结果为验证孔与地震波CT、管波综合探测成果吻合，地震波CT解译为串珠状溶洞，相对于工程更偏于安全。

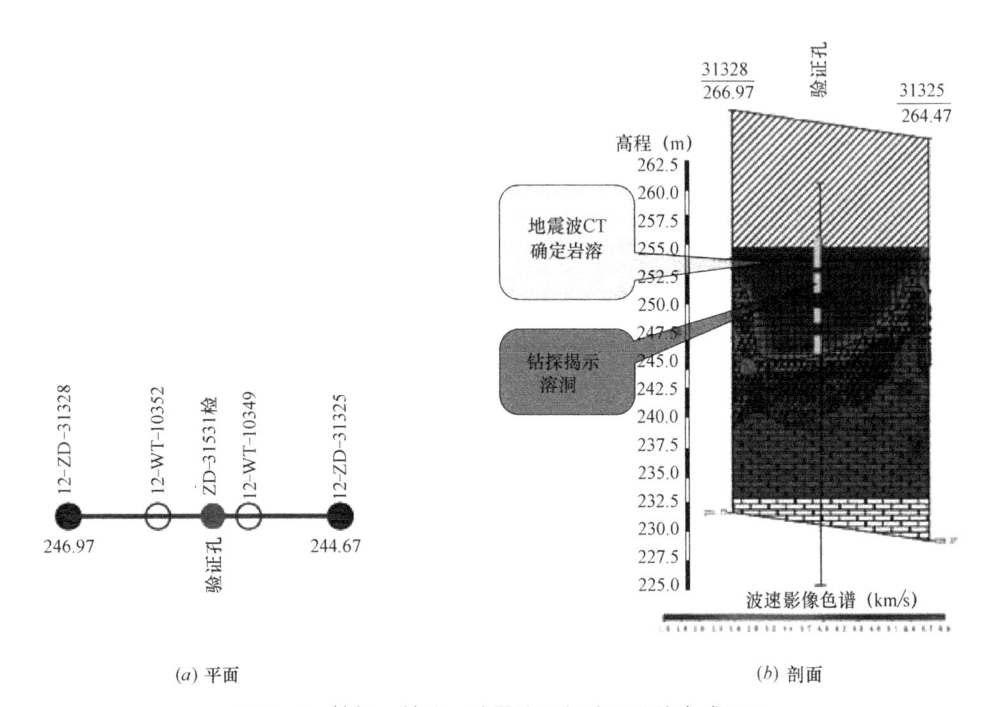

(a) 平面　　(b) 剖面

图29-4　钻探、管波、地震波CT与验证孔综合成果图

实例3（路基低桩板验证孔31532）

验证情况见图29-5，验证孔与地震波CT吻合，地震波CT的范围和底界比钻探稍大，更偏于安全。验证孔下部存在直径小于0.5m的空洞，地震波CT成果反映为溶蚀。

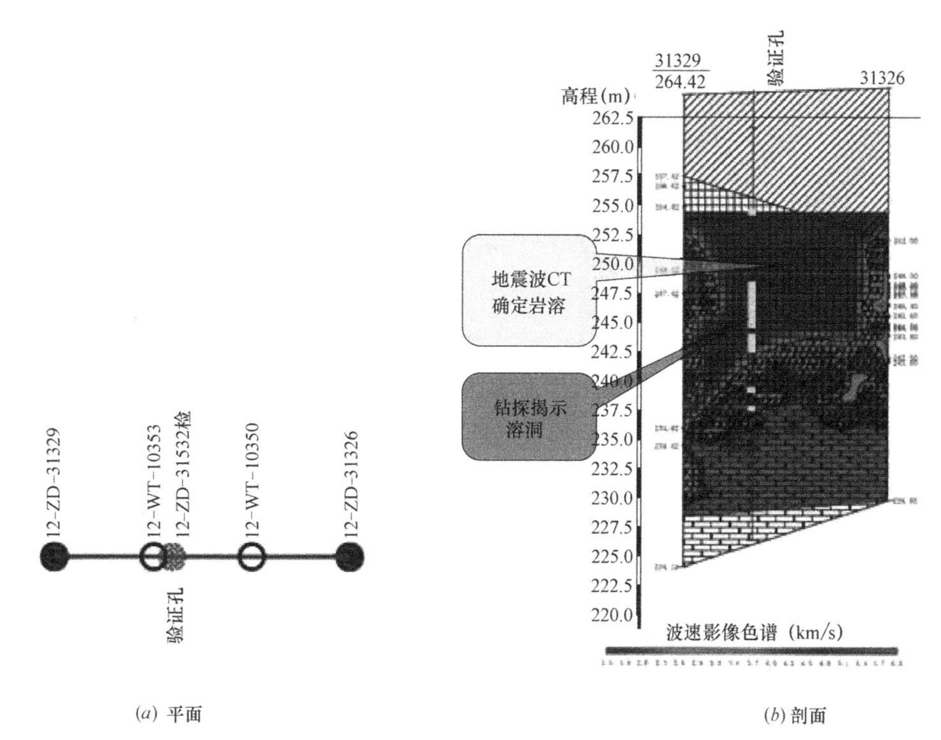

(a) 平面 (b) 剖面

图29-5　钻探、管波、地震波CT与验证孔综合成果图

实例4（路基低桩板验证孔32031）

由图29-6可知，钻探验证孔为6个溶洞，与地震波CT和管波探测基本吻合，地震波CT探测的溶洞范围比钻探更大些，溶洞底板更深些，更偏于安全。地震波CT和管波探测均发现验证孔附近高程175.85m以下发育有溶洞。

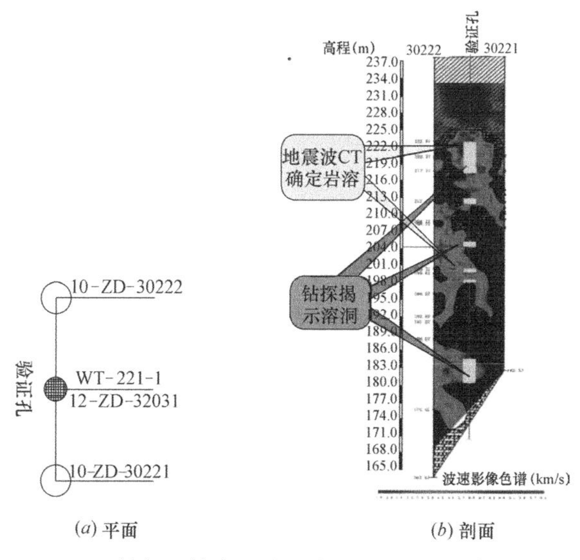

(a) 平面 (b) 剖面

图29-6　钻探、管波、地震波CT与验证孔综合成果图

实例5（跨焦柳铁路特大桥22号墩）

图29-7所示虽不在怀化南站，但综合了钻探、地震波CT和管波技术的成果，地震波CT剖面较清晰地反映了两孔间的岩溶位置，浅色为溶洞主体，呈串珠状，发育强烈。管波探测成果显示，剖面整体呈现红色为溶洞，其中夹杂蓝色溶蚀和节理裂隙发育，说明此桩位岩溶呈串珠状。高程148m以下为完整基岩。地震波CT、管波、钻探三者相辅相成，揭示了溶洞、溶蚀和完整基岩组成的地质剖面。

因此，中间桩位可以不打勘探钻孔，依照上述综合探测形成的剖面进行设计。

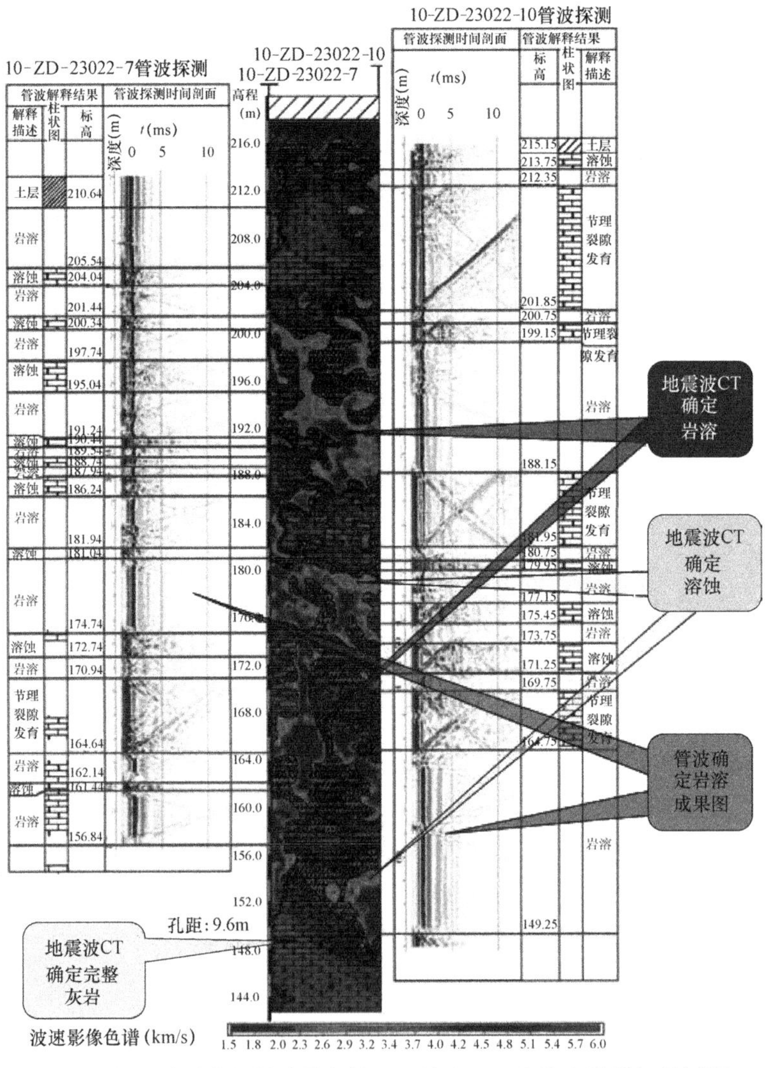

图29-7　长昆线跨焦柳铁路特大桥22号墩（7-10）综合地质解释剖面图

实例6（顺安河特大桥管波验证）

该实例也不在怀化南站，但为了验证管波探测，在09-BZD-975孔的四周布置了1、2、3、4四孔进行验证，验证孔距离管波孔均为1.0m，见图29-8。探测孔土石界面为26.7m，26.7m以下为完整基岩，但管波解释为岩溶发育区段。验证结果，除1号验证孔浅，没有揭示溶洞外，其他验证孔均有溶洞发育，且溶洞底面深度是变化的（26.7~29.0m）。管波探测解释28.2m以下为完整基岩，与验证孔揭示一致，符合实际。

高程22.4~24.7m处，管波探测的反射图像明显变弱，深部没有反射；5个钻孔揭示为溶蚀发育，未见溶洞，可互相印证。在高程19.1~22.4m处，钻探揭示为土层，管波探测没有反射信号，为土层和岩溶的反应，验证结果是溶洞、溶蚀、土层均存在。可见在岩溶发育区，只有钻孔资料未必能反映真实情况。

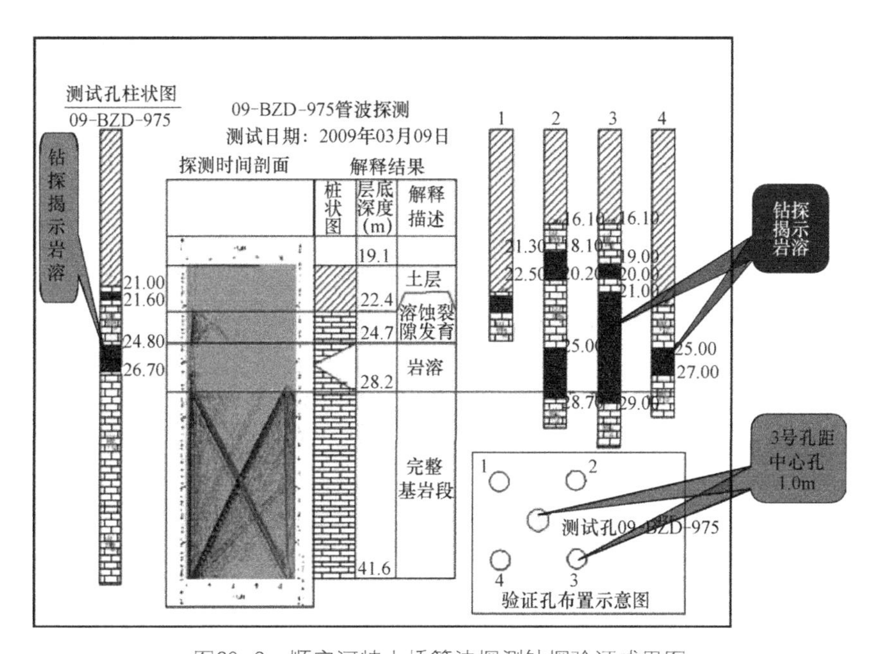

图29-8　顺安河特大桥管波探测钻探验证成果图

通过241个钻孔验证，发现在浅表岩土分界面附近的岩溶强烈发育区段，溶洞充填物与第四系堆积层波速相近，地震波CT与钻孔验证不能完全一致。但基岩面之下的岩溶发育区段与完整基岩区段，地震波CT与钻孔验证的一致性较好。桩基设计的关键是确定稳定岩层的深度，因而可以满足设计要求。根据28个墩189孔施工成桩检验，除局部浅层基岩面附近岩溶强烈发育区段有所差异外，其他区段施工成桩实况与地震波CT和管波探测成果基本一致（图29-9）。

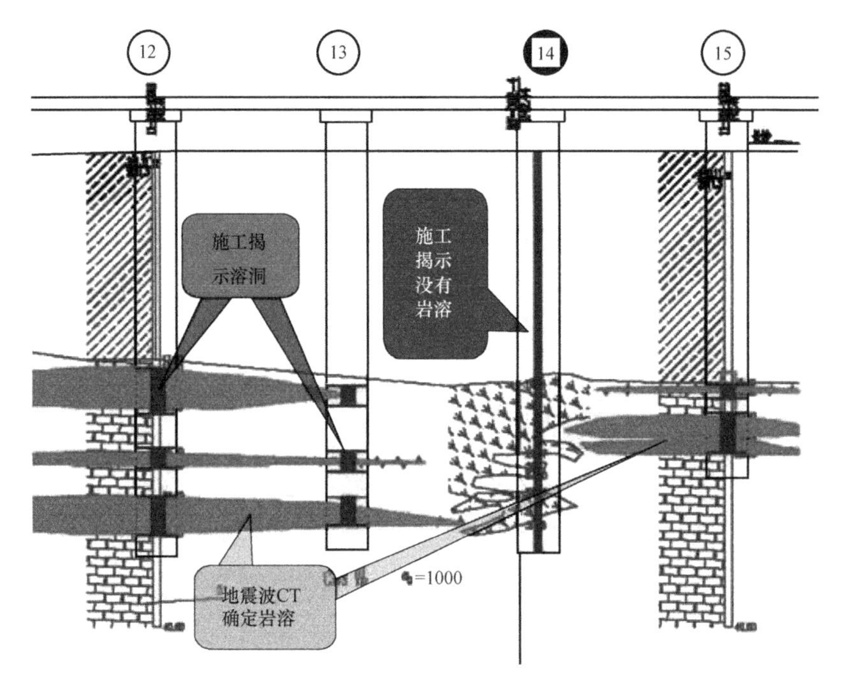

图29-9　岩溶综合勘探成果的桩基施工验证图

4. 结论

（1）长昆线怀化南站场勘察采用钻探、地震波CT和管波技术相结合的方法，可以相对精细地查明岩溶发育程度、洞隙形态和分布，已被大量钻孔验证和工程桩检验肯定，满足设计需要。

（2） 地震波CT探测到的孔间溶洞和溶隙，要多于钻孔揭示的数量，更偏于安全。在基岩面附近岩溶强烈发育地段，综合波速与第四系波速相近，地震波CT较难区分。但基岩面之下的岩溶发育区段与完整基岩区段，探测效果良好。

（3）钻探、地震波CT和管波技术相结合方法能发现大于0.5m的溶洞，不会遗漏危害性大的溶洞，可直接进行工程设计，不必逐桩钻探。

（4）管波能揭示钻孔周围岩溶、软岩、岩层破碎等特征，弥补地震波CT和钻探在桩身部位的盲区，并对钻探资料起到了验证和补充作用。

（5）截至2012年底，在沪昆客专长昆湖南段共完成地震波CT1179对、管波探测961孔、物探解译钻孔2621孔、13.44万延米，提高工效40%，节省钻探工作量30%，降低勘察费用2267.00万元，经济效益和社会效益显著。

评议与讨论

岩溶（喀斯特）的溶洞和溶隙，分布无序，形态奇特，极为复杂多变。对岩土工程师来说，是充满变数的危险地带，如临深渊，如履薄冰，生怕掉进这个陷阱。即使两个钻孔相距不到1m，结果就可能完全不同。打再密的钻孔也不能真正查清楚它的分布和形态，除非完全挖开。过去的各种物探手段只能提供一点“参考”，一些“线索”，得不到确实可靠的信息。弄得不好，可能完全错误，误导勘察设计。本案例的特点是钻探、井间地震波CT和管波技术三位一体，综合探测。钻孔既要取芯，鉴别地层，直接感知洞隙的存在，又是地震波CT的激发孔和接收孔，还是管波技术的测试孔。钻探取芯是直接勘探技术，似乎最为可信，但岩溶分布和形态如此复杂，“一孔之见”根本无法全面查明。地震波CT是体波勘探，通过密集交叉的射线网络和先进的计算软件，可较为正确地探测孔间岩溶，弥补钻孔的不足，且在确定完整基岩深度方面相当可靠。管波技术虽然探测范围不大，但能有效地探测钻孔附近洞隙，这里是钻探和地震波CT的盲区。三种技术取长补短，相辅相成，有效地解决了岩溶地区桩基设计的难题。

三种技术的优势互补，相辅相成，具体体现在：钻探取芯的优势是岩、土、洞界面明确，直接感知，只要操作规范，判断是“确定”的。但平面范围太小，仅仅“一孔之见”，远远代表不了“全面”。地震波CT的优势是范围大，覆盖了整个孔透区段，能反映“全面”情况。缺点是信息比较模糊，虽然比其他物探方法效果好，但再好的仪器，再好的数学模型和计算软件，再密的发射点、接收点和射线，仍只能依靠波速指标来判断，总是从已知推断未知，一定程度的“不确定性”是可以理解的。管波技术获得的信息相当于扩大了的钻孔，钻孔直径才76mm、89mm，而管波探测半径达1m，且竖向精度很高。探测范围虽然不大，但对工程桩来说却是至关重要的区段。半径1m相当于一般工程桩半径的2~3倍，如果这个区段岩体完整，则可确保工程安全无恙。况且这个区段还是钻孔不能及、地震波CT不能辨的盲区。此外，管波信息还可核查钻探鉴别的真伪，为地震波CT计算模型提供岩体的已知参数，使地震波CT解译成果更为可靠。

工程物探在我国虽然已有60年的历史，但长期唱不了主角，只能作为辅助手段。做得好，提供一些线索；做得不好，还会误导勘察设计，哪里还谈得上“精确”，谈得上与钻探平起平坐。本案例使我们豁然开朗，物探不仅可在勘察前期提供线索，还可在施工图设计和施工阶段发挥不可或缺的作用，能发现桩基相关部位大于0.5m的洞隙，还能检验钻孔的真实性，做得如此精确！物探可以为工程建设做更大的贡献，物探可以成为勘察工作的主力军，为工程物探的发展和技术进步增强了信心。

现在有些学者热衷于精确计算，渴望岩土工程也能像其他科学技术那样，走上精确计算之路。对岩溶顶板的稳定性，有人提出仿照结构工程的抗弯计算、抗剪计算、建立单跨梁模型用数值法计算，进行定量评价，以提高溶洞顶板稳定性评价的精确性和可靠性。这种探索是有益的，但提高计算方法的精确性可以，提高计算结果的精确性则难。原因很简单，建模和计算需要溶洞及其顶板的形态、结构和力学参数，这些基本信息不能精确掌握，何来精确的计算结果？“皮之不存，毛将焉附”？因此，当前更重要的任务是致力于岩溶探测的精确性和可靠性，没有可靠的地质信息，什么精确的计算方法也用不上。

现在已是大数据时代，计算技术那么发达，许多复杂问题都可以精确求解，为什么岩土工程还停留在概念加经验上？如此粗糙！为什么数值法应用的时间也不短了，还不能大量用于实际工程？为什么岩土工程至今还是不严密、不完善、不成熟的科学技术？太沙基以后，似乎并没有发生质的飞跃。答案可能是一致的，“岩土实在太复杂了”。具体困难在哪里？恐怕就在初始数据的质和量难以满足。计算机和网络的功能在于它强大的存储能力、加工能力和快速的传输能力，但前提是必须有质好数多的初始数据，否则，计算机和网络哪有用武之地？

现在表征岩土力学性质的数据，质和量都成问题。造假和低劣的数据先不说，即使工作认真的勘察报告，渗透参数、抗剪强度参数、变形参数，与岩土实际性质能有多大的一致性？以经验较多的压缩模量为例，试验测定的模量与原型工程观测反演的模量差多少？更不用说差得更远的渗透性和抗剪强度了。岩土的性质极不均一，每一寸都在变化。岩石因有复杂的裂隙系统和洞穴系统，问题更为突出。如果真能取得数量足够多的有效数据，计算机强大的功能就用得上了。可惜这不切实际，只能划分岩土单元，假设单元体是均匀的或变化是有规律的，给出这些单元的参数代表值，用代表值计算，其可靠程度就可想而知了。在这种无奈的情况下，“概念加经验”、“综合分析”、“现场载荷试验”、“原型监测控制”、“反分析”、“信息化施工”、“动态设计”等便应运而生。这些也是岩土工程无法准确定量预测之下的“没有办法的办法”，这样的状态可能还要延续相当岁月。

从定量预测这个角度出发，数学模型和计算技术的改进固然重要，但更重要的是要在获取更好更多岩土初始数据上下功夫，勘察资料的质和量成为岩土工程技术发展亟待突破的瓶颈，本案例似乎可以从中得到一些启发，愿从事岩土工程勘察的专家们努力。

岩土工程典型案例述评30

兰州中川机场暗埋不良地质体探测①

核心提示

本案例采用以物探为主的多种方法，综合探测分布非常复杂的暗埋砂坑、砂井、砂巷等不良地质体，包括以地植物法为主的地面普查，钻探、静力触探、动力触探的验证，多种物探方法的现场试验比较，因而达到了效果好、工作量小、经济而快速的良好效果。

① 本案例根据华遵孟等《兰州中川民用机场扩建工程飞行区岩土工程勘察实录》编写，刘云祯审阅。

案例概述

1. 工程概况

兰州中川机场始建于1968年，跑道全长3200m，为4C级机场。1970年投入使用后，由于初建时受当时认识与技术条件限制，未能查明跑道、站坪土基下的砂坑、砂井、砂巷等暗埋地质体，使跑道、联络道不断产生沉陷变形病害，道面强度与平整度已不能达到技术标准的要求。拟建的新飞行区位于原飞行区以东，新跑道长4200m，距老跑道540m。飞行升降滑行区占地4600m×185m，站坪区占地1800m×650m，采用抗拉强度大于4.5MPa的水泥混凝土面层和半刚性基础。近期按4D级机场设计，远期规划按4E级考虑。地基处理工程于1997年开工，道面工程于1998年开工，1998年10月飞行区通过验收，并投入使用。

2. 场地概况

中川机场位于兰州市区以北70km的秦王川盆地的西南段。秦王川盆地为南北长42km，东西宽10~14km，四周为黄土梁峁或剥蚀残山环绕。机场范围内的地层由第四系次生黄土及冲洪积砂砾与粉土交互沉积物组成，厚度为15~54m，其下为第三系砂岩或泥岩。盆地内地形由北向南缓倾，南北高差470m，横向地形平坦，切割甚微。盆地内无长年地表迳流，仅在暴雨季节有暂时性洪流，汇集在东西两条沟槽中向下游排泄。地下水主要分布于东西两条古河道内，机场区地下水位埋深15~40m。

3. 主要岩土工程问题

秦王川盆地原为干旱农业区，历代农民旱田耕作时，为减少蒸发，就地开挖明坑、竖井和平巷，开采砂砾石，在农田中压砂保墒。因挖砂采空，在地下形成了大小、深度和形状各异的砂坑、砂井、砂巷等不良地质体。1976年盆地下游及扩建飞行区范围内农田引入庄浪河水灌溉，旱作农田平整改造为水浇地时，破坏了原始地形地貌和工程地质条件。原有采砂明坑和竖井被填埋后，由于灌溉水入渗，不断引发采空区和填埋区的湿陷和塌陷，形成了各类暗埋的不良地质体。查明跑道站坪范围内暗埋在地下的不良地质体位置、深度与平面分布范围，采取适当的地基处理措施，成为保证机场长期运行安全的主要岩土工程问题。1994年引大入秦大型灌溉工程（引大通河水跨流域东调至兰州北的秦王川盆地）开始实施后，随着上游灌溉面积及灌溉入渗量的逐年增加，逐步改变区域和机场范围内的水文地质条件，引起区域地下水位上升和工程地质条件的变化。

4. 暗埋不良地质体的特点

与小煤窑采空区、人防工程、岩溶土洞等类似探测目的物相比，本次探测的暗埋不良地质体更有特殊困难，主要难点在于：

（1）成因的随意性：农民采砂活动随意性很大，形成砂坑、砂井、砂巷的位置、形态与规模没有规律，不像人防、煤窑开挖那样有一定的方向、足够的延伸长度和比较稳定的原始形态。

（2）后期演变的复杂性：砂坑、砂巷的原始形态不规则，在后期人类活动影响下，原始形态又不断产生变化。平田整地时原有砂坑、砂井被填埋，地面遗迹消失。灌溉水入渗后，采空区顶板不断塌落，部分塌至地表后又再次回填。经过塌落、浸水、回填等后期演变，暗埋不良地质体的空洞大小、充填物成分、密度、湿度情况各不相同。

（3）缺乏明显的探测物性条件：由于采空体积小，后期塌落演变情况复杂，空洞和松散体与周围黄土的物理性质差异不明显，不像岩溶空洞那样有明显的物性差异，大大增加了采用工程物探方法探测的难度。

尽管探测工作相当困难，但经过1994年的勘察工作，对暗埋不良地质体的分布规律已有以下初步认识：

（1）不同类型暗埋不良地质体分布的规律性：暗埋砂坑主要分布在砂砾层面埋深较浅的北段，暗埋砂井、砂巷主要分布在黄土覆盖层较厚的南段。

（2）埋藏深度分布的规律性：根据初步勘察，压田砂砾均在黄土层底部沿砂砾层顶面向下开采，根据砂砾顶面起伏变化可以判定采砂活动的位置。

（3）地面植物与地形的差异性：由于北段暗埋沙坑回填物质混杂，粗颗粒砂砾含量大，灌溉水渗透性强，地面农作物干旱缺水，长势不良，与正常地层形成了明显的差异，界限清楚，可以据此圈定砂坑范围。南段部分采砂空洞发展到地面，形成高低不平的地形，或明显的陷坑，也是暗埋不良地质体发育的迹象。

5. 探测工作方法

（1）坚持以地面调查和多种物探为先导进行普查，以钻探、触探为验证手段进行详查，采用综合探测。坚持物探与钻探、触探等探测手段紧密配合，克服对物探工作的片面认识，避免物探与其他探测手段脱节，形成“两张皮”的做法。发挥各自优势，进行综合分析与综合判定。

（2）物探工作坚持由已知到未知，由点到面，由简单到复杂，多种方法互相补充，互相印证，逐步深化认识的工作原则。前期邀请了多家单位采用了多种物探方法进行现场试验（电磁探测法、高密度电法、地质雷达、地震反射波法、高密度地震映像法、SWS多道瞬态面波法等）。试验与验证结果表明，北段较浅的暗埋砂坑，采用高密度电法、高密度地震映像法、多道瞬态面波法效果较为显著。黄土覆盖层较厚的南段，暗埋砂井、砂巷、塌落体的探测，则优选SWS多道瞬态面波法、高密度地震映像法进行面积普查，发现异常后采用多道瞬态面波法进行核查，并以钻探、触探进行验证。

（3）充分利用地植物法进行地面调查，减少勘探工作量。北段黄土覆盖层较薄的暗埋砂坑分布区，不再进行物探普查，利用1994年地面测绘成果，只进行钻探与触探验证。

探测工作量见表30-1。

暗埋不良地质体探测工作量 表30-1

物探方法			验证手段				
工作量	地震映像	瞬态面波	工作量	钻探	动力触探	静力触探	载荷试验
测线数（条）	1516	829	孔数（个）	2321	580	88	7
测线长（km）	153	96	进尺（m）	12264	2322	1046	

6. 物探判释与验证

为了排除多种物性差异的干扰，提高判释精度，对测线上的沟坎、陷坑等地形影响和黄土中砂砾透镜体的地层影响等，均采取了有效措施，排除干扰，并设专人进行自检，以保证成果质量。

物探判释有以下特征：

（1）高密度地震映像法：在空洞、塌陷体、回填体界面上，产生波的绕射与反射，发生多波同相轴变化、波幅衰减、弹性波旅行时间增大或减少等反应，而正常地层波形连续、相位一致，形成明显差别（图30-1）。

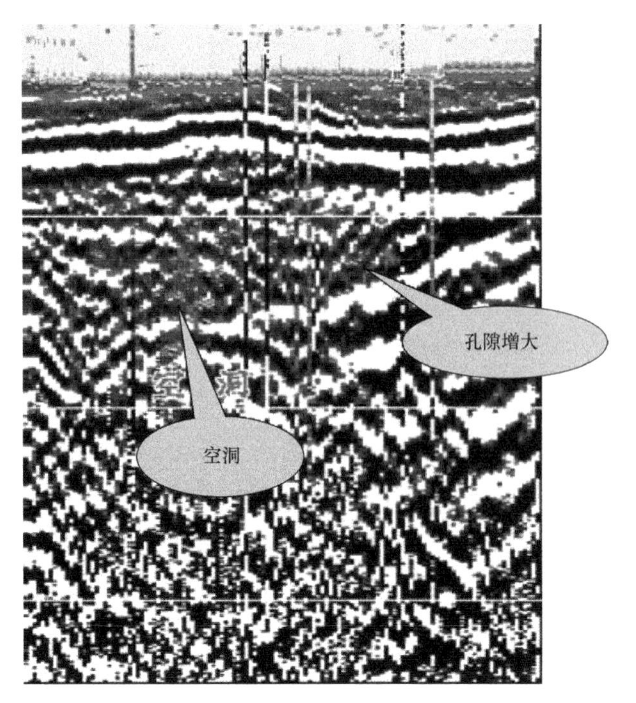

图30-1　高密度地震映像法探测空洞图（刘云祯）

（2）SWS多道瞬态面波法：在塌陷、回填土、空洞体上，频散曲线发生回折或断点，波速急剧下降，而正常地层曲线连续、层面拐点清晰，形成明显差别（图30-2）。

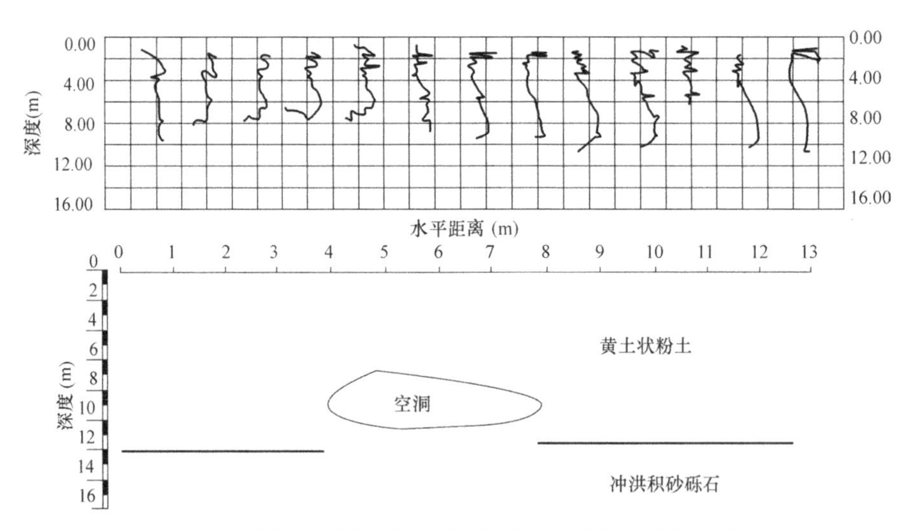

图30-2　面波法频散曲线对暗埋不良体异常反应（刘云祯）

验证时从物探异常范围中心开始，以2~4条剖面线布设验证孔，每条剖面

线上孔数不少于3个。根据以下标准判定为暗埋不良地质体:

（1）物质成分判定法: 黄土结构扰动，密实度较低，含水量较高而土质均匀者为顶板塌落体。土质不均、粗颗粒含量大、结构疏松者为回填土。

（2）触探指标判定法: 与钻探相比，静力触探验证黄土空洞避免了人为因素的误判，具有准确、直观的效果。异常区触探指标明显低于周围土体，空洞区静力触探锥尖阻力和动力触探锤击数为零。1982年位于兰州七里河区二级阶地后缘的物资局土门墩仓库，因地下采砂巷道塌陷引起地面环形裂缝，采用静力触探以2m间距探测塌落体分布和形态，在卵石层面以上土层内利用锥尖阻力判定空洞、塌落土及松动土，效果良好（图30-3）。

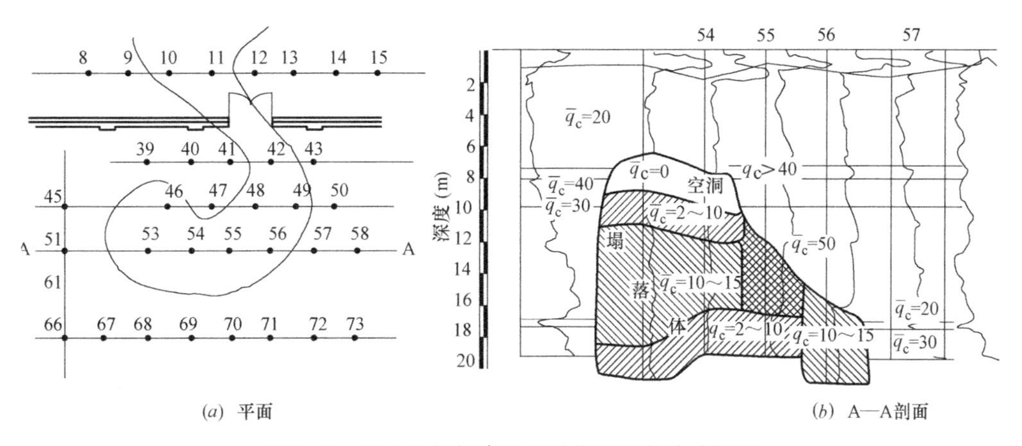

图30-3 静力触探探查暗埋砂巷道塌落体成果图

（3）砂砾层面埋深判定法: 经过采挖后，砂砾层面较邻近未开挖地段低2~5m。

7. 探测结果

本次探测共发现物探异常126个，经分析排除了8个因地形、地质因素引起的异常，提交暗埋不良地质体118个。对95个异常进行自检，经钻探验证判定，其中82个为暗埋不良地质体。其余13个物探异常特征明显，重复探测具一致性，但因自检孔数量少，位置偏移等原因，钻探未见异常。为确保场道安全，仍以填埋不良地质体对待。

暗埋不良地质体有以下类型:

（1）填埋型: 主要分布在黄土厚度2~3m的北段，系农民剥离表层黄土露天开采砂砾后形成砂坑，或在坑壁水平采砂形成平洞，1976年平田整地时被填埋。暗埋砂坑直径3~50m不等，深度为5~10m，大小随开采历时长短而定。

（2）塌陷型：主要分布在黄土厚度6~12m的中段，该段为先用竖井或斜井开挖至砂砾层面，再开挖平巷开采砂砾。1976年改为水浇地后，由于灌溉水入渗而全部塌陷后整平。主巷道一般长15~30m，支巷长2~10m，巷道宽2~3m，高3~5m。

（3）空洞型：主要分布在黄土厚度10~20m的南段，该段先用竖井下挖至砂砾层面，再开挖平巷而成。未受灌溉水入渗影响时，保持原始空洞形态或顶板自然塌落尚未发展到地面，在黄土层内形成空洞。主巷道一般长30~50m，支巷长度数米至数十米，空洞埋深6~20m不等。

勘察工作结束后，建设单位对本次探查的暗埋地质体位置与后期收集到的1968年机场初建原始地形图上裸露的砂井、砂坑进行对照，重合率达82%左右。

8. 地基处理

空洞型不良地质体当然必须处理，填埋型和塌陷型不良地质体由于物质成分杂乱、含水量高、渗透性强、结构疏松、土质不均等因素，力学性质较差，一般为高压缩性、高含水量、低密度的土。动力触探锤击数$N_{63.5}$=1.0~3.9，静力触探锥尖阻力为1.4~3.5MPa。载荷试验结果表明，200kPa压力下，浸水后沉降量是浸水前的1.7~12.0倍。因此，所有不良地质体均必须进行加固处理。

暗埋不良地质体的地基处理，与黄土湿陷处理统一进行，根据其埋藏深度分别选择不同处理方法：表层及埋藏浅的暗埋采砂坑采用分层碾压和低能量强夯；埋藏较深的暗埋地质体采用高能量强夯、分层强夯处理。

评议与讨论

岩土工程勘察设计可能遇到各种各样的问题，有些问题可能从未经历过。规范更是只限于量大面广的问题，岩土工程师单纯依赖规范显然是不够的。本案例的暗埋不良地质体，如果接到项目后，简单地按规范布置方格网钻探，当然是不能解决问题的。

本案例贵在首先进行深入调查，掌握砂坑、砂井、砂巷等暗埋地质体的成因和演化的历史过程，了解其分布、深度、形态的一般规律，然后对已知异常体用多种物探方法进行前期试验与比较，选用异常反应比较明显的方法进行探测。由于暗埋不良地质体分布非常复杂，本案例除了以物探为主外，采用了多种方法综合探测，包括地植物法普查，钻探、静力触探、动力触探验证，因而达到了效果好、工作量小、经济而快速的良好效果。

物探在工程勘察中应用，我国已有近60年的历史。虽然探测技术有了长足进步，但总觉得不尽人意。“物探，物探，说了不算”。根本原因还是物探与其他探测手段的配合上存在问题。物探是地球物理方法，利用物性差异对地下目的物的间接探测手段，受多种因素干扰，具有多解性。因而需用多种方法互相印证，用钻探、触探等方法验证。但有的工程实施时，物探与其他勘探手段分离，一份独立的《物探报告》，一份独立的《勘察报告》，各做各的，“两张皮”。设计者只看《勘察报告》，《物探报告》被束之高阁，无人问津。本案例的特色就在于排除了对物探效果认识上的偏见与干扰，充分发挥物探的普查作用，物探人员与地质人员密切配合，物探手段与多种勘探手段密切结合，互相补充与验证，与其他勘探手段有机结合，完全融合在勘察之中，并承担了主要角色，真正做到了“多兵种协同作战”。

物探方法很多，各有各的优势，各有各的不足，适用条件各不相同，多道瞬态面波法和高密度地震映像法在本案例中承担了最重要的角色。这两种方法都是我国工程物探专家刘云祯在20世纪90年代首创的先进技术，近年来在工程勘察中得到了广泛应用。

与能源、矿产等资源物探相比，工程物探的主要特点是探测深度浅，被测目的物体积小，运用物探常常感到很是棘手。在传统地震波勘探中，面波是一种强大的干扰波，很难压制。但研究发现，面波的传播特征与覆盖层性质关系密切，乃“变害为利”，实现了适用于浅层、分辨率高、能够有效解决岩土工程问题的多道瞬态面波探测新技术。现已广泛应用于第四纪土分层、岩石风化带划分、岩洞和土洞探测、浅埋隧道工程勘察、滑坡面探测、地基处理效果检测、填土密实度检测等。高密度地震映像法本案例为首次应用，该法形式上似乎与传统的单道地震波反射法相似，其实有实质差别，后者应用的是体波，前者应用的是面波；后者是单一波列，前者是多波列。能实时、直观地在屏幕上显示地质体的彩色映像，在陆域地下目的物的调查中应用快捷方便。

在岩土工程实践中，岩土工程师处于中心地位。各种各样的勘探测试技术，各种各样的施工方法，都要由岩土工程师来统一选定和统一安排，像一位军事统帅统一调动和指挥一场多兵种联合作战。因而岩土工程师必须熟悉各种技术方法的适用条件，熟悉它们的特长和不足，以便优势互补，协同配合。而现在有些工程，却是“各吹各的号，各唱各的调”，本案例的经验值得汲取。

岩土工程典型案例述评31

敦煌机场盐胀病害的研究和治理 [1]

核心提示

本案例报道了硫酸钠盐渍土造成机场跑道胀裂的病害，机场改扩建时进行了大量室内和现场试验，深入研究硫酸钠盐渍土的工程特性和各种因素对盐胀的影响，提出了有效的防治措施，建成后至今十余年安全使用。将专门性研究与勘察设计紧密结合，为缺乏经验的特殊岩土地区如何进行勘察设计提供了典型范例。

① 本案例根据《中国工程地质世纪成就》“甘肃敦煌机场盐渍土盐胀机理及防治措施”（中国民航机场建设集团公司，孙涛、魏弋锋）、《敦煌机场改扩建工程盐渍土地基处理试验研究报告》（中国民航机场建设集团公司）和《敦煌机场扩建工程粗颗粒盐渍土地基处理咨询报告》（中国市政工程西北设计研究院，华遵孟）编写。

案例概述

1. 工程及病害概况

敦煌机场始建于1984年，简易跑道1800m×30m，站坪120m×60m。1987年6～8月扩建并沥青混凝土罩面后，跑道2200m×30m，站坪面积13320m²，飞行区等级为3C。机场位于典型的粗颗粒硫酸盐渍土地区，由于初建时对盐渍土地基的危害性认识不足，对盐渍土地基和跑道结构层回填材料未采取有效的防治措施。1987年扩建后道面出现鼓胀变形，停机坪钢筋混凝土站坪出现严重错台，候机楼室内外地坪开裂。以后逐年加重，多次修补和翻修，西北民航设计院设置了不同结构层的试验段，翻修后跑道道面在道肩及施工接缝附近又出现鼓胀裂缝。1994~1997年西北市政院对试验段道面变形和全跑道裂缝进行了监测和刨验，初步查明了道面结构层含盐量、土基粗颗粒盐渍土成因与分布特征、气温地温变化与道面变形规律的相关性、覆盖效应对盐渍土变形的影响等跑道病害原因。

1998年启动了敦煌机场改扩建工程，前期初步勘察和详细勘察分别由西北市政院和甘肃水勘院完成。新建跑道2800m×45m，站坪396m×127m，飞行区等级为4C，新跑道位于原跑道南侧300m处。为了采取合理、可靠的地基处理措施，保证改扩建后机场道面的正常使用，民航总局决定对盐渍上地基问题进行专题研究，具体由中国民航机场建设总公司集团负责，中科院寒区旱区环境与工程研究所、青海省路桥总公司中心试验室参加。室内试验从1997年6月开始至1998年12月底结束；现场模拟观测试验至1999年9月结束；工程实体模拟试验至2000年9月结束。2000年7月，西北市政院受扩建指挥部委托，对跑道病害原因及地基处理深度进行汇总分析并编写了咨询报告。改扩建工程于2000年动工，2001年12月建成通航。

通过屡次试验研究和原道面病害调查分析，基本掌握了敦煌机场硫酸钠盐渍土地基的盐胀机理和道面病害的主要原因，根据试验研究及咨询报告，设计单位采取了相应的处理措施，即2m深度范围内换填并设置隔离层。改扩建工程结束至今，道面情况良好，没有出现新的病害。

2. 机场的气候条件

敦煌机场位于三危山冲洪积扇群前缘与冲洪积平原交汇地带，场地第四系覆盖层厚度50m以上，地下水埋深14m左右，水质良好，矿化度较低，场地地层由砂土与砾石交互沉积物组成。敦煌地区地处内陆盆地，年平均降水量约40mm，蒸发量是降水量的62倍，约2500mm。气温昼夜和季节变化非常剧烈，极端最高气温为49℃，极端最低气温为-34℃，昼夜温差达30℃左右。月平均气温和降水量见表31-1。

敦煌气温、降水量和温差　　表31-1

月份	最高气温（℃）	最低气温（℃）	温差（℃）	降水量（mm）
1	1.5	–21.4	23.9	2.3
2	12.1	–15.8	27.9	0.3
3	19.8	–12.4	32.2	2.4
4	32.9	–1.8	34.7	0.9
5	34.5	3.2	31.3	0.9
6	37.6	7.5	29.1	0.6
7	38.3	12.6	25.7	9.7
8	37.8	6.9	30.9	15.6
9	34.9	1.8	33.1	1.8
10	27.0	–5.8	32.0	1.0
11	18.6	–17.7	36.3	3.2
12	4.9	–19.5	24.4	0.3
全年	25.0	–5.2	30.2	39.0

3. 盐渍土的形成和分布特征

更新世时期，由于南部三危山隆起，敦煌盆地下降，山区洪水携带大量砂砾堆积于山前，形成山前倾斜冲洪积平原。自上游向下游，沉积物由粗变细。更新世晚期至全新世，由于气候干旱，形成了砂砾戈壁。靠近湖盆，蒸发强烈，浓度升高，盐类结晶析出，在砾石、细砂层中沉淀了以硫酸钠为主的盐类（图31-1）

场地地下水位深度为14m左右。

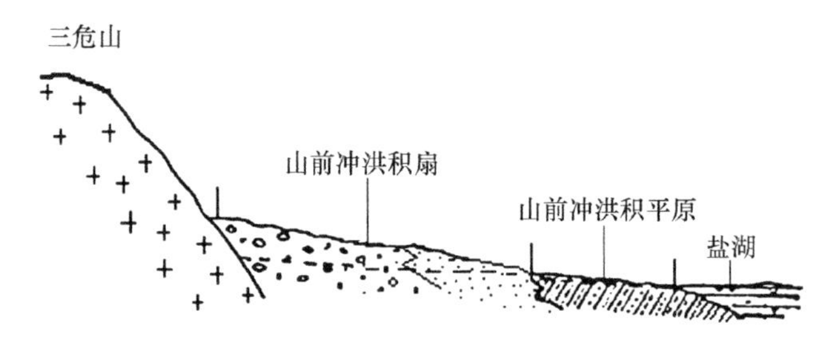

图31-1　三危山山前地貌地质分带示意图（编者删改）

根据勘察时挖井观察，敦煌机场盐类分布有两种形态（图31-2）：一是层状结晶形态，自下而上形成了由砾石、细砂和结晶盐组成的多组层状轮回。一般砾石厚度30～100cm，细砂厚度20～40cm，晶簇状盐层厚度1～5cm。二是窝状混合形态，盐分在地势低洼处积聚，在砂砾中形成大量窝状盐渍土。

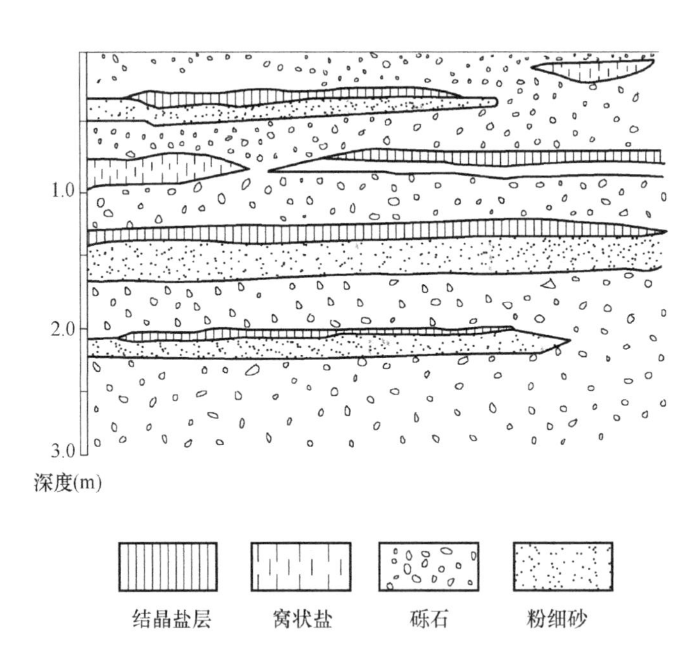

图31-2　盐渍土分布示意（编者删改）

根据西北市政院取样分析，场地粗颗粒盐渍土竖向分布具有表聚性特征。在深度2～3m范围以内，土中易溶盐含量大于0.5%的检出率较高，尤以表层1.5m以内最高，3m以下检出率很低（表31-2）。根据历次勘察样品分析统计，含盐类型也随深度增大而变化，浅部以硫酸盐为主，随着深度增大，氯离子含量逐渐增大，硫酸根离子含量逐渐减少，含盐类型自上而下由硫酸盐、亚硫酸盐向亚氯、氯盐过渡，10m以下的深部则以碳酸盐为主。

敦煌机场扩建新跑道易溶盐含量大于0.5%的样品百分数（%）　　表31-2

深度（m）	0.0～0.5	0.5～1.0	1.0～1.5	1.5～2.0	2.0～2.5	2.5～3.0	3.0～3.5	3.5～4.0.	4.0～4.5	4.5～5.0
初勘	87.3	95.0	74.3	15.8	11.2	5.7	11.3	7.0	3.0	0
详勘	89.3	59.6	21.7	43.6	20.5	18.2	9.3	3.6	0	3.8

冲洪积平原自上而下盐渍土平面分布具有明显的不均匀性。山区洪流间歇性暴发时流量小，历时短，交互沉积的砾石与粉细砂厚度薄，层位不稳定，在平面上地层与结晶盐层分布不连续，多以透镜体状分布，盐分主要富集于沟谷洪流主线附近。

4. 盐胀的影响因素分析

（1）含盐量

危害性盐胀的含盐量临界值，各界尚无统一认识。铁道系统哈密盐渍土的研究资料认为，当SO_4^{2-}离子含量在1%以下时基本上没有盐胀。青海实体观测研究资料认为，SO_4^{2-}离子含量在30mg/100g以内（相当于硫酸钠含量2.1%）路堤不产生盐胀。因此，铁路路基设计规范规定，“盐渍土路基硫酸盐含量不得超过2%，低于此标准，膨胀作用较小，大于该标准，盐胀量急剧增加，对路基将产生危害”。

粗粒盐渍土盐胀量和含盐量的关系，国内外研究甚少。敦煌机场工程早期做过部分室内试验，但未做不同含盐量砂砾的现场试验，没有得出有关含盐量对盐胀量影响的明确结论。敦煌机场扩建工程专题试验中，进行了道面结构层为石灰砂砾稳定层的地基土不同含盐量现场模拟对比试验，结果见表31-3，表明含盐量达到1.0%时，冬季的盐胀明显，并有随时间逐渐增加的趋势。

现场模拟试验E区盐胀变形观测数据 表31-3

试验区含盐量	原始高度（mm）	第一冬季高度（mm）	第一冬季胀量（mm）	夏季高度（mm）	夏季胀量（mm）	第二冬季高度（mm）	第二冬季胀量（mm）
E1区3.0%	−5～−3	8～13	9～17	0～6	3～10	8～24	12～28
E2区1.0%	−5～−3	−1～4	4～10	−3～3	2～7	−1～9	5～12
E3区0.3%	−5～−3	−3～2	2～6	−6～−1	1～3	−3～4	2～8

（2）含盐形态

层状与窝状形态的盐胀性显然不同，窝状形态的盐渍土砂砾与粉末状硫酸钠混合，有架空结构，粒间孔隙为盐胀提供了变形空间，故含盐量较低时，盐胀变形不明显。而砂砾与硫酸钠呈互层状时，盐层吸水膨胀，向上顶升明显。这一现象在室内试验中也已得到证实，在高度为150mm的砂砾交互层模型中部，用纯硫酸钠盐制备厚5mm夹层，模型顶面盐胀变形非常显著，在正温条件下顶板变形量可达3.47～9.14mm，且盐胀后测定夹层两侧砂砾有较明显的水盐迁移现象；而混合状态正温条件下变形量仅0.03～0.05mm。

（3）温度

硫酸钠的溶解度随温度变化，温度升降变化过程就是硫酸钠吸水与释水的过程，也是体积变化的变形过程，温度变化幅度是盐胀量大小的决定性因素。1995年11～12月，西北市政院曾利用自由膨胀仪，采用含水量为8%、干密度为1.44g/cm^3、含盐量为12%的细砂在冬季室温条件下进行盐胀连续观测试验，观察硫酸盐样品变形随室温变化的规律。结果说明，随着昼夜气温的升降，盐胀变形反应敏感。上午至中午，气温上升，试样下沉；下午至晚上，气温下降，试样上胀，每日胀沉量0.2～0.5mm。在日温差变化幅度不大、最高温度未能接近或超过30℃的阴天，试样变形不明显。连续观测21天后，试样累计上升约11.6mm，且向阳一面胀幅最大。观测结果证明盐胀量与温度变化密切相关，随着时间的增长，变形具有累积性和不可逆性。见图31-3和图31-4。铁道系统的研究和本次前期试验结果都认为，盐胀变形主要产生在+15℃至−6℃之间的降温过程中。

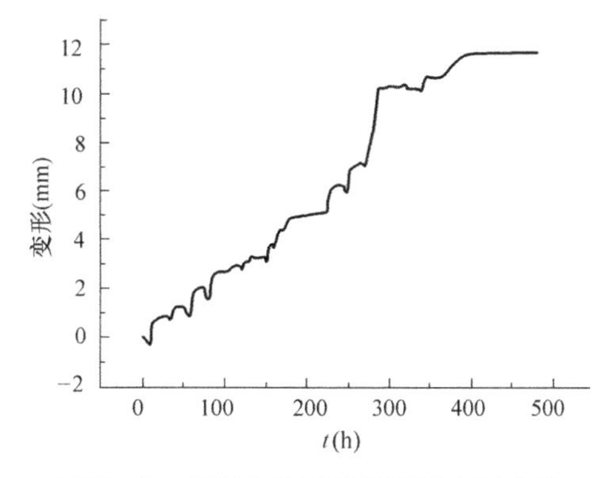

图31-3 室温条件下盐胀累积变形曲线

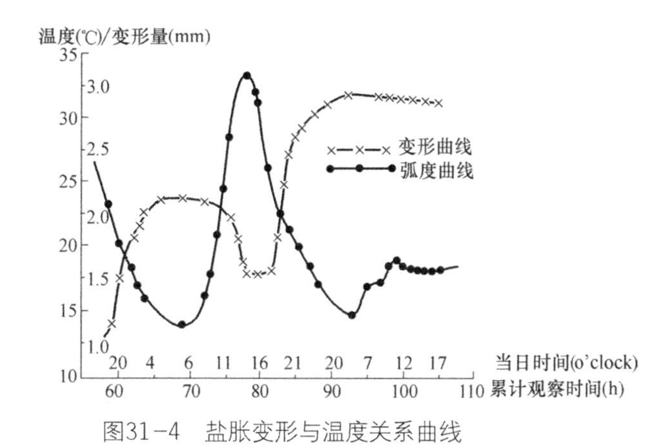

图31-4 盐胀变形与温度关系曲线

（4）含水量

水是硫酸盐吸水结晶产生膨胀的必要条件。室内模型试验表明，盐胀量随含水量增大而增大（图31-5）。粗颗粒土含水量小于5%时，盐胀量增长不快，超过5%时盐胀量急剧增大，其中包含了部分负温条件下的冻胀量。

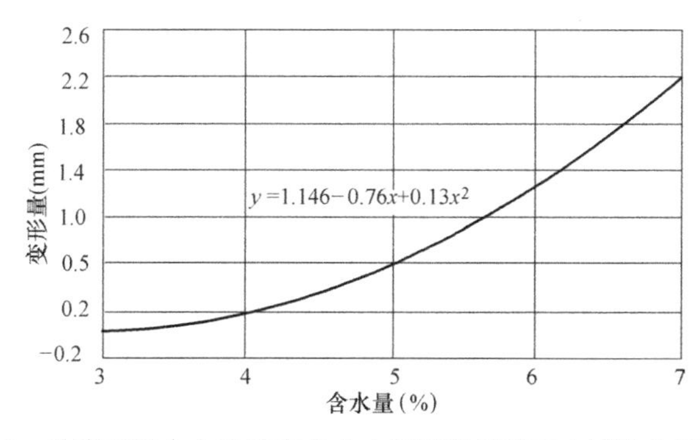

图31-5 盐胀量随含水量的变化（中科院寒旱所室内试验中间报告）

（5）初始干密度与颗粒组成

土体孔隙越大，膨胀变形的空间越大，因此，细粒土盐胀变形量大于粗粒土。对同一类土，干密度越大则孔隙越小，盐晶颗粒体积增大时占据空间增大，变形量越大，室内模型试验结果证明了这一规律。盐胀变形量随初始干密度增大而增大，干密度达到一定值时盐胀量不再增大，试验结果见图31-6。

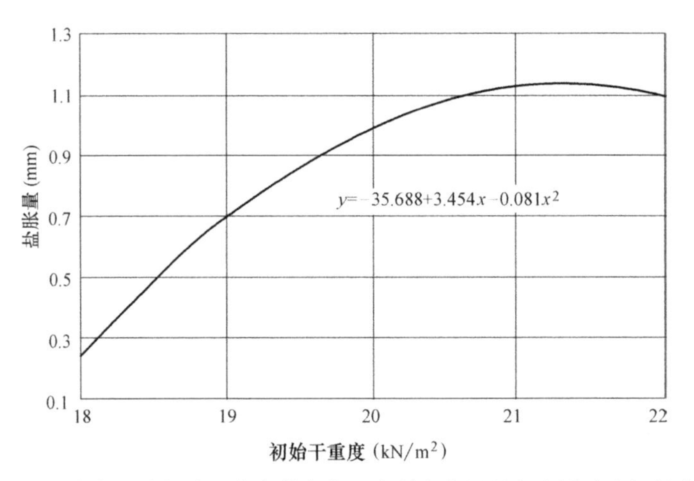

图31-6　盐胀量随初始干密度的变化（中科院寒旱所室内试验中间报告）

（6）上覆压力与盐胀力

室内模型试验表明，含盐量和含水量一定，盐胀量随上覆压力增大而减小。同时，盐胀量和盐胀力又随含水量变化，铁一院汇总了铁路、公路系统细颗粒土室内及现场盐胀力试验资料，硫酸钠含量为1.5%～5.0%时的盐胀力见表31-4和图31-7。表明Na_2SO_4含量在2.0%以内时盐胀力为50～75kPa，大于2.0%时盐胀力可增大到126～139kPa。

盐胀力试验成果　　**表31-4**

Na_2SO_4含量（%）	盐胀力（kPa）	盐胀率（%）	试验仪器	有无侧限
1.75	50～58	0.67	压缩仪	有
1.83	68			有
1.94	75			有
1.60	73			有
1.93	72	0.5	三轴仪	有
2.39	72	1.1		有

续表

Na_2SO_4含量（%）	盐胀力（kPa）	盐胀率（%）	试验仪器	有无侧限
3.20	139	1.5	简易法	无
2.39	72	1.3		有
3.0	70		压缩仪	无
5.0	126			无

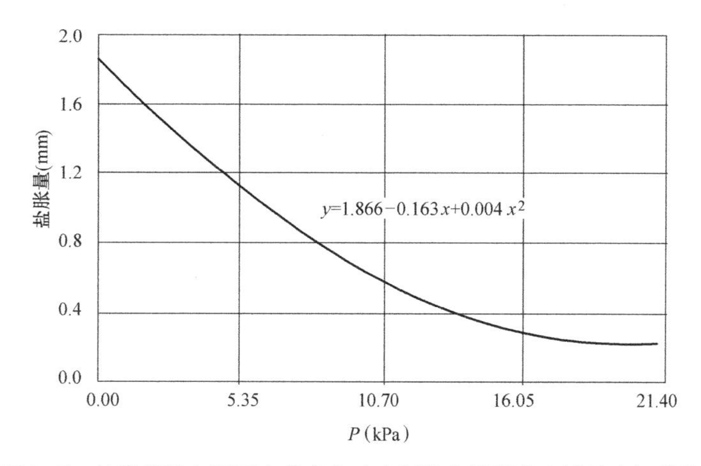

图31-7　盐胀量随上覆压力的变化（中科院寒旱所室内试验中间报告）

（7）水盐迁移

水盐迁移问题难以回避，但又非常复杂。影响水分迁移的主要因素，对于本场地除了非饱和土渗透外，气态水与液态水互相变化（蒸发和凝结）、液态水和固态水的互相变化（冻结和融化）以及温差梯度起了重要作用。盐随水的迁移还涉及溶质的分子扩散和水动力弥散，还有吸附、结晶等物理、化学作用，本次仅进行了初步试验研究（见下文）。

5. 现场观测试验与工程实体试验

5.1　现场观测试验

现场观测试验设置在停机坪东侧的土面区，分11个小区。观测内容包括地温、湿度和分层变形。埋设深度自地面以下依次为0.3m、0.6m、0.9m、1.2m、1.5m、2.0m、2.5m、3.0m。盐胀变形采用高精度水准仪观测。为了解水盐迁移和聚集规律，试验前后分别进行了勘察。每年一、二、六、七、八、十一、十二月，分别进行为期一个月的定期观测，每天早晨7时、中午14时、晚上20

时各观测一次，盐胀变形每天早晨4时加密观测一次，共观测2年。

两年观测表明，地温变化规律与气温变化规律相同，表层明显，与气温接近，深部相对稳定，1.5m以下不发生冰冻。含水量随时间变化不大，覆盖层有利于阻止水分的蒸发。长时间的积累，在条件具备的情况下，水会携盐迁移和聚集。

各试验小区均在施工刚结束后产生一定的沉降；随气温降低产生鼓胀，自10月底至次年3月初，隆起量在5～30mm之间；3月至9月，随气温升高而隆起减小或产生少量沉降；10月至次年3月，再随气温降低而隆起，最大值达27mm。观测表明，鼓胀变形由盐胀和冻胀双重作用引起，但盐胀是决定性的。盐胀量的大小与含盐量直接相关，粗粒土对减小盐胀有利。11个小区中有6个出现沥青混凝土道面裂缝，特别是回填料含盐量较高的小区，开裂严重。代表性的观测试验成果见图31-8～图31-10（敦煌机场改扩建工程盐渍土地基处理试验研究报告，中国民航机场建设集团公司）。

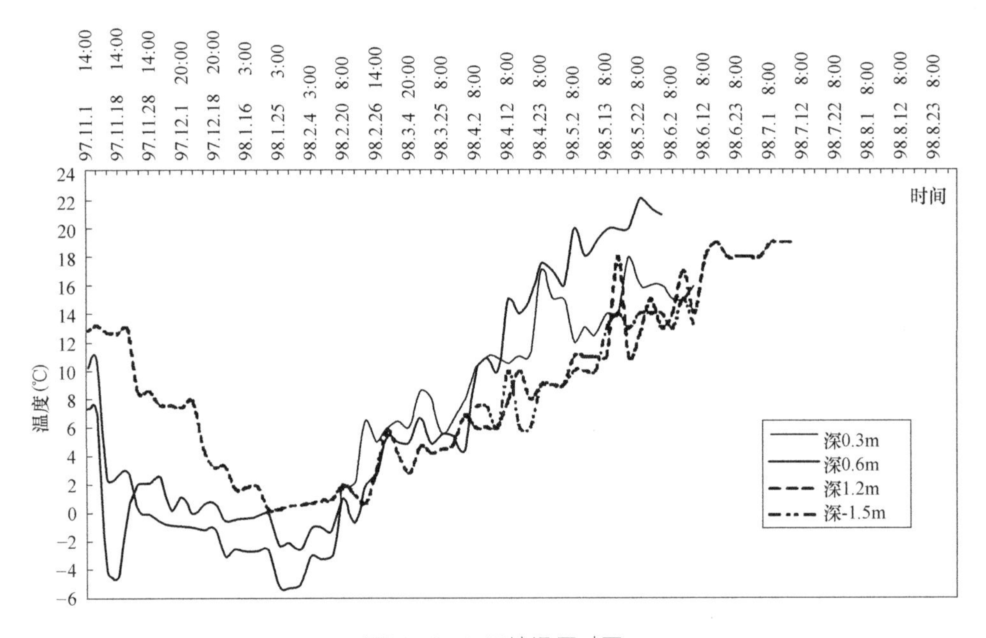

图31-8　D_4区地温历时图

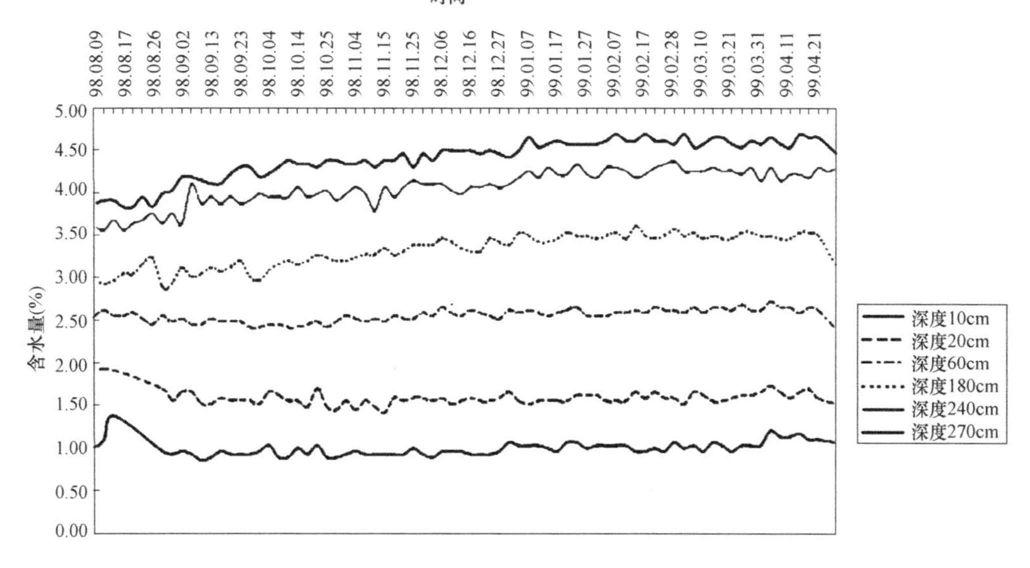

图31-9 D_1区含水量历时图

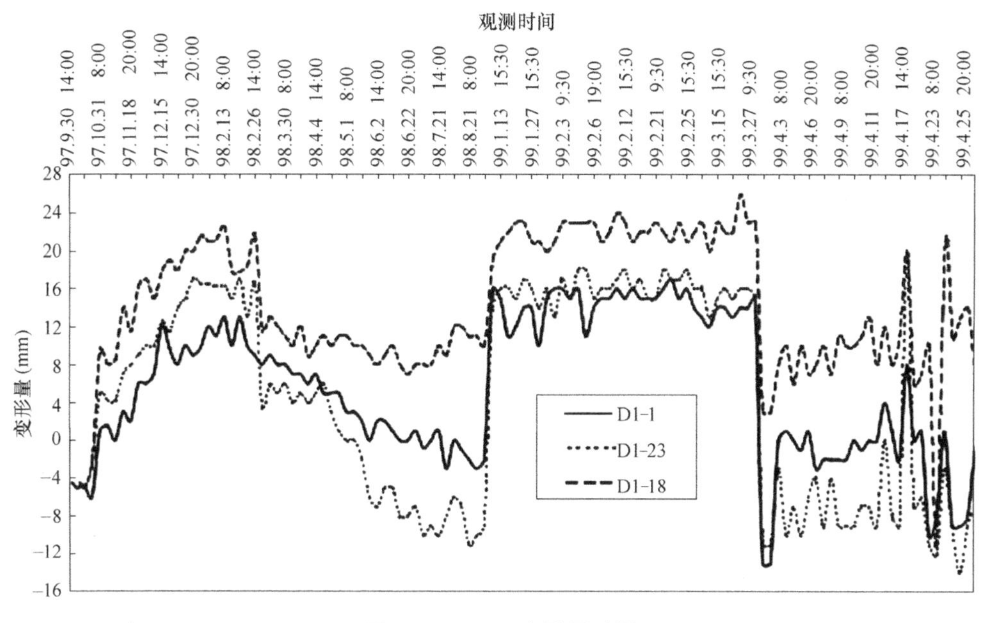

图31-10 D_1区变形历时图

5.2 工程实体试验

工程实体试验设置在原站坪最东面的机位上，平面尺寸为60m×60m，分设6个试验小区，采用不同的换土深度、不同的换填结构，并结合隔水层、隔盐层和道面是否透气等进行试验。观测内容包括不同深度的温度变化、地表和不同深度结构层的变形，根据试验前后的勘察检测，了解水盐迁移聚集规律。每年观测的月份和每天观测的时间与现场观测试验相同，共观测3年。

由于试验区安排在停机坪上，必须保证停机坪正常使用，不允许发生过大变形和破坏，故实际上工程实体试验是治理方案的一次实践和检验。为保证机场持久正常使用，阻止跑道和停机坪下盐分的迁移聚集，故试验设计的换填处理深度为1.5～2.0m不等，采用不同的隔水层和隔盐层，道面透气或不透气。观测表明，大部分观测点没有产生鼓胀，只有少数有微小鼓胀，变形量仅数毫米，多数测点有一定沉降，但沉降量不大，最大为12mm，表明治理方案可以保证机场正常使用。但水盐迁移聚集有一个较长的时间过程，道面和停机坪的破坏需较长时间才能逐渐暴露。

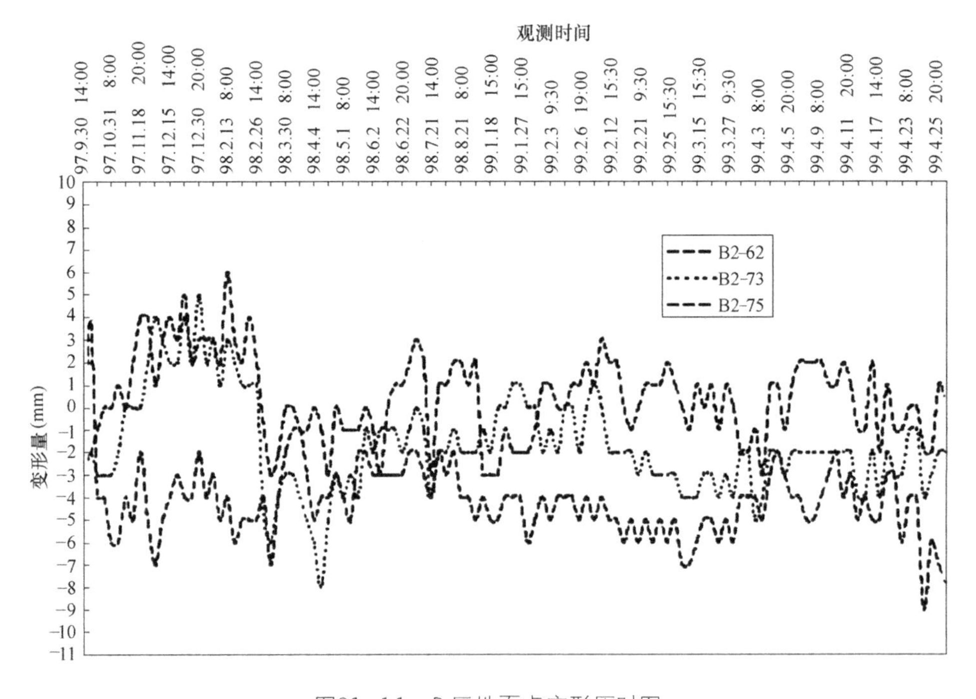

图31-11 B_2区地面点变形历时图

6. 试验研究的主要结论

（1）场地粗颗粒盐渍土垂向分布具有明显的表聚性和含盐类型的分带性，盐分赋存有层状和窝状两种形态，平面分布具有不连续、不均匀性。道面鼓胀病害的原因主要是浅部硫酸盐渍土受地温变化和道面覆盖条件下水分迁移影响而产生的盐胀变形。

（2）硫酸钠盐渍土特别是层状硫酸钠的存在是盐胀的内在因素；剧烈的

温度变化是盐胀必要的外部条件；盐胀量随含盐量和含水量的增加而增大，含盐量和含水量是盐胀的促进因素；上覆压力对盐胀有一定的抑制作用。

（3）降温时产生盐胀，升温时较为稳定，或稍有沉降，故盐胀变形呈现昼夜和季节循环，并长期积累。每年秋冬（10月至次年3月）是盐胀季节，春夏（3月至9月）是相对稳定季节，道面破坏需若干年后才逐渐显露和加重。

（4）现场存在水盐向细颗粒土迁移聚集的现象；冻融循环可加剧水盐迁移聚集过程；蒸发使水盐向表面迁移，加强盐的表层聚集性；覆盖使水分不能有效蒸发，加剧水盐聚集；水盐迁移聚集对盐胀有较强的促进作用。

（5）现场观测试验和工程实体试验表明，大粒径回填材料可以减小水盐迁移聚集；设置沥青砂和土工膜隔离层可以截断下部土层与换填层的水盐交换，有效阻止水盐迁移聚集，避免换填层再生盐渍化。

7. 地基处理

根据上述试验研究结论，确定采取下列地基处理措施：一是挖除浅表盐渍土，换填符合非盐渍土标准的粗粒材料；二是设置沥青砂、土工膜等隔离层，阻止水盐向换填层的迁移，避免再生盐渍化；三是尽可能增大上覆荷载。下面就换填处理和设置隔离层做些说明：

（1）换填处理

挖除工程范围内含盐量较高的浅层盐渍土，换填混山石为主的粗颗粒材料。混山石下面铺设一层低含盐量的砂砾石，以免施工时混山石刺破土工膜；混山石上面铺设一层级配碎石，并在地基顶面找平。所有换填材料均应控制含盐量小于0.3%，并碾压至设计要求的密实度。

根据勘察报告，不同深度的平均含盐量见表31-5，按平均含盐量小于0.3%考虑，换填厚度为1.50m，换填层以下为非盐渍土。场区的冻土深度为1.44m，考虑到道面结构层的有利影响，冻土深度取1.30m，设计取1.5倍冻土深度，则处理厚度为2.0m（含道面结构层）。如扣除0.5m厚的道面结构层，则实际地基处理厚度也是1.50m，与按含盐量考虑的处理厚度一致。这样处理同时满足了防治盐胀和冻胀两方面的要求。

按深度平均含盐量 **表31-5**

深度（m）	0～1.5	0.5～1.0	1.0～1.5	1.5～2.0	>2.0
含盐量（%）	0.977	0.576	0.293	0.263	<0.2

（2）设置隔离层

道面地基换填处理后的长期使用过程中，是否可能由于水盐自下而上迁移而在换填层内富集，未处理区的水盐是否可能向处理区侧向迁移，使换填的非含盐土盐渍化，这个问题必须认真考虑。细颗粒土室内模型试验已经发现降温过程中有水盐迁移现象，为防止再生盐渍化，确定在换填层底部、侧壁和顶面设置防水隔离层。即采用二布一膜的复合土工膜，土工膜之间用热焊法连接，将换填层密封包裹起来，在整个处理范围内形成连续的防水隔离层。地基处理典型剖面见图31-12，图中尺寸单位除注明者外以米计。

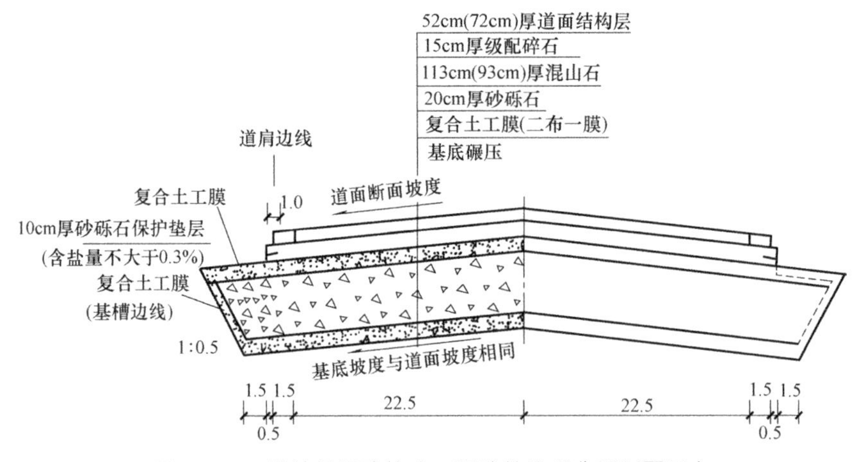

图31-12 敦煌机场改扩建工程地基处理典型剖面示意

敦煌机场改扩建后，至今已运行十余年，道面情况良好，运行正常，没有出现病害和道面鼓胀破坏，说明改扩建工程采用的地基处理方法有效、可行。但是，由于盐胀破坏机理与诸多因素有关，是一个十分复杂的过程，故对硫酸钠盐渍土特别是粗粒硫酸钠盐渍土的研究还有待深入，尚有较多的理论问题需进一步研究，并在工程实践中不断创新，以继续提高措施的有效性和经济性。

评议与讨论

本案例的特点是勘察设计与专门性研究密切结合。无水芒硝吸收10个结晶水转化为十水芒硝，体积膨胀即盐胀性，大家是知道的。但具体到本场地的硫酸钠盐渍土和机场场坪、跑道等工程，盐胀性的规律如何，与各种外在因素之间是什么关系，则需深入研究。本案例广泛搜集了大量资料，做了大规模室内和现场试验，取得了丰富翔实的数据，据此提出针对性的工程措施，并进行长期观测，总结经验。这种勘察设计思路和工作方法，对于问题复杂经验不多的特殊岩土，很有启发和借鉴意义。

岩土工程师必须尊重科学，科学是不以人们意志为转移的客观存在，只能认识它，不能改变它，但可以利用它为人类服务。勘察、试验和研究就是认识客观存在和科学规律；设计就是根据客观存在和科学规律，避害趋利，勾画出符合使用需要的蓝图。本案例通过勘察、试验和研究，掌握了硫酸钠盐渍土盐胀发生的内在原因、外在条件和水盐迁移聚集的基本规律，在此基础上，采取地基土换填、设置隔离层等措施，有效地防止了盐胀病害的发生，切断了水盐向道基迁移聚集的路径，取得了有效的防治效果。

工程上常常遇到，同一科学原理，由于条件不同而产生完全不同的后果。例如膨胀土地区，相对柔性的四梁八柱民房可长期正常使用；而相对刚性的砖墙条基部队营房，几年后就严重开裂。同一软土地基上，长高比小的建筑远比长高比大的建筑安全。硫酸钠盐渍土上的场道，有无不透水、不透气道面的覆盖，会产生完全不同的后果，因为覆盖阻止了蒸发，秋冬季节又成了冷凝面，从而增加道面下水的凝结，为硫酸钠吸水盐胀提供了水源。

盐渍土的主要岩土工程问题是溶陷性、盐胀性和腐蚀性三方面，本案例主要是盐胀性，而腐蚀性是盐渍土地区对工程危害最普遍最严重的问题。对于盐渍土，虽然做过不少研究，也有相当多的工程经验，但与软土、湿陷性土比，还是少一些，还有许多问题不清楚，远未达到“自由王国”。盐渍土地域分布辽阔，我国的青海省、甘肃省、新疆维吾尔自治区和内蒙古自治区，国外的中亚、中东和北非，凡干旱的内陆盆地和沿海滩涂，都有它的踪影，岩土工程师应予关注。本案例还启示我们，岩土工程师需要广博的知识，就硫酸钠盐渍土的盐胀问题而言，除了地学与工程知识外，还涉及盐的溶解和结晶，温度、湿度、压力对溶解度的影响，气态水、液态水、固态水的转换，分子扩散、弥散、热动力作用等一系列物理和化学问题。

特殊岩土种类繁多，本书其他案例虽然也有涉及特殊岩土，譬如软土、极软土、湿陷性土和岩石破碎带，但那些案例的重点不在特殊土本身的特性，真正系统而深入研究特殊岩土性质的典型案例就这一个。选这个典型案例的目的是想启示我们，对知之甚少、经验不多的特殊岩土，应做必要的专门性研究。

岩土工程师应当充分认识岩土的特殊性，严格说来，每个工程都有自己的个性，都要"对症下药"而不是"一药治百病"。规范将成分和性质与一般岩土有明显差别的岩土定为"特殊岩土"，并规定了勘察设计应当遵守的准则。但应注意两点：一是世界上的特殊岩土多得很，决非仅仅限于规范所列出的几种，例如沙丘土、珊瑚礁，现行规范中就没有，今后国外的工程项目越来越多，从未见过的特殊岩土也会越来越多。对规范没有列出的特殊岩土，只能从头做起，做专门性研究，将勘察、设计和研究结合起来。二是即使已经列入规范的特殊岩土，也往往"语焉不详"，譬如本案例的硫酸钠盐渍土的盐胀性，规范写得很原则，具体到某个工程，必须根据该场地盐渍土的具体情况和工程要求，深入研究，提出有针对性的措施。就像医生治病，即使对同一种疾病，不同的病人还有不同的治疗方案。岩土工程师应注意共性和个性的关系，共性是共同的科学规律，要深知其内在机制，要理性地认识问题和处理问题；个性就是每个工程，每块场地都有自己的特点，要根据具体情况确定研究重点，提出有针对性的处理方案。

岩土工程典型案例述评32

青藏铁路与多年冻土 ①

核心提示

青藏铁路位于世界屋脊，高原多年冻土独特，举世无双。在确保环境基本不受破坏的条件下修建铁路，令全球瞩目。除部分路段用低桥跨越外，凡可修路基的地段采取“主动降温、冷却路基、保护冻土”的方针。在详细勘察和大规模现场试验研究的基础上，创造性地采用了片石气冷、碎石（片石）护坡、通风管、热管、遮阳棚、隔热保温、基底换填等措施，成功完成了这项伟大工程。

① 本案例根据青藏铁路建设总指挥部的资料及刘建坤等“青藏铁路建设中的冻土问题”（2004年海峡两岸地工技术/岩土工程交流研讨会）编写。

案例概述

1. 工程与多年冻土概况

青藏铁路格尔木至拉萨段全长1142km，是世界上海拔最高、跨越高原多年冻土地段里程最长的铁路。经过海拔4000m以上的地段960km，其中翻越唐古拉山最高点海拔5072m，最厚冻土深度达128m。连续多年冻土区550km，岛状多年冻土区82km。沿线自然环境恶劣，地质条件复杂，工程技术难度大，环境保护要求高。建设过程中面临“多年冻土、生态脆弱、高寒缺氧”三大难题的严峻挑战，是世界铁路建设史上的伟大创举，也是一项极具挑战性的伟大工程。

青藏铁路格拉段自格尔木车站（海拔高程2828m）引出，向南溯格尔木河而上，经纳赤台、西大滩，翻越昆仑山垭口（4772m），跨楚玛尔河，过五道梁，越过可可西里山、风火山，经二道沟跨沱沱河，翻开心岭，过通天河经雁石坪、温泉翻越唐古拉山垭口，进入西藏自治区境内后，经安多、那曲、当雄，翻过羊八岭垭口（4600m），南下顺羊八井峡谷至拉萨（3641m）。

冻土是一种特殊土体，其成分、组构、热物理及物理力学性质均不同于一般土。冻土区的活动层中每年都发生季节融化和冻结，引发一系列特殊的工程问题，包括融沉、冻胀和其他不良冻土现象。必须采取有效措施，否则将产生严重后果。

多年冻土上限附近的细粒土和有一定量细粒充填的粗颗粒土中，往往存在厚层地下冰和高含冰量冻土。由于埋藏浅，很容易受天然因素和各种人为活动的影响而融化。由于厚层地下冰和高含冰冻土融化而产生的融沉，是多年冻土区路基变形和破坏的主要原因。路基修筑后改变了地表的水热交换条件，并引起基底土层压缩等一系列变化，这些变化是使多年冻土上限下降的因素。而路基本身的存在则增加了热阻，是有利于上限上升的因素。另外，路基的修建改变了地表水和地下水的迳流条件，排水措施不当会产生路堤过水和堤侧积水现象，由于水体的热作用，使地下冰融化，导致路基下沉甚至发生突陷。

冻胀是冻土区工程变形和破坏的另一个重要原因。总体而言，在低温冻土区，活动层厚度一般较小，且存在双向冻结，冻结速度较快，故冻胀相对较轻；而在高温冻土区，活动层厚度一般较大，冻结速度较低，如存在细颗粒土和足够的水分，则冻胀严重。

除了普遍存在的融沉和冻胀问题之外，多年冻土区还广泛分布有各种不良冻土现象，如果在设计和施工中处理不当，也会对工程稳定造成严重后果。其类型主要有：冰锥和冻胀丘、融冻泥流和热融滑塌、热融湖塘和冻土湿地。

铁路是由各种工程组合构成的系统工程，不同工程类型所遇到的冻土问题也有所不同。解决多年冻土问题一般有三种思路：一是保护冻土的设计原则，就是在建设和运营中地基一直保持冻结状态；二是允许融化设计原则，即设计时充分考虑地基在运营过程中可能融化的程度，或者在建设开始前就采用人工手段将多年冻土融化至预定深度；第三是融化速率设计原则，即经过精确计算，允许多年冻土地基在运营过程中按一定速率融化。在三种解决问题的思路中，保护冻土的原则是最根本和最广泛应用的原则。

尽管世界上在多年冻土区建筑铁路已有百年以上的历史，但运营情况并不令人乐观。据1994年俄罗斯贝阿铁路的统计，线路的病害率为27.7%，1996年对后贝加尔铁路的调查表明，运营一百多年后，线路的病害率仍高达40.5%。我国在青藏公路完成改建后，于1999年进行了一次调查，线路病害率达31.7%。东北冻土区铁路运营的情况更差一些，估计线路的病害率不会小于40%，运营早期还发生过路基突然大量下沉的事故，一次下沉达1.5m。

分析这些铁路病害发生的原因，主要是设计思想上存在过分依赖增加热阻保护冻土的指导思想，手段也比较单一。国内外大量的工程实践证明，增加热阻的措施，如增加路堤高度和采用保温材料，能够延缓多年冻土的融化，但不能从根本上改善路基的热状况。

2. 青藏高原多年冻土的分布

青藏高原冻土区是北半球中低纬度地带海拔最高、分布面积最广、厚度最大的冻土区。北起昆仑山，南至喜马拉雅山，西抵国界，东达横断山脉西部、巴颜喀拉山和阿尼马卿山东南部，冻土面积为141万km^2，占我国领土面积的14.6%。青藏高原的腹部分布着大片多年冻土、周边为岛状多年冻土及季节冻土。青藏高原多年冻土的生存、发育和分布主要受到地势海拔的控制，制约着青藏高原冻土发育的差异性，因而不是单一地服从纬度的一般规律，而且随着地势向四周地区倾斜形成闭合的环状。

沿着青藏铁路，从西大滩开始进入岛状多年冻土，海拔高度为4150m。年平均气温为-3.0～-5.0℃，年平均地温为0.5～-0.5℃。多年冻土厚度5～10m，冻土上限3.5～5.0m。类型为少冰冻土及多冰冻土。融沉系数小，属于弱融沉性。

昆仑山高山区多年冻土包括乱石沟、昆仑山垭口、昆仑山垭口盆地及不冻泉河谷地带。海拔高程为4500～4800m。本区的黏性土层基本上属于盐渍土，年平均气温为-5.0～-7.0℃，多年冻土年平均地温为-1.5～-2.6℃，天然上限为1.5～2.8m，局部的河滩及基岩地段可达3.5～4.5m。

楚玛尔河断陷盆地多年冻土区包括斜水河、清水河及楚玛尔河。平均海拔为4600m左右。区内年平均气温为-4.0～-5.0℃，多年冻土年平均地温为0～-1.0℃，为高温多年冻土带，厚度为15～40m，天然上限为2.0～3.5m。区内含土冰层、饱冰冻土、富冰冻土地带占区内面积的83.2%。多冰冻土、少冰冻土及融区较少。

可可西里中高山多年冻土区包括楚玛尔河南岸、五道梁、可可西里山、红梁河、曲水河及77道班等地段，地形起伏，山麓丘陵与河谷相间。平均海拔为4600～4700m。区内年平均气温为-5.5～-6.5℃。多年冻土基本上呈连续分布，年平均地温为-0.5～-1.8℃，在可可西里山垭口附近的年平均地温为-2.6℃，多年冻土厚度为30～100m，天然上限为1.5～3.5m。区内地下冰较为发育，上限下常见一、二层的厚层地下冰。含土冰层、饱冰冻土、富冰冻土占区内面积的66.2%，属于极差和不良冻土工程地质地段。

北麓河断陷盆地多年冻土区包括秀水河、北麓河的滩地及阶地，海拔高度为4560m左右。年平均气温为-4.5～-5.0℃。盆地中沉积着巨厚的上新世紫红色至灰绿色泥岩及泥灰岩等湖相沉积，为黏土及亚黏土，含盐量较高。多年冻土的年平均地温为0～-1.0℃，厚度约为10～40m，天然上限为2.0～3.0m，河床地带为4.0m左右。含土冰层、饱冰冻土、富冰冻土地带占区段面积的70.6%。

风火山中高山多年冻土亚区包括孤山、风火山、二道沟等，地形起伏较大，海拔高度为4600～4700m，风火山垭口达4920m。区内年平均气温为-5.0～-7.0℃，连续多年冻土地温为-1.5～-3.0℃，厚度50～120m，天然上限为0.8～2.5m，河谷地带可达3.5m。厚层地下冰异常发育，含土冰层、饱冰冻土、富冰冻土等地段的面积占区段面积的82%。斜坡地带常有冰锥、冰丘、融冻泥流及融冻滑塌发育。

乌丽断陷盆地为多年冻土呈连续分布区。年平均地温为0～-1.0℃，厚度5～40m，天然上限为2.5～3.0m。冻土含冰量较高，分布不均匀。主要为含土冰层、饱冰冻土、富冰冻土。除部分地段属于良好冻土工程地质地段外，其余均为不良和极差工程地质地段。

沱沱河谷地带，地形平坦，海拔为4560m左右，年平均气温为-4.2～-4.5℃。盆地中沉积了巨厚的上第三系紫红色及灰绿色含石膏砂质泥岩和泥岩，第四系灰色、黄色至灰绿色泥岩、粉砂岩、粉砂质泥岩、细砂岩，以及冲洪积的砂砾石、含砾亚砂，泥岩风化的亚黏土和风积砂等，含盐量较高。区内为片状多年冻土与融区相间存在。年平均地温为0.2～-0.5℃，多年冻土厚度一般小于30m，天然上限为2.5～3.5m。含冰量较高，多属于饱冰冻土。

开心岭中高山多年冻土区，在开心岭山区地带，丘陵地形，海拔高程为4600～4750m。年平均气温为-5.0～-6.5℃。多年冻土呈片状分布，年平均地温为-0.5～-1.5℃，厚度25.60m，天然上限为1.5～2.5m。在山前缓坡地带的亚黏土层中，地下冰较发育，主要较集中于区段南部，属于饱冰冻土地带。一般来说，河滩地段属良好工程地质地段，山前缓坡地带属极差和不良工程地质地段。

通天河断陷盆地多年冻土区包括通天河北岸支流及南岸布曲河下游段的盆地边缘和通天河的阶地，通天河盆地位于开心岭南，海拔4600～4700m，年平均气温为-4.2～-4.5℃。多年冻土呈片状分布，年平均地温为0.0～-0.5℃，厚度较小，一般小于30m，天然上限为2.0～3.0m。冻土含冰量大，分布不均匀，多为含土冰层及饱冰冻土，属于不良和极差冻土工程地质地段。融区主要集中在通天河河谷地段，属于较好的或良好的冻土工程地质地段。

布曲河断陷谷地多年冻土区包括雁石坪、老温泉兵站等布曲河谷阶地。海拔高程为4700m，年平均气温为-4.2～-5.0℃。基岩埋深一般为3～12m。多年冻土的年平均地温为0～-1.0℃，厚度为0～40m，天然上限为1.5～2.5m。地下冰分布极不均匀，有些地段有厚层地下冰存在。含土冰层、饱冰冻土、富冰冻土地段占区段的26.1%，融区占59.5%。融区地段属于良好和较好的工程地质地段，而含冰量较高的多年冻土地段则属极差和不良的工程地质地段。

温泉断陷谷地多年冻土亚区北起老温泉兵站，经过唐古拉山兵站，跨越七里河、扎若河及布曲河上游。海拔为4750～4850m，年平均气温为-4.5～-5.6℃。北为木乃山断裂，南为唐古拉山北坡断裂。基岩埋深不一，一般为2～15m，谷地中沉积着巨厚的第四系松散沉积物。多年冻土与融区相间分布，在洪积及坡积地，多年冻土普遍存在，年平均地温为0.5～-1.0℃，冻土厚度为0～50m，天然上限为2.5～3.0m。局部地段有含土冰层及饱冰冻土存在，融区占本区段的51.6%。

唐古拉山的南北坡，海拔高程为4800～5200m。基岩埋深为2～10m。基岩风化后呈破碎的块石、碎石及角砾等坡积、洪积以及冰积、冰水沉积物。年平均气温为-5.5～-6.5℃。片状分布的多年冻土，年平均地温为-1.0～-4.0℃，厚度为40～120m，天然上限为1.5～3.2m。地下冰含量不一，分布不均匀，含土冰层、饱冰冻土、富冰冻土地带占区段的54%，这部分属于不良和极差的冻土工程地质地段。

扎加藏布河北部荒漠及南部沼泽湿地，年平均气温为-4.0～-5.0℃，海拔高程为5000m左右。多年冻土呈片状分布，年平均低温为-1.0～-1.2℃，厚度达到50～60m，天然上限为1.5～3.5m。具有厚层地下冰，以层状构造为主，含土冰层、饱冰冻土、富冰冻土地段占区段的88.5%，属于不良或极差的冻土工程地质地段。

安多断陷盆地岛状多年冻土区北起安多北山，南至桑曲河，海拔高程4600～4700m，年平均气温为-2.0～-3.0℃，属于季节冻土区，为良好工程地质地段。

由前述可见，青藏铁路沿线的多年冻土温度一般比较高，而且含冰量比较大，有相当多的地区多年冻土温度在0～-1.5℃之间，亦即高温冻土。

由于冻土在其温度状态发生变化尤其是在穿越相变（从正温降到负温，从负温升到正温）时可能产生比较大的变形，多年冻土地区几乎所有的路基病害都是由于这个原因产生的。所以青藏铁路所遇到的最大挑战就是如何在多年冻土地基上保持路基的稳定性问题，使路基下卧多年冻土层的温度在路基长期运营过程中不升高，即多年冻土不发生退化，或采取一定的工程措施控制多年冻土的退化，从而使路基稳定。

多年冻土的最大特点就是其可变性，除了前述的相变问题，即使处于冻结状态的土体，其温度状态对冻土的工程性质也起着决定作用。温度不同，多年冻土的力学性质可以有很大差别。此外，全球暖化将促进多年冻土的退化，威胁青藏铁路的安全运行。因此，青藏铁路的工程措施必须有前瞻性，能够适应全球气候变暖的影响。

3. 青藏高原多年冻土特点

与其他多年冻土区工程相比，青藏铁路的多年冻土还有以下特点：

一是热稳定性差。青藏铁路通过的多年冻土大多属于高温不稳定（平均地温为-0.5～-1.0℃）和高温极不稳定（年平均地温高于-0.5℃）的多年冻土。勘察结果表明，铁路通过的高温极不稳定多年冻土区长达199.7km，约占多年冻土区总长的36.6%；高温不稳定多年冻土累计74.5km，占多年冻土区总长的13.6%。冻土的稳定性比国内外其他地区多年冻土差，对外界影响更加敏感。

二是厚层地下冰和高含冰量冻土所占比重大。高含冰量冻土段累积长223km，其中厚层地下冰和含土冰层累积长度57.2km。而且厚层地下冰和高含冰量冻土多位于上限附近，更容易受自然和人为因素影响，发生融化而产生较大的融沉。

三是在全球气候转暖的背景下，青藏高原升温值将高于全球平均值。青藏高原勘察工作也表明，与70年代相比，青藏公路通过的多年冻土缩短了18km。其中北界缩短2km，南界缩短16km，多年冻土工程面临更为严峻的挑战。

四是青藏高原是我国大陆现今地壳运动最强烈的地区，活动断裂规模大，分布密，造成这个地区水热活动强烈，成为制约和影响高原多年冻土分布发育的重要因素之一，使高原多年冻土的分布特征和热稳定性更加复杂，给勘察、分析和评价多年冻土工程地质条件带来了很大的困难。

五是青藏高原的太阳辐射强烈，致使山坡坡向对冻土的作用增强，路基坡向对多年冻土的影响成为工程建设必须应对的重要问题。

4. 树立正确的设计思想

通过对国内外多年冻土区工程经验教训的研究分析，认识到传统的简单增加热阻消极保护多年冻土的工程措施（如增大填土高度、使用隔热材料）是不成功的，必须突破传统设计观念，积极探索解决青藏高原冻土难题的新思路。

自然界中许多多年冻土“异常”分布的实例，为探索解决青藏铁路多年冻土工程问题提供了有益的启示。通过分析研究辐射、对流和传导三种传热方式对多年冻土异常分布的机理，有目的地选用路基填料和构思新的路堤结构，以调控辐射、对流、传导，达到“主动降温、冷却地基、保护冻土”的目的，是解决青藏铁路多年冻土工程问题的基本思路。

多年冻土的一个重要特点就是其可变性（一年四季的变化，长期的退化），因此就要对青藏铁路工程进行终生的监测，不断地进行监测、评价和健康诊断，并做好必要的应急措施，确保线路处于良好的工作状态。

5.工程地质勘察和合理选线

针对多年冻土分布和特征的复杂性、时效性、敏感性，首先加大地质勘察工作力度、引入热稳定性分区工作，完成了详细地质勘察和不良地质现象的调查工作。制订了以钻探手段为主导，以探地雷达、地震反射波法、电磁法等多种物探方法为扩充的综合勘察工作原则，在线路通过的550km多年冻土区，共完成了地质钻探17万m、土工试验16万组、地温观测800多孔、综合物探剖面400km，基本查明了多年冻土区的年平均地温、冻土含冰量、多年冻土上限的分布特征，对多年冻土年平均地温进行了合理的分区，对多年冻土含冰量进行了合理的分类，划定了多年冻土上限深度。

针对不良冻土现象的分布、发育特征，于2001年、2002年、2003年及2004年冬季组织了四次详细的现场调查。针对融沉类不良冻土现象，于2001年、2002年及2003年在融沉类不良冻土现象最发育的季节及雨季，组织了三次详细的全线调查。通过寒暖季反复的动态分析调查，查明了全线多年冻土区192处各类不良冻土现象的分布范围、发育规模和表现形式，为局部线路方案的选择和工程类型的设置提供了依据。

勘察与选线密切配合，通过不断深入的勘察工作优化线路和工程类别设置方案。针对铁路工程特点和多年冻土工程地质特征，采取了分期滚动推进的勘察工作程序。在勘察初期，对控制多年冻土地质条件的主要因素，多年冻土年平均地温、冻土含冰量、多年冻土上限和不良冻土现象进行了初步的分区、分类和调查，为确定线路走向方案和初步确定工程类型提供依据。勘察中期，在基本确定的线路走向方案和初步确定的工程类别中，对多年冻土工程地质特征进一步细化勘察，以进一步确定线路走向方案，调整工程类别设置，决定工程处理措施。勘察后期，结合各类别工程的详细勘察，对年平均地温、冻土含冰量、多年冻土上限、不良冻土现象的分布发育状况等控制多年冻土工程地质条件的各种因素进行系统全面的分析研究，并将其准确表述在1：2000的线路工程地质平面图和纵断面图上和有关工程1：200或1：500的工程地质平面图和断面图上，供设计使用。

6. 建设试验工程，指导工程设计

在青藏铁路多年冻土区工程施工全面展开之前，为检验理论研究成果和工程设计措施的可靠性，在清水河高温细颗粒冻土地段、北麓河厚层地下冰地段、沱沱河融区和多年冻土过渡地段、安多深季节冻土地段、昆仑山和风火山隧道建立了6个工程试验段，组织科研、设计和高校的科研人员进行大规模的现场试验与科学研究工作，通过现场试验和科学研究，动态地指导设计和施工。试验研究证明：

（1）片石气冷和碎石（片石）护坡路基的本体内，地温和积温均明显低于相应深度对比段的地温和积温，路基下原天然上限处的地温和积温也低于对比段原天然上限处的地温和积温，有利于降低路基基底地温，增加基底冷储量。同时路基基底冻土人为上限也有较大幅度的上升，主动保护多年冻土是行之有效的工程措施。

（2）路基地温场受阴阳坡的影响表现明显，路基右侧（阴坡）路肩孔地温和积温明显低于路基左侧（阳坡）相应深度处的地温和积温。工程措施可通过设置左右侧厚度不同的碎石（片石）护坡予以调整。

（3）路基施工完成后的第一年，路基变形相对较大。从第二个冻融循环开始，沉降变形速率变缓，路基变形基本趋于稳定。片石气冷路堤和碎石（片石）护坡路堤的累计沉降量小于对比段相应位置的累计沉降量，有利于减少路基两侧不均匀沉降，防止路基纵向裂缝的产生。

（4）采用热棒冷冻路基下多年冻土是可行的。热棒路基下观测期内的平均地温降低，多年冻土上限抬升，热棒路基稳定。

（5）路基中铺设保温材料，是一种加大路基热阻、被动保护多年冻土的措施，可以延缓多年冻土的融化，减小地温波动和周期性的冻胀变形。与热棒等措施配合使用效果更好。

（6）钻孔灌注桩是适合在青藏高原多年冻土区的桩基类型。地温观测和静载试验证明，多年冻土钻孔灌注桩施工后基本可与桩周土体冻结，单桩极限抗拔力均高于设计值，设计中相关参数选择合理。

（7）拼装式涵洞是适合在青藏高原多年冻土区采用的涵洞形式，其通风遮阳作用对保护多年冻土地基的效果明显，沉降变形也随时间趋于稳定，未出现明显的冻胀和融沉现象。

以上主要结论成果，确认了片石气冷路基、碎石（片石）护坡、热棒等主动保护多年冻土措施、保温材料等被动保护多年冻土措施是有效的，确认钻孔灌注桩和拼装式涵洞在多年冻土区是适用的。为选择可靠的工程措施，制定合理的设计原则提供了坚实的理论基础和科学依据。

7. 创新成套多年冻土工程措施

根据多年冻土的具体条件，考虑全球气温上升的因素，确定青藏铁路修建分为两种情况：第一种情况是不宜修筑路基的地段，采用小跨单排双柱墩低桥跨越通过，包括高温极不稳定冻土、高含冰量冻土、厚度大埋藏浅的细颗粒土地段，高含冰量冻土斜坡地段和水文及水文地质条件复杂地段；第二种情况是除上述地段以外，可以修筑路基的地段，根据冻土地质条件的复杂程度，采用了片石气冷、碎石（片石）护坡或护道、通风管、热棒、遮阳棚、隔热保温、基底换填、合理路堤高度等工程措施处理。

7.1 路基工程

决定冻土路基工程对策的主导控制因素是含冰量、年平均地温、不良冻土现象和水文地质条件，按这些条件的不同组合主要采用以下措施。

（1）片石气冷措施

片石气冷路基是在路基垫层之上设置一定厚度和孔隙度的片石层，利用高原冻土区负积温量值大于正积温量值的气候特点，加快路基基底地层的散热，取得降低地温、保护冻土的效果（图32-1）。通过室内模拟试验和试验段工程测试分析，提出了合理的结构形式、设计参数和施工工艺。确定路基垫层厚度不小于0.3m，片石层厚度一般为1.2~1.5m，粒径0.2~0.4m，强度不小于30MPa。片石层上再铺厚度不小于0.3m的碎石层，并加设一层土工布。这一措施已在沿线117km的高含冰量、高温不稳定冻土区加以应用。经两个冻融循环的观测分析，证明起到了降低路基基底地温和增加地层冷储量的作用，路基沉降变形明显减小并基本趋于稳定。是主动降温、保护冻土的一种有效工程措施。

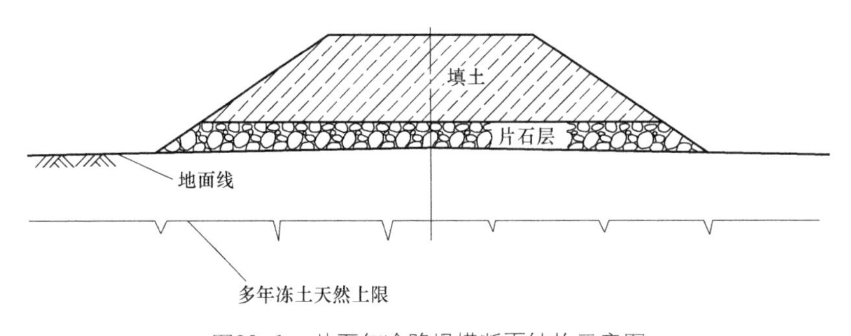

图32-1　片石气冷路堤横断面结构示意图

（2）碎石（片石）护坡或护道措施

在路基一侧或两侧堆填碎石或片石，形成护坡或护道。碎石（片石）护坡孔隙内的空气在一定温度梯度的作用下产生对流，增强了地层寒季的散热，减少了暖季的传热，达到了降低地温、保护冻土的效果（图32-2）。试验研究表明，厚度1.0~1.5m的碎石（片石）护坡具有很好的降温效果。通过改变路基阴阳坡面上的护坡厚度，可调节路堤基底地温场的不均衡性。这项措施对解决多年冻土区路基不均匀变形具有重要作用。

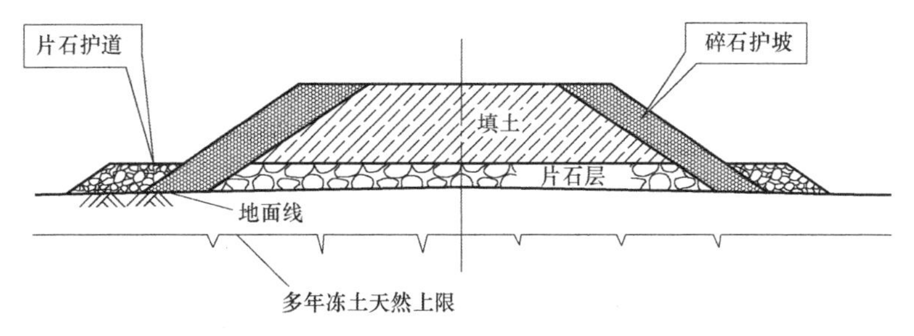

图32-2 碎石（片石）护坡或护道路堤横断面结构示意图

（3）通风管措施

通风管基础是多年冻土区房屋建筑行之有效的方法，把这一方法应用到路基工程中也取得了很好的效果。它的工作原理是依据青藏高原的大气气温一般比地表温度低3℃以上的特点，利用路堤遮阳效果和比路堤土温度低的空气的流通带走堤身热量（图32-3）。现场试验研究表明，通风管宜设置在路基下部，距地表不小于0.7m，间距一般不超过1.0m，管径为0.3~0.4m。通风管的降温效果受管径、风向及管内积雪、积砂的影响，在使用上受到一定限制。青藏铁路在部分路段修建了通风管路基。

图32-3 通风管路堤

（4）热管措施

热管是密闭真空管体注入低沸点工质构成的利用气液两相转换实现热量传输的无源冷却系统（图32-4）。针对青藏铁路多年冻土特性，通过试验研究确定了热管工作参数和布设方式，选用了长12m、直径83mm的热管，有效制冷影响范围为1.3~1.5m。青藏铁路有32km路基采用了热管措施，效果良好（图32-5）。

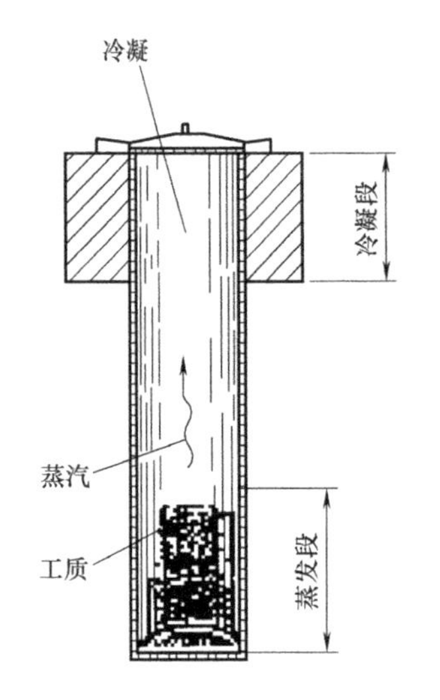

图32-4 热管原理示意图

图32-5 热棒措施路基

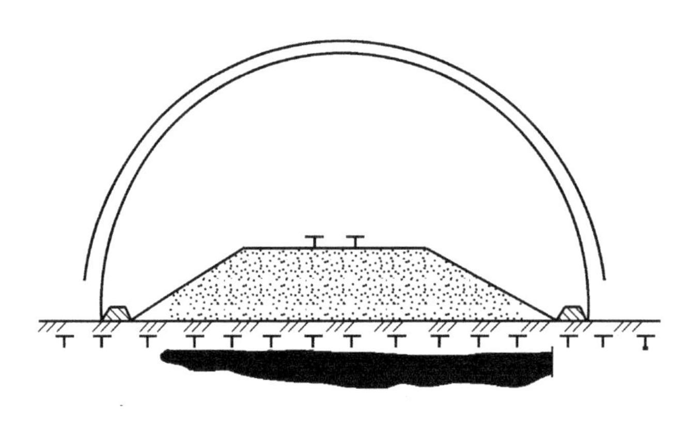

图32-6 路堤遮阳棚示意图

（5）遮阳棚措施

在路基上部或边坡设置遮阳棚，可有效减少太阳辐射对路基的影响，减少传入冻土地基的热量（图32-6）。现场测试表明，遮阳棚降低基底地温效果明显。这种措施可在一定条件下使用。

（6）隔热保温措施

当路基高度达不到最小设计高度时，采用聚苯乙烯等隔热材料，可起到当量路基填土高度的保温效果。实践表明，路基工程宜在地表以上0.5m处铺设隔热材料，铺设时间选择在寒季末为好。隔热保温层属于被动型保温措施。所以，青藏铁路仅在低路堤和部分路堑采用。

（7）基底换填措施

在挖方地段或填土厚度达不到最小设计高度的低路堤，基底采用换填粗粒土措施。当基底为高含冰量冻土层时，换填厚度为1.3～1.4倍天然上限深度。为防止地表水下渗，换填时设置了复合土工膜防渗层。

（8）路基排水措施

研究和实践都证明，水是冻土路基病害的最大根源，排水不良将造成多年冻土路基严重病害。青藏铁路设计统筹考虑了多年冻土区的防排水措施。合理布设桥涵，设置挡水埝、排水沟、截水沟等工程，以保证排水畅通，防止路基两侧积水造成冻融变形或引发不良冻土现象。

（9）合理路基高度措施

在低温多年冻土区，路基设计高度应在合理范围内。路基达到一定的填筑高度后，在一定的气温、地温条件下多年冻土上限可以保持基本稳定。但随着路基高度的增加，边坡受热面增大，由边坡传入地基的热量增加，太高的路基不利于稳定。根据不同的地温分区，把多年冻土路基的合理设计高度确定为2.5～5.0m，以确保冻土上限稳定。若不能满足这个条件，则采取其他工程措施。

（10）路桥过渡段措施

为减少多年冻土区路桥过渡段的不均匀沉降，台后不小于20m范围内，按倒梯形分层填筑卵砾石土或碎砾石土，分层碾压夯实。桥台基坑采用碎石分层填筑压实，其上填筑片石、碎石、碎石土。经工程列车运营检测，没有发现明显的变形，路桥过渡段处于稳定状态。

7.2 桥梁工程

多年冻土区的桥梁均采用钻孔灌注桩基础。桩长选择有两种原则：一种是考虑桩身冻结力的保护冻土设计原则；另一种是不考虑桩身冻结力，只考虑桩身摩阻力的允许融化设计原则。对高温不稳定冻土按冻结融化两种状态进行设计验算，取其不利值确定桩长。对低温稳定的冻土按冻结状态设计桩长。为减少桥梁工程施工对多年冻土的扰动，对冻土区桥梁钻孔灌注桩、钻孔打入桩和钻孔插入桩等三种桩基形式开展了现场对比试验。钻孔打入桩在冻土层中打入困难，钻孔插入桩桩周围回填质量难以控制。钻孔灌注桩具有承载力高、抗冻拔能力强的明确优点。使用旋挖钻机成孔施工速度快、质量好、对冻土扰动小，因此在全线绝大多数非坚硬岩石地基的桥梁都采用了旋挖钻机成孔的灌注桩基础。

7.3 涵洞工程

涵洞工程基础设计考虑的主导因素是地表水迳流和含冰量。涵洞基础的开挖，会造成冻土的暴露和融化，现浇混凝土基础的水化热也会对冻土的稳定性、承载力产生不利影响。对地表迳流期长、冻土含冰量高的涵洞采用短桩基础。一般涵洞选用了矩形拼装式钢筋混凝土结构。这种涵洞采用明挖基坑拼装预制混凝土基础（图32-7），在寒季施工对冻土的热扰动小，基底冻土回冻时间短，易于控制施工质量。

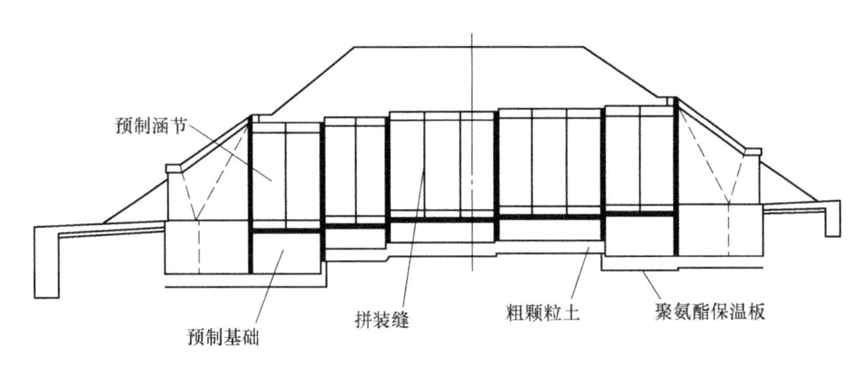

图32-7　拼装式涵洞结构示意

7.4　隧道工程

多年冻土区隧道建成后，往往由于气温等外界条件的影响，衬砌背后的多年冻土会形成一个冻融交替的冻融圈，使衬砌结构处在冻胀力反复作用的不利环境中，造成衬砌严重开裂甚至破坏。因此，控制冻融圈的范围、动态变化是关键。设计上全隧道均采用曲墙带仰拱整体式模筑钢筋混凝土衬砌，支护采用模筑混凝土形式，拱部背后进行回填压浆。模筑混凝土支护与模筑衬砌之间设50mm厚的隔热保温层，以减少洞内外气温与地层热交换的影响。

水是寒区隧道产生病害的根源，也是冻融圈作用的主要影响因素，所以，完整的、有效的防排水体系是多年冻土隧道设计的关键。为避免产生病害，防排水设计遵循“以堵为主，防、截、排、堵、隔热、保温等多道防线综合治理”的原则。全隧道洞内设双侧保温水沟，墙脚水沟部位纵向设直径100mmPVC盲沟，与双侧保温水沟连通，通过进口保温暗管引排。隧道全断面设复合防水板，拱墙结合施工缝位置环向设盲沟与墙脚纵向盲沟连接（图32-8）。

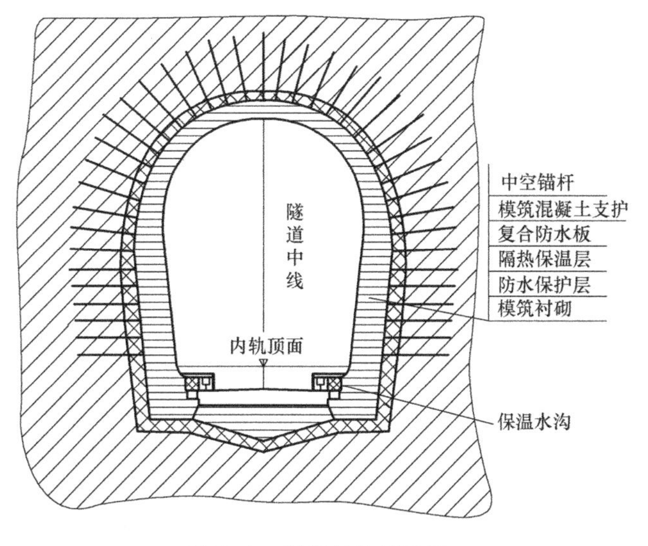

图32-8　隧道结构示意图

8. 提升冻土施工技术水平

针对高原多年冻土环境的特点，研究开发先进工法，采用先进机械设备和自动化检测手段，选择合理施工时间，施工全程对多年冻土进行热物理状态监测，力求达到保护冻土的要求。例如，在桥梁桩基施工中，全线大批使用性能优越的旋挖钻机，旋挖钻机能够自行移动位置，定位准确，具有钻速快、成孔质量高、造孔垂直度好的优点，且不需要泥浆护壁，融化圈小，减少了对周围冻土环境的扰动，既有利于环保，又能提高桩基质量。风火山隧道是多年冻土隧道，施工单位研制了隧道大型空调系统，把洞内开挖温度控制在-5℃～5℃之间，衬砌混凝土入模温度控制在5℃，提高了冻土回冻速度，减少了对冻土的扰动，确保了混凝土质量。在高含冰量冻土路堑地段，分段分层采用机械或爆破开挖，减少地基暴露时间。基坑开挖后白天用遮阳材料覆盖，晚上揭开以利于回冻，施工前做好充分准备，连续快速作业，减少热扰动。

三年的工程实践表明，建设者对冻土条件的认识准确，采取的工程措施有效。经过两个冻融循环检验，路基基底的冻土上限普遍上升，路基下沉变形已基本趋于稳定，路基阴阳坡不均匀沉陷和开裂问题得到了解决，未发生大的冻胀融沉病害；桥涵基础未出现下沉变形现象，桥隧结构处于稳定状态。

评议与讨论

青藏铁路是在世界屋脊上建造的伟大工程，举世瞩目。其政治意义、社会意义、经济意义和科技意义不言而喻。青藏高原生态脆弱，多年冻土情况复杂，稍有不慎，或施工运营中发生事故，或生态受到严重破坏，后果不堪设想。难度之大，可想而知。虽然多年冻土不为一般岩土工程师熟悉，或许一辈子遇不到多年冻土问题，但本案例的设计思想具有普遍意义，值得每一位工程师学习。

多年冻土区修建工程有不同思路，本案例除了不宜修筑路基的地段采用低桥跨越外，其他可以修筑路基的地段采取“主动降温，冷却路基，保护冻土”的思路。这个思路既是保证安全的万全之计，又对环境的影响降至最小。人类要生存，要发展，要建设，影响自然是必然的。但应千方百计少触犯自然，少惊扰自然，与自然友好相处，人地和谐，尽量减轻对原生态的破坏。青藏铁路通车了，多年冻土还是原来的多年冻土，三江源还是原来的三江源，唐古拉还是原来的唐古拉，依然展现着原有的生态之美。

多年冻土的存在，多年冻土与工程的相互关系，蕴藏着很多科学奥秘，包括热的对流、辐射、传导对地温、对多年冻土上限的影响；冻结作用产生的冻胀；冻土融化产生的融沉；多年冻土演化过程中产生的冰锥和冻胀丘，融冻泥流和热融滑塌，热融湖塘和冻土湿地等不良冻土现象。虽然科学规律具有普适性，国外的研究成果可以借鉴，但不同区域、不同环境又有各自特点，岩土工程师必须通过实地调查，缜密观察，精心研究，去发现它，认识它，并在此基础上，发挥自己的智慧，用最有效、最简便、最经济的手段，建造符合科学规律的工程。本案例中的“片石气冷”、“碎石（片石）护坡”、“通风管”、“热棒”、“遮阳棚”、“拼装式涵洞”、“防水”等措施，适用、安全、耐久而经济，摒弃了传统的简单增加热阻的消极单一手段。这些措施看起来似乎很简单，却蕴藏着深刻的科学机理，体现了岩土工程师的丰富智谋。

岩土工程师非常羡慕物理学家、化学家利用实验室进行研究。他们可以按自己的意愿改变实验条件，用各种方法测量样品随条件的变化，从而得出自己的结论。岩土工程师没有这样的幸运，虽然也能在试验室中测定设定条件下岩土的变形和强度，但由于样品的代表性、尺寸效应等原因，室内试验的可靠性是有限的。至于通过设计、施工建造工程，预测与实测之间更是或多或少存在差距。最好的办法就是把现场当作实验室，做一比一的现场实验。桩基工程在设计、施工前做试桩、强夯处理地基、振冲处理地基、高填方边坡、软土上建造路堤等，正式施工前做试验性施工，岩土工程广泛应用的信息化施工，反演分析，都包含着现场一比一实验的涵义。本案例在全面开工前，为检验理论研究和设计措施，开展了大规模现场试验研究，如片石气冷、碎石（片石）护坡、阴坡和阳坡的地温和积温、路堤两侧的沉降观测、热棒试验、灌注桩试验、拼装式涵洞试验等，取得了大量宝贵的数据，得出了相应结论，为设计奠定了扎实的科学基础。

由于原型试验投资大、耗时长，业主常常不愿接受。岩土工程师应根据具体情况提出相应建议。对缺乏经验的工程，安全性、经济性重大的工程，应当下决心拿出时间、拿出人力物力进行原型试验，否则很可能因小失大。实体工程的现场监测，既是工程安全的最后一道保障，又是一比一的科学实验，观测数据十分珍贵。岩土工程师掌握这些数据越多，就拥有越多的知识财富。

附录

典型案例涉及术语释义

1 扩底桩

中文名称：扩底桩、扩底墩

英文名称：belled pile，belled pier

释义：端部扩大成钟形的桩。

涉及案例：案例1中央彩色电视中心扩底桩基础

附加说明：

1. 关于术语名称

中文名称有：扩底桩、扩底墩、扩底挖孔桩、大直径扩底灌注桩、井桩等；英文名称有：belled pile，belled pier，caisson，belled caisson等。其实，“挖孔”是一种施工方法，现已很少应用；“大直径”和“灌注”对扩底桩而言是必然的，现在所有的扩底桩都是大直径（直径大于或等于800mm）都是现场浇注。科学崇尚简洁，由于主要特征是“扩底”，故称扩底桩或扩底墩即可。究竟称扩底桩还是扩底墩有不同意见，尊重现行规范，本书采用“扩底桩”。

2. 地基土中的应力和变形

编者和相关人员曾在20世纪80年代做过系统的现场载荷试验、室内模型试验和数值模拟。结果表明，扩底桩地基在竖向荷载作用下，土中应力相当复杂，除压缩、剪切外，还存在附加拉应力区（注：与自重应力之和，总应力还是正值，见附图1-1）。土体主要是向下位移，侧向位移微小，无明显向上隆起。扩大头与上方土体脱空，上部土体一定范围内因附加拉应力而松弛。模型试验观察到：扩大头外侧存在明显的伞形拉裂缝，而浅基础邻近地面处下沉，远处地面隆起，呈现整体剪切破坏，与扩底桩明显不同（附图1-2~附图1-4）。

以上试验均在硬塑状态的黏性土中进行，以下分析也是基于硬塑状态的黏性土。扩底桩常以密实砂土、中密–密实的卵石和砾石作为持力层，但这些土类地基尚未见到类似的试验报道。

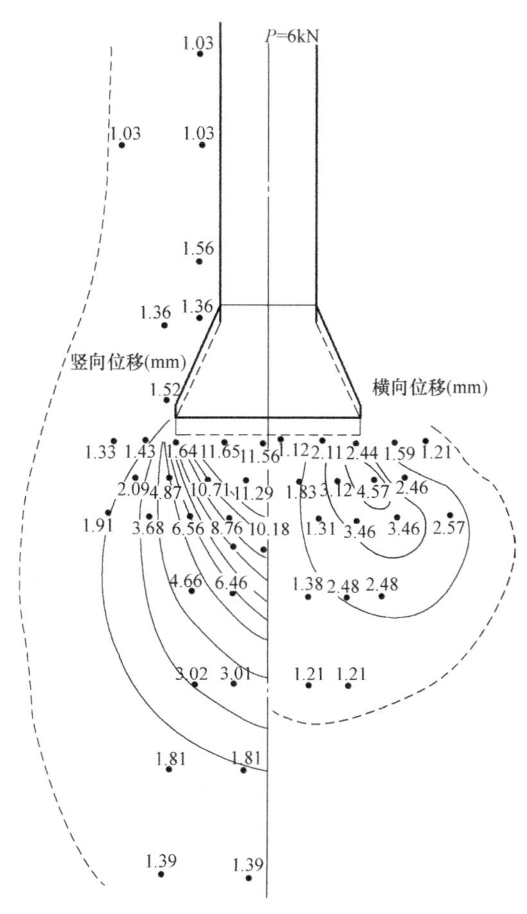

附图1-1　扩底桩地基土竖向和横向位移（数值模拟，黏性土，周红、顾宝和）

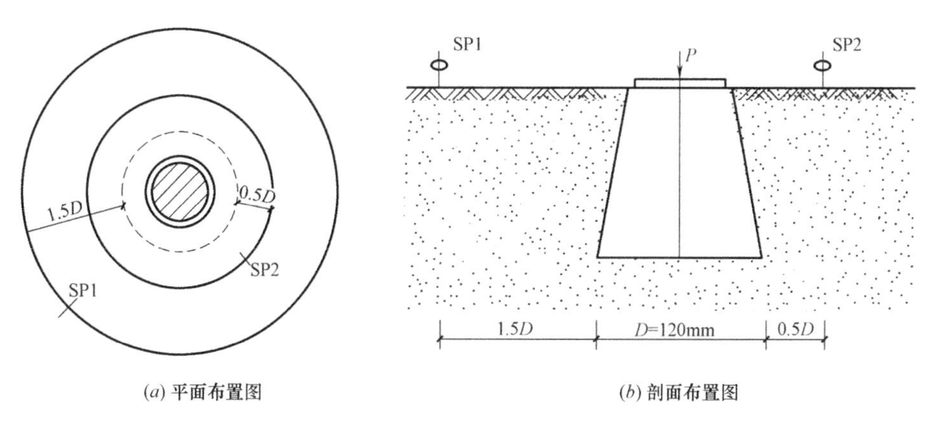

附图1-2　浅基础地基竖向位移（模型试验，唐德平、顾宝和）（1）

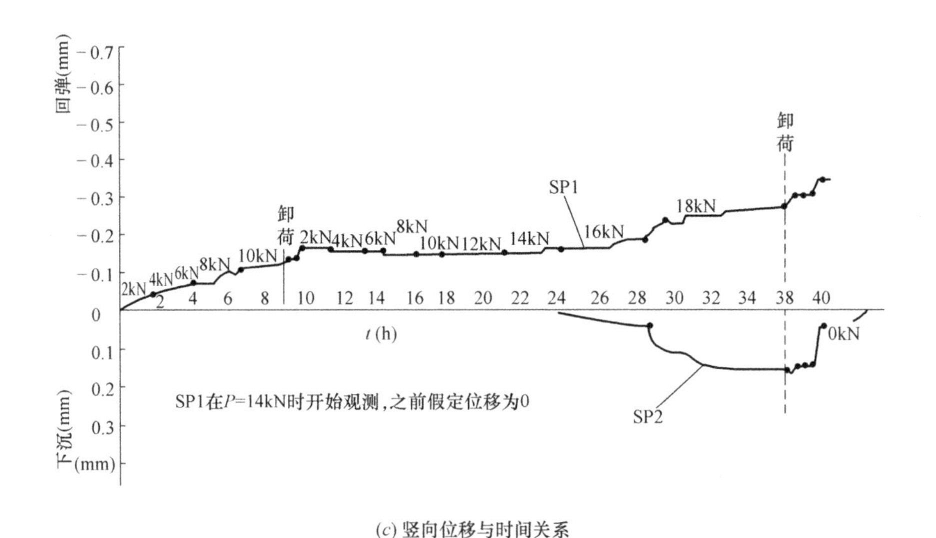

(c) 竖向位移与时间关系

附图1-2　浅基础地基竖向位移（模型试验，唐德平、顾宝和）（2）

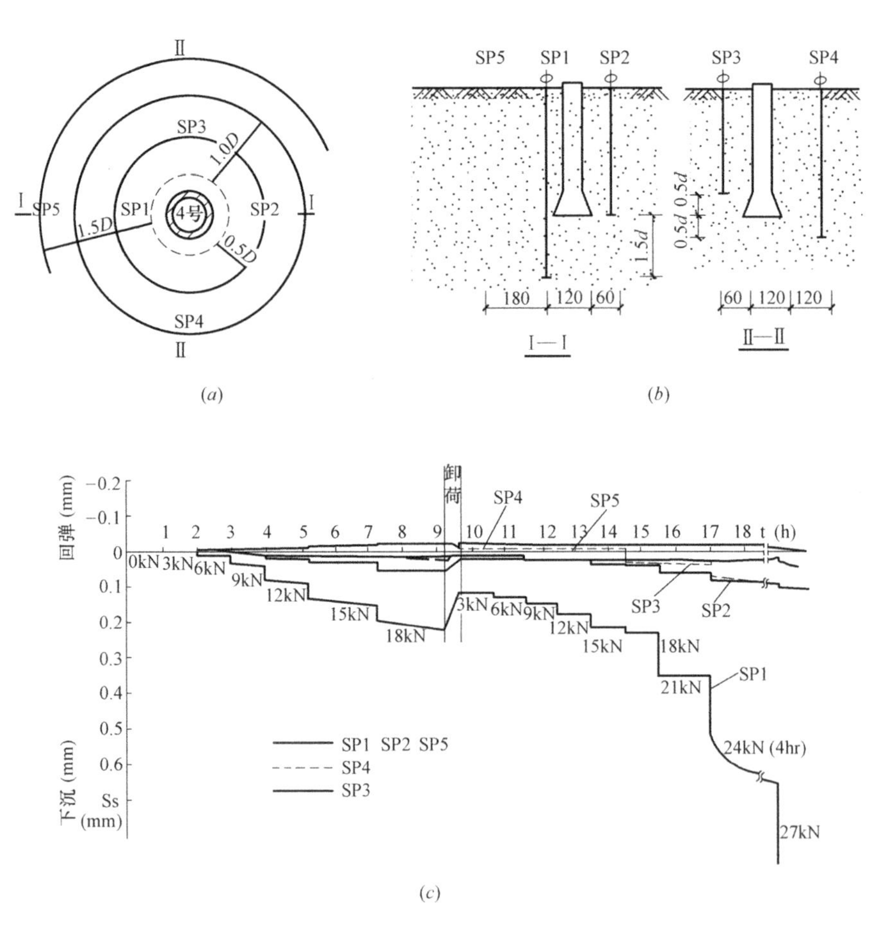

(c)

附图1-3　扩底桩地基竖向位移（模型试验，唐德平、顾宝和）

(a) 平面布置图；(b) 剖面布置图；(c) 竖向位移与时间关系图

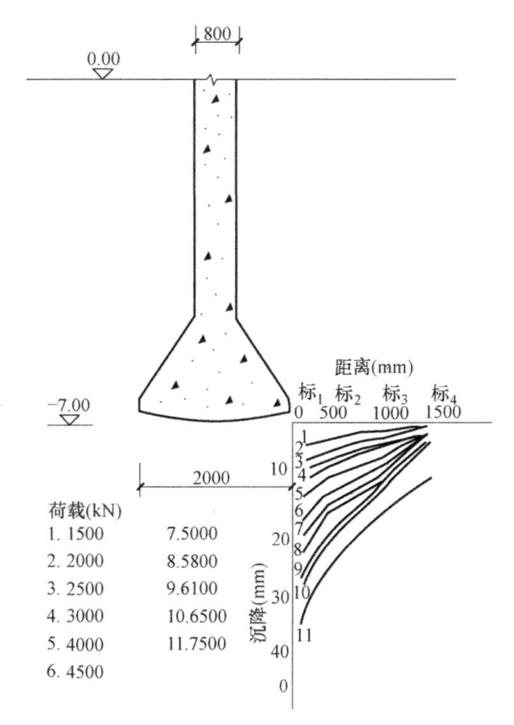

附图1-4　桩底土竖向位移（现场试验实测，黏性土，丁家华、顾宝和）

3. 扩底桩地基的变形和破坏模式

扩底桩地基变形和破坏的模式与浅基础不同，与普通桩也有差别。浅基础的破坏模式多数是整体剪切，原因在于它的埋深较浅；扩底桩基础埋深较大，故不产生整体剪切破坏。普通桩的破坏模式主要为刺入剪切，原因在于它的埋深大而面积小；扩底桩虽然也有局部剪切，但对于黏性土地基，由于面积较大，可能未达破坏即已产生过量变形。由于扩底桩以压缩变形为主，故更应着眼于变形控制。由于扩底桩多数情况为一柱一桩，主要考虑单桩沉降，相邻基础影响问题类似于独立基础。为了与普通桩区别，有些学者认为称扩底墩更加确切。附图1-5为扩底桩破坏模式。

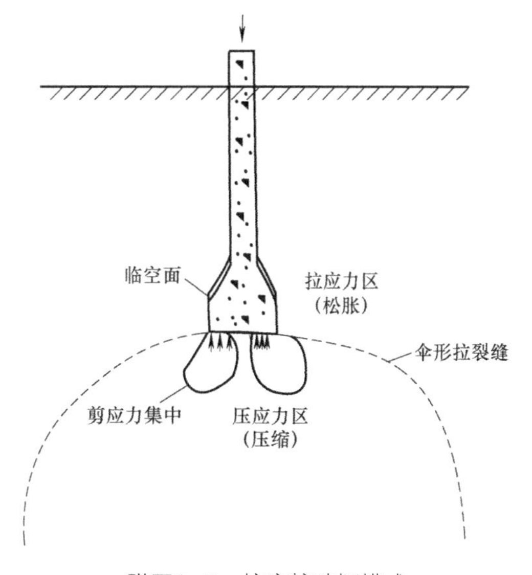

附图1-5　扩底桩破坏模式

4. 扩底桩地基的承载力

试验和工程经验表明，对于桩身长度不是太大的扩底桩，其地基承载力主要由端承力贡献。由于扩底桩深度较大，存在较大的边载，故其承载力明显大于浅基础，但由于浅基础和深基础之间存在一个临界深度，故扩底桩的承载力与埋深关系不服从浅基础的规律，与普通桩也不一样。

关于承载力与扩大头面积的关系，现在普遍流行随面积增大而折减承载力的方法，值得进一步推敲。根据编者在郑州做的现场试验，承载力并不随面积的增大而减小。但由于扩底桩承载力由变形控制，面积增大会增加变形，同一建筑物下基础面积不同会产生差异变形，设计时应控制差异变形。但简单地折减导致不合理和不经济，影响扩底桩的推广应用。对于密砂和卵石、砾石，承载力随面积增大折减似乎更没有道理。

扩底桩的侧阻力较为复杂，加载产生沉降会使扩大头上面与土体脱离，存在一个临空面，使侧旁土有下拉趋势，从而对侧阻力产生削弱效应。其影响范围和影响程度随土性而异，尚待进一步研究和积累经验。大体上桩侧为非黏性土时影响较大，黏性土影响较小；扩大头持力层为可压缩土时影响较大，为低压缩土或岩石时影响较小。

确定扩底桩地基承载力的方法，张旷成总结国内外共有6种方法（《张旷成文集》，中国建筑工业出版社）。编者认为，用土性参数计算承载力只是初估，最终确定需根据载荷试验，当持力层为可压缩性土时，应注意变形控制，注意面积不同导致的差异沉降。

由以上说明可知，虽然扩底桩的工程经验不少，但其应力分布、变形和破坏机制、变形和承载力的计算方法等均未取得明确而统一的认识，需进一步深入研究。

2 载体桩

中文名称：载体桩

英文名称：ram–compacted piles with bearing base

释义：由载体和桩身构成的桩。

涉及案例：案例1 中央彩色电视中心扩底桩基础

附加说明：

载体桩是利用孔内柱锤夯击、成孔，挤密和加固周围土体，当沉管到达设计标高时，向孔底连续填料、夯击，达到三击贯入度控制指标后，再填以干硬性混凝土，使桩端以下3～5m、直径2～3m范围体积约10m^{3}的土体得到加固，形成由内到外为干硬性混凝土、填充料、挤密土的载体。然后再放置钢筋笼，浇灌混凝土，或置入预应力管形成桩身。按桩身直径可分为小直径载体桩（300～350mm）、中等直径载体桩（360～390mm）和大直径载体桩（600～800mm）；按受力特性可分为抗压载体桩和抗拔载体桩；按材料和工艺可分为现浇混凝土载体桩和预制桩身载体桩。

载体桩已取得发明专利，专利权人为北京波森特岩土工程公司王继忠。住房和城乡建设部已发布行业标准《载体桩设计规程》JGJ 135，北京波森特岩土工程公司已发布企业标准《载体桩施工及验收规程》QB 10。

附图2-1为载体桩示意图。

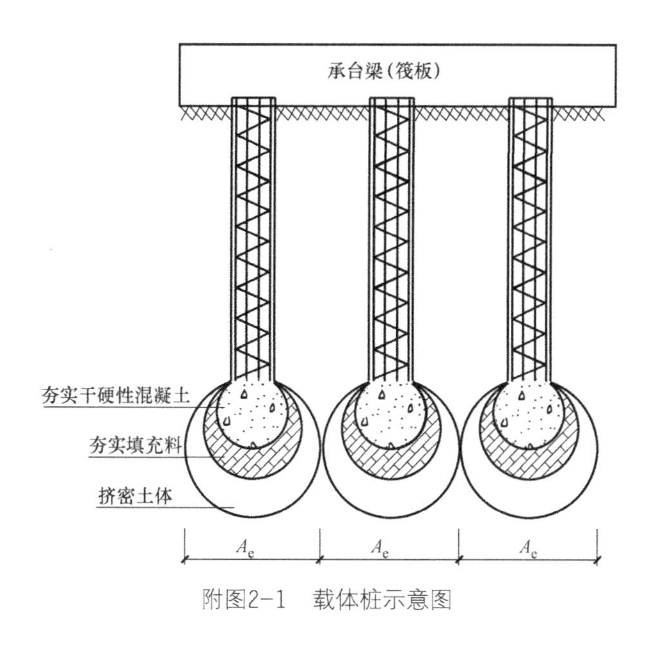

附图2-1　载体桩示意图

载体桩的施工过程如下：

（1）在桩位处挖直径等于桩身、深度约为500mm的圆坑，安放护筒，移机到位；

（2）提升柱锤在护筒内反复夯击，使柱锤入土超出护筒一定深度；

（3）用副卷扬机钢丝绳对护筒施压，使护筒底与柱锤底齐平；

（4）重复（2）、（3）操作，直至护筒达到设计深度；

（5）提升柱锤，向护筒内分批填料，并反复夯实；

（6）填充料夯实后，测量三击贯入度，如未达到设计要求，则继续填料、夯实，直到符合设计要求；

（7）向孔底填入干硬性混凝土，夯实，使干硬性混凝土面与护筒底齐平；

（8）置入钢筋笼，浇注混凝土（或置入预应力管）。

载体桩与常规夯扩桩相比，无论其组成、施工工艺、控制指标、承载力计算、施工影响范围，均有所不同。

载体桩除可作为桩基外，还可作为复合地基的增强体。作为复合地基有刚性基础载体桩复合地基（附图2-2）和土工格栅载体桩复合地基（附图2-3）两种：前者通过刚性基础与褥垫层的共同作用调节桩土应力分配，主要用于建筑工程的地基处理；后者通过土工格栅与褥垫层的共同作用调节桩土应力分配，主要用于高铁和高速公路的路基处理。

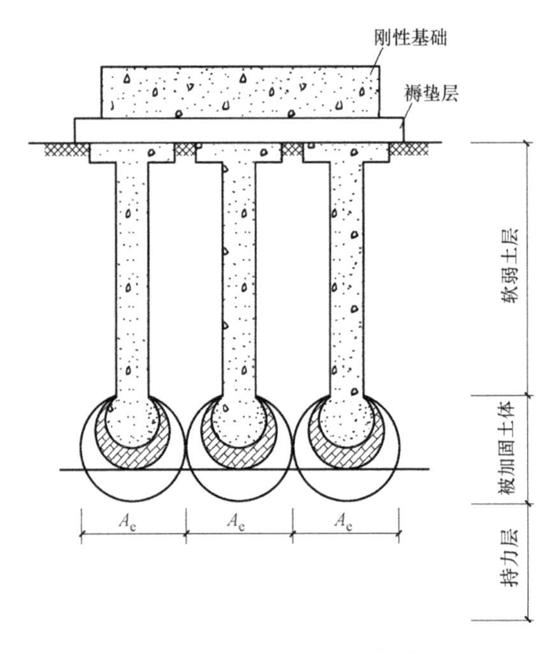

附图2-2　刚性基础载体桩复合地基示意图

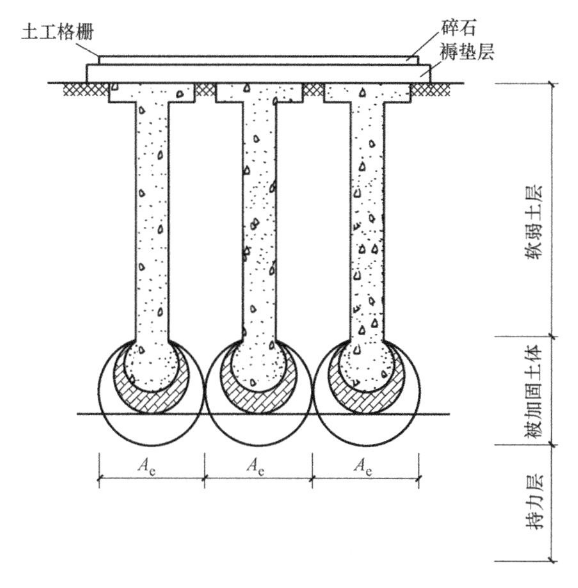

附图2-3　土工格栅载体桩复合地基示意图

载体桩因其承载力高、质量易于控制、造价低廉、绿色环保，已大量用于工程，并积累了大量载荷试验和实体工程沉降观测的数据。

3 桩－土－基础共同作用分析程序

中文名称：桩–土–基础共同作用分析程序，桩–土–基础协同作用分析程序

英文名称：pile, subsoil & foundation interaction analysis

释义：北京市勘察设计研究院有限公司研制，考虑桩、土和基础的变形协调和相互影响，计算基础沉降和内力的程序。

涉及案例：案例2 国家体育场（鸟巢）的地基基础工程

附加说明：

“桩–土–基础共同作用分析程序”由北京市勘察设计研究院有限公司研制。该软件以大量实测资料为背景，采用桩–土–基础共同作用原理，引入桩端刺入变形概念，并提供了定量计算刺入变形的参数经验公式，是一种既有先进理论作为基础，又融进了地区经验的实用分析方法。该方法不仅可用于天然地基工程沉降分析、桩基工程沉降分析，还可用来分析部分采用桩基、部分采用天然地基的高低层建筑的沉降分布和差异沉降。该程序已通过北京市科学技术委员会组织的专家鉴定，成果在群桩作用机理和差异沉降分析方法等方面具有创新性，总体上达到了国际先进水平。

该程序根据建筑物基础形式，采用梁板有限元法建立反映基础荷载和位移关系的基础刚度矩阵，根据各计算节点的地层情况，按照布辛奈斯克（Boussinesq）和明德林（Mindlin）应力假设，采用分层总和法建立起地基柔度矩阵，从而列出地基沉降与基底反力的关系式。按照地基与基础共同作用的原理，假设在各节点处基础与地基的变形协调一致，由此获得以节点位移为未知数的协调方程，采用非耦合逐次逼近法求解节点位移，然后计算出各单元节点内力和基底反力。桩土体系模型、地基柔度矩阵、基础刚度矩阵及共同作用基本方程如下。

（1）桩土体系模型

为了反映桩与承台共同分担荷载、桩的荷载传递以及桩端刺入变形等特性，本软件采用$Per-\alpha$模型来计算桩节点下桩土体系的柔度系数。模型假设某一桩节点范围内的群桩承台为刚性，将其分成若干个单承台，如附图3-1所示。单桩台承受的荷载（P_i）由单承台底土反力（P_c）、桩侧阻力（P_{us}）以及桩端阻力（P_b）共同承担（附图3-1（b）~（e）），桩侧阻力沿桩身呈梯形分布，其中均匀分布部分为P_u，三角形部分为P_s，则有：

$$P_i=P_c+P_b+P_{us} \quad (附3-1)$$

$$P_c=Per \cdot P_i \quad (附3-2)$$

$$P_b=(1-Per) \cdot \alpha \cdot P_i \quad (附3-3)$$

$$P_{us}=P_u+P_s=(1-Per) \cdot (1-\alpha) \cdot P_i \quad (附3-4)$$

$$P_u=(1-Per) \cdot (1-\alpha) \cdot \beta \cdot P_i \quad (附3-5)$$

$$P_s = (1-Per)\cdot(1-\alpha)\cdot(1-\beta)\cdot P_i \qquad (附3-6)$$

式中，Per、α 和 β 分别为承台底土荷载分担比、桩端阻力分配系数和沿桩身均匀分布的桩侧阻力的分配系数。β 可根据实测或经验选取；Per 和 α 则利用代表性单桩承台上桩顶与桩间土顶面两个点位移协调相等的条件，求解得到。

当计算桩端以下土的压缩和土节点的沉降时，采用弹性理论假设，分别用布辛奈斯克（Boussinesq）解的积分和格德斯（Geddes）对明德林（Mindlin）解的积分计算由承台底土反力和桩顶荷载引起土中各点应力，并考虑其他单桩承台的影响，然后采用分层总和法求解。

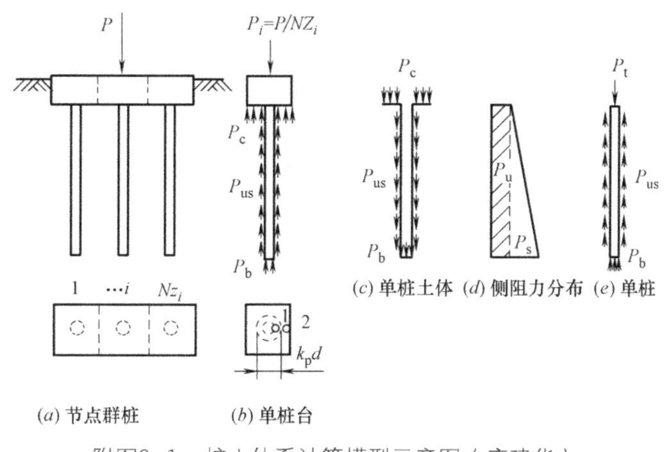

附图3-1 桩土体系计算模型示意图（唐建华）

其中承台底面或桩顶位移ss_p用下式表示：

$$ss_p = s_p + s_{t0} + s_0 \qquad (附3-7)$$

式中 s_p——桩身压缩量；

s_{t0}——桩端以下土的压缩量；

s_0——桩端刺入变形量。

其中桩身压缩量s_p根据桩顶荷载按杆件的弹性变形理论计算，引入了临界端阻力的概念计算桩端以下土的压缩和刺入变形。假定桩端阻力中小于临界端阻力的部分引起桩端以下土的压缩s_{t0}，大于临界端阻力的部分产生桩端刺入变形s_0。桩端刺入变形采用以下计算表达式（王成华，1992）：

$$p_b = p_{bcr} + k\cdot s_0^{\,b} \qquad (附3-8)$$

式中 s_0——桩端刺入变形；

p_b——桩端阻力；

p_{bcr}——桩开始产生刺入变形时的桩端阻力，称刺入临界桩端阻力；

k、b——桩端刺入变形参数。

上式中刺入临界桩端阻力和桩端刺入变形参数是根据在北京地区进行的大型群桩载荷试验以及大量试桩资料的分析而获得的。

（2）地基柔度矩阵

按照布辛奈斯克和明德林应力假设以及分层总和法建立沉降与反力关系式：

$$\{s\}=[\delta]\cdot\{R\} \quad （附3-9）$$

$$[\delta]=\begin{bmatrix} \delta_{11} & \delta_{12} & \cdots & \delta_{1nb} \\ \delta_{21} & \delta_{22} & \cdots & \delta_{2nb} \\ \vdots & \vdots & & \vdots \\ \delta_{nb1} & \delta_{nb2} & \cdots & \delta_{nbnb} \end{bmatrix} \quad （附3-10）$$

$$\delta_{ij}=\sum_{k=1}^{n_c}\frac{\sigma_{ijk}.h_{ik}}{E_{ik}} \ (i=1, 2\cdots n_b;\ \ j=1, 2\cdots n_b) \quad （附3-11）$$

式中 $\{s\}$——节点沉降向量；

$[\delta]$——地基柔度矩阵（包括桩土体系和天然土体）；

$\{R\}$——平均基底反力向量；

n_c——地基分层数；

n_b——计算节点数；

h_{ik}——i节点处第k土层厚度；

σ_{ijk}——j节点作用单位压力时，i节点第k层土的垂直应力；

E_{ik}——第i节点第k层土的压缩模量。

经变换式（附3-9）可写成：

$$\{R\}=[K]_s\cdot\{s\} \quad （附3-12）$$

式中 $[K]_s$——地基的刚度矩阵（包括桩土体系和天然土体），$[K]_s=\{\delta\}^{-1}$。

（3）基础刚度矩阵

基础的刚度矩阵形成采用有限单元法。即将基础离散成若干单元，各单元有若干个节点，单元与单元之间用节点刚性连接，然后采用位移法建立反映节点荷载和节点位移关系的刚度矩阵。

为了反映基础的结构情况，采用板单元拟合基础底板，用梁单元模拟梁或墙体，其中板单元采用薄板理论的假设，以反映基础的底板在受垂直于板面的外力作用下的变形。在划分单元时，根据基础平面形状、结构构件的状况以及柱网的分布选取单元类型和形状，并要求单元节点与计算节点相一致。

单元的每个节点有3个未知位移：竖向线位移ω、绕X轴的角位移θ_x以及绕Y轴的角位移θ_y。

任意一节点i的位移可表示为：　$\{U_i\}=[\omega_i\ \theta_{xi}\ \theta_{yi}]^T$

相应的节点力为：　$\{F_i\}=[W_i\ M_{\theta xi}\ M_{\theta yi}]^T$

单元的平衡方程为：　$[K]^e \cdot \{U\}^e=\{F\}^e$　（附3-13）

式中　$\{U\}^e$—单元节点位移列向量；

$\{F\}^e$—单元节点力列向量；

$[K]^e$—单元刚度矩阵。

各单元节点内力与位移的关系为：

$$\{M\}^e=[S]^e \cdot \{U\}^e \quad （附3-14）$$

式中　$\{M\}^e$—单元节点内力列向量，每个节点均有M_x、M_y、M_{xy}；

$[S]^e$—单元应力矩阵。

由各单元的平衡方程汇集成总体平衡方程为：

$$[K] \cdot \{U\}=\{F\}-\{R\} \quad （附3-15）$$

式中　$[K]$—基础（承台）总刚度矩阵；

$\{U\}$—节点位移列向量：$\{U\}=[\omega_1\ \theta_{x1}\ \theta_{y1}\ \omega_2\ \theta_{x2}\ \theta_{y2}\ \cdots\ \omega_{NB}\ \theta_{x\ NB}\ \theta_{y\ NB}]^T$；

$\{F\}$—节点力列向量：$\{F\}=[W_1\ M_{\theta x1}\ M_{\theta y1}\ W_2\ M_{\theta x2}\ M_{\theta y2}\ \cdots\ W_{NB}\ M_{\theta x\ NB}\ M_{\theta y\ NB}]^T$；

$\{R\}$—地基对基底（或承台底）的节点反力列向量：

$\{R\}=[R_1\ 0\ 0\ R_2\ 0\ 0\ \cdots\ R_{NB}\ 0\ 0]^T$。

（4）共同作用方程

在基底处基础与地基土不脱离的情况下，按照地基与基础共同作用的原理，假定$\{S\}=\{\omega\}$，其中节点竖向位移向量$\{\omega\}$即为节点位移列向量$\{U\}$中的节点竖向位移，并将地基刚度矩阵$[K]_s$大小相应扩大为与基础总刚度矩阵$[K]$一致后，由式（附3-12）和式（附3-15）可获得桩、土与承台共同作用的基本方程：

$$\{[K]+[K_s]'\}\{U\}=\{F\} \quad （附3-16）$$

式中，$[K_s]'$ 为按基础（承台）总刚度矩阵$[K]$大小扩大后的地基（桩土体系）刚度矩阵。

由式（附3-16）解方程可得到各节点位移$\{U\}$，由此计算出各单元节点内力及基底反力。

本节附录根据北京市勘察设计研究院有限公司唐建华提供的资料编写。

4 变刚度调平设计

中文名称：变刚度调平设计

英文名称：optimized design of pile foundation stiffness to reduce differential settlement

释义：考虑上部结构形式、荷载和地层分布以及相互作用效应，通过调整桩径、桩长、桩距等改变基桩支承刚度分布，使建筑物沉降趋于均匀，承台内力降低的设计方法。

涉及案例：案例3 北京望京新城两项目基础工程的变刚度调平设计

附加说明：

根据《建筑桩基技术规范》JGJ 94修订技术报告（2006年8月），变刚度调平设计的基本概念可归纳如下。

（1）传统设计的误区

无论天然地基还是均匀布桩的桩筏基础，由于土中应力分布中部大、周边小，必然造成中部变形大，周边变形小的碟形沉降，桩筏基础的桩顶反力呈马鞍形分布的特征（附图4-1、附图4-2）。基础碟形沉降和马鞍形分布桩顶反力必然导致筏板基础和上部结构内力（弯矩和剪力）的增加，产生负面影响。对于荷载差异大、刚度差异大的框筒结构和主楼和裙房连体结构，问题尤为严重。

传统设计理念存在的误区，一是过分追求高层建筑采用天然地基，使基础整体弯矩和挠曲变形过大，甚至开裂；二是对基础筏板刚度的作用期望过高，增加筏板刚度虽能调整基底压力和桩顶反力，减小差异沉降，但代价过大，效果也不理想；三是采用均匀布桩，忽视调整桩基刚度分布、减小差异沉降的作用。

附图4-1为北京南银大厦桩筏基础沉降等值线。该大厦高113m，框筒结构，采用直径400mmPHC管桩，桩长11m，均匀布桩，筏板厚2.5m。建成一年，最大沉降45mm，最大倾斜超过0.002L。由于桩端以下有黏性土下卧层，桩长相对较短，预计最终最大沉降量将达70mm左右，最大倾斜随之也将有所增大。

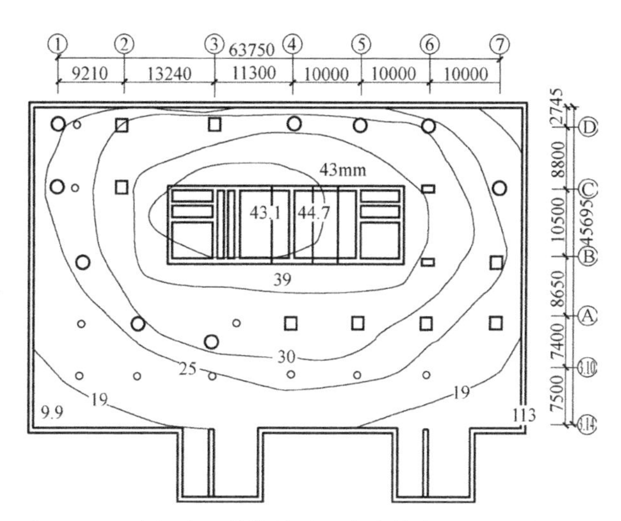

附图4-1　南银大厦桩筏基础沉降等值线（mm，刘金砺）

附图4-2为武汉某大厦桩箱基础桩土反力实测结果。该大厦为22层框剪结构，基桩为直径500mmPHC管桩，长22m，均匀布桩，桩距3.3d，桩数344根，箱底尺寸42.7m×24.7m，箱底土层为粉质黏土，桩端持力层为粗中砂。由附图4-2可看出，桩顶反力在底板自重作用下呈近似均匀分布，随结构刚度与荷载增加，外缘之增幅大于内部，最终发展为中、边桩反力比达1：2.3，呈马鞍形分布。

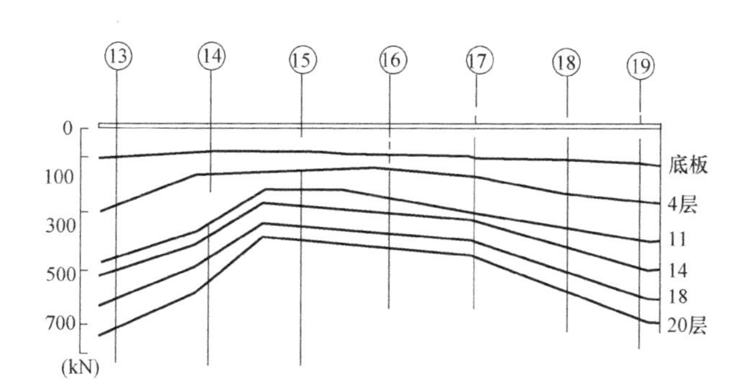

附图4-2　武汉某大厦桩箱基础桩反力测试结果（刘金砺）

（2）变刚度调平设计的基本概念

针对上述传统设计观念所带来的负面效应，调整设计思路，突破传统观念，从改变地基、桩土刚度分布入手，改变基础的反力分布和沉降分布模式，从而改善基础和结构的受力性状，以达到节约材耗、提高结构使用寿命的目的。改变地基、桩土的初始刚度分布，可以从根源上消除差异沉降和马鞍形反力分布，如附图4-3所示。

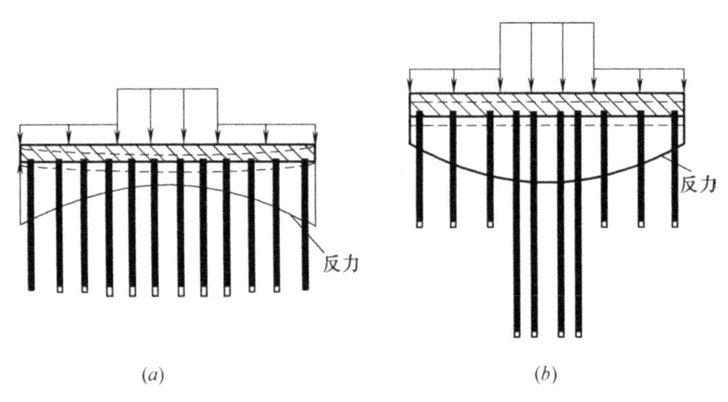

附图4-3　等刚度与变刚度桩基反力与变形示意（刘金砺）
（a）均匀布桩；（b）变刚度布桩

具体实施时，应考虑工程结构类型、荷载大小和分布及地质条件等因素进行优化。对于适宜采用天然地基的工程，对荷载集度高的区域如核心筒等，可实施局部增强处理，包括采用刚性桩复合地基或局部桩基，使支承刚度与荷载匹配，沉降趋向均匀。对于需采用桩基的情况，可根据结构与荷载分布、场地地质特点，实施变桩距、变桩径、变桩长的方法变刚度调平布桩（附图4-4）。适当增强荷载集度高的内部桩群区，适当弱化外围区。对于主裙连体建筑，应按增强主体（采用桩基、刚性桩复合地基）、弱化裙房（采用天然地基、疏短桩基、复合地基）的原则设计。

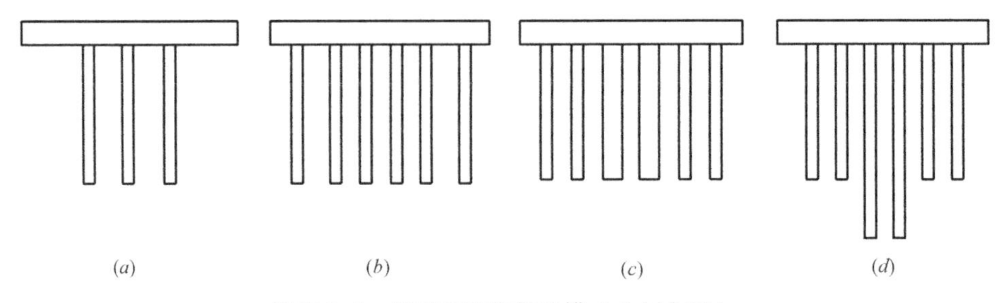

附图4-4　基础变刚度调平模式（刘金砺）
（a）局部增强；（b）变桩距；（c）变桩径；（d）变桩长

为使变刚度调平概念设计更趋向合理、可靠、实用，宜在概念设计的基础上进行上部结构—基础—地基（桩土）协同工作计算分析，根据分析结果逐步调整布桩，使差异变形降到最小，并计算确定基础、承台的内力与配筋。

实施变刚度调平概念设计，应注意选择单桩承载力较高且便于调整桩距、桩径、桩长的桩型，在优化布桩的同时还可对承台的结构形式实施优化。

5 桩基后注浆

中文名称：**桩基后注浆**

英文名称：post grouting for pile

释义：**成桩一定时间后，通过预设在桩身内的注浆导管及与之相连的桩侧、桩端注浆阀注入水泥浆液，使桩侧、桩端得到加固，从而提高桩基承载力、减小沉降的技术措施。**

涉及案例：**案例3 北京望京新城两项目基础工程的变刚度调平设计**

附加说明：

桩基后注浆可只进行桩端后注浆，也可采用桩端、桩侧复合后注浆。该措施是成熟技术，已大面积推广，并已列入规范。其目的旨在通过桩端、桩侧后注浆固化沉渣和泥皮，并加固桩底和桩周一定范围的土体，以大幅提高桩的承载力，增强桩的质量稳定性，减小桩基沉降。对于泥浆护壁和干作业的灌注桩，均可取得良好效果。

该技术的特点：一是桩底注浆采用管式单向注浆阀，有别于构造复杂的注浆预载箱、注浆囊、U形注浆管，实施开敞式注浆，其竖向导管可与桩身完整性声波检测兼用，注浆后可代替纵向主筋。二是桩侧注浆是外置于桩土界面的弹性注浆管阀，不同于设置于桩身内的袖阀式注浆管，可实现桩身无损注浆。注浆装置安装简便，成本较低、可靠性高，不同钻具成孔的锥形或平底形孔均可适用。

根据《建筑桩基技术规范》JGJ 94修订技术报告（2006年8月）的论证，

后注浆对承载力的增强机理可归纳为三种：一是固化效应，即桩底沉渣与桩侧泥皮因浆液渗入发生物理化学作用而固化；二是充填胶结效应，即桩侧、桩底的粗粒土因渗入注浆而充填胶结，使其强度显著提高；三是加筋效应，即桩底、桩侧的细粒土因劈裂注浆形成网状结石，加强了桩间土。见附图5-1。

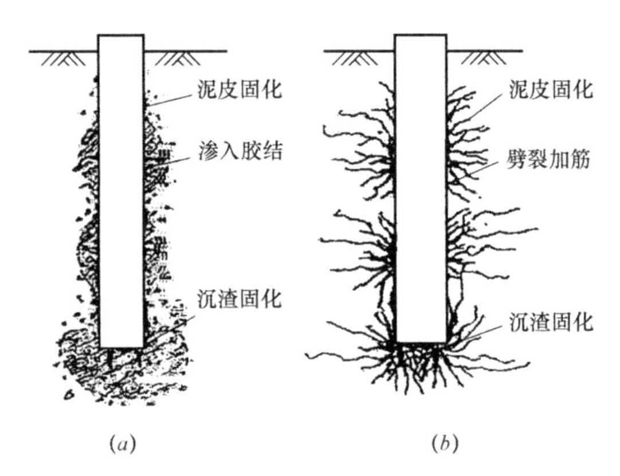

附图5-1　后注浆对桩侧、桩端土的加固增强效应

(a) 卵砾石、中粗砂；(b) 黏性土、粉土、粉细砂

(《建筑桩基技术规范》修订技术报告)

原型桩和模型桩的试验表明，桩底注浆使端阻力增长达60%～600%，细粒土增幅较小，粗粒土增幅较大，长桩增幅较小，短桩增幅较大。桩端注浆不仅使端阻提高，而且由于浆液上扩，并使桩底以上10～20m侧阻增长20%～80%。桩端、桩侧复式注浆可使侧阻、端阻均获得提高。对于单桩承载力增幅，软土可提高40%左右，非软土可达80%～120%。此外，非注浆桩的*Q*–*s*曲线为陡降型，而后注浆为缓变型。这一性状可使取相同安全系数条件下桩的实际可靠度提高，并使桩基在工作荷载下的沉降减小，见附图5-2。

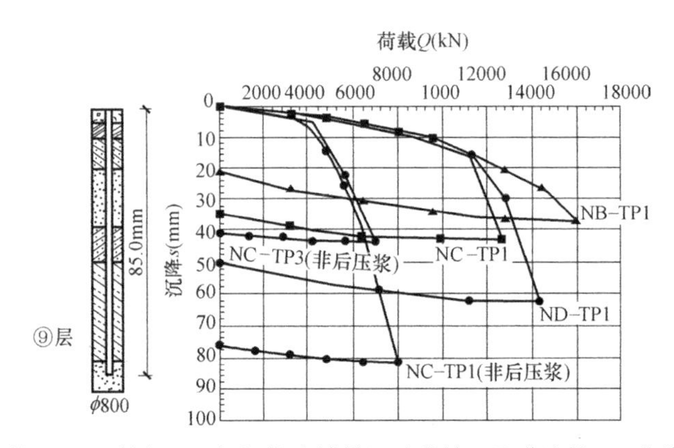

附图5-2　首都国际机场航站楼粉细砂黏性土层灌注桩*Q*–*s*曲线

(《建筑桩基技术规范》修订技术报告)

6 泥炭和泥炭质土

中文名称：泥炭、泥炭质土

英文名称：peat，peaty soil

释义：泥炭，含有大量未完全分解的腐殖质，且有机质含量大于60%的土。

泥炭质土，含有大量未完全分解的腐殖质，且有机质含量大于10%、小于或等于60%的土。

涉及案例：案例4 大理某住宅区软土地基的过量沉降

附加说明：

泥炭和泥炭质土为沼泽相沉积，在地表持续沉降或间歇沉降，喜水植物生长的环境中易于生成。主要特点是含有大量未完全分解的腐殖质，故有机质含量很高，呈深褐色或黑色，孔隙比很大，重度很小。腐殖质含量高的泥炭密度小于1.0，可浮于水。其力学性质随腐殖质含量的多少和分解程度而在较大范围内变化，但总体上很差。主要特点是压缩性特别高，固结压缩量和蠕变压缩量都很大，且随着腐殖质的进一步分解，体积缩小而自然沉降，沉降稳定时间很长。由于含有较多纤维，有一定的黏聚力和抗拉强度，因而可以直立维持一定高度，但抗剪强度很低，不宜作为天然地基。泥炭和泥炭质土与淤泥和淤泥质土虽同属软土，但生成环境、外观和工程性质均有较大差别。

7 格里菲斯强度准则

中文名称：格里菲斯强度准则

英文名称：Griffith strength criterion

释义：格里菲斯基于岩石具有随机排列的裂纹，在外力作用下，最不利方向上的裂纹周边应力最大处首先达到张裂状态，张裂继续发展而导致岩石达到强度极限。

根据该准则建立的岩石强度破坏理论称格里菲斯强度理论。

涉及案例：案例5 南京紫峰大厦岩石地基挖孔桩基础

附加说明：

岩石的变形和破坏可分为脆性和塑性两种形式：脆性岩石破坏前没有明显的变形，一般采用格里菲斯准则，假定材料有细微裂缝，应力作用下裂缝尖端应力高度集中，超过材料强度时裂缝扩展、分叉、贯通，导致破坏，伴随有声发射现象。脆性破坏的本质是拉伸破坏而不是剪切破坏，结晶岩石一般为脆性破坏。塑性岩石破坏前有明显的变形，破坏在塑性流动状态下发生，是一种剪切破坏，表现为颗粒间的滑移。低强度的泥质岩石和强风化岩一般为塑性破坏，可采用莫尔-库仑强度准则。

以单轴抗拉强度R_t来量度，对于二维情况的主应力σ_1、σ_3，格里菲斯强度准则为：

当$\sigma_1+3\sigma_3 \geqslant 0$时，

$$(\sigma_1-\sigma_3)^2-8R_t(\sigma_1+\sigma_3)=0 \qquad (附7-1)$$

当$\sigma_1+3\sigma_3<0$时，

$$\sigma_3=-R_t \qquad (附7-2)$$

这样，在$\sigma_1-\sigma_3$平面中（见附图7-1），格里菲斯强度准则由直线ABC和在C点（$3R_t$、$-R_t$）与直线ABC相切的抛物线CDE（式附7-1）组成。

按格里菲斯准则，当$\sigma_3=0$即单轴压缩试验时，抗压强度为抗拉强度的8倍。

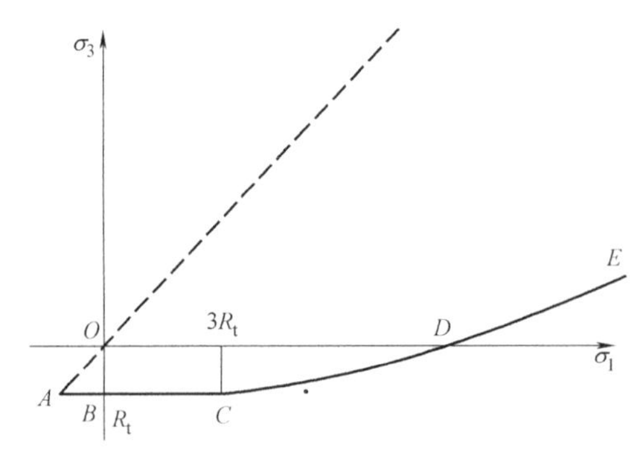

附图7-1　格里菲斯强度准则在$\sigma_1-\sigma_3$平面上的图形（张永兴）

与莫尔-库仑准则破坏角为45° $-\varphi/2$不同，按格里菲斯准则，岩石的破裂角可能很小，脆性岩石发生岩爆时，呈密集的水平破裂面就是例证。

从应用角度分析，格里菲斯强度准则的优点：一是能明确解释岩石的脆性断裂机理，弥补莫尔—库仑准则不适用受拉区的缺点；二是可以解释压应力场出现断裂破坏和脆性材料抗压不抗拉的特征；三是认为岩体内部存在众多互不影响的裂纹，能够反映岩体中结构面对强度的影响；四是能够用以分析坚硬完整岩体的承载能力。

但格里菲斯强度准则不太适用于压应力区，与实际情况也不完全符合。例如，按该强度理论，岩石的单轴抗压强度应为抗拉强度的8倍，但实验结果可达15倍。有些学者认为，格里菲斯强度准则作为数学模型很有用，但仅仅就是一个数学模型。作为一种强度理论认识脆性岩石破坏的实质非常有益，但难以解决实际问题，霍克-布朗经验准则弥补了这一不足。

土体在发生差异沉降、滑动时，可同时产生剪切和拉伸破坏，黏性土也有一定的抗拉强度，可用剪切-拉伸联合强度理论描述，详见李广信《高等土力学》（清华大学出版社，2004.7，第172~173页）。由于土的抗拉强度很小，实际工程中一般忽略不计。

8 霍克-布朗强度准则

中文名称：霍克-布朗强度准则

英文名称：Hock-Brown strength criterion

释义：霍克-布朗基于非线性，能与试验高度吻合，可表达节理和各向异性的经验准则。

涉及案例：案例5 南京紫峰大厦岩石地基挖孔桩基础

附加说明：

大量室内试验和原位试验数据表明，岩石和岩体的强度实际上是非线性的，故霍克和布朗建立了非线性的强度准则。其主要特点：一是强度准则与试验值高度吻合；二是数学表达尽可能简单；三是可以用来表述节理和各向异性。狭义霍克-布朗强度准则的表达式为：

$$\sigma_1=\sigma_3+\sqrt{m\sigma_c\sigma_3+s\sigma_c^2} \quad (附8-1)$$

式中，σ_1和σ_3分别为最大和最小主应力；σ_c为岩块单轴抗压强度；m和s分别为反映岩体扰动程度和破碎程度的经验系数。霍克-布朗强度准则包线见附图8-1。

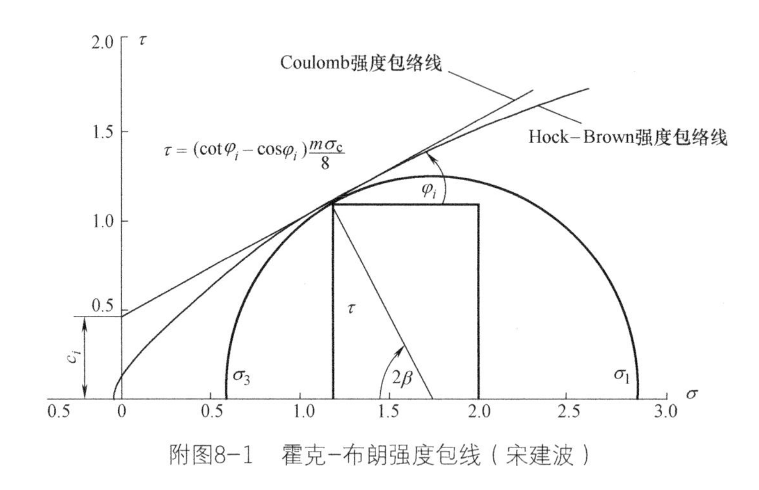

附图8-1 霍克-布朗强度包线（宋建波）

因此，霍克-布朗强度准则的内聚力和内摩擦角不是常数，内聚力随应力的增大而增大，内摩擦角随应力的增大而减小，见附图8-2。

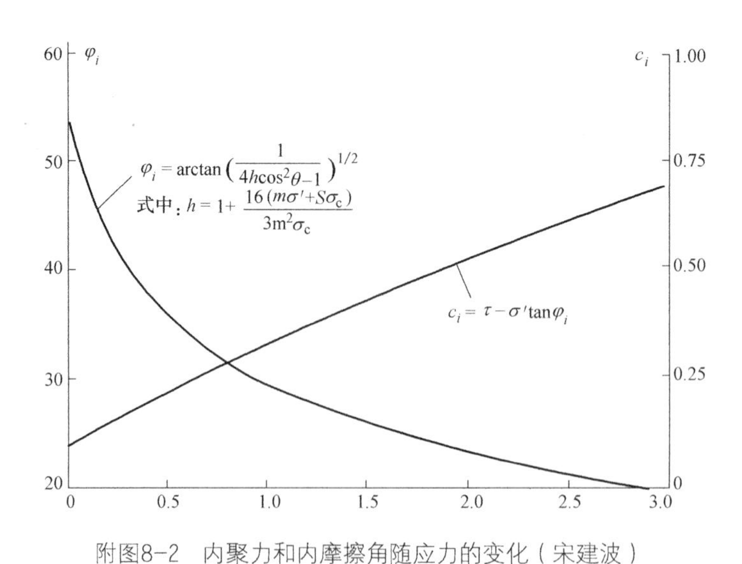

附图8-2 内聚力和内摩擦角随应力的变化（宋建波）

由于霍克-布朗强度准则与实际的一致性，是一个经验模型，实用模型，故被工程界广为应用。

岩石在单向压力作用下的变形，一般有以下5个阶段：

（1）压密阶段：裂隙闭合，充填物压缩，呈非线性，载荷试验数据也说明了压密阶段的存在；

（2）弹性变形阶段：压力与变形呈线性关系；

（3）稳定破裂发展阶段：出现微破裂，如应力稳定不变，则变形终止发展；

（4）不稳定破裂发展阶段：应力即使稳定不变，变形仍继续发展，通常首先在薄弱环节破坏，逐渐贯通而整体破坏，体积应变转向膨胀；

（5）完全破坏阶段：强度丧失，发展为贯通的破坏面，岩体分解为互相脱离的岩块。

实际工程中遇到的是岩体，岩体与岩块强度特性的不同在于裂隙和结构面的存在。自然界的结构面多种多样，如沉积间断形成的层面和不整合面，各种节理面（原生节理面、构造节理面、卸荷节理面、风化节理面），变质作用形成的片理面、劈理面等，还有各种各样的软弱夹层，附图8-3和附图8-4为某些复杂岩体的示意。

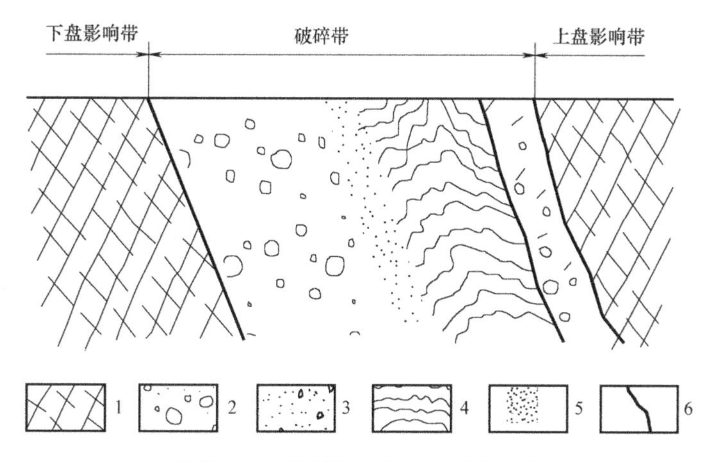

附图8-3 某断层示意图（张永兴）

1—碎裂岩；2—碎块岩；3—角砾岩；4—片状岩；5—糜棱岩；6—断层泥

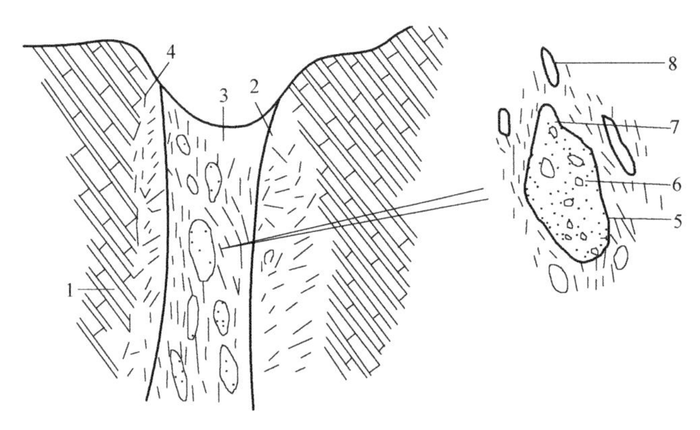

附图8-4　张性断裂破碎带中的后期挤压破裂带（张永兴）
1—硅质条带白云岩；2—早期张性角砾岩；3—后期挤压扁豆及片理；
4—裂隙；5—白云岩张性角砾岩；6—燧石角砾；
7—钙质胶结物；8—斑岩透镜体

由于岩体的强度既不是岩石试块的强度，又不是结构面的强度，故只能通过现场试验或经验估算求得。现场试验包括单轴抗压强度试验、直接剪切试验、三轴压缩剪切试验等，对地基承载力可直接采用平板载荷试验。

9 土的结构强度

中文名称：土的结构强度

英文名称：constructional strength of soil

释义：土的原状结构具有的强度。

涉及案例：案例6　济南万科住宅群基础与残积土特性

附加说明：

原状土的结构性由自然界各种地质作用（物理的、化学的、电化学的）长时间逐渐形成。原状土的结构强度是重塑土和新填筑土不具备的，成分、密度、含水量与原状土相等的重塑土或新填筑土，其强度低于原状土。结构强度一旦破坏，需要很长时间才能恢复，或者不能恢复。为了充分利用土的结构强度，应尽量保护土的原状结构，勿使扰动和破坏。

自然界几乎所有的土都具有结构性，土结构性的成因和表现各不相同：黏土由胶体化学、双电层等形成蜂窝结构、絮状结构等；黄土由于钙质胶结形成架空结构；碳酸盐岩系残积形成的红黏土，由于收缩呈现上硬下软和具有裂隙的特征，因结构性而使其强度高于相同孔隙比的一般土；膨胀土由于反复胀缩挤压而生成无数弯曲的光滑面，形成“裂土”；结晶岩残积土的强度则主要由岩石的残余凝结力组成；胶结和半胶结的土，强度主要来自胶结物的胶结力；盐渍土中的阳离子和阴离子组分和含量对土的工程性质影响很大；软土地区“硬壳层”之所以硬，主要就是干缩形成的结构强度；砂虽然是粒状土，但实际上它的黏聚力不一定是0，有的“铁板砂”虽无明显胶结，但可直立不倒。相同的砂，用不同的方法制备成密度相同的砂样，由于颗粒排列不同，测得的力学强度却不同，如此等等。结构强度的大小及其稳定性差异很大，低灵敏黏土的灵敏度仅1～2，高灵敏的黏土，灵敏度可达10以上，灵敏度反映了土的结构强度。原状结构的稳定性包括水稳性和振动或扰动作用下的稳定性，有些钙质半胶结土的水稳性很好，湿陷性土也含钙质，但水稳性很差。墨西哥软土的不扰动土样可以直立，但在手掌中晃动几下就成为一滩泥水。车辆振动和施工扰动均可破坏结构强度，故有时地基处理不当，破坏了土的结构强度，得不偿失。杭州湘湖路站事故，软土的灵敏度高也是原因之一。

10 概念设计

中文名称：概念设计

英文名称：conceptual design

释义：正确概念指导下的框架设计。

涉及案例：案例7 昆明某工程基础事故的概念设计问题

附加说明：

对概念设计现在还有不同的理解，有人认为，概念设计是设计最初阶段的基本构思。即设计者根据需求和条件，综合各方面的因素，构思一个框架，提出一个方案，将概念设计理解为方案设计或设计的一个阶段。但事实上，概念设计应贯彻设计的始终，甚至工程的全过程。一项设计即使已经到了施工图阶段，但设计框架犹在，仍然体现着设计思想；甚至施工结束，已经投入使用，仍可继续评价其概念设计的是非曲直，因为概念反映了事物的本质，反映了设计者的思想理念，并非只在某一阶段。

概念设计指的是设计框架，不是细枝末节。但必须有正确的概念指导，框架正确，才能在框架的基础上添砖加瓦，构造出完美的工程；框架错误，就是致命伤，继续建造终将毁于一旦。因此，框架必须基于科学理念，必须基于正确的指导思想。譬如勘察时将膨胀土误判为非膨胀土，将湿陷性土误判为非湿陷性土，定性错误就是概念错误；设计时将挤土桩用于对挤土效应敏感的地基，处理岩溶塌陷时仅仅回填夯实而不堵塞岩溶水通道，都是犯了概念性错误。

概念包括内涵和外延两方面，内涵指概念的本质和核心，是它的科学理念。岩土工程不是一门精细的科学技术，各种计算参数都相当粗糙，故概念设计尤为重要。当然，岩土工程绝不是无须关注“量”，“量”发展到一定程度会发生“质”的变化，各种分级、分类、安全系数的设定就是基于这种考虑。

概念和技术方法是岩土工程的两个层次，相当于中国国学中的“道”和“术”。“道”位于高层次，是思想，是核心，是统帅；“术”位于低层次，是具体操作。技术方法当然重要，没有先进适用的技术方法，就没有目标的精确、效率的快捷和成果的完美。有了先进适用的勘探测试技术，才能获取全面而正确的信息；有了先进适用的计算软件，才能进行精确快速的计算；有了先进适用的施工技术，优秀的设计才能付诸实施。但如果没有正确的概念，技术方法就失去了统帅，迷失了方向，做得再完美也无济于事。古代“南辕北辙”的故事，生动地说明驾车者的方向错了，再好的车，再快的马，也达不到目的地。

技术方法需要先进适用，需要不断创新，需要操作者熟练地掌握，灵活地应用；概念则需要主持者具有深厚的理论基础、丰富的实践经验、入木三分的洞察力，需要悟性和智慧，善于在错综复杂的诸因素中找到最本质的问题，需要正确判断、正确决策、正确调动各种技术方法的运用。

岩土工程的基本概念经历了工程实践和理论研究的千锤百炼，是不能随便挑战的。在基本概念面前，应当有敬畏感。当遇到基本概念与工程实际有“矛盾”时，先要想一想自己对基本概念的理解是否正确，是否深刻；再要进一步检查实际条件与理论假设之间是否存在差异，决不能轻率否定基本概念。概念也需要不断创新，新概念设计可能对技术进步产生巨大的影响，但概念创新难度更大，更要特别慎重。

11 挤土效应

中文名称：挤土效应，或称排土效应

英文名称：displacement effect

释义：施工过程中因排挤土体使周围土产生显著位移的效应，有挤土效应的桩称挤土桩或排土桩（displacement pile）。

涉及案例：案例7　昆明某工程基础事故的概念设计问题

案例8　武汉某高层住宅的桩基失稳事故

附加说明：

有挤土效应的桩称挤土桩。挤土桩包括：沉管灌注桩、沉管夯扩桩、打入式和静压式预制桩、闭口预应力混凝土空心桩、闭口钢管桩等。非挤土桩包括：干作业钻孔灌注桩、泥浆护壁钻孔灌注桩、套管护壁钻孔灌注桩、挖孔桩等。

在非饱和土（例如黄土）和渗透性较强的土中，桩体沉入挤压周围土体，对桩间土有挤密作用，有利于桩间土工程性能的提高。但对于渗透性很弱的饱和黏性土，情况就完全不同。土体受到沉桩挤压时，按有效应力原理，土中应力主要由孔隙水压力承担，土体不能立即压缩，只能向周边移动，将相邻的已有桩挤歪、挤断。当桩数较多、桩距较小时，桩间土互相挤压，唯一出路是向地面移动，从而带动已有桩上浮。严重时甚至损坏邻近已有建筑物、道路、挡土结构和地下设施。由于孔隙水压力升高，原来正常固结或超固结的土，沉桩挤土后转化为欠固结土，使桩和桩间土的工程性能均显著恶化，发生严重工程事故。

沉桩挤土事故主要发生在饱和软土中，例如温州某工程，采用预应力管桩，试桩时单桩承载力达6000kN。大面积施工打桩1132根，完成后再做载荷试验，有60%的桩承载力不合格，普遍上浮，最大上浮量超过400mm。中心区上浮量大于周边地区，桩距越小上浮量越大。后根据具体情况，采取了复打和补桩措施（摘自张雁、刘金波主编《桩基手册》，中国建筑工业出版社）。

12 群桩效应

中文名称：群桩效应

英文名称：effect of pile group

释义：群桩基础在竖向荷载作用下，由于承台、桩、土的共同作用，使桩侧阻力、桩端阻力、沉降等特性不同于单桩的一种效应。

涉及案例：案例9 南海海滨某工程的桩基方案选择

附加说明：

群桩在竖向荷载作用下，基于变形协调，承台、桩、土共同工作和相互影响，传力机制远较单桩复杂，产生群桩效应，使群桩的承载力不等于单桩承载力之和。对于群桩效应，业界尚有不同认识，需继续探索。下面是对群桩效应机制和规律的简要介绍。

（1）主要表现和影响因素

群桩效应的主要表现在于下列方面与单桩不同：群桩承台下的土抗力、群桩的侧阻力和端阻力、群桩桩顶的荷载分布、群桩的破坏模式、群桩的承载力和沉降等。

影响群桩效应的主要因素有：群桩的几何特征（桩径、桩长、桩距、桩数、排列形式、承台设置等）、桩侧土和桩端土的性质和土层分布、成桩工艺

（挤土桩、非挤土桩）等。

（2）关于桩顶荷载分布

群桩在中心荷载作用下，由于承台刚度和土中应力叠加，中心桩、边桩、角桩产生不同的效应，导致桩顶荷载不均匀，角桩最大，边桩次之，中心桩最小。随着承台刚度的增大、可压缩土层的增厚和桩距的减小，桩顶荷载的不均匀性增大。其机制与刚性基础下的土反力类似。

（3）关于承台底的土抗力

低桩承台在竖向荷载作用下，由于桩端土的沉降和桩身的压缩，承台下的土分担荷载，产生抗力。一般情况下土的压缩性越低，强度越高，土抗力越大。对于回填土、湿陷性土、欠固结土、液化土，由于自重压力或地震作用下会发生沉降，故不应考虑土抗力；挤土效应使孔隙水压力升高，土体隆起，孔压消散后下沉，也不应考虑土抗力。端承型桩沉降量小，土抗力不能发挥，可忽略不计。

研究表明，桩的间距、桩长、承台宽度、荷载大小、平面区位等对土抗力有明显影响。在相同土性条件下，桩距越大，承台底的土抗力越大，所谓“减沉疏桩基础”就是根据这个概念，充分发挥土的抗力。随着承台宽度与桩长比的增大，桩侧阻力发挥降低，承台土抗力增大。亦即桩越长，承台土抗力越小；承台越宽，承台土抗力越大。随着荷载水平的提高，桩土界面产生滑移，桩端变形增大，土抗力占比也随着增加。承台内区和外区也有不同，内区桩土相互影响明显，导致桩间土竖向刚度降低；外区土受桩的牵引影响小，竖向刚度的削弱也小，从而形成土抗力内小外大的马鞍形分布。

（4）关于侧阻力和端阻力

群桩与单桩侧阻力的不同，首先在于当桩距较小时桩间土剪应力的叠加，导致侧阻力降低。其次是对于土性相同的单桩，侧阻力自上而下逐渐减小，剩余部分由端阻承担，形成侧阻力上部最大；而对于群桩，由于桩顶与承台同步下沉，承台减小了桩的上段桩土间相对位移，限制了侧阻力的发挥，承台起到了削弱侧阻力的作用，使侧阻向下转移，最大侧阻力不在桩的上部而在桩的中部。此外，由于群桩约束了承台底土的侧向挤出，对地基土起了遮挡作用，承台与桩的刚性联结又增强了遮挡作用，有利于群桩承载力的提高。

由于群桩相邻桩之间桩端平面上剪应力的重叠，导致该平面上主应力差的减小，桩端土侧向变形时，受到相邻桩逆向变形的约束，使桩的下段和桩端土承载能力有所提高，从而起到了加强作用（附图12-1）。

综合以上作用机制，一般情况下群桩的侧阻力较单桩有不同程度的降低，端阻力有一定程度的提高。

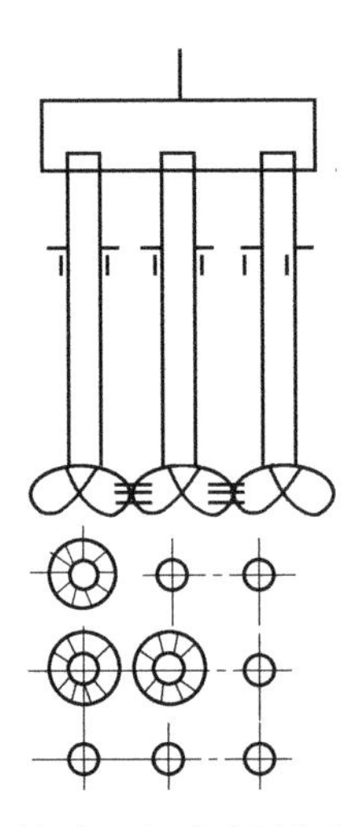

附图12-1 桩端土变形受到约束（刘金砺）

（5）关于破坏模式

单桩的破坏模式基本上都是刺入剪切破坏；群桩的破坏模式则比较复杂。侧阻的破坏模式有整体破坏和非整体破坏两种，非整体破坏发生在桩土界面上；整体破坏时桩土形成一体，如同实体基础的承载与变形，破坏发生在桩群的外围。究竟何种模式破坏取决于土性、桩距、承台形式和刚度等。群桩端阻破坏模式与侧阻破坏模式有关，当侧阻呈非整体破坏时，端阻破坏与单桩类似；当侧阻呈整体破坏时，由于基底埋深大、面积大，一般不易产生整体剪切破坏，荷载与沉降关系曲线呈缓变型，无明显的陡降点；当桩端持力层厚度不大，有软弱下卧层时，可能发生基桩冲剪破坏，也可能发生整体冲剪破坏。

（6） 关于群桩效应系数和沉降

群桩效应系数为群桩中基桩平均极限承载力与单桩极限承载力之比，是各种影响因素和承台、桩、土相互作用机制的综合反映，可能大于1，也可能小于1。当群桩效应系数在1左右时，群桩承载力可取单桩承载力之和。由于群桩效应比较复杂，涉及因素很多，故规范和工程实用上采用简化的计算方法。

由于应力的叠加，在相同条件下，群桩沉降大于单桩。群桩沉降量与单桩沉降量之比称群桩沉降比。群桩沉降比与桩距、桩数、桩的长径比、土性、承台等因素有关，一般群桩效应系数越小，群桩沉降比越大。群桩沉降的计算方法有：弹性理论法、等代墩基法、明德林法、规范法等。但无论何种方法，计算结果都是近似的，需要岩土工程师综合分析和综合判断。

13 地基、基础与上部结构共同作用分析

中文名称：地基、基础与上部结构共同作用分析，地基、基础与上部结构协同作用分析

英文名称：interaction analysis of structure and foundation

释义：将地基、基础、上部结构作为一个整体共同工作，考虑三者间相互变形协调的设计分析方法。

涉及案例：案例12 北京丰联广场大厦地基与基础的共同作用分析

附加说明：

建筑结构常规设计方法是将上部结构、基础和地基分离出来，作为独立体系进行力学分析。这种设计方法忽略了地基、基础和上部结构相互之间的变形协调，导致计算与实际的差异，尤其在压缩性较大地基上的大型建筑，问题更加突出。合理的设计方法应将三者作为一个整体，考虑相互之间的变形协调来计算内力和变形，这种方法称为上部结构与地基基础共同作用分析。下面首先对地基刚度、基础刚度和上部结构刚度对共同作用的影响作一简要分析。

（1）地基刚度的影响

地基刚度较大时，因沉降和差异沉降很小，上部结构刚度对基础内力已没有什么影响，基础内力和相对挠曲很小，已不需要上部结构来帮助减小不均匀沉降。相反，地基刚度较小时，基础内力和相对挠曲较大，上部结构产生较大次应力。因此，共同作用分析对软弱地基具有更重要意义。

（2）基础刚度的影响

上部结构与地基刚度一定时，基础内力随其自身刚度增大而相对挠曲减小，上部结构次应力随刚度减小而明显增大。可见从减小基础内力出发，宜降低基础刚度；从减小上部结构次应力出发，宜增大基础刚度。故基础设计方案应根据上部结构类型综合考虑，上部为柔性结构，基础宜柔不宜刚；对高压缩

性地基上的框架结构，由于对不均沉降敏感，基础宜刚不宜柔。

（3）上部结构刚度的影响

地基、基础、荷载一定时，增加上部结构刚度可减少基础相同挠曲和内力，但同时导致上部结构自身内力的增加。上部结构刚度随建筑物层数的增加而增加，但增速逐渐缓慢，到达一定层数后趋于稳定，因此，上部结构刚度的贡献是有限的。

地基、基础和上部结构共同作用分析的研究，从20世纪50年代至今已超过60年了，随着计算机技术和数值分析方法的迅速发展而逐渐趋于完善。在计算方法方面，由于解析法只能对一些特殊情况给出解答，已难以在共同作用分析中发挥作用，故主要采用数值法。数值法主要有有限差分法、有限单元法、有限元和边界元的耦合法等。有限单元法用于共同作用分析的方法有子结构法、波前法、分块求解法等，对高层建筑共同作用分析以子结构法最为有效，用得最多。

实际工程中计算机模拟已是不可缺少的手段，目前著名的通用大型数值分析软件主要有：ANSYS、ABAQUS、ADINA、FLAC3D等，其中ANSYS是建筑行业应用较多的软件，国家体育场、国家大剧院、上海金茂大厦等都采用过ANSYS作为计算软件。

由于土的特性非常复杂，涉及非线性、弹塑性、剪胀性、压密性、蠕变性、各向异性等，并受应力水平、应力状态、应力路径、应力历史等的影响，故建立合理的地基模型是共同作用分析是否有效的关键。作为科学研究常常追求模型尽量接近土的实际力学行为，较为复杂；作为工程实用，一般更注重在满足工程要求的基础上，抓住土的主要特点，尽量简化。地基模型可分为线弹性模型、非线性弹性模型和弹塑性模型三大类：

线弹性地基模型有文克尔（Winkler）模型、弹性半空间模型和有限压缩层模型。文克尔模型假定地基由许多独立弹簧组成，忽略了地基剪应力，不考虑应力扩散，基底外没有变形。因而仅仅适用于压缩层很薄的情况，不能广泛应用。弹性半空间模型假定地基均匀，各向同性，不考虑分层，应力扩展无限远，而实际工程基本上都是分层地基，土中应力扩展有限，故也很少应用。用得最多的是有限压缩层模型，有限压缩层模型以分层总和法为基础，以压缩模量为基本参数，还可以修改压缩模量以近似模拟土的非线性，故得到较广的应用。

非线性弹性地基模型的代表有邓肯-张双曲线模型和K-G模型。邓肯-张双曲线模型在荷载不太大、荷载单调增加时能较好地模拟土的非线性应力应变关系，缺点是忽略了应力路径和剪胀性。K-G模型将应力应变分解为球张量和偏张量，分别建立增量关系，用三轴试验求得体积模量和剪切模量，也可反映剪胀性。沈珠江模型属于此类。

弹塑性地基模型基于增量弹塑性理论，假定总变形分为可恢复的弹性变形和不可恢复的塑性变形两部分，较有代表性的有剑桥模型和修正的剑桥模型、莱特-邓肯模型、清华模型、上海土弹塑性模型等。

14 渗透破坏

中文名称：渗透破坏、渗透变形

英文名称：seepage failure，seepage deformation

释义：土体骨架由于渗透力作用而发生的破坏现象，主要包括流土和管涌。

涉及案例：案例15 北京郊区某工程的基坑渗透破坏

附加说明：

根据《建筑岩土工程勘察基本术语标准》JGJ 84，流土（soil flowing，flow soil）为向上渗流的地下水流速超过临界状态时，渗透力使水流逸出处的土颗粒处于悬浮状态，造成地面隆起、水土流失的现象。 管涌（piping）为在渗流作用下，土中的细颗粒通过骨架孔隙通道随渗流水从内部逐渐向外流失，形成管状通道，使土体破坏的现象。

流土与管涌的主要区别是：流土发生在颗粒较细而均匀的土中，管涌发生在颗粒粗细不均匀的土中；流土发生时，土颗粒全面悬浮，迅速失去强度，管涌开始流失的是其中的细颗粒，逐渐发展为管状通道，发生渐进式破坏。在工程意义上，流土比管涌更危险。

除了典型的流土和管涌外，按《水利电力工程地质勘察规范》，渗透作用造成的变形还有接触冲刷（渗流沿两个渗透系数差别很大的地层界面，沿接触面带走细颗粒的现象）、接触流土（渗流垂直两个渗透系数差别很大的地层界面，细粒地层中的颗粒被带入粗颗粒地层的现象）。

地下水在土体流动，受土粒的阻力，产生水头损失，按作用和反作用原理，水流必定对土粒施加一种渗透力。渗透力是一种体积力，量纲与水的重度相同，大小与水力梯度成正比，方向与水流方向一致，用下式表示：

$$J=\frac{\gamma_w \Delta h}{L}=\gamma_w i \quad （附14-1）$$

式中 J——渗透力（kN/m^3）；

γ_w——水的重度（kN/m^3）；

Δh——水头差（m）；

L——水流路径长度（m）；

i——水力梯度。

使土开始产生流土现象的水力梯度称临界水力梯度，用下式表达：

$$i_{cr}=\frac{\gamma}{\gamma_w}=(G_s-1)(1-n) \quad （附14-2）$$

式中 i_{cr}——临界水力梯度；

γ——土的浮重度（kN/m^3）；

G_s——土的颗粒比重（现称相对密度d_s）；

n——土的孔隙度。

研究表明，临界水力梯度与土性有密切关系，孔隙比大于0.75~0.80、有效粒径$d_{10}<0.1$mm、不均匀系数$C_u<5$的细砂最易发生流土。本案例的流土发生在粉土和粉质黏土中，虽呈现冒水和土的强度严重受损，但土粒流失不明显。

管涌是在渗流力的作用下，土中的细颗粒在粗颗粒形成的骨架孔隙中移动流失，随着土中孔隙扩大，渗透速度不断增加，较粗的颗粒又继续被带走，最后在土体内形成贯通的水流通道。管涌在渗流出口处首先发生，逐渐向内部发展，有个时间发展过程，是一种渐进性破坏。

人们对管涌的认识有的并不确切，如曾有媒体报道长江堤防出现管涌，但实际上，这里的地质条件属于二元结构，即在均匀的细砂层上，分布一层弱透水的粉土或黏性土。黏性土中不会发生管涌，而下部细砂一般级配相当均匀。也不会发生管涌，多数属于流土及接触冲刷。

土中是否发生管涌，与土的性质有关，一般发生在砂砾土中。其特征是：颗粒大小差别大，常缺乏中间粒径，孔隙大且互相连通。产生管涌必须具备两个条件：

（1）几何条件：粗颗粒构成的孔隙直径大于细颗粒直径，不均匀系数 $C_u>5$；

（2）水力条件：渗透力能够带动细颗粒在孔隙中滚动或移动，但管涌的临界水力梯度计算方法至今不成熟，重大工程应通过试验确定。

《建筑地基基础设计规范》GB 50007有“突涌”的规定，“当基坑底土为不透水层，下部具有承压水头时，坑内土体应按本规范附录W进行抗突涌稳定验算”。附图14-1为突涌验算示意图，①为承压含水层，②为黏性土层，按式（附14-3）验算：

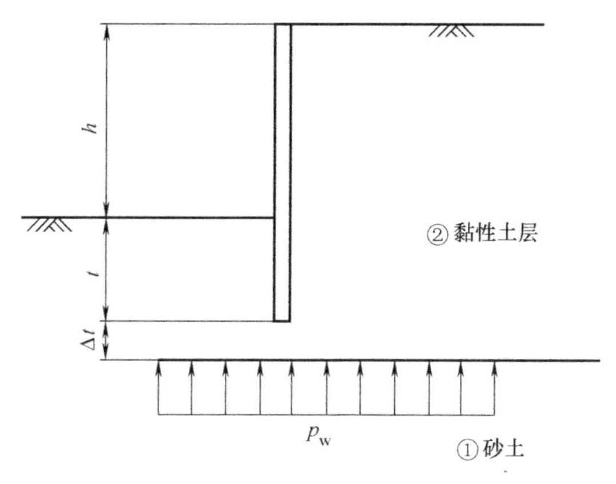

附图14-1 突涌验算示意图

$$\frac{\gamma_m(t+\Delta t)}{p_w}\geqslant 1.1 \qquad (附14\text{-}3)$$

式中，γ_m为透水层以上土的天然重度；$t+\Delta t$为透水层顶面距基坑底面的深度；p_w为含水层的水压力。

从式（附14-3）可知，突涌并非从渗透破坏角度而是从力学平衡角度考虑问题，黏性土的渗透系数很小，当开挖速度较快时，黏性土中尚未形成稳定渗流，承压水头即已将黏性土拱破，形成裂缝，水土涌出，破坏坑底稳定，这也是一种坑底隆起现象。如果形成了稳定渗流，则突涌也就是黏性土的流土。

15 不固结不排水剪与固结不排水剪

中文名称：不固结不排水剪（不排水剪，UU），固结不排水剪（CU）

英文名称：unconsolidated undrained shear，consolidated undrained shear

释义：不固结不排水剪（UU）：施加围压和轴向压力过程中试样的含水量均保持不变的三轴试验，简称不排水剪。

固结不排水剪（CU）：围压下完成固结后，在施加轴向压力过程中试样的含水量保持不变的三轴试验。

涉及案例：案例16 杭州地铁湘湖路站基坑事故

附加说明：

（1）关于固结和排水

饱和黏性土三轴试验抗剪强度的测定有总应力法和有效应力法两大类，有效应力法只有一套指标c'和φ'表示土的强度特性，具有唯一性，一般用CU试验测定孔隙水压力。有效应力法虽然理论上比较完善，但由于不易估计实际工程的孔隙水压力，故较少应用。总应力法三轴试验测定饱和黏性土的强度有UU、CU、CD三种试验方法，有三套指标，随试验条件变化。但CD测定的实际上就是有效应力强度指标c'和φ'，故很少采用。因此，工程中最常用的是UU、CU两种试验方法，两套抗剪强度指标。

三轴试验时，如果施加$\sigma_c=\sigma_3$，打开连通试样的排水阀门，让产生的超静孔隙水压力充分消散，则称为固结，反之为不固结；如果随后施加$\sigma_1-\sigma_3$时，打开排水阀门，让超静孔隙水压力充分消散，则称为排水，反之为不排水。如附图15-1所示，亦即“固结”与否是指施加$\Delta\sigma_3$时是否打开排水阀门；“排水”与否是指施加$\Delta(\sigma_1-\sigma_3)$时是否打开排水阀门。非饱和土不符合建立在饱和黏性土基础上的有效应力原理，谈不上排水和不排水的问题，原则上不适用于上述试验方法。非饱和土预饱和处理后再做三轴试验，由于完全改变了土性，没有什么实际意义。

总应力法理论上不完善，指标不唯一，用于工程计算也是不严格的。固结和不固结，排水和不排水，是试验时模拟实际的两种典型情况，具体工程更接近于何种情况，需岩土工程师根据土的类型、应力历史、工程条件等具体情况选定，不宜统一规定。三轴试验成果应用也需岩土工程师根据经验综合分析，综合判断，不能简单地拿来就用。

三轴试验对土样质量的要求很高，扰动对试验成果的影响很大，对试验人员的操作水平和岩土工程师的认识水平也有很高的要求，如果取样质量、试验人员和岩土工程师的水平跟不上，三轴试验不一定有好的效果。

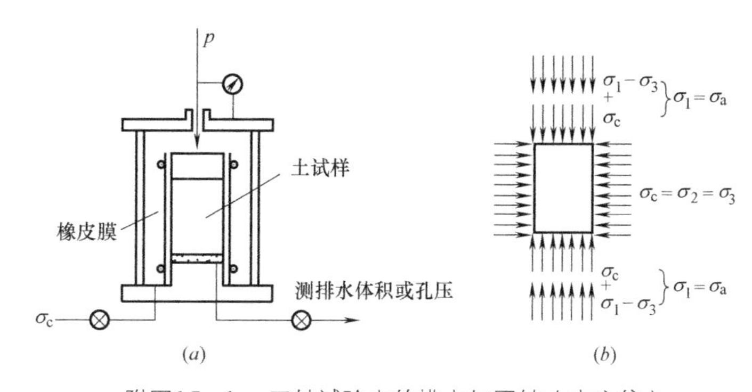

附图15-1　三轴试验中的排水与固结（李广信）

（2）关于饱和黏性土的不排水剪（UU试验）

附图15-2为饱和黏性土UU试验的总应力强度包线。试验时由于无论施加围压还是轴压，排水阀门均处于关闭状态，饱和试样中的孔隙水均无法排出，加大围压只引起孔隙水压力相应增加，有效围压始终相等，试样体积不会压缩，剪切过程中又保持含水量不变，故抗剪强度也就相同，强度包线成为一条平行于横轴的水平线。

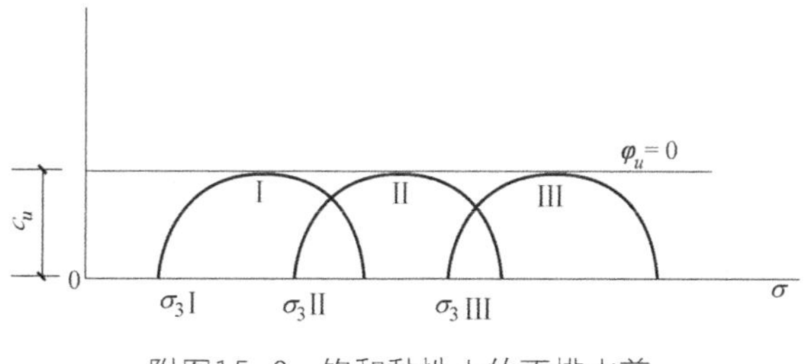

附图15-2　饱和黏性土的不排水剪

为什么实际试验中会出现内摩擦角不等于0°的情况？这是因为试样并未

完全饱和，亦即孔压系数$B<0$。施加围压时虽未打开阀门，但水中的气体受到压缩或溶于水中，土的体积缩小，增加了有效应力，故强度包线的前部发生弯曲，抗剪强度随围压的增加而增大。加大围压试样完全饱和后，强度包线又成为水平线。如果将其拟合成一条直线，内摩擦角就不等于0°，这样做不能反映试验的实际情况，也不是真正的内摩擦角（见附图15-3）。

由于UU试验结果内摩擦角为0°，故不能描述土的强度随法向应力增加而增加的规律，只能提供一个自然条件下土的总强度。对于正常固结土，这个强度是随深度增加而增大的。用UU试验指标表征强度的材料是“凝聚材料”而不是“摩擦材料”，用以计算极限承载力为$5.14c_u$，界限承载力为$3.14c_u$，但不宜代入土压力公式计算侧土压力。

测定不排水强度的原位测试方法为十字板试验。十字板强度随深度（上覆有效压力）变化的规律比较明显，还可据以判断土的固结状态和内摩擦角。如果十字板强度直线近似通过地面，此土为正常固结土；从十字板强度随深度的变化线与垂向轴线的夹角可以推算内摩擦角。

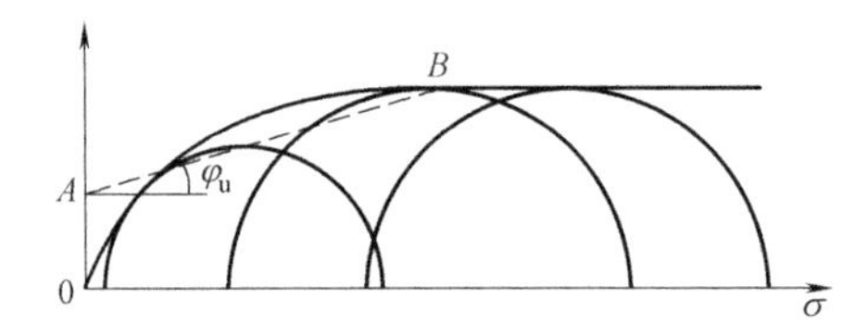

附图15-3　未完全饱和黏性土的不排水剪

（3） 关于饱和黏性土的固结不排水剪（CU试验）

附图15-4为正常固结饱和黏性土CU试验的强度包线。这是指从未固结过的土样，在不同围压下固结，在不排水条件下剪切。固结压力为0时，抗剪强度显然为0，随着围压的增高有效压力增高，土的抗剪强度也增高，强度包线成为一条通过原点的有一定倾角的直线。

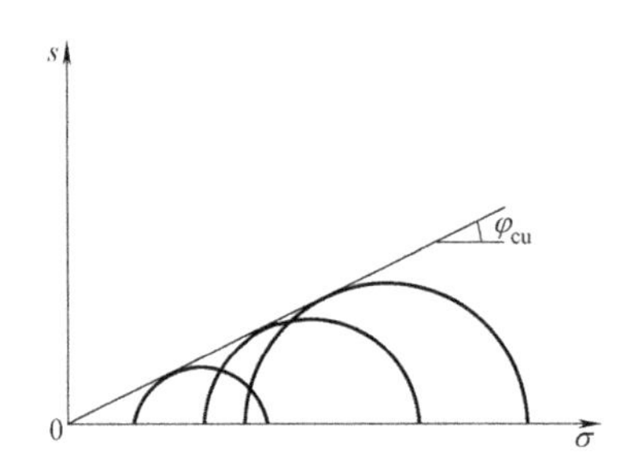

附图15-4　正常固结饱和黏性土的固结不排水剪

附图15-5为超固结黏性土CU试验的强度包线。由于存在先期固结压力，强度包线分成两段。试验固结压力小于先期固结压力的前段，强度比正常固结土高；试验固结压力大于先期固结压力的后段，就是正常固结的强度包线，其延长线仍与原点相交。如将强度包线拟合成一条直线，则不能反映试验的实际情况。

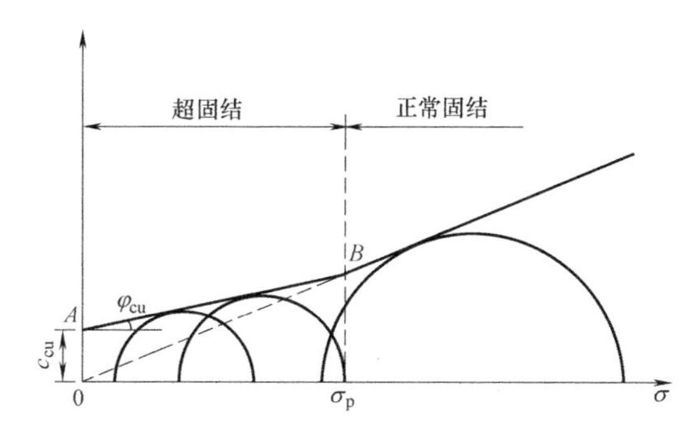

附图15-5 超固结饱和黏性土的固结不排水剪

为什么现场的正常固结土，取样做CU三轴试验时强度包线不通过原点？这是因为实验室的正常固结土并非现场的正常固结土。实验室的正常固结土指的是从未固结过的土在试验仪器中施加围压和轴压；现场的正常固结土在不同的深度已在上覆有效压力下固结，取出地面卸荷，在实验室是否仍然是正常固结土，取决于施加的围压。围压小于现场原位自重压力时，成了不同程度的超固结土。如在实验室所加围压均大于上覆有效自重压力，则强度包线应通过原点；如果试验时围压均小于上覆有效自重压力，则对于试验实际上是超固结土，强度包线不通过原点，有一定的c值。

如果施加的围压前部小于上覆有效自重压力，后部大于上覆有效自重压力，则强度包线有两条，上覆有效自重压力之前为超固结土，强度包线不通过原点；上覆有效自重压力之后为正常固结土，包线的延长线通过原点。如附图15-6所示。如果将前后两种围压混合，给出一条包线（图中的线①），则对于深层土，其强度可能偏低，对于浅层的土，其强度则会偏高。李广信建议，对于基坑工程，主动区（墙后）使用通过原点的包线；被动区（墙前）使用σ_p前的包线。这个建议理论上无懈可击，但在现今勘察与设计分开的体制下，操作上有相当难度。

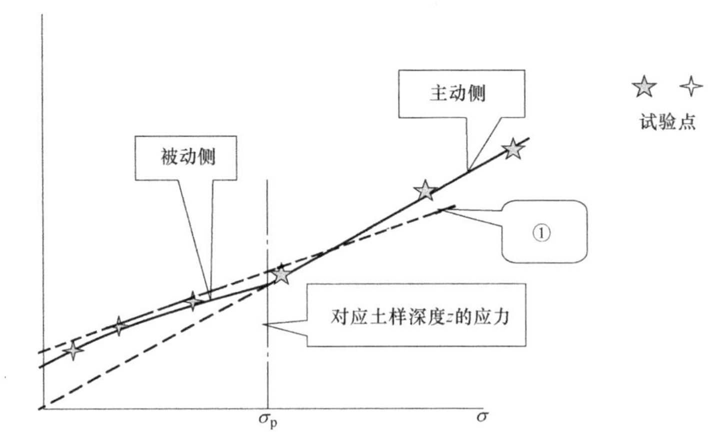

附图15-6　原状正常固结土在不同围压下三轴试验强度包线（李广信）

16 潜水渗出面

中文名称：潜水渗出面

英文名称：outflow face of phreatic groundwater，seepage face of phreatic groundwater

释义：潜水从斜坡流入地表水体时，潜水的自由水面高于地表水面，在潜水面与地表水面之间的斜面上渗出；潜水流入井中时，井壁水位高于井水位，潜水在井壁水位与井水位之间渗出。潜水位以下、下游地表水位或井水位以上的渗水面称渗出面。

涉及案例：案例18　基坑降水设计与计算中的问题

附加说明：

渗出面是潜水运动的普遍现象，自然界的斜坡上的渗出面见附图16-1。渗出面是潜水自由曲面（亦称浸润线）的延伸，成为自由曲面的终点。有人曾用大口径浅井做试验，在井壁上可以直接观察到水的渗出，流入井内。潜水井的井壁水位高于井水位早已为人们熟知，常称“水跃”，在堤坝中，把下游坡的这一段叫作“散浸”。它属于渗流的第三类边界条件，即总水头$h_w=z$，但$v_n>0$，所以它不是流线。附图16-2为潜水井附近的流网图，由于潜水自由面的存在，等压面弯曲，图中阴影区的地下水不能依赖压差运动。如井中水位与井壁水位齐平，这部分水就无法运动，故只能依赖水跃流入井中。裘布衣公式推导时忽略了渗出面的存在，故在井的附近计算的潜水曲面常常低于实际的潜水曲面。渗水面的高度尚无解析解，杨式德用张弛法得到了一例数值解，结论为：当$r>0.9h_0$时（r为计算点与井的距离，h_0为含水层厚度），裘布衣解的水头与严格解完全一致；当$r<0.9h_0$时，潜水的自由曲面与裘布衣曲面逐渐分离，后者偏低；在井壁处，井壁水位高悬于井水位之上。裘布衣公式计算的潜水自由面在井附近虽然不正确，但有人证明，计算流量时用井水位是正确的。还有专家认为，如果潜水井降深不大，自由曲面入井的水平夹角小于15° 时，用裘布衣公式计算不会有明显误差。

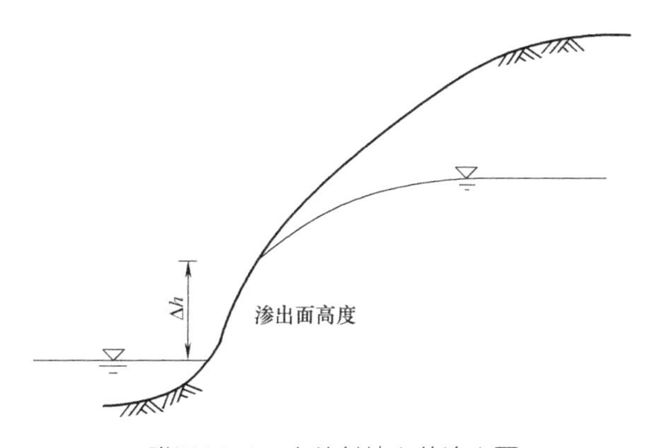

附图16-1　自然斜坡上的渗出面

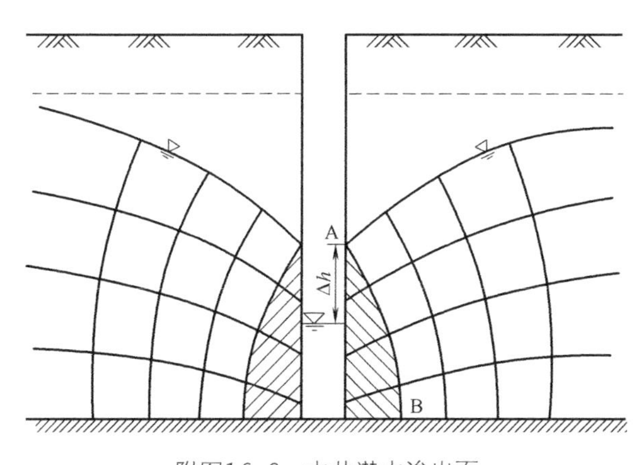

附图16-2　水井潜水渗出面

此外，“井损”与“渗出面”是不同的概念，井损是指水从井管外经过滤器进入井内的损失和井管内的水向上运动时沿途的损失，与渗出面的形成机制无关。

17 放射性废物

中文名称：放射性废物

英文名称：radioactive waste，radwaste

释义：含有放射性核素或被放射性核素污染，其活度、浓度或比活度高于国家规定解控水平，预期不再利用的废弃物。

涉及案例：案例19 广东遥田低中水平放射性废物处置场勘察及核素运移预测

附加说明：

关于放射性废物的分类，国内外有多种不同的标准和版本，内容复杂，本书不便详细开列，读者可参阅有关文献。附表17-1为国际原子能机构固体废物分类标准的一个版本，较为简明，可供参考。

国际原子能机构固体废物分类标准　　附表17-1

废物级别	特性	处置方案
1豁免废物（EW）	对公众年剂量低于0.01mSv	勿需放射学限制
2 低中放废物（LILW） 2.1 短寿命低中放废物（LILW-SL）	限制长寿命核素的比活度，长寿命辐射放射性核素单个货包不超过4000Bq/g，平均不超过400Bq/g	近地表处置或地质处置
2.2长寿命低中放废物（LILW-LL）	长寿命核素的比活度高于对短寿命废物的限值	地质处置
3 高放废物（HW）	释热率高于2kW/m^3，且长寿命核素的比活度高于对短寿命废物的限值	地质处置

高放废物由于放射性强、毒性大、半衰期长，潜在威胁极大，故均需采用深地质处置，以便与人类环境严格隔绝，其稳定性和安全性的时限超过一万年。低中放废物主要为短寿命废物，也包括部分不超限的长寿命废物，其危害性低于高放废物，但仍需严格处置和管理，处置库的使用年限一般为300~500年。

低中放废物一般采用近地表处置或浅埋地质处置，有防护覆盖层，有天然屏障和工程屏障，深度一般不超过30~50m。处置场是一个具有明确边界的有组织严格控制的场区。处置设施为有多重屏障的永久性系统，一般包括若干处置单元、防护覆盖层、回填材料、防排水系统等。处置单元为废物包装容器与地质体之间的构筑物，由顶板、侧墙、内隔墙、底板、排水廊道等组成。附图17-1为美国德克萨斯州Andrew低中放废物处置设施的示意图。

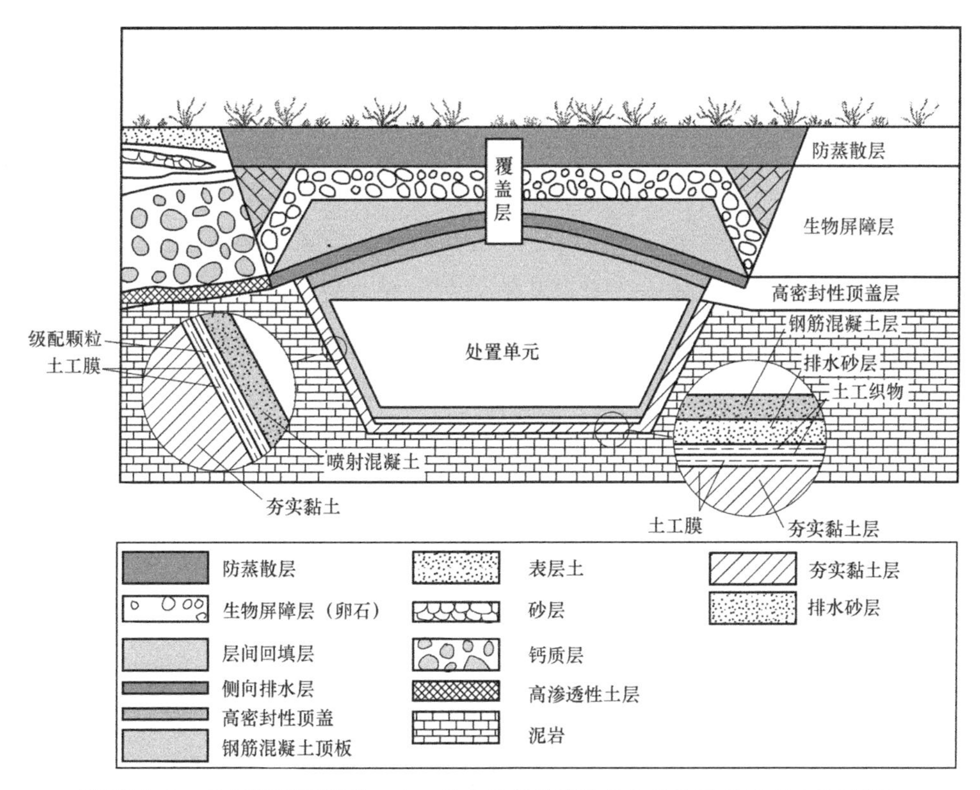

附图17-1　美国德克萨斯州Andrew低中放射性废物处置设施的示意图（易树平）

18 水动力弥散系数

中文名称：水动力弥散系数

英文名称：hydrodynamic dispersion coefficient

释义：表征溶质在多孔介质中分子扩散和机械弥散的参数，其值为分子扩散与机械弥散之和。

涉及案例：案例19 广东遥田低中水平放射性废物处置场勘察及核素运移预测

附加说明：

水动力弥散是可溶性物质进入地下水或两种不同浓度的地下水相混，溶质发生迁移的现象，其成因包括机械弥散和分子扩散，一般条件下以机械弥散（或称对流弥散）为主。在方向上包括平行流向的纵向弥散和垂直流向的横向与垂向弥散，以纵向弥散为主。分子扩散是不同浓度溶液相混时，溶质分子由高浓度向低浓度运移，混溶过渡带不断加宽，使溶液浓度均匀化的过程；机械弥散是地下水流动造成的弥散，有明显的方向性。前者由浓度梯度驱动；后者由水力梯度驱动。由于这两种作用同时存在，难以分开，故合称水动力弥散。

作为表征水动力弥散特征的弥散系数，其值为分子扩散与机械弥散之和：

$$\begin{aligned} D &= D_m + D_h \\ &= \lambda_1 n D_0 + \lambda_2 v \end{aligned} \qquad \text{（附18-1）}$$

式中 D——水动力弥散系数；

D_m——分子扩散系数；

D_h——机械弥散系数；

λ_1——孔隙通道的弯曲系数；

λ_2——表征岩土平均粒径和不均匀特征的系数；

n——介质的孔隙度；

D_0——静水中的分子扩散系数，与溶质特性和温度有关，其值为单位溶质浓度梯度条件下溶质分子在浓度梯度方向的扩散速度；

v——地下水的实际流速。

附图18-1为井内投入示踪剂后的弥散现象。作为溶质的示踪剂浓度向外弥散，顺着水流方向为纵向弥散，长度最大；与水流方向垂直的弥散为横向弥散，长度较小；流速极慢时可以观测到与流动相反方向的弥散，称逆向弥散。此外，尚有与重力方向一致的弥散（垂直于纸面），称垂向弥散。

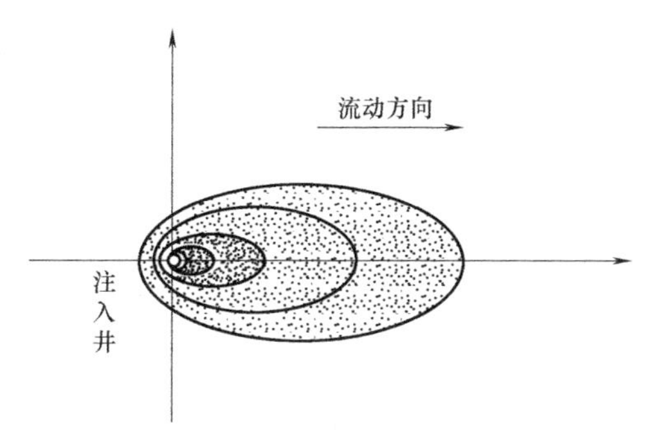

附图18-1　井内投入示踪剂后的弥散现象（王秉忱等）

机械弥散虽然由水力梯度驱动，但因常规的地下水动力学未考虑孔隙和裂隙的微观效应，故不能解释弥散现象。以最简单的一维流为例，具有一定浓度的污染物随水体向一个方向流动，如水流质点“齐头并进”，则前方应有一个锋面，锋面后为示踪剂溶液，锋面前为洁净水体。但事实并非如此，如附图18-2所示，存在一个过渡区，在过渡区内浓度逐渐降低，而不是在平均流速所到之处发生突变。

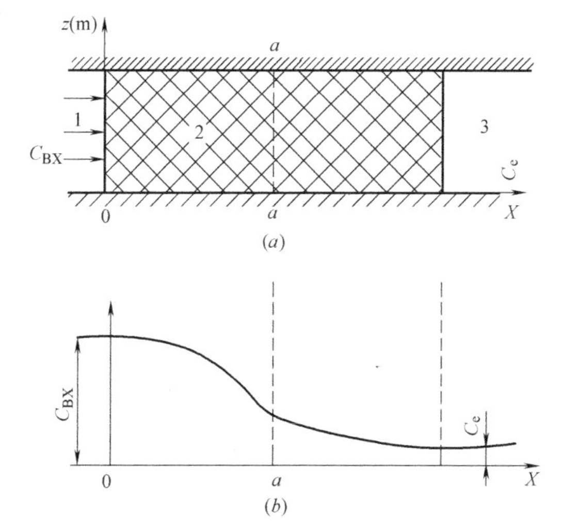

附图18-2　一维流条件下的纵向弥散（王秉忱等）
(a) 平面；(b) 剖面
1—污染水；2—过渡带；3—洁净水；C_{BX}—污染水浓度；C_e—洁净水浓度；a-a—平均流速的锋面

附图18-3为一维流条件下的纵向弥散和横向弥散，附图18-4为一维流条件下弥散剖面浓度分布图。

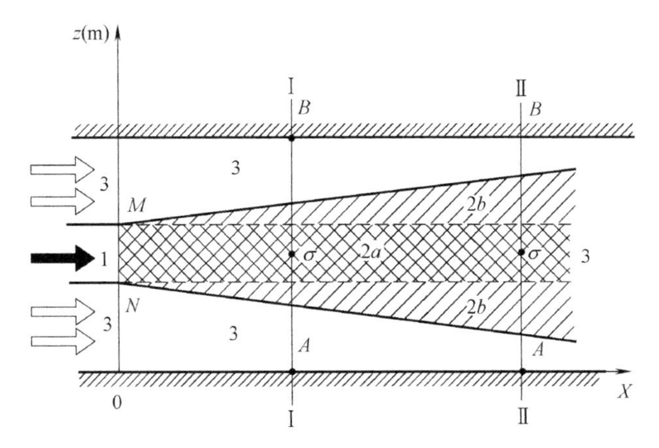

附图18-3　一维流条件下的纵向弥散和横向弥散平面图（王秉忱等）

M-N—污染水入口；2*a*—纵向弥散带；2*b*—横向弥散带；Ⅰ-Ⅰ、Ⅱ-Ⅱ—剖面线

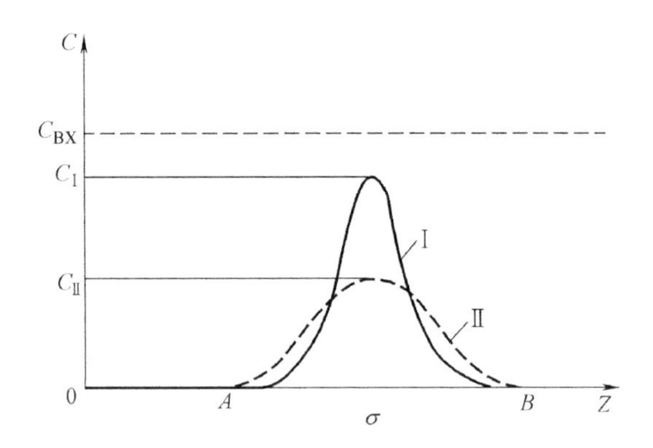

附图18-4　一维流条件下弥散剖面浓度分布图（王秉忱等）

水动力机械弥散的原因是地下水在孔隙和裂隙中流动的微观效应。即使地下水动力学中认为是均质各向同性体，水流质点在孔隙和裂隙中流动时也不是匀速直线地“齐头并进”，而是不等速地曲折前行。从微观效应分析主要有以下三方面原因：一是水流是绕着固体颗粒沿孔隙或裂隙流动的，颗粒或岩块的大小和形状在岩土中随机分布，故水流也一定随机弯曲，水流质点偏离水流总体方向，流线长度不一，到达时间有早有晚；二是作为水流通道的孔隙或裂隙，宽窄不一，流速也就各不相同，有的质点较快，有的质点较慢；三是颗粒或岩块表面对水流有黏附作用，固体颗粒表面附近的水流较慢，孔隙或裂隙的中部较快。

解决水动力弥散问题需两个偏微分方程，一是地下水动力学的流场方程，二是描述溶质浓度时空变化的弥散方程。按卢德生等《地下水现场弥散试验参数计算》（《岩土工程技术》1999年第3期），二维弥散溶质运移的控制方程为：

$$\frac{\partial\rho}{\partial t}=D_{xx}\frac{\partial^2\rho}{\partial x^2}+2D_{xy}\frac{\partial^2\rho}{\partial x\partial y}+D_{yy}\frac{\partial^2\rho}{\partial y^2}-\upsilon_x\frac{\partial\rho}{\partial x}-\upsilon_y\frac{\partial\rho}{\partial y}-\frac{w}{n}\cdot\rho \qquad (附18-2)$$

式中，右测前3项为弥散项，第4、5项为对流项，最后一项为源汇项（无源汇时略去）。ρ为溶液浓度（g/L）；t为时间变量（d）；w为单位体积含水层的抽水量（t/m^3）；n为有效孔隙度；D_{xx}、D_{xy}、D_{yy}分别为水动力弥散系数张量的三个分量（m^2/d），用式（附18-3）、式（附18-4）和式（附18-5）计算：

$$D_{xx}=(\alpha_L\upsilon_x^2+\alpha_T\upsilon_y^2)/\upsilon \qquad (附18-3)$$

$$D_{xy}=(\alpha_L-\alpha_T)\upsilon_x\upsilon_y/\upsilon \qquad (附18-4)$$

$$D_{yy}=(\alpha_T\upsilon_x^2+\alpha_L\upsilon_y^2)/\upsilon \qquad (附18-5)$$

其中：

$$v=\sqrt{v_x^2+v_y^2} \qquad (附18-6)$$

式中：α_L和α_T分别为纵向弥散度（m）和横向弥散度（m）。弥散参数可根据试验成果用解析法、配线法或数值法计算。

水动力弥散系数也可以理解为描述进入地下水系统污染物稀释的时间空间变化的参数，其方向取决于水动力方向，而弥散度为孔隙或裂隙介质的内在参数，与水流方向、速度无关。通常，纵向弥散度为横向弥散度的5~20倍。由于分子扩散远小于机械弥散，故常忽略不计。垂向弥散涉及三维问题，计算和测定的难度更大。

水动力弥散系数可由室内弥散试验和现场弥散试验求得。室内弥散试验在专门的试验装置中进行，由于试样为人工制备，试验条件与现场不同，故试验结果与现场有较大差别，一般结合现场试验平行进行。现场试验是测定弥散系数的主要手段，有单孔法和多孔法。单孔法只有一个试验孔，在测定孔内地下水浓度的本底值后，瞬时投放示踪剂，上下拉动，溶混均匀后，按设定时间间隔取样测定浓度，绘制浓度－时间曲线，最后用单井弥散理论计算弥散参数。多孔弥散试验由投源孔和若干观测孔组成，长轴方向与地下水流向一致，投示踪剂后定时定深度观测，准确测定示踪剂前缘和峰值在观测孔出现的时间，实时绘制浓度－时间曲线，试验结束后计算地下水实际流速、纵向弥散系数和横向弥散系数。

低中水平放射性废物处置场勘察时，除应分析评价水动力弥散外，尚应对岩土固体介质对核素的吸附能力进行研究。吸附是溶解态的核素与固体介质的相互作用，用分配系数和阻滞系数量度，分配系数K_d表示某种核素被吸附后固相与液相之间的平衡分配，即吸附于固相上的核素浓度（Bq/g）与液相中核素浓度（Bq/cm^3）之比，单位为cm^3/g。阻滞系数（R_d，无量纲）为评价核素污染物在地下水中迁移行为的一个重要参数，根据分配系数按下式计算：

$$R_d=1+\rho K_d/n \quad \text{（附18-7）}$$

式中 ρ——质量密度；

n——孔隙度。

19 爆破挤淤

中文名称：爆破挤淤，爆破排淤

英文名称：blasting replacement

释义：采用爆破技术排挤和扰动淤泥使抛石体落底的一种施工方法。

涉及案例：案例20 深圳前海合作区围海造陆及软基处理工程

附加说明

围海造陆一般采用抛石挤淤修筑海堤和隔堤，但淤泥较厚时会存在残留淤泥，抛石体不能落底。为了解决这个问题，可采用超载抛填排挤淤泥，再卸载至设计标高，也可采用爆破挤淤使抛石落底。如这两种方法仍不能解决问题，则可采用超载抛石和爆破挤淤联合施工方法。

爆破挤淤的基本原理是在堤头一定位置的淤泥内埋设药包，药包爆炸时向四周排挤并向上抛掷形成爆坑，抛石体在爆炸空腔负压和自身重力作用下定向落入爆坑形成石舌，瞬时实现泥石置换。同时，爆炸产生的冲击波还使爆源附近的淤泥受到强烈扰动，力学性能急剧下降，承载能力迅速降低甚至丧失，抛石体在自重作用下进一步滑移下沉。后续爆破的多次振动进一步促进堤身下沉落底，堤身石料密实度也得到了提高。工程需要时还可进行堤侧爆破、坡脚平台爆夯等作业，以稳定堤身。

除围海造陆外，爆破挤淤技术还可用于防波堤、护岸、滨海机场、核电厂取水和排水构筑物、沿海贮灰场围堤、大型沉箱码头、造船厂滑道等工程的淤泥软基处理。

爆破挤淤抛石筑堤具有施工速度快、工期短、造价低、沉降量小的优势。

20 地下水动态与均衡

中文名称：地下水动态与均衡

英文名称：groundwater regime and balance

释义：地下水动态与地下水均衡的合称。含水系统在环境因素的影响下产生随时间的变化，称为“地下水动态”；含水系统的某一地段某一时间段内，在环境因素影响下的输入和输出状态，称为“地下水均衡”。

涉及案例：案例10 内蒙古准格尔选煤厂整平场地引发地下水位上升

案例28 延安新区建设的岩土工程问题

附加说明：

地下水动态与地下水均衡是不可分割的表里关系，动态是均衡的外在表现，均衡是动态的内在原因。环境因素变化不断改变地下水的输入和输出，造成地下水动态的不断变化，故所谓“均衡”是动态的均衡。目前研究较多的是水量的输入输出均衡与水位动态的关系，对水中含盐量、温度、能量均衡与动态的研究尚少，尚不完善。

影响地下水动态与均衡的主要环境因素有：

（1）气象和气候因素

大气降水影响水量的输入，蒸发和蒸腾影响水量的输出，从而发生水位变化。包括昼夜变化、季节变化和多年变化。降水强度、降水延续时间对输入地下的水量影响也很大。

（2）地形和植被因素

地形和植被影响地表水的渗入和蒸发（蒸腾）。地形坡度越缓，地表水渗入量越大；地形坡度越陡，则以地表径流为主，渗入量越小。植被可以阻滞地表径流，增加地下水量的输入，并影响地面的蒸发和蒸腾。

（3）水文因素

当地表水与地下水具有水力联系时，地表水位高于地下水位则输入地下水，地下水位升高；地表水位低于地下水位时则输出地下水，地下水位降低。地下水输入和输出的数量和快慢、地下水位的升降大小和快慢，取决于地表水与地下水之间水力联系的密切程度、水头差的高低及地质条件。水力联系越密切，水头差越大，地质条件越有利，则输入输出的数量和速度越大，反之亦然。

（4）地质和岩土因素

包括包气带的厚度和性状、含水层和隔水层的厚度、分布、渗透性等。地质和岩土因素对地下水的均衡与动态影响很大，但一般比较稳定，较少变化。包气带的厚度、含水量和渗透性，对地表水入渗，对地下水汽化，对地表蒸发和蒸腾，都是重要的影响因素。含水层的厚度和渗透性质、隔水层的厚度和渗透性质、多层含水层之间的水力联系、断层、节理、褶皱、不整合等地质构造，均制约地下水的运动，都是地下水均衡与动态的重要因素。

（5）人为因素

人为因素包括水库、渠道、灌溉等水利工程、水资源开采、矿山疏干、城市和工业建设的平整场地、基坑降水、管道渗漏、回灌、地面的绿化、硬化、跨流域调水等。无论疏干型还是充水型动态，都可能达到很大的强度，甚至完全改变自然条件下的地下水均衡。新的动态和均衡对工程和生态可能不利，也可能有利。例如北京城区的地下水位，20世纪50年代时深度仅1～2m，由于大量超采地下水和基坑抽水，现在水位深度已经超过10m，甚至20m，浅部的承压水变成了层间潜水。随着节水政策的贯彻，地下水开采与基坑抽水的严格限制，南水北调的实施，地下水位有望会有一定程度的上升。本书典型案例10和典型案例28，都是由于平整场地，大挖大填引发的地下水动态与均衡问题。

输出大于输入，必然亏损，水位下降，要维持平衡，只能增加输入或减少输出；输入大于输出，必然积累，水位上升，要维持稳定，只能减少输入或增加输出。这是很浅显的道理。地下水均衡可以根据输入项和输出项的具体数据进行定量计算。

21 护坦

中文名称：护坦

英文名称：apron

释义：水闸、溢流坝等泄水建筑物下游，用以保护河床免受水流冲刷或其他侵蚀破坏的刚性结构设施。

涉及案例：案例21 攀钢弄弄沟溢洪道地质灾害治理

附加说明：

当下泄水流采用底流消能时，护坦（或其一部分）常做成消力池形式，促使高速水流在消力池范围内产生水跃。紧接护坦或消力池后面的消能防冲措施，称为海漫。其作用是进一步削减水流的剩余动能，保护河床免受水流的危害性冲刷。

护坦上的水流紊乱，其荷载有自重、水重、扬压力、脉动压力及水流的冲击力等，受力情况复杂，护坦又紧靠闸室或坝体，一旦破坏，直接影响闸坝安全，因此要求护坦具有足够的重量、强度和抗冲耐磨能力，保证在外力作用下不被浮起或冲毁。

护坦厚度的确定通常需参考已建工程的应用经验，大中型低水头泄水建筑物中，一般采用0.5～1.0m。高水头泄水建筑物常通过水工模型试验测定水流冲击力和脉动压力，根据最不利受力情况验算厚度。护坦常用钢筋混凝土筑成，一般情况下护坦顶层及底层均布置钢筋，小型工程也可只配置顶层钢筋。

为了减小或消除护坦下的渗透压力，在底部铺设排水反滤层，并在水平段后半部设置排水孔。护坦与闸室（或坝体）、翼墙之间需用沉降缝分开，以适应不均匀沉降。当护坦较宽时，还需设置顺水流方向的纵缝，其间距与地基条件有关。一般不设垂直水流方向的横缝，以保证护坦的整体稳定性。

护坦一般为刚性结构，本案例由于洪水携带块石、碎石，击穿刚性护坦，故在刚性护坦底板上增设柔性结构。

22 消力池

中文名称：消力池，消能池

英文名称：stilling basin

释义：促使在泄水建筑物下游产生底流式水跃的消能设施。

涉及案例：案例21 攀钢弄弄沟溢洪道地质灾害治理

附加说明：

消力池为混凝土构筑的有一定容积的池，能使下泄急流迅速变为缓流，一般可将下泄水流的动能消除40%～70%，并可缩短护坦长度，是一种有效而经济的消能设施。

消力池的形式通常有下降式、消力槛式和综合式3种：下降式消力池为降低护坦高程形成的消力池，用以加大尾水深度，促使下泄急流在池中产生底流式水跃；槛式消力池是在护坦上（一般在末端）设置消力槛而形成的消力池，多用于水跃淹没度略感不足，或开挖消力池有困难的情况；综合式消力池是既降低护坦高度，又设置消力槛的消力池。

23 能动断层与全新活动断裂

中文名称：能动断层，全新活动断裂

英文名称：capable fault，holocene fault

释义：能动断层，强震时地表或近地表处有可能引起明显错动的活动断层。

全新活动断裂，全新地质时期（一万年）内有过地震活动或近期正在活动，在今后一百年可能继续活动的断裂。

涉及案例：案例24 北京八宝山断裂对北京正负电子对撞机工程影响的评价

附加说明：

“断裂”和“断层”在词义上没有明显的区别。

地质学将地质历史上晚近期活动，现在仍可能活动的断裂称为活动断裂（active fault），但具体时限并无统一认识。在工程使用时限内断裂是否活动，对工程的安全影响极大，因一旦发生活动，任何工程措施都不能抵御，只能避让。

如何鉴定工程使用时限内断裂可能活动，是一个十分困难的问题，较为可行的办法是，通过鉴定断裂最近的活动时间来推测今后活动的可能性。工程时限以年计，一般使用期为50～100年，而地质时间单位以百万年计，尺度差别很大。因此，《岩土工程勘察规范》提出了全新活动断裂的概念，即以过去的一万年是否活动来推测今后一百年的活动。《建筑抗震设计规范》采用了这一概念，称为“全新世活动断裂”。

核电厂由于安全的特殊重要性，将活动断裂的时限定为10万年，并提出了“能动断层”的概念。能动断层的定义虽然是“地表或近地表处有可能引起明显错动的活动断层”，但鉴定时仍用过去10万年内是否发生过活动来判定。

24 地震液化

中文名称：地震液化

英文名称：seismic liquefaction

释义：地震使饱和砂土或粉土趋于紧密，孔隙水压力迅速上升，土的抗剪强度丧失，土体由固态转为液态的现象。常伴随有喷水冒砂、地面沉陷、斜坡失稳和地基失效。

涉及案例：案例25 岸边地震液化判别和地震液化的基本经验

附加说明：

1. 若干基本术语

地震液化的机制早已达成共识，下面对若干基本术语作些简要说明。

（1）液化：按有效应力原理，土的抗剪强度为：

$$\tau_f=c'+\sigma'\tan\varphi'=c'+(\sigma-u)\tan\varphi' \quad （附24-1）$$

式中，c'为土的有效黏聚力；φ'为土的有效内摩擦角；σ'、σ分别为有效法向力和总法向力；u为孔隙水压力。当孔压升高至$u=\sigma$或$\sigma-u=0$时，砂土的抗剪强度为0，发生液化。因此，液化是饱和土在动力、静力或渗透作用下，由固体转为液体，抗剪强度丧失的过程。

（2）部分液化：饱和土在动力、静力或渗透作用下，抗剪强度有一定程度的降低，刚度相应减小，但并未完全丧失的现象，或称“弱化”或“软化”。

（3）初始液化：在动荷载作用下，饱和土中的超静水压力上升至初始有效固结应力状态。这是一种临界状态，此后剪应变加快，很快达到破坏，产生完全液化。

（4）流动液化（flow liquefaction）：饱和松砂在荷载作用下，由于剪缩而强度突然降低的现象。单向荷载和循环荷载均可发生，或称“流滑（flow slide）”。由附图24-1可见，松砂和密砂在循环荷载下的表现完全不同，松砂因剪缩而孔压不断上升，孔压超过初始液化后剪应变迅速增加而达到破坏；密砂的孔压和剪应变则保持稳定变化，荷载相当高时强度仍不破坏。

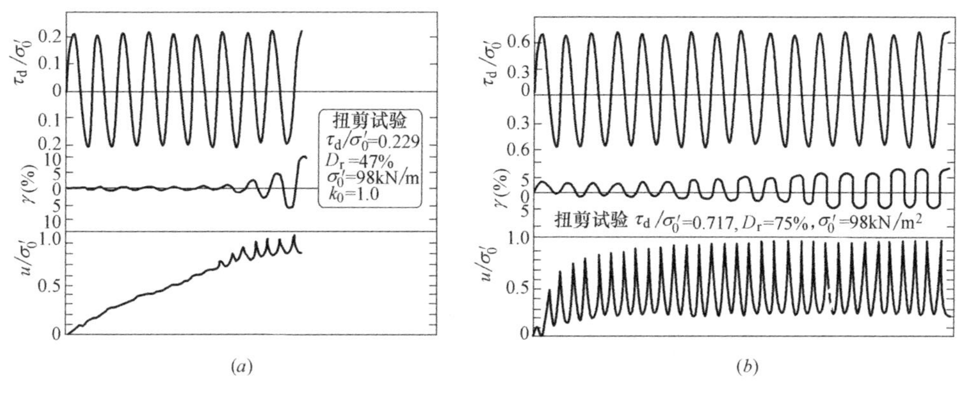

附图24-1　饱和松砂和密砂的扭转试验（Ishihara）
（a）松砂；（b）密砂

（5）微观液化：通常指试验室中利用动三轴仪、动单剪仪、动扭转仪等模拟土的单元体在循环荷载作用下的液化现象。试验时可根据研究需要，采用不同颗粒组成和不同密实度的土样，在不同的初始固结压力作用下，用不同的循环荷载试验，测定土样孔压和剪应变的表现，研究液化的机制和规律。

（6）宏观液化：通常指现场的液化现象，如喷水冒砂、地面沉陷和开裂、水位升高、侧向位移、建筑物倾斜或倾倒。边坡和岸坡滑动等。

（7）渗流液化：通常指在自下而上的渗流作用下，水力梯度超过临界梯度后，使土处于悬浮状态而丧失强度，即渗透破坏中的流土现象。渗流液化有些与地震无关，如水坝下游、基坑开挖产生的流土；有些与地震有关，喷水冒砂（砂沸）实质就是地震作用下的渗流液化。

2. 地震液化对工程的影响

有以下几种表现：

（1）地基失效：由于地基土抗剪强度的丧失，地基承载力趋于0，地基破坏，使建筑物大量沉陷和倾斜，甚至完全倾倒。

（2）喷水冒砂：由于振动产生的孔隙水压力迅速上升，一时不能消散，携带着砂土冲出地面，产生喷水冒砂现象。喷水冒砂造成地下水土流失，使地面局部塌陷，进一步加剧地基失效和不均匀沉陷。震害调查表明，凡有喷水冒砂的地方地基失效都很严重；凡没有喷水冒砂的地方地基失效不明显，故常将喷水冒砂作为地震液化的宏观标志。喷水冒砂除加重地基失效外，还可淹没农田，破坏水利设施。

（3）边坡和岸坡滑移：由于土体液化后丧失抗剪强度，边坡和岸坡极易失稳，即使液化层很薄（不足1m），斜坡很平缓（不到10°），也可能产生滑坡或滑移。

（4）侧向扩展：由于边坡或岸坡一边存在临空面，在一定条件下不一定滑移，但产生侧向扩展，拉伸地基，破坏地基上的建筑。

（5）降低桩的摩擦力：桩侧土地震液化，强度丧失，使桩的侧阻力减小，降低桩的承载力。

3. 场地液化判别

预测场地在未来地震时是否会液化，是极为复杂和困难的问题，国内外虽有大量研究成果，但判别的可靠性都不高。国内常用方法已经列入规范，在此不再介绍。国外众多专家提出了自己的方法，这里简单介绍曾经在国际上流行并对我国影响较大的Seed简化法。

Seed-Idriss简化法于1971年提出，后又不断地修改充实，其要点如下：

简化法将地震作用于土体的不等幅剪应力时程简化为等效的、一定循环次数N和一定幅值的循环荷载，计算式为：

$$\tau_{av}=0.65\frac{\gamma h}{g}a_{max}\gamma_{d} \qquad (附24-2)$$

式中，γ为土的重度；h为研究点至地表的深度；a_{max}为地震引起的水平地面峰值加速度，以重力加速度g为单位；γ_d为考虑土体为非刚体时产生的深度折减系数，其值地表为1.0，地下20m为0.64。循环次数N与地震动持时有关，而持时主要决定于震级，Seed等给出了确定N值的建议。

土的抗液化强度τ_R根据动三轴试验求得，比较剪应力τ_{av}和土的抗液化强度τ_R即可得到是否液化的结论。$\tau_{av}>\tau_R$时液化；$\tau_{av}<\tau_R$时不液化。

这种基于室内试验的简化计算方法，虽然由于取样和试验的困难，现已很少采用，并逐渐被基于现场试验的方法代替。但对缺少历史地震液化资料，工程性质又具有较大特殊性的土类（如片状砂、尾矿、粉煤灰等），仍可选用。

Seed等人后来在1971年研究成果的基础上，提出了基于现场标准贯入试验确定液化强度的简化法，经过多次修改成为北美和世界上许多地区液化判别的标准方法。该法用的是按有效上覆压力为100kPa修正后的标贯锤击数，参数和计算式与我国规范均不相同。Seed曾与中国学者多次交流，该法的提出显然受中国规范方法的启示。

25 场地地震反应分析

中文名称：场地地震反应分析

英文名称：site seismic response analysis

释义：地震波从场地基底输入，经由岩土介质，到达场地地面产生地震反应的分析。

涉及案例：案例26 田湾核电厂特殊地质体及其地震反应分析

附加说明：

地震在震源发生，通过地震波传播至场地，场地地面产生怎样的反应，是工程界最为关心的问题。研究表明，主要取决于下列因素：

（1）震源特性和机制：包括断层活动的量级、方向和历时，断层破裂的规模和能量释放方式，震源深度等；

（2）地震波传播的路径和介质：包括经由基岩的物理力学性质、区域地质构造等；

（3）场地岩土条件：包括覆盖层的厚度及其空间分布、土的动力特性、基岩面形态等；

（4）场地的局部地形地貌：如突出的山丘、山脊等。

由于存在几何阻尼，地震波传播过程中将会衰减。传播过程中又受不同介质动力特性的影响，有各种透射、反射、折射、绕射，地震波的幅值、频率特性等都会随着传播距离的变化而不断变化。

场地地震反应分析一般指采用某种数学方法，计算从场地下面的基岩向上入射的地震波，经由覆盖层的各层土，到达地面的地震反应（如果需要，也可计算经由土层的反应），如附图25-1所示。

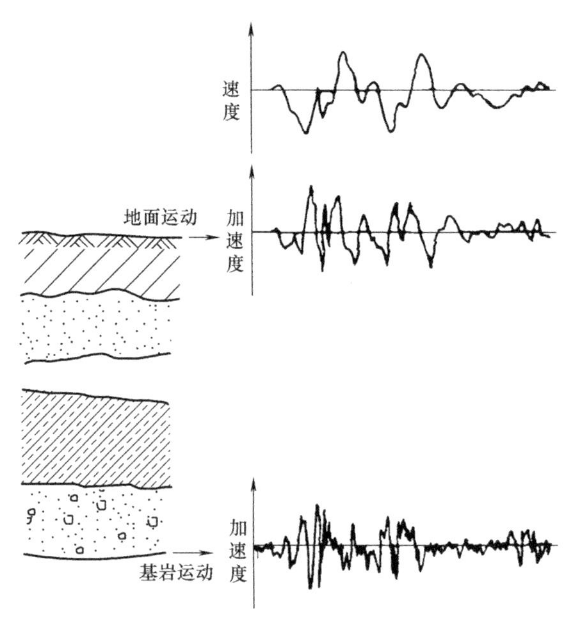

附图25-1　场地地震反应分析示意（刘惠珊、张在明）

计算需要的条件，一是作为基底地震输入的加速度时程曲线；二是沿途各土层的动力参数。计算方法有集中质量法、波的传播法、有限单元法等。如果基底面、各土层层面和地面都基本水平，则可简化为一维问题；如果地质和地形条件复杂，则需按二维或三维问题计算。案例26情况特殊，地震波从三个方向输入，计算特殊地质体的地震反应，比一般建筑场地的问题要复杂得多。

基底地震输入的生成方法有两种：一是选择一条震级、震中距、场地条件与工作场地接近的实测加速度时程曲线，将整条曲线的振幅放大或缩小，使峰值与工作场地等值；将整条曲线拉伸或压缩，使其卓越周期接近要求。将这条按比例调整的时程曲线作为基底输入。二是用数值法生成地震动时程曲线。

计算所需的土的动力参数包括土的质量、动模量和阻尼常数，可通过室内土工试验和原位测试取得。其中最重要的参数剪切模量一般由剪切波速求算。需要注意的是，土的剪切模量与剪应变有关，剪应变越大，剪切模量越小。钻孔波速测试时剪应变很小，测得的模量是最大值；而地震是大应变，故模量要小得多。剪切模量与剪应变的关系，已有一些试验研究成果，可以参考。

26 地震反应谱

中文名称：地震反应谱

英文名称：seismic response spectrum

释义：同一地震动输入下，具有相同阻尼比的一系列单自由度体系反应（加速度、速度、位移）的绝对最大值，与单自由度体系自振周期的关系，用以表征地震动的频谱特性。

注：实际阻尼系数与临界阻尼系数之比称为阻尼比，用以表征振动体系受到阻力能量减小的程度；仅需一个独立坐标即可确定物体空间位置的体系称单自由度体系。

涉及案例：案例26 田湾核电厂特殊地质体及其地震反应分析

附加说明：

地震时产生的地震动用强震仪记录，典型地震记录如附图26-1所示。

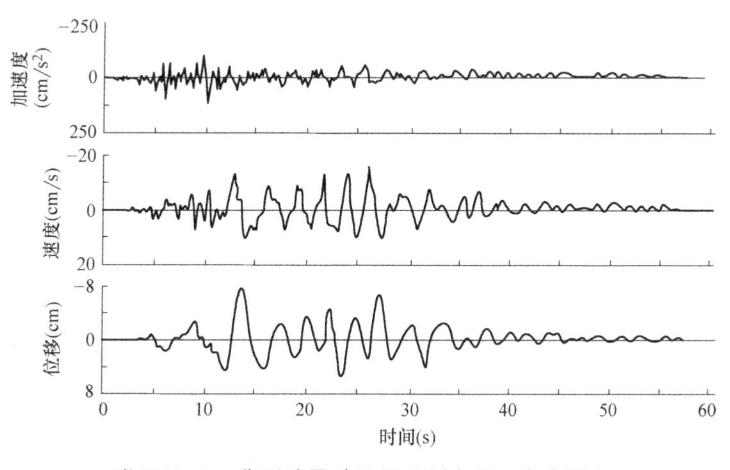

附图26-1　典型地震动记录（刘惠珊、张在明）

图中加速度时程曲线为实测，速度和位移时程曲线为由加速度时程曲线计算得到。振幅、持时和频谱特性是地震动的主要特征。

体系的质量、阻尼和刚度不同，其加速度、速度和位移反应也大不一样，反应的差别，主要受系统的自振周期控制。只要给定地震时的地面运动，不同单质点体系对它的反应就可以计算出来。反应谱是地震反应分析和建筑抗震设计中的一个重要概念。反应谱是一条曲线，表示不同结构对地震的反应，横轴为结构的基本自振周期，纵轴为结构的地震反应，以最大加速度、最大速度或最大位移表示。附图26-2为Housner地震的加速度反应谱、速度反应谱和位移反应谱（图中数字为阻尼值）。

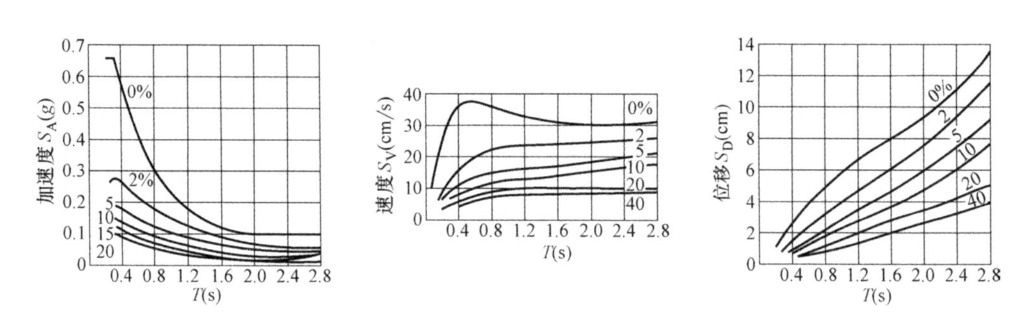

附图26-2　地震加速度反应谱、速度反应谱、位移反应谱（刘惠珊、张在明）

设计反应谱是作为建筑抗震设计依据的地震反应谱。在我国，是根据地震烈度和场地条件对已有的反应谱进行分类统计，综合考虑抗震设计的经验，得到平滑的反应谱曲线，作为抗震设计的依据。附图26-3为我国现行《建筑抗震设计规范》GB 50011-2010的设计地震反应谱，分为4段：

（1）直线上升段：周期小于0.1s的区段；

（2）水平段：从0.1s至特征周期T_g的区段，取水平地震影响系数的最大值；

（3）曲线下降段：从特征周期T_g至5倍特征周期的区段；

（4）直线下降段：从5倍特征周期至6s的区段。

其中，特征周期取决于场地类别（覆盖层厚度和等效剪切波速）和设计地震分组，只要地震烈度和特征周期已知，反应谱曲线便可确定。设计反应谱曲线中，周期小于0.1s的区段符合T=0（刚体）时动力不放大的特性，$T \geq T_g$时的两个区段，反映了结构自振周期较长时，加速度控制过渡到速度控制，再由速度控制过渡到位移控制的特性。

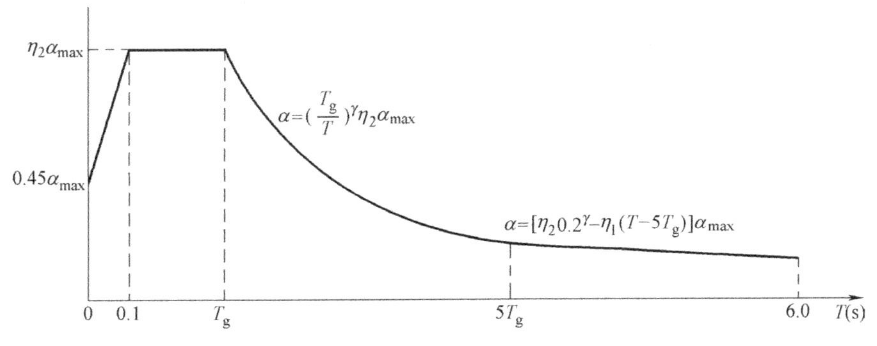

附图26-3　建筑抗震规范的设计地震反应谱

27 岩溶土洞塌陷

中文名称：岩溶土洞塌陷

英文名称：karstic earth cave and collapse

释义：岩溶洞隙上方土体，由于水动力作用而使土粒流失，形成空洞，进一步发展成地面塌陷的现象。

涉及案例：案例27　唐山市体育中心岩溶塌陷治理

附加说明：

岩溶土洞塌陷具有隐蔽性、突发性、形成机制复杂、影响因素多样、勘察和治理难度大等特点，是一种危害严重的地质灾害。

岩溶土洞塌陷形成的机制主要与岩溶区的地下水动力作用有关。最早认为是由于地下水自上而下渗透，即地面水经由土体向下流动，或土层中的地下水向下流动，进入岩溶通道，在渗透压力和重力的作用下，使基岩表面洞隙附近的土体塌落，土粒被水带入岩溶通道，形成空洞。长期的地下水运动使土洞不断扩大，发展至地面而形成塌陷。或者说是由于潜蚀作用引发。

进一步研究发现，真空吸蚀是形成岩溶土洞塌陷十分重要的机制。岩溶水位快速下降时，岩溶通道系统中产生真空负压，加强土体中孔隙水（气）的向下流动对土粒的推动，特别在洞隙开口附近的水流集中点，水力梯度和流速很大，加剧土体的塌落和流失。岩溶水位自然波动时的水位下降，地下水开采抽水和矿坑疏干抽水时水位的急速下降，都会造成大面积塌陷，就是真空吸蚀作用的明显例证。

此外，承压水水头下降对土体浮托力的丧失、水库蓄水抬高水位、地面荷载效应、化学溶解减小土的黏聚力、爆破产生水击等也会产生或加剧岩溶土洞塌陷的形成。岩溶土洞塌陷发育的主要条件是岩溶通道的存在及地下水的动力作用，地形地貌、基岩埋深、土的成层条件、土的粒度组成和水理性质等也是重要因素。

根治岩溶土洞塌陷必须封堵和切断水土流失的通道，消除岩溶土洞塌陷形成的水动力条件。土洞与溶洞不同，溶洞是长期地质作用的产物，在工程使用期限内一般不会发展；土洞是岩溶塌陷过程中的中间产物，极不稳定，发展迅速，必须根治。简单的填埋，不切断水土流失的通道，不能从根本上解决问题。

28 反滤层

中文名称：反滤层

英文名称：inverted layer（filter）

释义：在坝体下游、渗渠、盲沟、大口井等的地下水出口处，铺设粒径沿水流方向由细到粗的级配砂砾，使水可以渗透而土粒不被带走的滤水装置。

涉及案例：案例28 延安新区建设的岩土工程问题

附加说明：

反滤层一般由2～4层粒径不同的砂、砾石、碎石或卵石组成，顺着水流方向颗粒逐渐增大，任一层的颗粒都不允许穿过相邻较粗一层的孔隙，同一层的颗粒也不得产生相对移动。设置反滤层后，地下水可以渗透，但带不走土粒，防止流土和管涌，防止土粒流失，也要防止淤堵。现在常用土工织物代替，其设计原则一是要保土，二是要排水。

反滤层是盲沟排水设施的重要环节，应做好反滤层的颗粒分级和层次排列，以达到水流畅通而土颗粒不流失的目的。必须根据设计按层次、按厚度要求铺设，做到层次分明，一次施工完成。铺设反滤层时宜采用平板振捣器捣实，不宜采用碾压，夯打等方法，以免影响效果。滤料本身应质地坚硬，不风化，不水解，小于0.1mm细颗粒含量不得大于3%。配合采用土工布、土工格栅等土工合成材料，效果更好。

29 软式透水管

中文名称：**软式透水管**

英文名称：soft permeable pipe

释义：**一种具有吸水、滤水、透水和排水性能的柔性管材。**

涉及案例：**案例28 延安新区建设的岩土工程问题**

附加说明：

软式透水管是一种具有吸水、滤水、透水和排水性能的柔性新型管材，与传统排水管材相比，软式透水管设计原理独特、材料性能优良、滤水和透水性能很强、施工简便、适应性强，已被广泛应用。

软式透水管的主要特点为：

（1）滤水和透水性能优良

软式透水管利用毛细和虹吸原理，用无纺土工合成织物构成过滤层，可全方位透水，过滤层的孔隙直径小，可确保有效过滤。洁净水可以顺利渗入管内，而泥砂等杂质则被阻挡在管外。吸水性能优良，可迅速收集土中多余水分。

（2）柔软，且有较高的抗压、抗拉性能

软式透水管用防锈弹簧圈支撑管体，独特的钢丝螺旋骨架可确保管壁表面平整，承受压力，保持管形。采用合成聚酯纤维，经纱为被覆PVC的高强力特多龙纱或尼龙纱，纬纱为特殊纤维，柔软而有足够的抗拉强度，不会因地质条件和温度变化而断裂。

（3）环保、防腐、耐久、寿命长

软式透水管被覆PVC防止酸碱腐蚀，耐腐蚀和抗微生物侵蚀性能良好，长期使用不会变质。材料无毒性，可达到排放洁净水的效果，不会对环境造成二次污染，属于新型环保产品。

（4）施工方便、适应性强

软式透水管整体连续性好，接头少，重量轻，安装方便，施工效率很高，且与土结合性能良好，适用于多种工程和地质条件，综合造价低。

软式透水管有下列用途：

（1）挡土墙背面的垂直排水和水平排水；

（2）公路、铁路的路基、路肩排水，高速公路中央隔离带排水及植被保护；

（3）隧道、地下通道的排水；

（4）冶金工业尾矿坝、发电厂灰坝和水利工程坝体的排水；

（5）易产生崩塌、滑坡地段的排水护坡；

（6）工程场地平整的地下排水、控制地下水位；

（7）横向水平钻孔排水；

（8）堆场、垃圾填埋场、堆肥场排水；

（9）软土排水加固；

（10）城市广场、运动场的场坪排水；

（11）水土保持工程排水；

（12）湿地、低洼地排水，盐渍土、盐碱地改造排水；

（13）汲水井，排水井，排水沟的集水排水；

（14）公园绿地排水、屋顶花园及花台排水；

（15）农业、园艺灌溉系统排水。

30 桩板结构路基

中文名称：桩板结构路基

英文名称：pile–plate structure subgrade

释义：由桩墩和承载板组成的结构支承上部荷载和列车运行动荷载的路基。

涉及案例：案例29 长昆客专怀化南站岩溶的综合探测技术

附加说明：

桩板结构路基是一种新型的路基结构，具有工后沉降小、整体刚度大的优点，且适应性较强，耐久性较好，其结构形式有以下三种（见附图30–1～附图30–3）：

（1）独立墩柱式；

（2）托梁式；

（3）独立墩柱与托梁组合式。

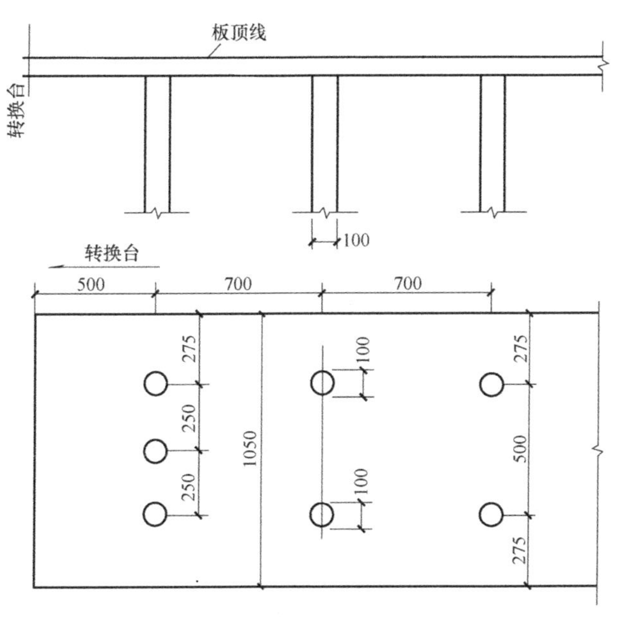

附图30–1　墩柱式桩板结构路基

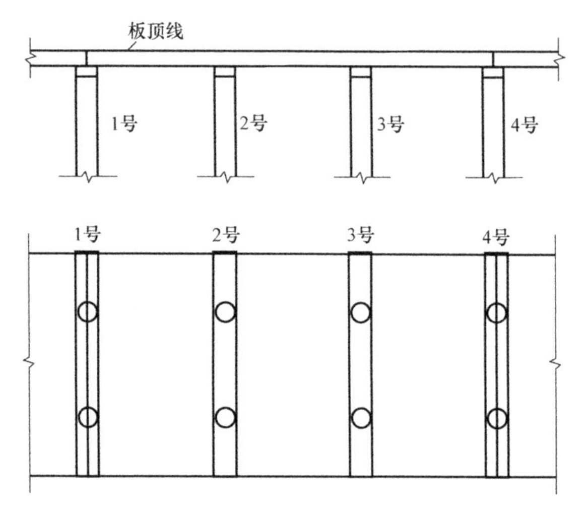

附图30-2　托梁式桩板结构路基

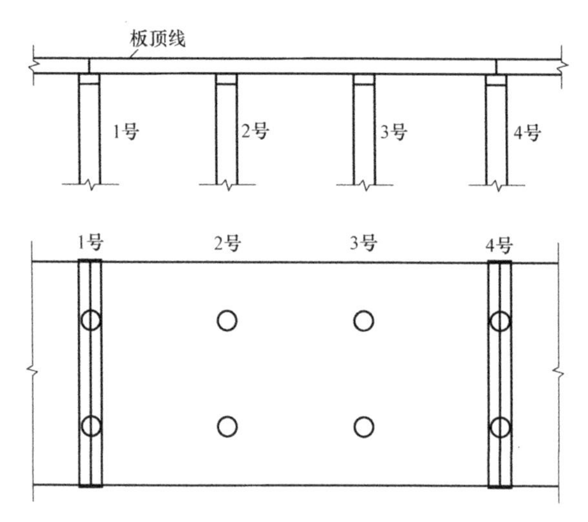

附图30-3　独立墩柱式与托梁式组合桩板结构路基

桩板结构路基适用于下列条件：

（1）可压缩性土层较厚，工后沉降量或施工质量难以控制的软土、黄土等路段；

（2）岩溶或其他洞穴等特殊地质条件路段；

（3）良田地区、排水困难、填土较高、合格填方材料缺乏路段；

（4）滞洪区、水网区、河滩、水塘等长时期浸水路段；

（5）桥头较高路堤，两桥间较短路堤及软弱地段挖方；

（6）城镇附近立交，灌溉通道密集、过渡段设置频繁的路堤；

（7）天然地基无砟轨道线路工期紧张，无预压时间的路段；

（8）既有软弱路基的提速加固处理。

桩板结构中的承载板直接承受上部荷载和列车长期重复动荷载的作用，是最关键的构件。独立墩柱式承压板处于多向弯曲、翘曲、扭曲变形和应力状态，受力复杂，一般设计成较长距离的连续结构，强化结构的整体性。托梁式桩板结构由于托梁的连结作用，抵抗不均匀沉降能力较强，横向刚度较高，同时简化了承载板的受力。

桩板结构因其强度高、刚度大、稳定性和耐久性好以及建筑成本适当、施工工艺简单等特点，可用于高速铁路无砟轨道，已在国内外多条高速铁路和普通铁路不良地基地段中得到应用，如德国纽伦堡-英戈尔斯塔特高速铁路、比利时-荷兰高速铁路（软土）、我国郑西客运专线（湿陷性黄土）、沪杭高速铁路（软土）等，本书介绍的是在长昆客专怀化南站岩溶发育地区的应用。因桩板结构能有效控制基础变形尤其是工后沉降，将会得到更广泛的应用。

31 管波法探测

中文名称：管波法探测

英文名称：tube waves exploration

释义：利用孔内液体与固体界面上传播的广义表面波的反射波变化和能量变化，探测孔壁附近异常地质体的勘探方法。

涉及案例：案例29 长昆客专怀化南站岩溶的综合探测技术

附加说明：

管波法探测主要用于溶洞探测、裂隙探测、软弱层探测等，特别适用于大口径嵌岩桩的岩溶探测，可有效探测钻探难以确定的工程桩周边洞隙的形态。

当相互接触的两种介质一种是流体另一种是固体时，流体的振动会在两种介质的分界面附近产生沿界面传播的界面波，称为广义的瑞利波（Rayleigh waves），有冲洗液的钻孔孔壁上也可产生。广义瑞利波沿孔的轴向传播，称作管波。管波在孔液和孔壁以外一定范围内沿钻孔轴向传播，除在孔径变化、孔底和孔液表面处产生反射外，在管波的有效探测范围内的任何波阻抗变化都会产生反射。这种波阻抗的变化必定是钻孔侧旁存在不良地质体造成，因而可通过管波反射波的变化来确定钻孔侧旁是否存在不良地质体（溶洞、溶隙、软岩、风化岩、裂隙发育等）。管波具有能量强、衰减慢、传播速度与孔液纵波波速相当的特征。反射管波的能量很强，在使用固定收发间距的一发一收探测装置采集的时间剖面上很容易识别。广东省地质物探工程勘察院李学文、饶其荣于2003年提出管波探测法，同年申请了国家发明专利。

管波探测采用一发一收，固定收发距的单孔测试装置。基本原理和测试装置如附图31-1所示。

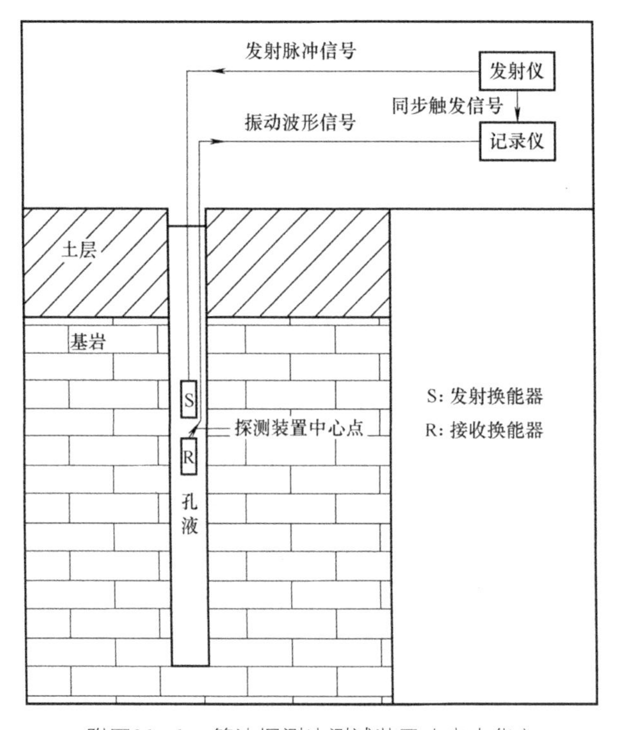

附图31-1　管波探测法测试装置（李志华）

管波探测的异常特征表现为两种：一是界面波的管波反射；二是不良地质体的管波能量变化。钻孔中可能产生管波反射的界面有：基岩面、溶洞顶面和底面、裂隙、孔底、水面等；引起管波能量变弱的不良地质体有：溶洞、溶蚀、土、软岩等。见附图31-2。

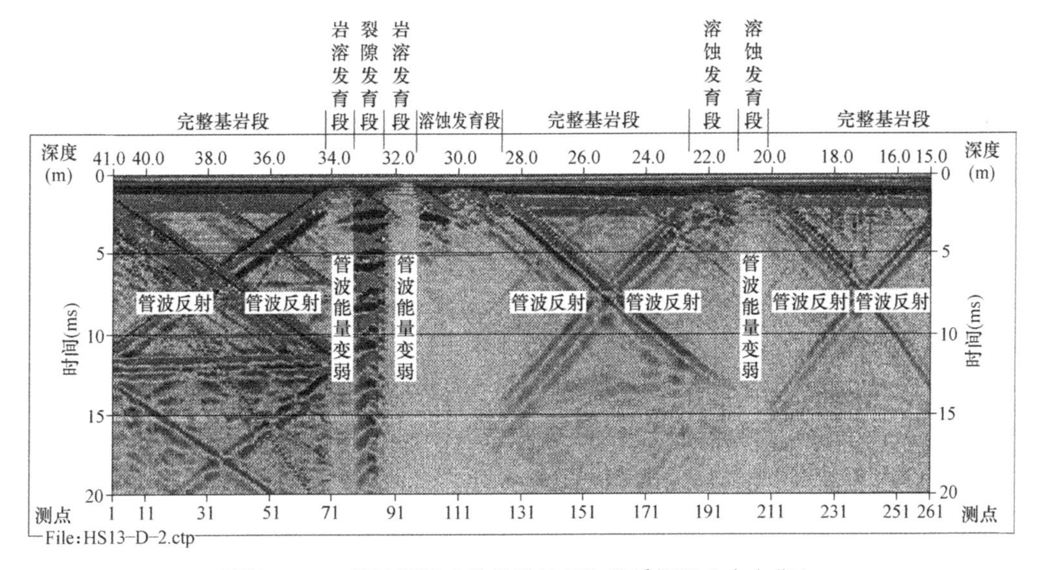

附图31-2 管波探测法的异常特征和地质解释（李志华）

管波探测的地质解释分为完整基岩段、裂隙发育段、岩溶发育段、软岩、土层等情况。

完整岩层段的特征：管波无能量衰减，岩层反射在段内明显，甚至有多次反射。

岩溶发育段的特征：管波能量严重衰减，界面反射在段内消失。

裂隙和溶隙发育段的特征：段内反射界面多，溶隙段伴随有能量衰减。

软岩和土层的特征：管波速度变低，有能量衰减。

本节附录根据广东地质物探工程勘察院饶其荣、李学文《全国工程物探与测试会议论文集》编写。

32 盐胀性

中文名称：盐胀性

英文名称：salt expansion

释义：盐渍土因温度、湿度改变而产生的体积增大、地基和地面发生鼓胀、变形的现象。

涉及案例：案例31 敦煌机场盐胀病害的研究和治理

附加说明：

盐渍土地基的盐胀可分为两类，即结晶膨胀与非结晶膨胀。结晶膨胀是盐渍土因温度降低，土中的盐析出结晶而产生的土体膨胀，如硫酸钠盐渍土的盐胀；非结晶膨胀是亲水吸附性阳离子吸水形成结合水薄膜，使颗粒互相分离，引起土体膨胀，如碳酸钠盐渍土的盐胀。

盐渍土地基的盐胀破坏主要有：室内外地坪、路面、台阶、花坛、运动场、铁路、公路、机场停机坪、机场跑道等。

研究表明，很多盐类结晶时具有膨胀性，但硫酸钠的盐胀量最大，见附表32-1。

盐类结晶时的膨胀性　　附表32-1

盐类吸水结晶	ΔV（%）
$CaCl_2 \cdot 2H_2O \rightarrow CaCl_2 \cdot 4H_2O$	35
$CaCl_2 \cdot 4H_2O \rightarrow CaCl_2 \cdot 6H_2O$	24
$MgSO_4 \cdot H_2O \rightarrow MgSO_4 \cdot 6H_2O$	145
$MgSO_4 \cdot 6H_2O \rightarrow MgSO_4 \cdot 7H_2O$	11
$Na_2CO_3 \cdot H_2O \rightarrow Na_2CO_3 \cdot 10H_2O$	148
$NaCl \rightarrow NaCl \cdot 2H_2O$	130
$Na_2SO_4 \rightarrow Na_2SO_4 \cdot 10H_2O$	311

固体硫酸钠的矿物学名称为无水芒硝（Na_2SO_4）和芒硝（十水芒硝$Na_2SO_4 \cdot 10H_2O$），过渡形态还有七水芒硝（$Na_2SO_4 \cdot 7H_2O$），具体为何种形态取决于结晶时的物理环境。附图32-1为硫酸钠的溶解度随温度变化的曲线，由附图32-1可知，温度为32.4℃时硫酸钠的溶解度最高，高于和低于该数值，溶解度都将降低。当硫酸钠浓度超过溶解度时，32.4℃又是结晶为芒硝还是无水芒硝的分界点，低于32.4℃结晶为芒硝，高于32.4℃结晶为无水芒硝。

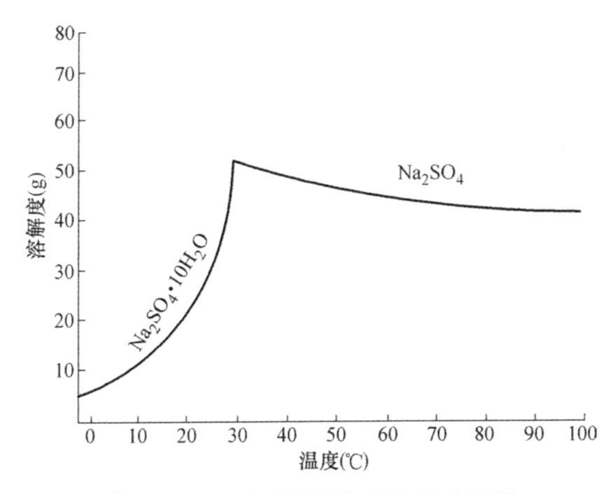

附图32-1 硫酸钠溶解度与温度关系

具体地说，低于32.4℃时，如温度从低向高变化，溶解度升高，土中固体状态的芒硝和无水芒硝逐渐溶于水中；如温度从高向低变化，溶解度降低，水中超过饱和度部分的硫酸钠结晶为芒硝（$Na_2SO_4 \cdot 10H_2O$）。高于32.4℃时，如温度从高向低变化，溶解度升高，土中固体状态的无水芒硝溶于水中；温度由低向高变化，溶解度降低，水中超过饱和度部分的硫酸钠结晶为无水芒硝。

除了温度外，硫酸钠的溶解和结晶与水源条件关系非常大。在富水条件下，硫酸钠全溶于水，故结晶状态的无水芒硝和芒硝仅存在于干旱地区。在贫水条件下，低于32.4℃时，既可能存在芒硝，也可能存在无水芒硝；高于32.4℃时，芒硝可脱水转化为无水芒硝。在大气降水量极少的干旱区，自然条件下地表蒸发强烈，土中含水量很低，难以为无水芒硝吸水提供水源，阻止了无水芒硝向芒硝的转化。但一旦有道面覆盖，就改变了蒸发条件，秋冬季节气温低于地温，道面又成了冷凝面，水分即可在道面下积聚，为无水芒硝吸水转化为芒硝产生膨胀提供了有利的水源条件。

岩土工程最关心的是芒硝的结晶膨胀，无论溶解在水中的硫酸钠或固体状态的无水芒硝，结晶为芒硝时都要吸收10个结晶水，体积增大3.1倍，硬度下降，相对密度由原来的2.68下降为1.48，对于无上覆压力的地面或路基，膨胀高度可达数十毫米，甚至几百毫米，成为盐渍土地区突出的工程问题，造成地坪、路面、运动场、机场跑道、停机坪鼓胀，且不断积累和发展。

除了温度和水以外，土中硫酸钠的含量和结晶形态、土的密实度、土的颗粒组成、上覆压力等都是影响盐胀的重要因素，案例31《敦煌机场盐胀病害的诊断与治理》作了详细分析。

硫酸钠盐渍土呈强碱性反应，故常称“碱土”，分布在地表。可分三层：顶部为“淋溶层”，厚约20cm，含盐量低，在0.5%以下，弱碱性反应；深度20~75cm为“淀积层”，含盐量高，在0.5%以上，柱状或板状结构，呈强碱性，湿时膨胀，粘结不透水，干时收缩；深度75cm以下逐渐过渡为非盐渍土。

碳酸钠盐渍土中存在大量吸附性阳离子，具有较强的亲水性，遇水后与胶体相互作用，在胶体颗粒和黏土颗粒周围形成结合水薄膜，从而减小了颗粒的黏聚力，使之相互分离，引起土体膨胀。硫酸钠盐渍土不能作为填筑材料，但目前国内外对这种盐渍土地基的盐胀性研究，成果还不多。

跋

《岩土工程典型案例述评》的书稿，经过两年多的整理，快要出版了。回想当初启动时，只准备把手头的典型案例整理一下留给后人，但真正动起手来，发现绝非如此简单，难度实在不小，但已骑虎难下。幸而得到了很多朋友的支持和帮助：直接提供资料的专家达42位，均已一一标明在每篇的页下注内；编者所在单位的领导单昶、李耀刚、武威等给予了大力支持；《工程勘察》编辑李端文协助校审了初稿和最终稿；远在海外的王锺琦大师审查了本书的部分文稿；出版社编审王梅、石振华等付出了辛勤劳动；特别是高大钊教授主审、作序，李广信教授主审并详细校阅，才使全书得以告成。没有各位协助，完成这本小册子是不可能的。所以，这本小册子是我们共同的作品。

这是一本面向广大岩土工程师的普及性读物，既无高水平理论，也无先进技术，没有什么新意。编写本书的主要目的是想告诉读者，处理岩土工程问题时务必注意两点：一是概念一定要正确，概念错了要犯原则性错误，再精确的计算也只能是南辕北辙；二是一定要因地制宜，因工程制宜，每个工程都要有自己的特色。概念是科学的共性，特色是艺术的个性，尽量做到科学性与艺术性的完美结合。下面就这个问题再多说几句。

1．牢牢掌握基本概念

有人认为，“概念不过常识而已，工程师都明白，反复强调没有什么意思。”是的，对于工程师来说，基本概念的确只是常识而已，但我们要想一想，为什么对常识还是屡屡触犯？本书是想通过一些实例，引发业界人士注意，不致继续跌入违反常识的泥潭。

岩土工程涉及的基本概念很多，本书不能面面俱到。其中，案例7和案例8的挤土效应、案例16的基坑稳定、案例25的地震液化，都与孔隙水压力和有效应力原理有关。孔隙水压力和有效应力原理是土力学最重要的基本概念，饱和土在外力作用下变形与时间关系、以总应力表示的抗剪强度、土压力与土体稳定、土的振动液化和地震液化，其内在机制都是孔隙水压力和有效应力原理。不懂孔隙水压力和有效应力原理就不懂土力学，不懂土力学就不能当岩土工程师。案例10的地下水位上升、案例14和案例18的基坑降水、案例15的渗透破坏，均与地下水有关。地下水的特点是它在岩土的孔隙或裂隙中流动，并随自然和人为条件的改变而不断变化，水文地质就是研究其规律的科学。岩土工程师既要熟知其基本概念，还要在各种复杂条件下灵活应用。案例2和案例12的地基、基础和上部结构共同作用、案例3的变刚度调平设计，都涉及基础工程按变形控制设计的问题。按变形控制设计是基础工程设计最基本的原则，三个案例的指导思想都是将上部结构、基础和地基视为一个整体，考虑地基（包括桩基）刚度、基础刚度和上部结构刚度的相互制约和协调，使基础沉降尽量均匀，使基础和上部结构的内力最小化。

2．勇敢面对特殊问题的挑战

岩土工程极具多样性，几乎每个工程都有自己的个性，有些工程甚至从未遇到过，需从头探索。这个特点既是岩土工程最大的困难，也是岩土工程最诱人的魅力所在。案例24的活动断层、案例26的特殊地质体、案例27的岩溶治理、案例30的砂巷探测、案例31的硫酸钠盐渍土、案例32的多年冻土、案例21不稳定破碎岩体上的溢洪道建设、案例19的核废物处置等，都是情况复杂、经验很少的非常规项目。这些案例之所以成功，根本原因在于项目主持人不因没有规范可循而退缩，更不是冒险盲动，而是从深入调查研究入手，将勘察设计与科学实验有机结合，找出规律，提出切实方案，并在实施中注意监测，不断修正完善，不仅保证了本项目的安全、经济，而且为岩土工程技术的进步作出了贡献。

特殊岩土工程问题大体有这样几类：一是特殊岩土和特殊地质条件，种类繁多，特性各异，在我国非常突出，今后步入全球，必将遇到更多的特殊岩土和特殊地质问题。二是特殊工程，超高层建筑、超深基坑开挖、高填方工程、填海工程，已经不算“特殊”了，但仍有不少问题难以解决。水下工程、离岸工程、海岛工程以及深大地下工程，情况复杂，难度不小，本书未能涉及。三是环境岩土工程，包括工程建设对岩土环境影响的评估、废弃物的无害处置、污染岩土的修复等等，我国起步很晚，水平很低，与发达国家差距很大，需大力迎头赶上。

3．避免两个盲目性

处理岩土工程要避免陷入两个误区：一是迷信计算，还没有弄清楚公式的假设条件和工程实际情况，还没有弄清楚选用的参数有多大的可靠性，就代入计算，并对计算结果确信无疑；二是迷信规范，不去深入理解规范总结的科学原理和基本经验，盲目套用。这两个“迷信”都是盲目性，与实事求是的科学精神是完全对立的。要知道，岩土工程的精确计算是不存在的。计算前一定要先想一想，根据公式的假设条件、工程的实际条件和选用的参数，算出的结果会有多大的可靠性；计算后应根据基本经验对计算结果的合理性进行认真的自我评估。规范是同行专家集体智慧的结晶，由主管部门批准发布，当然要遵守，强制性条文还要严格遵守。但实际情况千差万别，规范是绝对包不住的。对规范不能过分依赖，规范只能规定带有普遍性的问题，成熟一条订一条，大量问题还需由岩土工程师自己酌情处置，仅仅满足规范绝不是一个优秀工程。我还主张规范要开放，可以自由讨论，自由批评，将规范过于神圣化是不可取的。

4．拓宽瓶颈，补齐短板

改革开放的三十多年来，随着大规模工程建设的展开，岩土工程的技术进步有目共睹。理论取得了长足进步：本构关系、强度理论、压缩－固结理论、渗透理论、岩体结构理论、非饱和土力学、数值分析等，有了开拓性进展；工程实践方面，高层建筑、地基处置、桩基工程、深开挖、高填方等积累了大量经验。但是，不能不承认的是，岩土工程至今还停留在概念加经验阶段，不能精确计算和预测，全世界都是如此。层出不穷的新理论和强大的计算工具似乎没有给岩土工程带来质的飞跃，太沙基以来的数十年似乎没有发生革命性的变革，岩土工程还是一门不严谨、不完善、不成熟的科学技术，与当代科技发展的突飞猛进极不相称。发展的瓶颈在哪里？编者认为，主要在于岩土埋藏条件的不确知性和计算参数的不确定性，在于信息的质和量严重不足。查明岩土埋藏条件的手段主要是钻探，钻孔之间的信息只能依靠内插和推测，极易遗漏洞穴、破碎带、软弱透镜体、局部地下水体等关键信息。而且，即使钻探的“一孔之见”，也并非完全可靠。勘察时岩土试样取得不少，但试样质量却是勘察质量最薄弱的环节。渗透系数、压缩系数、抗剪强度指标等试验成果的可靠性倍受质疑。建立在先进理论基础上的计算方法要有可靠的计算参数才能取得理想的效果。计算机和网络的功能在于其强大的数据处理能力、快速的数据传输能力、巨大的数据存储能力，并能方便地共享，但前提是必须有质高量多的初始数据，否则，再好的计算模式和再强的计算工具也无用武之地。勘探、测试、检验、监测等，本质都是初始信息的获取技术，初始数据的质和量不足，成为岩土工程木桶的短板，技术的瓶颈，应重点攻关。一旦岩土工程信息的获取、传输和共享发生质的飞跃，或许会给岩土工程带来革命性的变化。希望新一代的学者和工程师们在完善已有技术的同时，突破传统，登高望远，勇于开拓，开辟出一片新天地来。编者设想，在勘探技术方面，可否钻探、触探、物探同时并举，尤其寄希望于有效、快速、经济的物探新技术，案例30的多道瞬态面波法探测砂巷、案例29的管波、地震波CT与钻探联合探测岩溶有重要启示；在测试方面，打破单纯依靠取样测试成果作为计算指标的传统，加强原位测试，加强原型监测，室内试验与原位测试结合，用监测数据不断校准计算数据。在信息共享方面，避免勘察工作的低水平重复，建立数据库和地理信息系统，并付诸实用。由于涉及技术的原始创新、社会诚信和行业体制的重建，恐怕需要一代或几代人的努力。勘察与设计分离对岩土工程的运转和发展都极为不利，解决体制问题需要新一代人士继续努力。当前应大力倡导勘察与设计的紧密配合，案例1的扩底桩和案例27的岩溶治理，都是从勘察、设计到检验、监测有机结合，服务岩土工程全过程的范例。

起草本书提纲时，本想案例代表的面宽一些，能涉及各个领域，但限于时间和精力，未能做到。现有的32个案例，在岩土工程领域内，实在是冰山一角。就是这32个案例也没有写好，本想文字生动一点，插图美观一点，故事典型一点，评议深刻一点，用生动的实例、浅显的道理、通俗的语言，解析岩土工程的内核，从内容到形式都有点新意，为广大岩土工程师喜爱，但都未能如愿以偿。其原因主要在于本人的水平和能力本来有限，再加上年老力衰，记忆力、理解力、文字和图表的表达能力都很差，有些案例资料不完整，有些友人提供的案例编者没有亲自经历，难以吃透原意和抓住重点，叙述和评议的谬误肯定不少，望读者批评指正，继续评议和讨论。深深体会到，阳春白雪固然难，唱好下里巴人也不易。如能饭后茶余，权作消遣，我也就心满意足，可以“得胜回朝”了。正是

八十老翁就木前，轻担重担不在肩。

戆牛伏几两年整，留点麸糠在人间。